"南北极环境综合考察与评估"专项

北极海域海洋化学与碳通量考察

国家海洋局极地专项办公室　编

海洋出版社

2016·北京

图书在版编目（CIP）数据

北极海域海洋化学与碳通量考察/国家海洋局极地专项办公室编. —北京：海洋出版社，2016.5

ISBN 978-7-5027-9435-4

Ⅰ.①北… Ⅱ.①国… Ⅲ.①北极-海域-海洋化学-科学考察-中国②北极-海域-碳循环-科学考察-中国 Ⅳ.①P734

中国版本图书馆 CIP 数据核字（2016）第 097016 号

BEIJI HAIYU HAIYANG HUAXUE YU TANTONGLIANG KAOCHA

责任编辑：鹿　源　苏　勤

责任印制：赵麟苏

海洋出版社　出版发行

http://www.oceanpress.com.cn

北京市海淀区大慧寺路 8 号　邮编：100081

北京朝阳印刷厂有限责任公司印刷　新华书店北京发行所经销

2016 年 8 月第 1 版　2016 年 8 月第 1 次印刷

开本：787mm×1092mm　1/16　印张：24

字数：600 千字　定价：150.00 元

发行部：62132549　邮购部：68038093　总编室：62114335

海洋版图书印、装错误可随时退换

极地专项领导小组成员名单

组　　长：陈连增　国家海洋局

副组长：李敬辉　财政部经济建设司

　　　　曲探宙　国家海洋局极地考察办公室

成　　员：姚劲松　财政部经济建设司（2011—2012）

　　　　陈昶学　财政部经济建设司（2013—）

　　　　赵光磊　国家海洋局财务装备司

　　　　杨惠根　中国极地研究中心

　　　　吴　军　国家海洋局极地考察办公室

极地专项领导小组办公室成员名单

专项办主任：曲探宙　国家海洋局极地考察办公室

常务副主任：吴　军　国家海洋局极地考察办公室

副主任：刘顺林　中国极地研究中心（2011—2012）

　　　　李院生　中国极地研究中心（2012—）

　　　　王力然　国家海洋局财务装备司

成　　员：王　勇　国家海洋局极地考察办公室

　　　　赵　萍　国家海洋局极地考察办公室

　　　　金　波　国家海洋局极地考察办公室

　　　　李红蕾　国家海洋局极地考察办公室

　　　　刘科峰　中国极地研究中心

　　　　徐　宁　中国极地研究中心

　　　　陈永祥　中国极地研究中心

极地专项成果集成责任专家组成员名单

组　长：潘增弟　国家海洋局东海分局

成　员：张海生　国家海洋局第二海洋研究所

　　　　余兴光　国家海洋局第三海洋研究所

　　　　乔方利　国家海洋局第一海洋研究所

　　　　石学法　国家海洋局第一海洋研究所

　　　　魏泽勋　国家海洋局第一海洋研究所

　　　　高金耀　国家海洋局第二海洋研究所

　　　　胡红桥　中国极地研究中心

　　　　何剑锋　中国极地研究中心

　　　　徐世杰　国家海洋局极地考察办公室

　　　　孙立广　中国科学技术大学

　　　　赵　越　中国地质科学院地质力学研究所

　　　　庞小平　武汉大学

"北极海域海洋化学与碳通量考察"专题
承担和参与单位名单

承担单位：国家海洋局第二海洋研究所
参与单位：国家海洋局第三海洋研究所
　　　　　厦门大学
　　　　　国家海洋局第一海洋研究所
　　　　　国家海洋环境监测中心
　　　　　中国科技大学

"北极海域海洋化学与碳通量考察"报告
编写人员名单

编写负责人：陈建芳

国家海洋局第二海洋研究所：陈建芳　金海燕　白有成　庄燕培
　　　　　　　　　　　　　　李宏亮　李中乔　张海舟
国家海洋局第三海洋研究所：陈立奇　詹力扬　高众勇　孙　恒
　　　　　　　　　　　　　　张介霞　李玉红
厦门大学：陈　敏　蔡明刚　杨伟锋　郑敏芳　童金炉　胡王江
　　　　　曾　健　潘　红　朱　晶　方仔铭　贾仁明　李　琦
　　　　　林　辉　胡慧娜　张　琨
国家海洋局第一海洋研究所：王保栋　厉丞烜
国家海洋环境监测中心：王　震　那广水
中国科技大学：谢周清　康　辉

序 言

"南北极环境综合考察与评估"专项（以下简称极地专项）是 2010 年 9 月 14 日经国务院批准，由财政部支持，国家海洋局负责组织实施，相关部委所属的 36 家单位参与，是我国自开展极地科学考察以来最大的一个专项，是我国极地事业又一个新的里程碑。

在 2011 年至 2015 年间，极地专项从国家战略需求出发，整合国内优势科研力量，充分利用"一船五站"（"雪龙"号、长城站、中山站、黄河站、昆仑站、泰山站）极地考察平台，有计划、分步骤地完成了南极周边重点海域、北极重点海域、南极大陆和北极站基周边地区的环境综合考察与评估，无论是在考察航次、考察任务和内容、考察人数、考察时间、考察航程、覆盖范围，还是在获取资料和样品等方面，均创造了我国近 30 年来南、北极考察的新纪录，促进了我国极地科技和事业的跨越式发展。

为落实财政部对极地专项的要求，极地专项办制定了包括极地专项"项目管理办法"和"项目经费管理办法"在内的 4 项管理办法和 14 项极地考察相关标准和规程，从制度上加强了组织领导和经费管理，用规范保证了专项实施进度和质量，以考核促进了成果产出。

本套极地专项成果集成丛书，涵盖了极地专项中的 3 个项目共 17 个专题的成果集成内容，涉及了南、北极海洋学的基础调查与评估，涉及了南极大陆和北极站基的生态环境考察与评估，涉及了从南极冰川学、大气科学、空间环境科学、天文学以及地质与地球物理学等考察与评估，到南极环境遥感等内容。专家认为，成果集成内容翔实，数据可信，评估可靠。

"十三五"期间，极地专项持续滚动实施，必将为贯彻落实习近平主席关于"认识南极、保护南极、利用南极"的重要指示精神，实现李克强总理提出的"推动极地科考向深度和广度进军"的宏伟目标，完成全国海洋工作会议提出的极地工作业务化以及提高极地科学研究水平的任务，做出新的、更大的贡献。

希望全体极地人共同努力，推动我国极地事业从极地大国迈向极地强国之列！

陈连增

前　言

北极地区是当前全球气候快速变化下响应最敏感的区域，海表地表升温、海冰快速消退与冻土层融化，正在重塑该地区的物质能量循环及其生物地球化学过程，并对整个海洋生态环境和生态系统结构造成显著的影响。海水化学要素（营养盐、溶解氧、pH、DIC、温室气体等）以及相关的大气化学、沉积化学及海冰化学要素的生物地球化学循环是生态系统变化对气候变化响应和反馈的中间环节，起着承上启下的作用。因此，在快速变化的北极海洋系统中，开展北极地区海洋化学与碳通量考察对了解北冰洋生源要素循环及响应机制、海冰快速变化下海洋生态和环境的响应、北极受人类活动的影响程度具有重要作用。

北极快速变化所导致的一系列大气、海洋、陆地、冰雪和生物等多圈层相互作用过程，对生源要素的生物地球化学循环产生了重大影响，反过来，相关参数也可以很好地示踪水团混合和物理过程。同时，北极周边冻土层加速退化、河流淡水输入增加、作为北冰洋营养盐重要来源的北太平洋入流水异动、北冰洋海冰和环流变化加剧等一系列北极快速变化的情况下，北冰洋水体碳循环和碳埋藏也可能会产生巨大变化。如：冻土层退化和风化作用加强是一个向大气释放碳的过程，而北极变化也会导致海洋过程的改变，其与海洋物理泵、生物泵过程变化如何平衡？综合考虑陆地过程和海洋过程，全球变暖下北冰洋碳汇对全球的碳收支有多大影响？全球海洋酸化 0.1pH 的变化速率正在从工业化以来百年际向未来十年际快速变化着，极区海洋是全球海洋酸化的领头羊，未来北极海洋酸化的发展趋势如何？对海洋生态系统具有怎样的影响？

20 世纪 90 年代中后期，广漠罕有人迹的北冰洋及周边区域正在发生巨大的变化，北极冰层的厚度已经减少了 20%～40%，夏季北极海冰和陆冰的面积呈缩小趋势。据大多数模型预测，到 2100 年夏季北冰洋的海冰将全面融化。当前的北极气候正进入快变、易变的敏感年代，北冰洋环境和生态系统随时可能出现新的格局突变（regime shift）。围绕北极变化及其可能带来的影响，2012 年依托中国第五次北极科学考察航次，北极海域海洋化学与碳通量考察专题小组探讨研究了在北极环境、生态和气候快速变化的背景下，海水化学参数的空间分布和年际/年代际变化，认识营养盐等生源要素的输送、消耗和补充过程，揭示北冰洋陆架与海盆间的相互作用对营养物质输运的影响；利用水化学和同位素示踪了解水团的运动和变性过程，回答北冰洋营养盐结构对海冰消退的响应、演化规律及其对海洋碳循环的影响，评估北冰洋古海洋替代指标的校正和应用；反演北冰洋种群结构、营养盐水平和古生产力的演化历史；充分了解极地海洋边界层气溶胶特别是生物成因气溶胶的种类、成分、时间和空间分布特征，准确理解决定极区生物成因气溶胶来源、分布及转化的大气环境化学过程；了解大气、冰雪及海洋环境各类污染物的污染程度、空间分布及来源。

中国第六次北极科学考察海洋化学考察以海冰快速融化下西北冰洋碳通量和营养要素生物地球化学循环如何响应为主线，重点开展如下研究：①查明北冰洋典型海域海水化学参数、无机碳体系、悬浮颗粒物生源组成的基本分布特征；②利用水化学要素、生物标志物、放射性和稳定同位素对水团和海洋过程进行示踪；③了解北极地区污染物质在各介质中的分布，评价北极海洋环境的污染状况。同时对极区海洋特殊现象的研究也是中国第六次北极考察的重点之一，这些特殊现象包括加拿大海盆营养盐极大现象、叶绿素极大突增现象、白令海盆深层水颗粒有机物的再矿化等。这些调查和研究资料，为我们更加深入了解和认识北极变化及其影响提供了重要的科学依据。

本集成报告作者就北冰洋考察生物地球化学循环问题，应用不同调查研究手段，开展了海水常规化学、放射性和稳定同位素、颗粒物质主要成分和生物标志化合物等参数调查，对北冰洋海气二氧化碳通量时空分布，生源要素分布的空间和时间变化，水团及海洋过程的同位素示踪，北冰洋生物泵过程对环境变化响应的机理，北冰洋海洋古生物地球化学和碳埋藏的演化特征开展了系统的研究。展现了北冰洋科学考察新进展和新认识，从不同方面和层次提供了考察海区的关键数据，揭示了北冰洋生物地球化学循环与全球的关系。

面对北极气候变化的挑战和知识需求，尽管考察路途前方冰天雪地、暴风极寒，考察过程劳苦艰辛、困难重重，我国北极海洋化学考察仍然排除万难，历尽千辛万苦，揭示了隐藏于北极神秘面纱后面各种系统变化的过程、联系、驱动要素和因果关系。我们围绕我国北极考察的总体目标，以北极环境和气候快速变化的海洋生物地球化学过程为线索，以海气界面、海洋水柱、底部沉积物为重点，以气溶胶、海水、海冰、颗粒物、沉积物为研究对象，通过现场生物化学综合调查、现场受控生态实验、同位素示踪等技术手段，采用化学、生物学、沉积学和地球化学相结合的研究方法，开展海水常规化学要素、放射性核素和稳定同位素、颗粒物质主要成分和生物标志化合物等参数调查，对北冰洋海气二氧化碳通量时空分布，生源要素分布的空间和时间变化，水团及海洋过程的同位素示踪，北冰洋生物泵过程对环境变化响应的机理，北冰洋海洋古生物地球化学和碳埋藏的演化特征开展了比较系统的研究，取得了一些进展和新的认识。采用的技术也由原来的常规考察向走航观测、锚系观测发展，分析的参数也越来越向高、精、尖发展。

　　本集成报告的成果是众多考察人员多年工作的总结，本报告的内容总体反映了我国第五次和第六次北极考察的过程和收获。鉴于北极考察局限于考察范围和有限目标，本报告呈现给读者的也仅仅是有限考察成果的部分内容。科学考察和研究永无止境，本报告的内容需要进一步更新、完善。本报告在编辑过程中也可能存在诸多错误，因此敬请本报告的读者和使用者，能够随着北极海洋化学考察的进展和研究的深入，不断地给予我们建议和批评，使我们的北极海洋化学考察成果更加丰硕、完满。

　　　　　　　　　　　　　　　　　　　　　　陈建芳

　　　　　　　　　　　　　　　　　2015 年 6 月 22 日于杭州

目　次

第1章 总论

1.1 北极海域海洋化学与碳通量考察专题目标

生源要素的生物地球化学循环是海洋化学的核心研究内容。生源要素是生态系统变化对气候变化响应和反馈的中间环节，起着承上启下的作用。北极是地球系统的重要组成部分，它包含了大气、海洋、陆地、冰雪和生物等多圈层相互作用的全部过程，对全球气候与环境有正负反馈作用。随着"京都协议"的签订，人类活动产生的温室气体 CO_2 的去处，不仅是国际学术界的一个前沿领域，也成了各国政治家们争论的热门话题。北极快速变化所导致的一系列多圈层相互作用过程，不仅对包括我国在内的中高纬度国家的气候产生了显著影响，而且对北极生源要素的循环过程、碳汇效应及生态系统和渔业资源潜力产生了深刻影响。同时，在北极周边冻土层加速退化、河流淡水输入增加以及作为北冰洋营养盐重要来源的北太平洋入流水异动、北冰洋海冰和环流变化加剧等一系列北极快速变化的情况下，北冰洋水体碳循环和碳埋藏也可能会产生巨大变化。如：冻土层退化和风化作用加强是一个向大气释放碳的过程，而北极变化也会导致海洋过程的改变，其与海洋物理泵、生物泵过程变化如何平衡？综合考虑陆地过程和海洋过程，全球变暖下北冰洋碳汇对全球的碳收支有多大影响？全球海洋酸化 0.1pH 的变化速率正在从工业化以来百年际向未来十年际快速变化着，极区海洋是全球海洋酸化的领头羊，未来北极海洋酸化的发展趋势如何？对海洋生态系统具有怎样的影响？

本专题以海冰快速融化下西北冰洋碳通量和营养要素生物地球化学循环如何响应为主线，重点开展如下研究：①通过海洋化学多参数综合调查，结合历史资料和前人研究成果，查明北冰洋典型海域海水化学参数、CO_2 体系、悬浮颗粒物组成、大气化学、沉积环境参数的基本分布特征，获取水体、大气和沉积环境的基础资料和图件。②利用水化学要素、生物标志物、放射性和稳定同位素对水团和海洋过程进行示踪，进一步深化对各要素时空分布、变化规律、形成机制、制约因素等的认识。③了解北极地区污染物质在各介质中的分布，评价北极海洋环境的污染状况。

1.2 北极海域海洋化学与碳通量考察在专项中的作用

北极海区是全球碳循环的重要汇区，在全球海洋—气候系统中起着重要的作用。北极碳汇过程和机制是全球碳循环研究的重要一环，查明北极快速变化下北极地区的碳汇过程和机制有重要的现实意义和科学意义。另一方面，生源要素的生物地球化学循环是气候变化等物理驱动和生态系统响应的中间环节，起着承上启下的作用，对于预测北极生态系统和生物资源的演变具有重要作用。本专题把北极海冰变化及其所引起的一系列物理—化学—生物—地质过程作为一个相互耦合的整体过程来研究，探讨北极海冰快速变化的机制及其对海洋生物地球化学过程和生态系统的影响，了解北极变化对我国及中低纬度气候的影响，评估由海冰变化产生的一系列过程对北冰洋碳的源、汇过程以及对海洋食物链结构和渔业资源的影响，上述研究不仅具有重要科学价值，而且也符合我国作为一个负责任大国的国家需求。

1.3　北极科学考察的主要范围、时段和时间

1.3.1　中国第五次北极科学考察

我国第五次北极科学考察暨"雪龙"号极地考察船 2012 年 7 月 2 日自青岛出发，历时 93 天，航程逾 18 500 海里，按计划圆满完成各项考察任务，创造了我国北极科学考察的多项新纪录。首次实现我国跨越北冰洋的科学考察任务，成功首航北极航道。考察主要范围包括白令海及其邻近海域（包括 BL、BM、BN 断面）、北冰洋太平洋扇区（包括 R、CC、C）和北冰洋大西洋扇区（包括 BB、AT 断面）。

1.3.2　中国第六次北极科学考察

中国第六次北极科学考察暨"雪龙"号自 2014 年 7 月 11 日从上海启航，累计考察 76 天，总航程 11 858 海里，总航时 1201 小时，浮冰区总航程 2586 海里。7 月 18 日进入白令海开始海洋站位综合科学考察作业，7 月 27 日开始楚科奇海作业，8 月 10 日开始短期冰站作业，8 月 18 日开始长期冰站作业，9 月 7 日结束地球物理作业，9 月 9 日结束所有定点站位作业，9 月 24 日到达上海基地码头。

1.4　北极海域海洋化学与碳通量主要考察内容、工作量和分工

1.4.1　中国第五次北极科学考察

海洋化学与碳通量考察分为 5 部分内容：海水化学，大气化学，沉积化学，受控生态，生物地球化学长期观测锚系。具体分析参数与数据量如下。

1.4.1.1　海水化学

- 海水化学 1：溶解氧、pH 值、碱度、DIC、悬浮物、硝酸盐、亚硝酸盐、铵盐、活性磷酸盐、活性硅酸盐、^{2}H、^{18}O、CFCs。共布设 60 站，采样层次为标准层，水深 30~4 000 m，陆架区按 5 层计，海盆区按 10 层计，平均按 8 层计。
- 海水化学 2：DOC、POC、生物硅、甲烷、N_2O、C 和 N 同位素、DMS、HPLC 色素、

总氮、总磷、钙离子。共布设 30 站，采样层次为标准层，平均按 5 层计。

- 海水化学 3：类脂生物标志物（正构烷烃、甾醇）、氨基酸、芳烃、金属元素（Cu、Pb、Zn、Cd、Hg、Ba、Mn、U 等）、放射性同位素 ^{234}Th 、^{238}U、高精度 pH 值、^{226}Ra、^{228}Ra、^{210}Po、^{210}Pb、水体硝酸盐 ^{15}N 同位素。采样站位约 18 站，重金属、^{226}Ra、^{228}Ra 只采表层，正构烷烃和甾醇按 3 层计，其余参数按 5 层计。

- 走航 $p\mathrm{CO_2}$。

1.4.1.2 大气化学

- 气体：二氧化碳、甲烷气、氮氧化物（N_2O、NO、NO_2）、卤代烃、Hg、二甲基硫、POPs（PAHs、PCBs、OCPs）。
- 气溶胶离子成分：MSA、Cl^-、NO_2^-、Br^-、NO_3^-、SO_4^{2-}、Na^+、NH_4^+、K^+、Mg^{2+}、Ca^{2+}。
- 重金属：Cu、Pb、Zn、Cd、Al、V、Ba 等。
- 大气悬浮颗粒物：炭黑、总碳、微生物。

1.4.1.3 沉积化学

- 常规项目：粒度、总有机碳、有机氮、碳酸钙、生物硅、油类、重金属（Cu、Zn、Cd、Fe、Pb、Ba、Mn、U 等）。30 站表层样。
- 生物标志物：正构烷烃、甾醇、氨基酸、糖类、木质素、单体 C 同位素、HPLC 色素、C 和 N 同位素。15 站表层样。
- POPS：DDT、666、PCBs、PAHs。30 站表层样。
- 放射性物质：^{226}Ra、Pb、Po、总铀、^{232}Th、^{137}Cs、^{40}K、^{58}Co、^{60}Co、^{54}Mn 10 个参数。30 站表层样。

1.4.1.4 受控生态试验

- 营养盐加富：楚科奇海、加拿大海盆各安排 1 组营养盐吸收试验，主要围绕着海冰融化、营养盐限制、有机质和生源颗粒物营养盐再生等开展试验。测定参数如下：硝酸盐、亚硝酸盐、铵盐、活性磷酸盐、活性硅酸盐、叶绿素等。共 2 站，每站 12 组实验，每组采样 7 次左右。

- 同位素示踪：在白令海、楚科奇海、加拿大海盆各安排 1 组试验。主要是利用 ^{15}N-NO_3^-/^{15}N-NH_4^+/^{15}N$_2$ 外加培养，阐述水团构成对北冰洋氮循环关键过程的影响。主要参数如下：硝酸盐、亚硝酸盐、铵盐、颗粒物 ^{15}N。共 3 站，每站 4 组实验，每组采样 7 次左右。

主要工作量如下。
- 海水化学：海水化学 1 采集 60 个站位，共 6 240 个样品；海洋化学 2 采集 30 个站位，共 750 个样品；海水化学 3 采集 18 个站位，共 1 152 个样品，合计 8 142 个样品。
- 大气化学：共采集 45 个站位，其中气体样品共 450 个，气溶胶离子成分样品共 450 个，气溶胶重金属样品共 315 个，大气悬浮颗粒样品共 90 个，合计 1 305 个样品。
- 沉积化学：共采集 30 个站位，其中常规参数共 420 个，标志物参数共 135 个，放射性参数共 300 个，POPs 参数共 120 个，合计 975 个参数。

- 受控生态试验：营养盐加富实验 2 个站位和同位素示踪实验 3 个站位，合计 628 个样品。

1.4.2 中国第六次北极科学考察

海洋化学与碳通量考察主要包括 5 部分内容：海水化学、大气化学、沉积化学、海冰化学以及沉积物捕获器长期观测锚系。调查区域涵盖了白令海盆、白令海—楚科奇海陆架区、楚科奇海台、加拿大海盆、北冰洋中心海盆等海域。

1.4.2.1 海水化学

海水化学考察内容包括海水化学 1 类参数（基础水化学参数）、海水化学 2 类参数（主要为有机地球化学参数等）、海水化学 3 类参数（主要为生物标志物、重金属、放射性同位素等）、走航化学观测、受控生态实验以及外业仪器布放。详细内容如下。

- 海水化学 1：溶解氧、pH 值、碱度、DIC、硝酸盐、亚硝酸盐、铵盐、活性磷酸盐、活性硅酸盐、^{18}O。
- 海水化学 2：DOC、POC、悬浮物、甲烷、N_2O、C 和 N 同位素、DMS、HPLC 色素、总氮、总磷、钙离子。
- 海水化学 3：类脂生物标志物、芳烃、金属元素（Cu、Pb、Zn、Cd、Hg、Ba、Mn、U 等）、放射性同位素 ^{234}Th、^{238}U、高精度 pH 值、^{226}Ra、^{228}Ra、^{210}Po、^{210}Pb。
- 走航化学观测：pCO$_2$、甲烷（CH$_4$）观测、氧化亚氮（N$_2$O）观测。
- 受控生态实验：同位素示踪实验。
- 硝酸盐等多参数剖面仪、大体积原位过滤及同位素大体积采水等仪器布放。

1.4.2.2 大气化学

大气化学考察内容主要包括气体、气溶胶离子成分、重金属、大气悬浮颗粒物、气溶胶有机污染物等，在"雪龙"船的航迹上进行全程观测。详细内容如下。

- 气体：二氧化碳、甲烷气、氮氧化物（N$_2$O、NO、NO$_2$）、Hg、二甲基硫、生物气溶胶前导气体。
- 气溶胶离子成分：MSA、Cl$^-$、Br$^-$、NO$_3^-$、SO$_4^{2-}$、Na$^+$、NH$_4^+$、K$^+$、Mg^{2+}、Ca^{2+}。
- 重金属：Cu、Pb、Zn、Cd、Ni、V、Ba 等。
- 大气悬浮颗粒物：炭黑、总碳、TSP、生物成因气溶胶。
- 气溶胶有机污染物：POPs（PAHs、PCBs、OCPs）。

1.4.2.3 沉积化学

在海洋地质组的帮助下，主要在白令海—楚科奇海陆架区进行了表层沉积物采样以及在北冰洋中心海盆高纬度地区采集了重力柱状样。详细内容如下。

（1）表层沉积物站位
- 常规项目：粒度、总有机碳、有机氮、碳酸钙、生物硅、油类、重金属（Cu、Zn、Cd、Hg、Fe、Pb、Ba、Mn、U 等）。

- 生物标志物：正构烷烃、甾醇、GDGTs、TEX86、BIT、HPLC 色素、C 和 N 同位素。
- POPS：DDT、666、PCBs、PAHs。
- 放射性物质：^{226}Ra、Pb、Po、总铀、^{232}Th、^{137}Cs、^{40}K、^{58}Co、^{60}Co、^{54}Mn 10 个参数。

（2）重力柱状样

- 生物标志物：IP25 等新型生物标志化合物。

1.4.2.4 海冰化学

海冰化学考察内容主要包括研究冰芯及冰下水的营养盐、无机碳、POPs，冰水界面颗粒物时间序列采集以及冰下硝酸盐仪布放。

- 短期冰站和长期冰站进行冰芯和冰下水采集。在北冰洋中心海盆的冰站钻取冰芯样品，冰下水样按 0、5 m 和 10 m 分层，分别进行营养盐、无机碳、POPs 等分析。
- 长期冰站进行冰水界面颗粒物连续采集。
- 冰下硝酸盐等理化参数观测系统：于长期冰站，利用硝酸盐光学仪和温盐探头进行剖面观测。

1.4.2.5 沉积物捕获器长期观测锚系

中国第六次北极考察期间，拟布放了 1 套沉积物捕获器长期观测锚系。利用时间序列沉积物捕获器可获得不同深度、时间尺度的沉降颗粒物样品，利用这些样品可进行更为精确的颗粒物生源要素组成分析。

主要工作量如下。

- 海水化学：海水化学 1 采集 60 个站位包括 10 个全深度站位，共 6 400 个样品；海洋化学 2 采集 30 个站位，共 1 800 个样品；海水化学 3 采集 18 个站位，共 756 个样品；硝酸盐等多参数剖面仪 30 个站位，大体积原位过滤布设 18 站位，共 18 个样品，合计 8 974 个样品。
- 大气化学：共采集 45 个站位，其中气溶胶样品 15 个站位，气体样品共 120 个，气溶胶离子成分样品共 150 个，气溶胶重金属样品共 120 个；大气悬浮颗粒采集 30 个站位，共 120 个样品；气溶胶有机污染物共 90 个样品，合计 600 个样品。
- 沉积化学：共采集 10 个新增表层站位，其中常规参数共 140 个，标志物参数共 80 个，放射性参数共 100 个，POPs 参数共 40 个；采集重力柱状样 1~2 个站位，IP25 等新型生物标志化合物样品 100 个，合计 460 个。
- 受控生态试验：同位素示踪实验 3 个站位，合计 168 个样品。
- 生物地球化学长期观测锚系：布放 1 套沉积物捕获器，获取时间序列颗粒样品 1 套。

1.5 北极海域海洋化学与碳通量考察取得的主要成果

依托中国第五次和第六次北极科学考察，完成了海洋化学与碳通量考察中海水化学、大气化学、沉积化学、同位素示踪受控试验的样品采集以及沉积物捕获器的布放工作。获得了海水化学、大气化学、沉积化学、海冰化学各要素的样品共计 24 400 余份样品。经过实验室分析，获得上述各要素在白令海、楚科奇海、北欧海 3 个海域 447 个站的 54 100 余份数据以及各要素平面分布图 618 幅、断面分布图 248 幅和垂直分布图 530 幅。完成（已接受）SCI 学术论文 20 余篇，其中部分成果发表在《NATURE》子刊《Scientific Reports》等国际一流期刊上。

在执行中国第五次和第六次北极科学考察期间，专题围绕"碳通量及其生物地球化学关键过程"这一科学问题，以海气界面、海洋水柱、海底沉积物为研究对象，运用现场取样分析、受控生态实验、走航观测、锚系观测、在线观测和岸基实验室同位素、生物标志物分析等考察手段，并成功应用了一些新的观测和分析手段，如利用新型水化学要素及同位素示踪水团和海洋过程；使用在线硝酸盐仪观测水体高分辨率的硝酸盐剖面；走航 MIMS 系统分析海表的氧氩比测算净群落生产力等；系统地调查了海水化学要素（营养盐、溶解氧、pH 值、DIC、温室气体等）以及相关的大气化学、沉积化学及海冰化学要素的时空分布特征。在科学调查的基础上，凝练了重大前沿科学问题，如生源要素循环对北极快速变化的响应、北冰洋的海水酸化及人类活动加剧下北冰洋的污染状况等。此外，结合中国第一次至第四次北极科学考察获得的结果，开展了北冰洋水团来源和生物地球化学过程的同位素示踪研究，取得了一系列新的认识和重要成果。

1.5.1 提出了北极快速变化下北冰洋中心区的碳汇效应由强变弱的预测

北极区域温室气体与碳通量评估通过中国第五次和第六次北极科学考察获取了包括近 40 000 组（14M）表层海水底层大气海气 CO_2 走航观测数据；碳酸盐系统参数样品 2 000 余份；近两年发展出来的温室气体 N_2O、CH_4 相关研究工作样品共计约 1 000 份以及大量的气溶胶样品。经过实验室分析，获得上述要素在白令海、楚科奇海、北欧海 3 个海域的 10 057 份数据以及各要素平面分布图 62 幅、断面分布图 55 幅和垂直分布图 43 幅，超额完成了预定任务。2008 年夏季，我们在国际上首次在北冰洋中心区域开展了大规模、多学科的上层碳循环有关参数的观测。通过比较 1999 年夏季在观测区域南部的历史数据以及 1994 年夏季于海冰覆盖的海盆区观测的历史数据，发现海表 $p\mathrm{CO_2}$ 在这十几年中迅速增大，其升高速率大于大气 $p\mathrm{CO_2}$ 的升高速率。由此导致海—气 CO_2 分压差减小，从而降低海—气 CO_2 交换的能力。进一步预测在未来一定时期内，随着海冰的进一步融化，北冰洋作为大气 CO_2 汇的能力将进一步增强。然而，其作为大气 CO_2 强汇的潜在能力将最终消失。研究成果 2010 年发表于美国科学杂志《Science》。然而近期的结果也显示上述研究结果仍有值得探讨的空间。表层海水快速稀释的另一个结果是 pH 值的波动。众所周知，海洋酸化是当今海洋研究领域中的一个重要内容。尽管表层海水 pH 值的波动仍然是短期行为，且具有季节性。然而，根据当前海冰融化和表层海水可能的增温趋势，海冰融化退缩及其对海洋酸化的影响确实是一个需要密切关注的问题。通过第五次和第六次北极考察与早期其他国家的研究结果显示，表层海水的变化已经直接导致太平洋冬季水中碳酸盐体系参数的十年代际变化，并且也在温室气体等参数中观测到类似的现象。

1.5.2 初步解释了加拿大海盆营养盐极大现象的形成机制

北极海域营养盐循环与生物泵结构考察依托中国第五次和第六次北极科学考察，采集获得了白令海、楚科奇海、北欧海 3 个海域海水硝酸盐、亚硝酸盐、铵盐、活性磷酸盐、活性硅酸盐、POC、生物硅、C 和 N 同位素、HPLC 色素，表层沉积物中粒度、总有机碳、有机氮、碳酸钙、生物硅、正构烷烃、甾醇、氨基酸、糖类以及营养盐加富试验等要素的样品共计 5 869 份样品。经过实验室分析，获得上述要素在白令海、楚科奇海、北欧海 3 个海域的12 415 份数据以及各要素平面分布图 94 幅、断面分布图 88 幅和垂直分布图 87 幅，超额完成了预定任务。各要素的分析均以国家海洋调查技术规范或国际主流方法进行，采用先进的仪器设备，并进行严格的质量控制。

通过历史资料和 1999 年以来的多次观察资料，初步解释了加拿大海盆营养盐极大现象的形成机制。对于营养盐极大现象，很多学者一直沿用楚科奇海冬季陆架水直接输入假设来解释。自 1999 年在中国首次北极航次中观测到奇特的极大现象后，依据 Redfield 公式及其营养元素动力学，结合温度、盐度以及密度的数据，我们提出了营养盐极大源是悬浮 POM 在海盆内长期再矿化的假设。在营养盐极大的来源问题上，两种假设细小而重要的区别在于：前者是陆架 POM 再矿化为无机营养盐后输入到加拿大海盆内，后者是陆架或海盆上层 POM 沉降到海盆极大层后再矿化为营养盐。

1.5.3 在北冰洋同位素示踪海洋学方面取得了重要进展

北极海域同位素与 POPs 考察依托中国第五次和第六次北极科学考察航次，采集获得了白令海、楚科奇海、北欧海 3 个海域海水 ^{18}O、^{2}H、$POC-^{13}C$、$PN-^{15}N$、^{226}Ra、^{228}Ra、^{210}Po、^{210}Pb、PAHs，表层沉积物 $OC-^{13}C$、$ON-^{15}N$、^{226}Ra、^{210}Po、^{210}Pb 以及同位素生态受控实验 NO_3^- 吸收速率、NH_4^+ 吸收速率 16 个要素的样品共计 2 906 份样品。经过实验室分析，获得上述 16 个要素在白令海、楚科奇海、北欧海 3 个海域 165 个站的 4 218 份数据以及各要素平面分布图 126 幅、断面分布图 67 幅和垂直分布图 378 幅，超额完成了预定任务。各要素的分析均以国家海洋调查技术规范或国际主流方法进行，采用先进的仪器设备，并进行严格的质量控制，所获得的数据均有很好的分析精度和准确度，不亚于国际同类数据的质量，而且不少要素的数据量（如海水 ^{18}O、^{2}H、$PN-^{15}N$、^{210}Po、^{210}Pb、PAHs 等）居于国际前列。此外，结合中国第一次至第四次北极科学考察获得的结果，开展了北冰洋水团来源和生物地球化学过程的同位素示踪研究，揭示了白令海峡附近海域淡水构成的时空变化及其在加剧北冰洋海冰融化中所起的作用；描绘出加拿大海盆河水组分和海冰融化水组分近 40 年的变化规律，确定出加拿大海盆河水组分的更新时间为 5~16 a；发现白令海中心海盆深层水存在异常强烈的颗粒动力学作用；证明边界清除作用在调控西北冰洋物质和元素的空间分布及收支平衡上起着重要作用。这些研究为深入认识北冰洋淡水收支的变化、颗粒物输运对北冰洋碳氮生物地球化学的影响以及北极海洋的快速变化特征及其在全球深海环流和气候变化中所起的作用均具有重要意义。

1.5.4 北极海域水体、沉积物和大气中 DMS 研究

北极海域部分水体、沉积物及大气化学要素调查与研究依托中国第五次和第六次北极科学考察航次，采集获得了白令海、楚科奇海、北欧海 3 个海域海水氟利昂、DMS、DOC、总氮、总磷浓度，海水中二甲基硫化物的生物生产与消费速率，大气氮氧化物（NO、NO_2）浓度，表层沉积物中重金属（Ba、Mn、U）浓度等要素的样品共计 2 253 份样品。经过实验室

分析，获得上述要素在白令海、楚科奇海、北欧海3个海域的2 825份数据以及各要素平面分布图90幅、断面分布图38幅和垂直分布图22幅。通过对海水氟利昂、DMS、DOC、总氮、总磷以及二甲基硫化物等多参数综合调查，查明北冰洋典型海域海水海洋生源活性气体氟利昂、DMS的基本分布特征，获取北冰洋海域水体基础资料和图件，进一步深化对海水DOC、总氮和总磷时空分布、变化规律、形成机制、制约因素等的认识，有助于深入了解极地海域对全球气候变化的贡献及影响机制，可弥补我国在极地研究中的空白。在以后的北极科学考察中，建议增加冰芯、冰下水、融池中DMS的调查研究。

1.5.5　"雪龙"船北极航迹典型有机污染物和重金属调查研究

"雪龙"船北极航迹典型有机污染物和重金属调查研究依托中国第五次和第六次北极科学考察航次，采集获得了白令海、楚科奇海、北欧海3个海域表层海水重金属（Cu、Pb、Zn、Cd、Hg、Ba、Mn、U）、大气和表层沉积物石油烃、PAHs和PCBs等要素的样品共计138份样品。经过实验室分析，获得上述要素在白令海、楚科奇海、北欧海3个海域的3 935份数据以及各要素平面分布图239幅。结果发现，北极大气中典型POPs的浓度与纬度呈显著负相关关系，验证了POPs在极地环境中的"蚱蜢跳"效应。在极地低温环境下，大气颗粒物中飞灰物质的存在对挥发性较强的POPs的气固分配影响显著。极地海洋环境中的POPs主要来源于大气沉降过程。

1.5.6　北极地区大气中物质的来源、变化、迁移和海—冰—气交换研究

霾是由大气中悬浮的气溶胶颗粒引起的大气能见度下降现象，因其可作为云雾凝结核、吸收和散射太阳辐射，在环境生态和生物地球化学循环中起着重要作用。北极上空的霾加上北半球的污染物质向北冰洋的长距离传输，加剧了北极地区霾的危害性，北极地区气候和大气环境的变化将直接影响着全球大气环流和天气气候的变化。研究北极地区大气中物质的来源、变化、迁移和海—冰—气交换对了解大尺度的大气生物地球化学循环和北极地区环境变化具有重要意义。

以"雪龙"号考察船为监测平台，在中国第五次和第六次北极科学考察期间，采用TEK-RAN 2537大气汞在线监测仪高分辨率在线获取气态总汞（TGM）的浓度数据约20 000组，讨论海洋边界层大气汞的时空分布特征、来源以及环境地球化学过程；利用大流量总悬浮颗粒物采样器采集气溶胶总悬浮颗粒物样品200余份，冷藏保存带回实验室进行化学分析；采用真空气罐采集大气样品140余份，测试挥发性有机气体，如卤代烃等；使用分级空气微生物采样器采集样品并计数29组以及各要素平面分布图7幅，旨在综合利用考察获得的数据，完成研究目标：①在全球变化背景下，充分了解极地海洋边界层气溶胶特别是生物成因气溶胶的种类、成分、时间和空间分布特征；②准确理解决定极区生物成因气溶胶来源、分布及转化的大气环境化学过程，为正确评估海洋和极地气溶胶对全球变化的响应和反馈提供科学依据。

1.6　北极海域海洋化学与碳通量考察存在的主要问题和建议

尽管在"十二五"期间，我国在北极海域海洋化学与碳通量调查研究发现了一些独特的

现象并在热点科学问题的研究有一定的突破，但总体上调查海域仍然比较有限，重点海域不突出，尤其是北冰洋中心区的调查研究较为薄弱；另外受条件限制航次调查频率仍不够，数据积累方面仍然与发达国家存在较大的差距；由于不同学科关注的调查区域和科研问题不一致，往往使调查不深入，效率不高。

第2章 北极海域海洋化学与碳通量考察的意义和目标

2.1 北极海域海洋化学与碳通量考察背景和意义

北极是地球系统的重要组成部分,它包含了大气、海洋、陆地、冰雪和生物等多圈层相互作用的全部过程。北冰洋是一个半封闭的大洋,陆架边缘海面积几乎占了1/2,周围有超过其本身面积的流域盆地。大量的淡水和物质注入、巨大的大陆架体系、随季节而变的海冰覆盖情况构成了北冰洋独特的区域海洋环境,也决定了它是开展陆地和近海、陆架及海盆陆—海—冰—气各界面海洋生物地球化学相互作用研究的一个绝佳场所。近20年来,北极快速变化所导致的一系列大气、海洋、陆地、冰雪和生物等多圈层相互作用过程,不仅对包括我国在内的中高纬度国家的气候产生了显著影响,而且对北极资源的潜在开发利用、碳汇效应及生态系统和渔业资源潜力产生了深刻影响。

北冰洋碳循环对全球变化的响应与反馈是海洋"物理泵"和"生物泵"共同作用的结果。其中,后者的运转效率与生源要素循环,特别是 C、N 的循环密切相关,同时也受到"物理泵"的影响。在北极地区夏季开阔海域面积增加的趋势下,北冰洋的生物泵作用将有所加强,增加了海洋对大气 CO_2 的吸收。同时,随着海冰覆盖度的减少,海冰携带的陆源物质对北冰洋的输入也将会大大增强,从而也会提高生物泵效率。此外,随着海冰面积的缩小,陆架的生物泵过程将增加沉积物碳埋藏,从而对全球碳循环的收支产生很大影响。不过,鉴于北冰洋极端多变的环境条件所导致的"生物泵"运转效率较大的时空变化以及目前研究相对匮乏的现状,准确揭示其变化规律对于了解北冰洋碳循环关键过程及其在当下极地系统中发生的变化具有重要科学意义。

结合中国前 5 次北极考察和国内外相关研究表明,海冰刚融化阶段造成的海冰变薄,开阔水域增加等有利于生物生长增加碳吸收,pCO_2 下降,减缓温室效应,对全球变暖形成负反馈作用;而随着海冰进一步融化,次表层水分层严重,阻止下层营养盐进入表层混合层,生物吸收碳下降,而海水快速从大气吸收 CO_2,促使表层水 pCO_2 升高,最终导致表层海水吸收 CO_2 能力下降。然而,海洋吸收 CO_2,使得海水中 pH 值显著下降,发生了海洋酸化。海洋酸化已是各国政府、科学家及公众共同关注的由于 CO_2 上升而导致的又一重大环境问题。在全球变暖和人为 CO_2 排放持续增加的背景下,北冰洋正在发生快速变化,海冰覆盖面积快速退缩,出现大范围开阔水域,引起北冰洋酸化更加显著,成为全球最先出现 $\Omega_{\text{文石}}$ 小于 1 的深水海域。北冰洋酸化的持续加剧,将对整个北冰洋生态系统造成不可逆转的损害。我们的研究结果表明,近20年来,北冰洋上层海洋酸化扩张速度大大超过去 100 多年的速率,并将从陆架和加拿大南部海盆区域进一步扩大到 80°N 以北海域。CH_4、N_2O 都是重要的温室气体,在同等浓度下其温室效应分别是 CO_2 的 20 倍和 200~300 倍，并且 N_2O 可通过光化学过程破坏大气臭氧层，CH_4 则在对流层通过光化学反应形成臭氧，已有研究表明，北冰洋海底埋藏的巨量甲烷正在向大气中泄漏排放。随着气候的变化和海冰加速融化，在快速变化的北极海洋系统中，了解 N_2O、CH_4 等温室气体循环过程在全球中的作用，将为全球变化过程提供重要根据。而二甲基硫（DMS）是一种重要的生源气体，可参与硫酸盐气溶胶的形成，影响气溶胶的组成与物理性质，进而通过对太阳辐射的反射和散射影响全球气候。二甲基硫是参与全球硫循环最主要的海洋生源硫化物，其在大气中的氧化产物会对全球气候变化和酸雨的形成产生重要影响。二甲基硫丙酸（DMSP）是 DMS 的重要前体物质。研究 DMS 和 DMSP 生物生产、相互转化及其调控机制，对全球气候变化、酸雨的形成等全球环境问题的探讨具有重大意义。

在全球变暖背景下，北冰洋正经历着系列明显的环境变化，其中海冰的快速融化及其导致的水团组成与环流结构变化通过影响北大西洋深层水的形成及全球热量的收支平衡而影响全球气候。北冰洋物理场的变化必将导致其生态系统发生系列变化，包括北冰洋氮循环的关键过程。北冰洋氮循环可能是大西洋氮的净吸收与太平洋氮的净释放之间的平衡机制，直接影响大西洋与太平洋的氮循环。因此应用各种同位素及地球化学类似物开展北冰洋物质循环路径与循环速率的研究，诸如陆架水体与深海盆水体交换的速率、北冰洋淡水的周转速率、太平洋入流的生态效应等问题，将加深对北冰洋海洋学过程的认识，提高相关模型的准确度，进而准确把握北冰洋对全球变化响应与反馈的作用机制。同位素海洋化学是海洋化学中重要且富有特色的组成部分，其内容包括海洋中同位素（天然放射性同位素、人工放射性同位素和稳定同位素）的来源、含量、分布、存在形式、迁移变化规律及其在海洋科学领域的应用。自 20 世纪 60 年代起，同位素海洋化学依靠其独到之处已经成为海洋化学甚至海洋科学中发展迅速的新兴领域，在许多大型国际合作计划中（如 GEOSECS、TTO、WOCE、JGOFS、LOICZ、GEOTRACES 等），同位素海洋化学成为不可或缺的重要内容。迄今，国际上对全球海域海水、沉积物及生物体中 30 多种放射性同位素（^3H、^7Be、^{10}Be、^{14}C、^{32}P、^{30}Si、^{33}P、^{40}K、$^{90}Sr-^{90}Y$、^{137}Cs、^{210}Po、^{210}Pb、^{222}Rn、^{224}Ra、^{226}Ra、^{228}Ra、^{227}Ac、^{227}Th、^{228}Th、^{230}Th、^{232}Th、^{234}Th、^{231}Pa、^{234}U、^{235}U、^{238}U）和稳定同位素（^2H、^9Be、^{13}C、^{15}N、^{18}O）进行了不同程度的调查和研究。这些同位素在 C、N、P、Si、S、Pb 等化学元素的生物地球化学循环过程与通量、海洋生物生产力的测算以及近岸至深海各种沉积过程的沉积速率的确定等方面显示了独特的优势。北冰洋是俄罗斯乃至全球重要的核废料埋藏地、水下核试验场所及核潜艇频繁活动场地，北冰洋的同位素海洋化学研究备受国际关注，有关北极的国际研究与调查计划大多涉及同位素海洋化学内容。目前，北极海域同位素海洋化学的调查与研究主要集中在如下三个方面：①北极海域人工放射性同位素（如 ^{137}Cs、^{14}C、^3H 等）的含量水平、分布及其扩散评估；②北冰洋及周边海域天然放射性同位素（^{238}U、^{234}Th、^{230}Th、^{232}Th、^{226}Ra、^{228}Ra、^{210}Po、^{210}Pb）的含量、分布特征及其对海洋环境的示踪；③北极海域稳定同位素（^2H、^{18}O、^{13}C、^{15}N）的丰度、分布及其海洋学意义。应当指出的是，尽管欧美日等发达国家在北极海域进行了较多的同位素海洋化学研究，为其参与北极事务提供了较丰富的背景资料，但其研究主要集中在欧洲一侧海域和加拿大海盆，北冰洋太平洋扇面及西伯利亚附近海域的研究尚十分匮乏。因此，开展北极海域放射性核素和稳定同位素的调查研究，掌握北冰洋同位素海洋化学的概况，并在此基础上应用同位素揭示北冰洋海洋学过程与生物地球化学过程的信息，对于准确把握北冰洋对全球变化响应与反馈的作用机制具有重要意义。

DMS 是海水中最重要、含量最丰富的还原态挥发性生源硫化物，海洋 DMS 排放与全球气候变化之间可能存在负反馈过程。海洋向大气释放的 DMS 会形成气溶胶，增加云凝结核数量，提高云层对太阳光的反射率，使全球热量收入减少，对温室效应有一定的减缓、抵消作用。而且，此过程中形成的硫酸盐气溶胶也是酸雨的主要贡献者。DMS 对全球气候变化和酸雨的形成有着重大影响。北极是全球气候变化敏感区域，对于 DMS 和 DMSP 的生物地球化学循环具有十分重要的影响。DMS 的生产能被极地海冰性质所影响，DMS 和 DMSP 的浓度和归宿会受到其海—气交换过程的影响。目前一些研究确定了极地海域水体中 DMS 和 DMSP 的浓度和分布，但对于这些被季节性海冰覆盖区域的 DMS 和 DMSP 的生物周转速率的研究还十分有限。考虑到极地区域是全球气候变化最为敏感的地区和 DMS 释放对全球气候变化的影响，开展北极海域的 DMS 和 DMSP 的生物地球化学研究是十分必要的。目前，我国在北极海域 DMS 和 DMSP 的有关研究尚处于空白。

氟氯烃（CFCs）是 20 世纪 30 年代初发明并且开始使用的一种人造的含有氯、氟元素的挥发性有机物。杜邦公司给这类化合物命名为"氟利昂"。它们没有天然来源，完全是由人类活动排放到大气中的，并以气体交换形式迅速进入大洋表层。氟利昂进入海水后含量分布变化主要受海洋水文动力学过程控制，其溶解度是温度和盐度的函数，因而具有特殊的示踪作用。从 20 世纪 70 年代开始，氟氯烃在示踪海洋水系结构、洋流水团运动及其相互作用、水团年龄、海气交换过程的研究价值日益显著，掌握其在海水中横向与纵向分布已经是世界性课题。海水氟利昂、DMS、DOC、总氮、总磷、重金属（Pb、Mn、U）等海水化学要素，大气化学以及相关沉积化学要素的生物地球化学循环是生态系统变化对气候变化响应和反馈的中间环节。中国第五次和第六次北极科学考察在全球气候变化最为敏感的北极海域开展海水 DMS、氟利昂、DOC、总氮、总磷、大气化学氮氧化物以及沉积化学重金属（Pb、Mn、U）分布、归宿及其影响评价的调查研究，为我国开展极地海域海水化学、大气化学以及沉积物化学等方面的生物地球化学研究奠定基础，对于深化认识海洋生态和生物地球化学过程具有重要作用，有助于深入了解极地海域对全球气候变化的贡献及影响机制，可弥补我国在极地研究中的空白。

持久性有机污染物（POPs）是一类在环境中广泛存在的痕量有机污染物质，该类物质具有以下特征：持久性、半挥发性、长距离迁移性、生物富集性以及致畸、致癌、致突变等"三致"毒性等。POPs 污染被认为是与气候变化、臭氧层破坏并列的影响 21 世纪人类健康与生存的三大环境问题之一。各国政府于 2001 年已通过的《关于持久性有机污染物的斯德哥尔摩公约》，是继 1987 年《保护臭氧层维也纳公约》和 1992 年《气候变化框架公约》之后，第三个具有强制性减排要求的国际公约，是国际社会对 POPs 污染采取的优先控制行动。POPs 主要来源于人类生产和生活排放。但是，众所周知，在北极和南极地区没有任何的工业，人类活动也很少，可是，目前南北极的各类环境介质中已检测到了 POPs，甚至在极地生物体内也检测到了高浓度的 POPs。极地地区污染物的一个显著特征是其外源性。由于 POPs 具有半挥发性和持久性，在大气中会同时存在于大气颗粒物和气相中，随着大气流动而进行长距离迁移，通过干湿沉降过程进入陆地和海洋环境，并成为极地环境中 POPs 的主要输入途径。当温度降低或受到海拔高度影响时会重新沉降到地面上，而当温度升高后能再次挥发进入大气，进行迁移。这就是 POPs 的"全球蒸馏效应"或称"蚱蜢跳效应"。这种过程可以不断发生，使得POPs最终沉积在高纬度和高海拔地区，成为POPs最终的"汇"。

由于POPs的"全球蒸馏效应"（大气输送和洋流输送）过程是一个复杂的多介质环境分配过程，不但受到POPs的物理化学特性（如辛醇—水分配系数、溶解度、蒸气压等），而且还受到环境条件（温度、风速、风向等）多种因素的影响，虽然已有一些研究考察了典型区域内POPs的多介质环境行为，但由于目前对POPs的全球循环机制，特别是海洋中海—气交换等基本规律了解还不多，所以POPs的"全球蒸馏效应"理论的时空分辨率都处于较低的阶段。但是，鉴于POPs对环境和人类健康的重要影响以及极地作为POPs的一个重要的"汇"，国际环境科学界极为关注南北极环境中的POPs的存在状态以及环境行为研究。在充分利用我国北极考察资料和研究成果的基础上，围绕极地专项的总体目标和目前国际上针对POPs研究的最新思路，有针对性地开展相关调查。从极地海洋环境和生态系统整体演化角度着手，广泛收集各种资料，围绕整体目标，采用先进的调查技术和实验手段，强调点、线、面调查结合，定性与定量分析结合，状态研究和过程研究相结合。在实施过程中，以"雪龙"号极地考察船为工作平台，采用大面调查和走航观测相结合的方法开展相关工作。

近30年来南北极地区发生的海洋、大气和陆地生态系统的快速变化，使得极地成为全球变化最敏感的地区之一。在北极周边海域，伴随全球变暖，海冰范围及厚度都急剧减少、减薄，使该地区海气界面发生强烈的物质交换过程，从而影响到分布在海洋边界层的大气、气溶胶化学成分，其成分的改变又反过来影响到气候的变化，间接地反作用于海洋生物过程。考察研究的目的在于：①在全球变化背景下，充分了解极地海洋边界层气溶胶特别是生物成因气溶胶的种类、成分、时间和空间分布特征；②准确理解决定极区生物成因气溶胶来源、分布及转化的大气环境化学过程，为正确评估海洋和极地气溶胶对全球变化的响应和反馈提供科学依据。Hg具有特殊的毒性机制，且在陆地、水体及大气中广泛存在，大气中Hg的来源主要是土壤释汞、水体释汞、火山喷发、森林火灾、煤炭燃烧、有色金属冶炼和生物质燃烧等。气态元素汞Hg^0在大气中超长的滞留时间，使其可以传输到遥远的极地区域。在最近十几年内，北极地区的汞污染已经引起了人们的重视，有报道显示Hg在低纬度高温条件下可从土壤和水体挥发，进入大气循环并在高纬度严寒条件下沉积。海洋大气Hg研究为深入了解大气Hg的背景浓度、时空分布特征、大气转化机制、源汇特征以及长距离输送提供科学依据。气溶胶能够通过吸收、散射太阳辐射以及作为云凝结核影响气候。气溶胶的辐射强迫是当前气候预测不确定性的最大来源。对海洋上空尤其是远洋地区气溶胶浓度和化学成分认识的不充分是造成这种不确定性的重要原因。有机气溶胶是海洋气溶胶尤其是气候效应显著的亚微米气溶胶的重要组成部分。生物气溶胶是大气气溶胶的重要组成部分，大气中微生物可以凭借空气介质扩散和传输，引发人类急、慢性疾病，此外可能形成冰晶或云凝结核，进而间接影响全球气候的变化，对生物成因气溶胶的种类、成分、时间和空间分布特征进行分析，对于了解其对人体健康和大气环境的影响具有重要作用。

综上，通过中国第六次北极科学考察，结合前5次中国北极科学考察，探究在北极环境、生态和气候快速变化的背景下，海水化学参数的空间分布和年际/年代际变化，认识营养盐等生源要素的输送、消耗和补充过程，揭示北冰洋陆架与海盆间的相互作用对营养物质输运的影响；利用水化学要素和同位素示踪水团的运动和变性过程，回答北冰洋营养盐动力学过程对海冰消退及其产生的海洋物理场变动的响应；通过研究西北冰洋浮游群落结构、营养盐水平来反演北冰洋"生物泵"及"微生物泵"的地质记录；探讨北冰洋海冰快速消退对北冰洋酸化的调控机制,揭示北冰洋 Ca 循环对北冰洋海洋酸化的响应,并了解 N_2O、CH_4 等温室气体的空间分布,为全球变化过程提供重要根据;准确理解决定极区生物成因气溶胶来源、分布及转化的大气环境化学过程,为正确评估海洋和极地气溶胶对全球变化的响应和反馈提供科学依据;了解大气、冰雪及海洋环境中各类污染物的污染程度、空间分布及来源。

2.2 我国北极海域海洋化学与碳通量考察的简要历史回顾

由于海冰的覆盖等外业作业条件的限制,北冰洋中心海域一直被认为是寡营养的海域,因而不被认为是 CO_2 的汇区。但新的研究表明,北冰洋的生物泵与碳循环过程比原先想象的要活跃得多(Wheeler and Cosselim,1996)。夏季融冰季节,北冰洋陆架区是全球生产力最高的海区之一。在全球增暖、开阔海域面积增加的趋势下,北冰洋生物泵的作用将大大加强,从而增加海洋对大气 CO_2 的吸收(Walsh and Dieterle,1994;Lundberg and Haugan,1996)。估算显示,在气温持续变暖条件下,如果夏季欧亚海盆区海冰全部消融,海洋上表层 100 m 对大气将增加 50 g/m^2(以 C 计)的吸收值(Anderson and Kaltin,2001),这可能对全球碳循环的格局产生重大影响。另一方面,北极海域生物泵的输出效率(到达沉积物的有机碳与初级生产力的比值)比起其他海区要高出很多(Cranston,1997;陈敏和郭劳动,2002;杨伟锋等,2002)。

由于北极碳循环的重要性,在与北极相关的重大国际合作计划中,海洋中碳等生源要素的生物地球化学循环一直是一项主要内容。如欧洲的"全球环境中的北极海洋系统研究"(AOSGE,1996—2005),美国国家科学基金会组织的"北极系统科学研究计划"(ARCSS)框架下的"西北极陆架—海盆相互作用计划"(SBI)以及最近美国 10 个政府部门与学会推出的北极环境变化研究(SEARCH 计划)都把"北极在全球生物地球化学循环中的作用"作为其核心研究内容。目前已发表的相关研究结果主要包括北冰洋溶解无机碳体系的通量、交换与对大气 CO_2 的吸收能力(Walsh,1989;Lundberg and Haugan,1996;Chierici et al.,1999;Fransson et al.,2001;Kaltin,et al.,2002)、营养盐分布、输运及生物生产力(Smith et al.,1995)、溶解有机物的分布、组成、来源及其循环过程(Gordon and Cranford,1985;Rich et al.,1997;Wheeler et al.,1997)、河流输送的营养盐及陆源有机物对北冰洋生化过程及碳循环的影响(Cota et al.,1996;Opsahl et al.,1999;Lobbes et al.,2000;Stepanauskas et al.,2002)、沉积物的组成与现代沉积过程(Darby et al.,1989;Honjo,1990)、沉积物有机碳的分布与来源(Stein et al.,1994;Schubert and Stein,1996;Zegouagh et al.,1996;Goñi et al.,2000;Naidu et al.,2000;Belika et al.,2002)等。这些研究总体来说大部分集中在 Kara 海、Laptev 海、Svalbard 附近海域、Makarov 海盆等北冰洋的欧洲与俄罗斯一侧,而亚—美区的资料相对缺乏。

我国对北冰洋较大规模的考察研究始于 1999 年中国首次北极科学考察之后。围绕我国北极考察的总体目标,在北极环境、生态和气候快速变化的背景下,以北冰洋碳循环及生态系统生源要素供给等关键科学问题为线索,查明北冰洋营养盐和 CO_2 分布及通量的空间和时间变化,找寻海洋生物地球化学循环变化的总体特征趋势,探索北冰洋生物泵过程对环境变化响应的机理;围绕北冰洋水文学和生物地球化学的重要过程,以高灵敏度的同位素技术为依托，揭示北冰洋物质来源、水体运动路径和速率以及生源要素生物地球化学过程及其速率特征；研究北冰洋海洋底部对上层海洋过程的响应，精确提取沉积记录中的环境信息，估算北极现代沉积碳汇中陆地/海洋碳的比例，研究北冰洋"生物泵"的结构及沉积埋藏过程，反演北冰洋种群结构、营养盐水平和古生产力的演化历史。

在营养盐动力学及其对浮游植物和生物泵的调控机制方面，围绕加拿大海盆的营养盐极大现象这一很有意思但尚未揭示出形成机理的海洋现象，开展了北冰洋生源要素分布的空间和时间变化，北冰洋生物泵过程对环境变化响应的机理以及北冰洋有机碳埋藏及海洋古生物地球化学的演化规律研究。主要内容包括：北冰洋海水化学要素的分布特征；营养要素的补充机制及其与初级生产力、生物泵结构的关系；海洋区、浮冰区、永久性冰区以碳为核心的生源物质的循环特征与变化机制；西北冰洋陆架与海盆间的相互作用对营养物输运的影响；加拿大海盆营养盐极大的空间分布特征及其形成机制；北冰洋海洋底部对上层海洋过程的响应；北极现代沉积碳汇中陆地/海洋碳的比例；晚更新世以来碳汇/陆地、北冰洋"生物泵"的结构及沉积碳早期成岩和埋藏过程；北冰洋种群结构、营养盐水平和古生产力的演化历史。现场观测参数和处理的样品包括：溶解氧，营养盐，pH 值，碱度，无机碳，叶绿素 a，初级生产力，悬浮颗粒，DOC，DON，POC，生物硅，颗粒 $\delta^{13}C_{org}$、$\delta^{15}N_{org}$，HPLC 色素，分子标志物等。所研究的海域包括白令海、楚科奇海、波弗特海、加拿大海、盆跨越陆架、陆坡、海盆和永久海冰区。主要调查和研究设备包括：CTD 梅花采水器，船载水化学分析设备，多管沉积物取样器，重力采样器和现场模拟培养装置等。

在碳循环研究方面，一直到 20 世纪 90 年代，在全球二氧化碳收支评估中，北冰洋总是被认为是可忽略不计的，因为其面积只占全球大洋面积的不到 4%，并且海冰的长期覆盖阻碍了海—气交换。随着近些年来，全球变暖的加剧，海冰面积不断减少，北极海域的碳循环也被重视起来（高众勇等，2002；陈立奇等，2004；高众勇和陈立奇，2007）。随着北极海冰覆盖面积的减少，海—气 CO_2 通量有可能增加。一方面，温度的上升会降低 CO_2 在海水中的溶解度，从而降低海洋对大气 CO_2 的吸收；另一方面，开阔海域面积的增加可能使海洋生物活动加强，浮游植物产量增加，从而增加海洋对大气 CO_2 的吸收；同时变暖气候条件下海冰产量的降低和开阔水域对 CO_2 吸收的增加又可能制约海洋的热盐输运，这些过程和反馈作用最终使海—气交换达到稳定碳平衡状态。海冰覆盖面积减少的总影响可能是海洋对大气 CO_2 吸收的增加，并通过颗粒物的形式沉降至海底或通过海流输运出北极海域，从而对全球变暖具有负反馈的作用。据研究估算，在现有的环境条件下，如果欧亚海盆区在夏季海冰全部消融，海洋上表层 100 m 对大气能增加 50 g/m^2（以 C 计）的吸收值（Anderson and Kaltin，2001），这将对全球碳循环的格局产生重大影响。在这种背景下，中国也在 1999 年、2003 年、2008 年、2010 年和 2012 年夏季的中国首次至第五次北极科学考察过程中，对白令海、楚科奇海和加拿大海盆等北极海区的大气和表层海水 CO_2 分压（pCO_2）及碳酸盐体系进行了研究，如详细研究了白令海及楚科奇海表层海水 CO_2 分压（pCO_2）时空变异、全球变化中的北极碳汇等问题，获取了北冰洋碳循环在全球气候变化重要性的认识突破。北冰洋 pCO_2 值分布特征可明显分成 3 大块不同的区域：水交换区、边缘冰带与密集海冰区。其中，白令海入流水能够显著影响楚科奇海 pCO_2 值而产生异常，造成了主控着白令海峡西部的 Anadyr 水体的 pCO_2 低值，而主控东部的阿拉斯加沿岸流有相对高值。白令海入流水能够携带高营养盐进入北冰洋，并对北冰洋的生态系统产生影响，这种影响将使北极对全球变暖具有重要的反馈潜能。另外，通过与美国合作，我国科学家于 2010 年发表在《Science》文章中首次报道了海冰融化的加拿大海盆区海表 pCO_2 的高精度观测结果。通过比较 1999 年夏季在我们观测区域南部的历史数据以及 1994 年夏季于海冰覆盖的海盆区观测的历史数据，发现海表 pCO_2 在这十几年中迅速增大，其升高速率大于大气 pCO_2 的升高速率。由此导致海—气 CO_2 分压差减小，从而降低海—气 CO_2 交换的能力。模型的分析结果表明，大气 CO_2 迅速侵入海表、混合层阻止海—气 CO_2 的进一步交换、低生物吸收与海表升温过程共同导致加拿大海盆海冰融化后的海表高 CO_2 分压。我们进一步预测在未来一定时期内，随着海冰的进一步融化，北冰洋作为大气 CO_2 汇的能力将进一步增强。但是，其作为大气 CO_2 强汇的潜在能力将最终消失。

时至今日，北极海洋 N_2O 和 CH_4 的研究进展十分缓慢，研究成果相当有限，仅在中国第四次至第六次北极科学考察中对海洋中 N_2O 开展了研究，在第五次和第六次北极科学考察中开展了 CH_4 的研究。目前，北冰洋中 N_2O、CH_4 对大气的源汇贡献尚不清楚。在中国第四次北极科学考察中，国家海洋局海洋大气化学与全球变化重点实验室的团队对亚北极和北极海区表层海水的 N_2O 源汇以及垂直分布特征进行了研究，小范围揭示了白令海和西北冰洋表层海水分别具有源和汇的特性，北冰洋强烈的层化作用，抑制了高 N_2O 值的下层水体向表层扩散，加上夏季海冰融化对表层水起到稀释的作用，促使北冰洋夏季表层水中 N_2O 不饱和状态，该文章已经发表在《Acta Oceanologica Sinica》期刊。在 2015 年，团队还发现在加拿大海盆中层水体中的 N_2O 主要受人为因素的影响，而在深层水体中的 N_2O 浓度保留了工业革命前的特征，该文章已在《Journal of Geophysical Research》上发表。自 1999 年中国"雪龙"号首次北极考察开始，气溶胶的研究工作跟随每次北极考察逐步展开，至今北极考察总共已开展了 6 次。考察队采集了太平洋、北冰洋，白令海、楚科奇海域及航线近岸海域大气海洋气溶胶样品，研究了海洋大气中 Na、Mg、K、Cl、Ca、Br、F，各种有机污染物的特征、金属形态和入海通量以及气溶胶中化学物种的来源示踪元素的特征。南北极各种离子沿纬度分布的对比有明显不同的性质，特别是甲基磺酸与非海相硫酸盐的比值 MSA/NSSS 在纬度上的分布，对经典的低温导致其升高的理论提出了挑战。

在同位素示踪方面，通过 6 个航次的调查研究，获得了白令海、楚科奇海、加拿大海盆等海域放射性核素（^{226}Ra、^{228}Ra、^{224}Ra、^{238}U、^{234}Th、^{230}Th、^{231}Pa、^{210}Po、^{210}Pb、^{40}K）、人工放射性核素（^{3}H、^{137}Cs）和稳定同位素（^{2}H、^{18}O、^{13}C、^{15}N）的大量珍贵数据，同时应用外加同位素（^{3}H、^{14}C、^{15}N）示踪技术，开展了初级生产力、细菌生产力、氮生物吸收速率、硝化与反硝化速率的测定与研究。借助所研究的系列同位素，建立了西北冰洋水团来源构成的 ^{2}H、^{18}O 解构技术，定量出北冰洋海水中河水和海冰融化水组分的比例，揭示其时空变化规律；通过镭同位素（^{226}Ra、^{228}Ra、^{224}Ra）的含量与时空变化，指示西北冰洋水体运动路径与水体交换速率，并确定了西北冰洋河水组分的停留时间。在生源要素生物地球化学循环的同位素示踪研究方面，借助 ^{14}C 吸收法、$^{15}NO_3^-$ 吸收法、$^{15}NH_4^+$ 吸收法获得了北冰洋碳、氮的生物吸收速率，揭示出它们的空间变化特征；利用 $^{234}Th/^{238}U$ 不平衡、$^{210}Po/^{210}Pb$ 不平衡和沉积物 $^{210}Pb_{ex}$ 法分别确定出水柱中不同水层颗粒清除迁出作用速率、颗粒有机碳的输出通量和沉积物中有机碳的埋藏通量，定量确定西北冰洋生物泵运转的效率；通过颗粒有机物天然 ^{13}C、^{15}N 同位素组成研究了北冰洋颗粒物的来源与运移路径，探索表、底层生态系的耦合关系。同位素技术的应用极大地加深了对北冰洋物质输入、生物地球化学过程等动力学信息的理解，为阐明北冰洋海洋学过程的时空变化特征及机制以及北冰洋对全球变化的响应与反馈起到了积极的作用。但是，与国际先进水平相比，我国的同位素海洋化学研究存在空间覆盖度不足、时间分辨率不够等问题，至今尚难以准确把握北极海域同位素整体概况，也难以准确评估北冰洋快速变化的规律，更深入与全面的相关研究亟待开展。

海洋是大气 N_2O 最主要的来源之一。IPCC（2001）估算全球 N_2O 来源为 17.7 Tg/a，其中，约有 3 Tg/a 源于海洋。Nevison 等（1995）、Suntharalingam 和 Sarmiento（2000）分别运用模型对全球海洋 N_2O 源强进行评估，得到 4 Tg/a 的基本一致的结论。然而新近研究表明，之前的研究很可能低估了海洋源的强度和其重要性，从而低估了海洋 N_2O 源强的重要性（Bange，2006）。最近，Codispoti（2010）在《Science》上发表文章，提出海洋中缺氧海区的扩大将进一步增强海洋 N_2O 源强。由此可见，对海洋 N_2O 源强的精确评估和 N_2O 循环过程的理解是全球变化研究的一个不可或缺的重要部分。然而时至今日，北极和亚北极海洋体系有关 N_2O 的研究仍然屈指可数，Hahn（1974）最早对北大西洋的 N_2O 分布进行研究，提出北大西洋为大气 N_2O 的来源；Hirota 等（2009）对楚科奇海 N_2O 的分布进行了描述，探讨了楚科奇海陆架区域 N_2O 源汇特性，Kitidis 等（2010）在 2010 年对北冰洋东北航道进行走航观测，发现表层海水 N_2O 分压接近或低于大气分压值。基于中国北极科学考察，我们开展了西北冰洋中 N_2O 的分布特征的研究，并探讨相应影响因素及该区域在 N_2O 收支中扮演的角色。

鉴于海洋生源活性气体 DMS 释放对全球环境（酸化）与气候（负温室效应）变化具有非常重要的作用与影响以及氟氯烃在示踪海洋水系结构、洋流水团运动及其相互作用、水团年龄和海气交换过程中的重要研究价值，中国第五次和第六次北极科学考察开展了海洋 DMS 和氟利昂的调查研究。

极地环境中持久性有机污染物和重金属的来源与污染状况一直是我国极地科学考察重点关注的问题。从我国 1999 年第一次北极科学考察开始至今，海洋环境中典型 POPs 和重金属的污染就一直是考察内容之一。如姚子伟等在第一次北极科学考察的基础上，报道了白令海和楚科奇海海水中典型持久性有机污染物和典型重金属的浓度与分布，但并未开展大气中持久性有机污染物的考察工作。从第二次北极科学考察开始关注大气中典型持久性有机污染物的浓度与分布的科学考察工作。

在中国第二次和第三次北极科学考察期间，中国科学技术大学在"雪龙"号考察船上逐步建立起综合监测平台，采用国内外先进的大气环境监测、采样设备，获得了大量的监测数据和样品。

2.3 考察海区概况

北冰洋独特的地理位置决定了它是开展海陆统筹研究的一个绝佳的场所。北冰洋与其他大洋的不同之处在于：它周边有世界上最大的陆架，陆架边缘海面积几乎占了整个北冰洋的 1/2。北冰洋另一个特点与地中海极为相似，即它是一个半封闭的大洋，仅有少数通道与其他大洋相连，与大西洋相连的主要有弗拉姆海峡（Fram Strait）、巴伦支海和加拿大群岛；与太平洋只有水深 50 m 的白令海峡（Bering Strait）相连（图 2-1）。北冰洋周围有超过其本身面积的流域盆地，包括 POC、DOC、DIC 在内的溶解和颗粒物质可以随径流被带到北冰洋。输入北冰洋的河水总量为 3 336 km^3/a，大约为长江径流量的 3.5 倍。其中四大河流占了总径流量的60%以上：勒拿河（Lena River）533 km³/a，鄂毕河（Ob River）419 km³/a，叶尼塞河（Yenisey River）562 km³/a，马更些河（Mackenzie River）440 km³/a。周边陆地大体积的淡水注入、巨大的大陆架体系、随季节而变的海冰覆盖和输运情况构成了北冰洋独特的区域海洋环境，也决定了北冰洋陆地有机碳保存和埋藏特征、海洋"生物泵"和"微型生物碳泵"运转效率的高低。北冰洋另一个明显的特征是呈块状覆盖的海冰，它的面积夏季末（9月）最小（图2-2），冬季末（3月）最大。海冰分布的季节、年际变化主要受气温与环流控制。海冰不仅影响着海洋生物过程，而且可以把其从近岸裹挟的陆源沉积物一直带到夏季海冰退缩的最北缘。

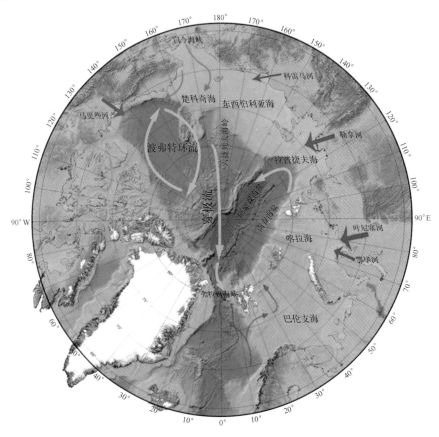

图2-1　北冰洋周围的河流、海水交换通道和内部环流

（绿线、红线、蓝线分别代表太平洋、大西洋入流、河流输入，粉色线表示北冰洋内部环流）

北冰洋碳汇过程有几个非常显著的特点：①陆源有机碳搬运和埋藏不仅受陆地风化作用和径流影响（Rachold et al.，2004；Stein and Macdonald，2004；Stein，2008），而且受近岸侵蚀作用（Rachold et al.，2000）和冰的搬运作用（Pfirman et al.，1997；Macdonald et al.，1998；Nørgaard-Pedersen et al.，1998）影响；②由于光和温度的限制，全年高生物生产力的季节主要集中于夏季，海洋"生物泵"过程很大程度上受控于海冰的覆盖情况；③上述两个过程对气候变化响应十分敏感：即当全球变暖，陆地风化作用加强时，不仅会通过向北冰洋输入大量的陆源有机碳（POC，DOC）增加陆地碳在海洋碳储库构成；而且，其同时输入的营养盐也会在广袤的北冰洋陆架区促进"生物泵"的运转，改变"微型生物碳泵"（Jiao et al.，2010，2011）的储碳效应，从而改变北冰洋的碳汇过程。

图 2-2 2012 年 9 月海冰覆盖情况

（黄线表示 1979—2000 年 9 月平均海冰范围，图像来源 www.arctic.noaa.gov）

尽管西北冰洋快速变化引起了学术界越来越多的关注，但总的来说，北极海洋化学和海洋生物地球化学研究大部分集中在北冰洋欧洲区，而北冰洋亚—美区的资料相对比较缺乏。自 1999 年起，经过 6 次北极考察的调查和研究，我国在北极碳等生源要素的生物地球化学方面开展了不同层次的研究和不同深度的探讨。

2.4 考察目标

包括科学目标、在专项中的作用以及与其他专题的关系等。

以海冰快速融化下西北冰洋碳通量和营养要素生物地球化学循环如何响应为主线，重点开展如下研究：①通过海洋化学多参数综合调查，结合历史资料和前人研究成果，查明北冰洋典型海域海水化学参数、CO_2 体系、悬浮颗粒物组成、大气化学、沉积环境参数的基本分布特征，获取水体、大气和沉积环境的基础资料和图件。②利用水化学要素、生物标志物、放射性和稳定同位素对水团和海洋过程进行示踪，进一步深化各要素时空分布、变化规律、形成机制和制约因素等的认识。③了解北极地区污染物质在各介质中的分布，评价北极海洋环境的污染状况。

第3章 北极海域海洋化学与碳通量 考察主要任务

3.1 考察区域、断面、站位及路线

分重点区域进行描述（图、表说明）。

3.1.1 中国第五次北极科学考察的区域、断面、站位及路线

中国第五次北极科学考察对白令海及邻近海域（包括 BL、BM、BN 断面）、北冰洋太平洋扇区（包括 R、CC、C）和北冰洋大西洋扇区（包括 BB、AT 断面）开展了海水化学、大气化学、沉积化学和受控生态实验等观测。

3.1.1.1 海水化学

海水化学共完成 98 个 CTD 观测站位的水样采集（图 3-1），16 782 个海水化学参数样品。其中营养盐共完成 98 个站位，5 项营养盐分别采集 828 个样品，共采集 4 140 个样品。DO 采集 97 个站位，共采集 817 个样品；悬浮颗粒物完成 95 个站，共采集 782 个样品。

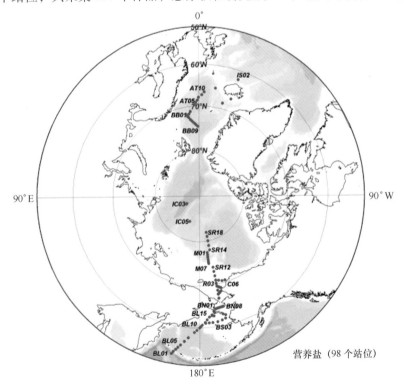

图 3-1　CTD 梅花采水器海水样品采集站位图

完成 94 个站位的 CO_2 体系参数采样，共采集 3 255 个样品；采集海水氟利昂（CFCs）样品 65 站 565 个；溶解有机碳（DOC）样品 45 站 351 个；总氮（TN）、总磷（TP）样品 31 站 192 个；在 39 个选定站位中采集 279 个海水样品进行海水二甲基硫化物的测定，并在其中 10 个站位开展了表层海水的现场培养实验，研究 DMS 和 DMSP 的生物生产和生物消费速率变化情况。

图 3-2　海水样品采集

对生物地球化学各参数的采样任务均已超额完成，其中光合色素样品共采集 320 份，生物硅 208 份，POC 478 份，氨基酸 243 份，生物标志物样品 162 份。这些参数可以为我们提供北极海域有机碳含量、来源、组成活性以及浮游植物群落组成结构等信息，为系统开展北极海域生物地球化学研究提供了保障。

同位素作业共完成 98 个站，采集样品 1700 余份。其中 ^{18}O 样品完成 98 个站 830 个样品；完成 18 个站位 ^{234}Th 的观测，共获得 90 个样品，另获取了海水 $^{15}NO_3^-$ 样品 171 份，Ra 样品 41 份，^{210}Po 和 ^{210}Pb 样品 112 份以及生态受控实验样品 131 份。这些样品的分析结果将为准确示踪北极海区生物地球化学循环的关键过程、水团构成变化以及这些水团构成变化对生物地球化学循环的影响提供有力的科学依据，也为今后更深入的研究奠定了良好的基础。

此外与污染有关的参数，海水重金属样品采集了 28 个站共 28 个样品，有机污染物样品 2 200 多份，将获取 24 万余个数据。

此次考察还对表层海水和大气 CO_2 进行了每天的走航观测，共获得约 7M 的数据。

表 3-1　北冰洋海水化学工作内容及工作量（参数/样品数）

区域	站位数	层数	化学 1 样品数（个）	化学 2 样品数（个）	化学 3 样品数（个）	国际合作 样品数（个）
白令海	37	277	3 240	907	911	629
楚科奇海	33	215	2 384	710	950	577
北冰洋大西洋扇区（BB, AT, IS）	20	243	2 822	681	907	296
北冰洋中心区（高纬区）	8	93	1 046	165	329	228
小计	98	828	9 492	2 463	3 097	1 730
合计				16 782		

铵盐、亚硝酸盐分析

硝酸盐、硅酸盐、磷酸盐分析

DOC样品采集

色素、生物硅等样品采集

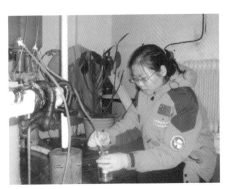

DO样品采集

DIC分析

pH值分析

POP样品富集

图 3-3　中国第五次北极科学考察海洋化学现场作业

分析

采水

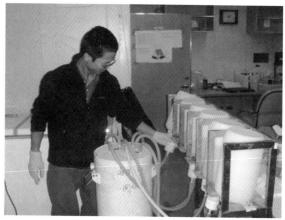

图 3-4　同位素样品采集工作（左图：^{210}Po 和 ^{210}Pb 样品；右图：^{234}Th 采集）

图 3-5　船载走航海水大体积富集系统（左）和表层海水与大气 CO_2 走航观测（右）

表 3-2　第五次北极科学考察海水化学 1 调查站位及项目

站位	日期	时间	纬度 (°N)	经度 (°E)	水深 (m)	悬浮物	营养盐	DO	pH 值	DIC	TA	CFCs	^{18}O
BL01	2012-07-10	21：00	52.68	169.38	5 870	12	12	12	12	12	12	12	12
BL02	2012-07-11	6：37	53.33	169.95	1 948	12	12	12	12	12	12	12	12
BL03	2012-07-11	17：30	53.98	170.72	3 592	12	12	12	12	12	12	12	12
BL04	2012-07-12	2：17	54.59	171.39	3 899	12	12	12	12	12	12	12	11
BL05	2012-07-12	10：49	55.26	172.27	3 880	12	12	12	12	12	12	11	10
BL06	2012-07-12	19：37	56.33	173.69	3 843	12	13	12	12	12	12	12	13
BL07	2012-07-13	4：59	57.40	175.12	3 771	12	12	12	12	12	12	12	12
BL08	2012-07-13	19：29	58.78	177.63	3 739	12	12	12	12	12	12	12	13
BL09	2012-07-14	1：59	59.35	178.78	3 536	12	12	12	12	12	12	12	12
BL10	2012-07-14	3：42	60.04	179.99	2 635	13	12	12	12	12	12	12	13
BL11	2012-07-14	14：29	60.30	-179.52	1 061	12	12	12	12	12	12	12	12
BL12	2012-07-14	23：14	60.69	-178.85	225	8	8	8	8	8	8	8	7
BL13	2012-07-15	13：15	61.29	-177.48	125	8	8	8	8	8	8	8	8

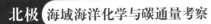

续表

站位	日期	时间	纬度（°N）	经度（°E）	水深（m）	悬浮物	营养盐	DO	pH值	DIC	TA	CFCs	18O
BL14	2012-07-15	18：48	61.93	-176.42	95	7	7	7	7	7	7	7	7
BL15	2012-07-16	0：38	62.54	-175.30	74	7	7	7	7	7	7	7	6
BL16	2012-07-16	5：49	63.01	-173.89	68	6	6	6	6	6	6	6	6
BM01	2012-07-16	12：19	63.46	-172.50	49	6	6	6	6	6	6	6	6
BM02	2012-07-16	15：03	63.77	-172.65	51	5	5	5	5	5	5	5	5
BM03	2012-07-16	16：10	63.87	-172.75	55	5	5	5	5	5	5	5	5
BN01	2012-07-16	20：02	64.31	-171.69	45	5	5	5	5	5	5	5	5
BN02	2012-07-16	22：07	64.43	-171.39	34	4	4	4	4	4	4	4	4
BN03	2012-07-17	0：32	64.47	-170.80	37	5	5	5	5	5	5	4	5
BN04	2012-07-17	2：58	64.48	-170.12	36	4	4	4	4	4	4	4	4
BN05	2012-07-17	5：07	64.51	-169.40	33	4	4	4	4	4	4	4	4
BN06	2012-07-17	7：54	64.55	-168.70	37	4	4	4	4	4	4	4	4
BN07	2012-07-17	11：02	64.58	-168.08	27	4	4	4	4	4	4	4	4
BN08	2012-07-17	13：02	64.61	-167.46	22	4	4	4	4	4	4	4	4
R01	2012-07-18	8：38	66.72	-169.00	37	6	6	5	5	5	5	5	5
R02	2012-07-18	11：33	67.69	-168.94	44	5	5	5	5	5	5	5	5
CC1	2012-07-18	13：56	67.77	-168.61	43	5	5	5	5	5	5	5	5
CC2	2012-07-18	7：11	67.91	-168.23	51	5	5	5	5	5	5	5	5
CC3	2012-07-18	3：13	68.01	-167.87	46	5	5	5	5	5	5	5	5
CC4	2012-07-18	23：02	68.13	-167.50	42	5	5	5	5	5	5	5	5
CC5	2012-07-18	9：03	68.19	-167.31	40	5	5	5	5	5	5	5	5
CC6	2012-07-18	10：51	68.19	-167.31	36	5	5	5	5	5	5	0	5
CC7	2012-07-18	13：04	68.30	-166.98	29	5	5	4	4	4	4	4	5
R03	2012-07-18	14：45	70.27	-168.87	46	6	6	5	5	5	5	5	5
R04	2012-07-19	16：22	69.60	-168.88	45	6	6	5	5	5	5	5	5
C01	2012-07-19	18：07	69.41	-168.16	45	5	5	5	5	5	5	5	5
C02	2012-07-19	19：31	69.23	-167.32	41	5	5	5	5	5	5	5	5
C03	2012-07-19	0：32	69.03	-166.49	26	4	4	4	4	4	4	4	4
C06	2012-07-19	6：12	70.52	-162.76	29	5	5	5	5	5	5	5	5
C05	2012-07-20	23：45	70.52	-164.84	29	5	6	5	5	5	5	5	5
C04	2012-07-20	5：30	70.84	-166.89	39	5	5	5	5	5	5	5	5
R05	2012-07-20	13：38	70.98	-168.78	37	5	5	5	5	5	5	5	5
BB01	2012-08-04	16：31	71.80	9.00	2 616	13	13	13	13	13	13	13	12
BB02	2012-08-04	22：50	72.17	8.32	2 605	13	13	13	13	13	13	13	13
BB03	2012-08-05	4：22	72.50	7.51	2 585	13	13	13	13	13	13	13	13
BB04	2012-08-05	11：40	73.00	6.50	2 319	13	13	13	13	13	13	13	13
BB05	2012-08-05	17：44	73.33	5.50	2 553	13	13	13	13	13	13	13	13
BB06	2012-08-06	0：11	73.67	4.50	3 189	13	13	13	13	13	13	13	13

站位	日期	时间	纬度 (°N)	经度 (°E)	水深 (m)	悬浮物	营养盐	DO	pH 值	DIC	TA	CFCs	¹⁸O
BB07	2012-08-06	6：57	74.01	3.34	3 445	13	13	13	13	13	13	13	13
BB08	2012-08-06	15：52	74.33	2.34	3 634	13	13	13	13	13	13	13	13
BB09	2012-08-06	6：43	74.67	0.97	3 660	13	13	13	13	13	13	13	12
AT01	2012-08-09	6：43	71.71	7.00	2 905	13	13	13	13	13	13	13	13
AT02	2012-08-09	14：38	71.19	5.98	3 101	13	13	13	13	13	13	13	13
AT05	2012-08-10	3：16	69.70	3.03	3 268	13	13	13	13	13	13	13	13
AT06	2012-08-10	10：43	69.20	2.01	3 267	13	13	13	13	13	13	13	13
AT07	2012-08-10	19：43	68.70	1.00	2 966	13	13	13	13	13	13	13	13
AT08	2012-08-11	3：23	68.00	0.28	3 653	13	13	13	13	13	13	13	13
AT09	2012-08-11	13：00	67.40	-1.69	3 187	13	13	13	13	13	13	13	13
AT10	2012-08-11	22：53	66.70	-3.03	3 764	11	11	11	11	11	11	11	11
IS01	2012-08-12	12：05	65.59	-9.00	821	7	11	11	0	0	0	0	11
IS02	2012-08-13	15：05	62.25	-19.27	1 519	8	12	12	0	0	0	0	12
IS03	2012-08-21	03：50	67.21	-18.90	471	0	0	0	0	0	0	0	0
IS04	2012-08-21	16：46	68.70	-14.69	1 600	1	1	0	0	0	0	0	14
IC01	2012-08-29	10：12	86.80	120.35	4 386	13	13	13	13	13	13	0	13
IC03	2012-08-31	3：48	86.62	120.34	4 391	8	8	8	8	8	8	0	8
IC05	2012-09-01	21：00	84.08	158.74	3 213	12	12	12	12	12	12	12	12
SR18	2012-09-04	3：17	81.92	-169.01	3 409	12	12	12	12	12	12	12	12
SR17	2012-09-04	11：45	81.00	-168.98	3 346	13	13	13	13	13	13	0	13
SR16	2012-09-04	19：45	80.00	-227.29	3 345	0	12	12	12	12	12	0	12
SR15	2012-09-05	2：30	79.00	-169.00	3 068	12	12	12	12	12	12	0	12
SR14	2012-09-05	10：21	78.00	-169.00	658	11	11	11	11	11	11	11	11
M01	2012-09-05	15：07	77.50	-172.00	2 281	13	13	13	13	13	13	0	13
M02	2012-09-05	20：15	77.00	-171.99	2 300	13	13	12	12	12	12	0	13
M03	2012-09-06	0：03	76.50	-172.00	2 299	12	12	12	12	12	12	0	12
M04	2012-09-06	4：01	76.00	-171.99	2 004	0	12	12	12	12	12	12	12
M05	2012-09-06	9：44	75.50	-172.02	1 290	9	9	9	9	9	9	0	9
M06	2012-09-06	11：36	75.25	-172.00	516	0	11	11	11	11	11	0	11
M07	2012-09-06	15：05	74.99	-172.02	382	8	8	8	0	0	0	0	8
SR12	2012-09-06	21：28	74.00	-169.02	175	8	8	8	8	8	8	0	8
SR11	2012-09-07	2：18	73.00	-168.97	67	6	6	6	6	6	6	0	6
SR10	2012-09-07	7：29	72.00	-168.81	51	5	5	5	5	5	5	0	5
SR09	2012-09-07	11：57	71.00	-168.86	44	5	5	5	5	5	5	0	5
SR07	2012-09-07	18：23	69.60	-168.86	51	5	5	5	5	5	5	0	5
SR05	2012-09-08	0：39	68.62	-168.86	52	5	5	5	5	5	5	0	5
SR03	2012-09-08	6：19	67.67	-168.93	51	5	5	5	5	5	5	0	5
SR01	2012-09-08	11：05	66.72	-168.91	42	5	5	5	5	5	5	0	5

站位	日期	时间	纬度 (°N)	经度 (°E)	水深 (m)	悬浮物	营养盐	DO	pH值	DIC	TA	CFCs	^{18}O
BM04	2012-09-09	7：17	62.70	-173.00	63	6	6	6	6	6	6	0	6
BM05	2012-09-09	12：30	62.80	-173.92	45	5	5	5	5	5	5	0	5
BM06	2012-09-09	18：24	62.83	-168.46	39	5	5	5	5	5	5	0	5
BM07	2012-09-09	21：47	62.48	-167.33	30	4	4	4	4	4	4	0	4
BS06	2012-09-10	2：33	61.69	-167.72	27	3	3	3	3	3	3	0	3
BS05	2012-09-10	7：01	61.41	-169.43	40	5	5	5	5	5	5	0	5
BS04	2012-09-10	22：10	61.20	-171.58	57	6	6	6	6	6	6	0	6
BS03	2012-09-11	3：11	61.12	-173.85	78	7	7	6	6	6	6	0	7
BS02	2012-09-11	7：25	61.13	-175.53	99	7	7	7	7	7	7	0	7
BS01	2012-09-11	11：52	61.12	-177.26	127	8	8	8	8	8	8	0	8

3.1.1.2 大气化学

在中国第五次北极考察中，大气化学观测内容包括气体和气溶胶样品，分析参数如下。

• 气体：二氧化碳、甲烷、氮氧化物（N_2O、NO、NO_2）、卤代烃、汞、二甲基硫、POPs（PAHs、PCBs、OCPs）；

• 营养盐：硝酸盐、亚硝酸盐、铵盐、磷、铁；

• 重金属：Cu、Pb、Zn、Cd、Al、V、Hg、Ba等；

• 大气悬浮颗粒物：TSP、炭黑、总碳、气溶胶、微生物。

其中大气氮氧化物走航观测自2012年7月3日9时始至9月12日8时止，共获得现场测定数据51组102个样品；大气汞在线监测时间为2012年7月3日至2012年9月12日（东北航道期间未监测），每5分钟出1个数据，共计获得约10 000个数据。生物气溶胶采集时间为2012年7月3日至2012年9月6日，共69个样品。用于有机物质和无机物分析的气溶胶样品平均3天采集1次，各采集了24张膜样品；温室气体N_2O/CH_4走航采集140个样品；大气POPs样品走航采集80个样品。

图3-6 大气气溶胶样品采集

表 3-3　大气化学工作内容及工作量（样品数）

区域	氮氧化物	微生物	汞	走航 CO_2	气溶胶	N_2O/CH_4	POPs
白令海	13	12			平均 3 天采		
楚科奇海	12	9	每 5 分钟	每天进行	集 1 次，共	走航采样	走航采样
北冰洋大西洋扇区	16	21	1 个数据	观测	采 24 张膜		
北冰洋中心区（高纬区）	10	27					
小计	51	69	约 10 000 个	获得约 7M 数据	24	140	80

表 3-4　大容量气溶胶样品采样信息

编号	开始时间	开始地点		结束时间	结束地点	
HVO-S1 HVI-S1	00：15 2012-07-03	33°46.044′N	125°47.319′E	00：01 2012-07-06	49°47.197′N	153°12.991′E
HVO-S2 HVI-S2	01：00 2012-07-06	45°48.035′N	142°52.667′E	01：00 2012-07-09	50°25.615′N	157°30.443′E
HVO-S3 HVI-S3	06：50 2012-07-21	69°28.632′N	169°12.033′W	05：25 2012-07-24	70°18.871′N	173°53.087′E
HVO-S4 HVI-S4	07：15 2012-08-01	76°23.676′N	47°19.469′E	14：40 2012-08-04	71°31.869′N	8°0.409′E
HVO-S5 HVI-S5	14：40 2012-08-04	71°31.869′N	8°0.409′E	07：45 2012-08-07	74°29.650′N	2°41.788′E
HVO-S6 HVI-S6	07：45 2012-08-07	74°29.650′N	2°41.788′E	08：48 2012-08-09	71°43.604′N	7°5.143′E
HVO-S7 HVI-S7	06：34 2012-08-11	68°1.728′N	0°7.078′E	09：00 2012-08-14	62°51.273′N	20°58.909′W
HVO-S8 HVI-S8	08：00 2012-08-22	69°47.305′N	10°1.946′W	08：15 2012-08-25	81°3.171′N	26°15.199′E
HVO-S9 HVI-S9	08：15 2012-08-25	81°3.171′N	26°15.199′E	07：55 2012-08-28	82°11.579′N	126°38.763′E
HVO-S10 HVI-S10	07：55 2012-08-28	82°11.579′N	126°38.763′E	13：00 2012-09-01	15013.274	8430.496
HVO-S11 HVI-S11	14：50 2012-09-04	80°58.316′N	168°46.563′W	01：30 2012-09-08	68°36.929′N	168°53.695′W
HVO-S12 HVI-S12	03：03 2012-09-13	57°14.240′N	166°36.434′E			

3.1.1.3　沉积化学

共采集了 34 个表层沉积物样品，将进行粒度、总有机碳、有机氮、碳酸钙、生物硅、油类和重金属等常规参数以及生物标志物、有机污染物和放射性物质的测定，将获取 1 122 个数据。

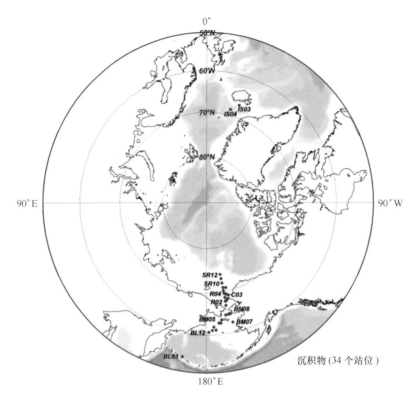

图 3-7　表层沉积物站位图

表 3-5　沉积化学工作内容及工作量（参数/样品数）

区域	表层样品数	常规项目	标志物	放射性	POPs
		合计参数	合计参数	合计参数	合计参数
白令海	13	182	65	130	52
楚科奇海	19	266	95	190	76
北冰洋大西洋扇区	2	28	10	20	8
小计	34	476	170	340	136
合计	1 122				

表 3-6　中国第五次北极科学考察沉积化学箱式表层沉积物样品采集站位

序号	站位	纬度（°N）	经度（°E）	水深（m）	箱式
1	BL03	53.98	170.72	3592	√
2	BL07	57.40	175.12	3771	√
3	BL12	60.69	−178.85	225	√
4	BL14	61.93	−176.42	95	√
5	BM01	63.46	−172.50	49	√
6	BM04	62.70	−173.00	63	√
7	BM05	62.80	−173.92	45	√
8	BM07	62.48	−167.33	30	√
9	BN04	66.72	−169.00	37	√

续表

序号	站位	纬度（°N）	经度（°E）	水深（m）	箱式
10	BN06	64.55	−168.70	37	√
11	BN07	64.58	−168.08	27	√
12	BN08	64.61	−167.46	22	√
13	BS01	61.12	−177.26	127	√
14	BS02	61.13	−175.53	99	√
15	R01	66.72	−169.00	37	√
16	R02	67.69	−168.94	44	√
17	R04	69.60	−168.88	45	√
18	R05	70.98	−168.78	37	√
19	SR05	68.62	−168.86	52	√
20	SR10	72.00	−168.81	51	√
21	SR11	73.00	−168.97	67	√
22	SR12	74.00	−169.02	175	√
23	CC1	67.77	−168.61	43	√
24	CC2	67.91	−168.23	51	√
25	CC3	68.01	−167.87	46	√
26	CC4	68.13	−167.50	42	√
27	CC5	70.52	−164.84	29	√
28	CC6	68.19	−167.31	36	√
29	C01	69.41	−168.16	45	√
30	C02	69.23	−167.32	41	√
31	C03	69.03	−166.49	26	√
32	C04	70.84	−166.89	39	√
33	IS03	67.21	−18.90	471	√
34	IS04	68.70	−14.69	1600	√

此外采集了 9 个多管样品，进行分层离心，前 10 cm 按每 1 cm 采集，10 cm 之下每 2 cm 采集 1 个样品，进行离心，获取间隙水，用于营养盐分析。共获取近 150 个间隙水样品。

3.1.1.4　受控生态试验

此次考察共进行了 2 种受控生态试验，分别为营养盐加富试验和同位素示踪试验。营养盐加富试验共做了 2 组，分别在楚科奇海、加拿大海盆各进行了 1 组营养盐加富试验，以了解这 2 个海区在营养盐受限条件下，浮游植物对营养盐加富的响应，测定参数包括：硝酸盐、亚硝酸盐、铵盐、活性磷酸盐、活性硅酸盐、叶绿素等。每站 8 组实验（2 个平行），每组采样 6 次（2 d/次），共计 176 个样品。

同位素示踪试验则在白令海、楚科奇海、北冰洋大西洋扇区各设计了 4 组试验，在北冰洋高纬区设计了 2 组实验。共进行了 14 个站位的实验，获取了 130 余个样品。主要是利用 $^{15}N\text{-}NO_3^-/^{15}N\text{-}NH_4^+/^{15}N_2$ 外加培养，阐述水团构成对北冰洋氮循环关键过程的影响。

表 3-7　受控生态试验工作内容及工作量（样品数）

区域	营养盐加富实验		同位素示踪实验	
	站位	样品数（个）	站位	样品数（个）
白令海	0	0	4	40
楚科奇海	1	80	4	42
北冰洋大西洋扇区	0	0	4	39
北冰洋中心区（高纬区）	1	96	2	10
小计	2	176	14	131
合计	307			

3.1.1.5　海冰化学要素

全球变暖使得北冰洋海冰面积逐年减少，海冰融化，冰融水注入北冰洋，从而影响北冰洋海水理化性质，进而影响北冰洋海洋生态系统。中国第五次北极考察期间，在 6 个短期冰站使用 Mark II 冰芯钻（内径 9 cm）采集了冰芯，主要进行营养盐、无机碳和有机污染物分析。冰芯样品采集后，按 20 cm 等分处理，将样品敲碎，放入器皿中溶解，待全部溶解后，按规范要求进行样品预处理、保存和分析。

3.1.2　中国第六次北极科学考察的区域、断面、站位及路线

3.1.2.1　海水化学

海水化学目前共完成 89 个海洋站位的水样采集，站位信息如表 3-8 所示。

其中海洋化学 1 类参数共获取了 8 304 个海水样品。现场采集和分析 82 个站位 DO 样品 735 个；亚硝酸盐和铵盐现场采集和分析完成了 89 个站位，均采集了 816 个样品；硝酸盐、活性磷酸盐和活性硅酸盐现场采集和分析完成 89 个站位，均采集了 816 个样品；现场采集 82 个站位 DIC 样品，获取 736 个样品；现场采集 82 个站位 TA 样品，获取了 736 个样品；现场采集分析 82 个站位 pH 值样品，获取了 736 个样品；^{18}O 样品完成全部 86 个站位，采集 738 个样品；氟利昂（CFCs）采样共完成了 62 个站位，采集了 525 个样品。

海洋化学 2 类参数共获取了 2 589 个海水样品。其中溶解有机碳（DOC）采样共完成了 34 个站位，采集了 184 个样品；颗粒有机碳（POC）采样共完成了 57 个站位，采集了 324 个样品；悬浮物采样共完成了 57 个站位，采集了 324 个样品；C 和 N 同位素采样共完成了 57 个站位，采集了 593 份样品；HPLC 色素采样共完成了 57 个站位，采集了 244 个样品。总氮（TN）、总磷（TP）采集 34 个站位，获取了 184 个样品；Ca^{2+} 现场采集 82 个站位，获取了 736 个样品。此外，在 40 个选定站位采集 290 个海水样品进行海水二甲基硫化物的测定，并在其中 20 个站位开展了表层海水的现场培养实验，研究 DMS 和 DMSP 的生物生产和生物消

费速率变化情况。

海洋化学 3 类参数共获取了 973 个海水样品。其中类脂生物标志物采样共完成了 20 个站位，采集了 83 个样品；^{234}Th 同位素采样完成 20 个站，共获样品 225 份。另获取了海水 ^{15}NO$_3^-$ 样品 269 份，^{226}Ra 和 ^{228}Ra 样品 46 份，^{210}Po 和 ^{210}Pb 样品 158 份以及生态受控实验样品 80 份。这些样品的分析结果将为准确示踪北极海区生物地球化学循环的关键过程、水团构成变化以及这些水团构成变化对生物地球化学循环的影响提供有力的科学依据，也为今后更为深入的研究奠定了良好的基础；此外与污染有关的参数，海水重金属样品采集了 28 个站共获 56 个样品，有机污染物样品采集了 28 个站位共获 56 份样品。

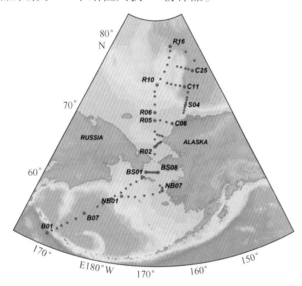

图 3-8　中国第六次北极科学考察海水化学采样站位图

此外走航 $p\mathrm{CO}_2$ 观测进行了每天的走航观测，共获得约 7M 的数据。走航甲烷、氧化亚氮观测进行了每天的走航观测，共获得约 3G 的数据。走航膜进样质谱仪进行每天的走航观测，共获得 100M 的数据。已观测表层海水 DMS 样品 6 000 份，采集 DMS、DMSPp、DMSPd 样品 150 份。

硝酸盐等多参数剖面仪总共布放了 40 个站位，获取了 40 个高分辨率的硝酸盐剖面；大体积原位过滤共布放了 20 个站位；同位素大体积采水等仪器布放了 20 个站位。

表 3-8　第六次北极科学考察海水化学 1 调查站位及项目

站位	日期	时间	纬度 (°N)	经度 (°E)	水深 (m)	营养盐	DO	pH 值	DIC	TA	CFCs	^{18}O
B01	2014-07-19	1：43	52.955	169.070	6 443	13	13	13	13	13	11	12
B02	2014-07-19	7：57	53.567	169.744	1 875	11	11	11	11	11	10	11
B03	2014-07-19	13：35	54.118	170.573	3 924	13	15	15	15	15	12	13
B04	2014-07-19	22：05	54.727	171.267	3 906	26	26	26	26	26	12	20
B05	2014-07-20	6：00	55.390	172.240	3 886	13	0	0	0	0	13	13
B06	2014-07-20	17：26	56.334	173.694	3 856	13	12	13	13	13	13	13
B07	2014-07-21	1：49	57.395	175.112	3 784	26	26	26	26	26	13	19

续表

站位	日期	时间	纬度 (°N)	经度 (°E)	水深 (m)	营养盐	DO	pH 值	DIC	TA	CFCs	^{18}O
B08	2014-07-21	13：35	58.780	177.634	3 752	12	12	12	12	12	12	12
B09	2014-07-22	0：03	59.351	178.768	3 552	23	21	21	21	21	12	19
B10	2014-07-22	7：00	60.038	179.659	2 650	11	13	13	13	13	11	11
B11	2014-07-22	13：40	60.299	-179.516	1 044	11	11	11	11	11	11	10
B12	2014-07-22	20：30	60.687	-178.855	233	13	7	7	7	7	7	7
B13	2014-07-23	4：00	61.290	-177.480	132	6	6	6	6	6	6	6
NB01	2014-07-23	7：00	60.800	-177.203	131	6	6	6	6	6	0	6
NB02	2014-07-23	13：30	60.872	-175.527	107	8	5	5	5	5	0	5
NB03	2014-07-23	19：35	60.940	-173.876	81	6	6	6	6	6	0	6
NB04	2014-07-24	2：02	61.201	-171.560	59	5	3	3	3	3	0	5
NB05	2014-07-24	7：50	61.419	-169.436	40	4	3	3	3	3	0	4
NB06	2014-07-24	13：22	61.681	-167.721	25	3	3	3	3	3	0	3
NB07	2014-07-24	16：25	61.897	-166.997	28	3	3	3	3	3	0	3
NB08	2014-07-24	19：50	62.299	-167.001	33	4	3	3	3	3	0	3
NB09	2014-07-25	1：21	62.596	-167.602	26	3	2	2	2	2	0	3
B14	2014-07-25	20：10	61.933	-176.401	101	6	6	6	6	6	6	6
B15	2014-07-26	3：00	62.536	-175.308	79	6	6	6	6	6	6	6
B16	2014-07-26	8：30	63.007	-173.883	74	5	5	5	5	5	5	5
NB10	2014-07-26	13：04	63.470	-172.473	54	4	4	4	4	4	0	4
NB11	2014-07-26	15：48	63.761	-172.497	47	7	7	7	7	7	0	3
NB12	2014-07-26	17：52	63.666	-171.987	53	4	4	4	4	4	0	0
BS01	2014-07-26	20：36	64.333	-171.476	47	4	3	3	3	3	0	4
BS02	2014-07-26	23：00	64.334	-170.987	40	4	0	0	0	0	0	4
BS03	2014-07-27	2：00	64.336	-170.466	38	4	3	3	3	3	0	3
BS04	2014-07-27	3：40	64.331	-170.002	40	4	4	4	4	4	0	4
BS05	2014-07-27	6：47	64.331	-169.499	39	3	3	3	3	3	0	3
BS06	2014-07-27	13：48	64.345	-168.992	40	4	4	4	4	4	0	4
BS07	2014-07-27	16：19	64.334	-168.499	40	3	3	3	3	3	0	3
BS08	2014-07-27	19：36	64.329	-168.031	36	3	3	3	3	3	0	3
R01	2014-07-28	11：08	66.723	-168.992	43	4	4	4	4	4	4	4
R02	2014-07-28	16：43	67.669	-168.999	50	5	5	5	5	5	5	5
CC1	2014-07-28	19：29	67.779	-168.609	50	4	4	4	4	4	4	4
CC2	2014-07-28	21：30	67.900	-168.241	58	4	4	4	4	4	4	4

续表

站位	日期	时间	纬度（°N）	经度（°E）	水深（m）	营养盐	DO	pH 值	DIC	TA	CFCs	18O
CC3	2014-07-29	0：55	68.102	-167.899	53	4	4	4	4	4	4	4
CC4	2014-07-29	2：30	68.129	-167.511	49	4	4	4	4	4	4	4
CC5	2014-07-29	5：06	68.193	-167.312	46	4	4	4	4	4	4	0
CC6	2014-07-29	6：55	68.241	-167.127	42	4	4	4	4	4	4	4
CC7	2014-07-29	8：00	68.298	-166.957	34	4	4	4	4	4	4	4
R03	2014-07-29	14：12	68.619	-169.000	54	5	5	5	5	5	5	5
C03	2014-07-29	20：00	69.030	-166.478	33	4	4	4	4	4	4	4
C02	2014-07-29	23：59	69.117	-167.338	48	4	4	4	4	4	4	4
C01	2014-07-30	2：39	69.220	-168.138	50	4	4	4	4	4	4	4
R04	2014-07-30	6：57	69.601	-169.008	51	5	5	5	5	5	5	5
C06	2014-07-30	17：19	70.519	-162.777	35	4	4	4	4	4	4	4
C05	2014-07-30	21：49	70.763	-164.735	33	4	4	4	4	4	4	4
C04	2014-07-31	2：33	71.013	-166.995	45	4	4	4	4	4	4	4
R05	2014-07-31	7：59	71.004	-168.999	44	5	5	5	5	5	4	4
R06	2014-07-31	13：47	71.997	-168.980	51	5	5	5	5	5	5	5
R07	2014-07-31	22：50	72.998	-168.971	73	6	6	6	6	6	6	6
R08	2014-08-01	9：55	74.000	-169.001	83	7	7	7	7	7	7	7
R09	2014-08-01	18：20	74.614	-169.032	190	6	6	6	6	6	6	6
S02	2014-08-03	4：05	71.917	-157.465	73	6	6	6	6	6	6	6
S01	2014-08-03	8：00	71.615	-157.929	63	8	4	4	4	4	4	4
S03	2014-08-03	14：56	72.238	-157.079	169	7	7	7	7	7	7	7
S04	2014-08-03	20：47	72.540	-156.575	1 380	14	14	14	14	14	9	14
S05	2014-08-04	3：13	72.827	-156.105	2 679	14	14	14	14	14	10	14
S06	2014-08-04	7：57	73.108	-155.605	3 382	13	13	13	13	13	11	13
S07	2014-08-04	14：26	73.416	-155.138	3 804	26	26	26	26	26	12	21
S08	2014-08-05	4：26	74.019	-154.290	3 907	14	14	14	14	14	12	14
C11	2014-08-06	23：01	74.777	-155.259	3 911	25	26	26	26	26	25	25
C12	2014-08-06	13：00	75.020	-157.203	1 464	13	13	13	13	13	13	13
C13	2014-08-06	19：12	75.204	-159.176	942	12	12	12	12	12	12	12
C14	2014-08-07	3：42	75.400	-161.299	2 092	14	14	14	14	14	11	14
C15	2014-08-07	13：54	75.597	-163.116	2 030	14	0	0	0	0	12	14
R10	2014-08-08	2：38	75.427	-167.904	164	6	6	6	6	6	6	7
R11	2014-08-08	15：00	76.153	-166.196	352	9	9	9	9	9	8	9

续表

站位	日期	时间	纬度 （°N）	经度 （°E）	水深 （m）	营养盐	DO	pH 值	DIC	TA	CFCs	^{18}O
C25	2014-08-10	7：48	76.401	−149.316	3 774	27	25	25	25	25	12	27
C24	2014-08-10	18：40	76.714	−151.063	3 780	14	0	0	0	0	12	14
C23	2014-08-11	5：18	76.911	−152.431	3 782	8	10	10	10	10	10	10
C22	2014-08-11	12：52	77.188	−154.601	1 034	12	12	12	12	12	10	12
C21	2014-08-12	6：08	77.400	−156.746	1 673	14	13	13	13	13	12	13
R12	2014-08-13	3：00	77.001	−163.888	439	11	11	11	11	11	9	11
R13	2014-08-14	1：38	77.799	−162.000	2 668	24	24	24	24	24	12	24
R14	2014-08-14	23：01	78.632	−160.429	761	12	12	12	12	12	10	12
R15	2014-08-15	21：25	79.384	−159.071	3 284	23	23	23	23	23	12	23
R16	2014-08-16	14：30	79.931	−158.603	3 611	13	14	14	14	14	0	0
AD02	2014-08-28	8：00	79.975	−152.689	3 755	15	15	15	15	15	0	15
AD03	2014-08-29	10：00	78.811	−149.381	3 762	24	24	24	24	24	0	24
AD04	2014-08-30	9：58	77.445	−146.366	3 759	14	14	14	14	14	0	14
SR09	2014-09-07	20：39	74.618	−168.945	179	6	—	—	—	—	—	—
SR04	2014-09-09	7：35	69.589	−169.054	51	5	—	—	—	—	—	—
SR03	2014-09-09	13：38	68.619	−169.004	53	5	—	—	—	—	—	—

　　同位素受控示踪实验分别在白令海盆、白令海陆架、楚科奇海陆架和北冰洋海盆 4 个关键区域展开。共进行 10 个站位的现场模拟培养实验，获得样品数 80 份。该实验主要是针对海水真光层以浅的水体，利用 $^{15}N\text{-}NO_3^-$/$^{15}N\text{-}NH_4^+$ 外加培养，分别测定浮游植物群落的新生产力和再生生产力，目的在于阐述水团构成对北冰洋氮循环关键过程的影响。与中国第五次北极科学考察相比，本航次仍旧重点关注白令海海盆区这一高生产力的海域。此外，新增加了白令海陆架区域的取样实验工作，有助于加强了解白令海深海与陆架等不同区域生产力结构的差异以及相关调控因素。为深入认识白令海氮循环关键过程奠定重要基础。

表 3-9　受控生态试验工作内容及工作量（样品数）

区域	同位素示踪实验	
	站位	样品数（个）
白令海盆区	4	32
白令海陆架区	2	14
楚科奇海陆架区	2	16
北冰洋海盆区	2	18
合计	10	80

布放硝酸盐剖面仪

营养盐分析

颗粒有机碳、光合色素过滤

pH传感器比测

DMSP现场过滤

持久性有机污染物富集前处理

甲烷、氧化亚氮走航测定

$p\mathrm{CO}_2$走航在线观测

图 3-9 　中国第六次北极科学考察海洋化学现场作业 （1）

上层水体²³⁴Th样品现场过滤

DMS走航观测

同位素示踪受控实验现场过滤

走航POPs采水过滤

图3-9　中国第六次北极科学考察海洋化学现场作业（2）

3.1.2.2　大气化学

大气汞在线监测时间为 2014 年 7 月 11 日至 2014 年 9 月 24 日，每 5 min 出 1 个数据，共计获得约 10 000 个数据。挥发性有机物（VOCs）采集时间为 2014 年 7 月 11 日至 2014 年 9 月 24 日，共 38 个样品。总悬浮颗粒物（TSP）的样品平均每天采集 1 次，采集时间为 2014 年 7 月 11 日至 2014 年 9 月 24 日，共 46 组样品，92 张膜。各采样的站位如图 3-10 所示。

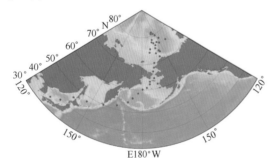
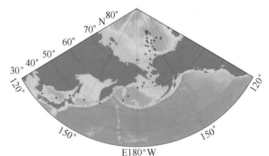

图3-10　VOCs采样（左图）与TSP采样（右图）站点图

大气氮氧化物走航观测，5 min 1 个平均值，连续分析。经过校正系数校正后换算成日平均浓度。中国第六次北极科学考察期间大气氮氧化物走航监测时间为 2014 年 7 月 14 日至 2014 年 9 月 8 日，剔除期间部分异常数据，共计获得 51 组 153 个数据。用于有机物质和无机物分析的气溶胶样品平均 3 d 采集 1 次，各采集了 24 张膜样品；温室气体 N_2O/CH_4 走航采集

140 个样品；大气 POPs 样品走航采集 64 个样品。

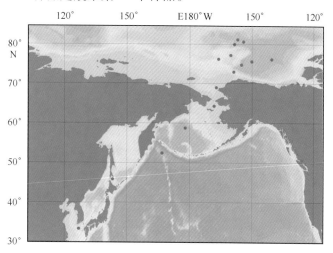

图 3-11 气溶胶 TSP、POPs、IONs 采样分布图

大气颗粒态与气溶胶态样品采集

大气氮氧化物采样观测

图 3-12 中国第六次北极科学考察海洋化学现场作业

3.1.2.3 沉积化学

中国第六次北极科学考察期间，沉积化学总共完成了 31 个站位的表层沉积物采样以及 1 个高纬站位的柱状样采集，采样站位和站位信息如图 3-13 和表 3-10 所示。样品将进行包括常规项目、生物标志物、持久性有机污染物及放射性物质的分析测定。

表 3-10 中国第六次北极科学考察表层沉积物采样站位信息表

站位	日期	采样时间	纬度（°N）	经度（°E）	深度（m）
B13	2014-07-23	4：00	61.290	-177.480	131.68
NB02	2014-07-23	13：30	60.872	-175.527	106.75
NB03	2014-07-23	19：35	60.940	-173.876	80.54
NB04	2014-07-24	2：02	61.201	-171.560	59
B14	2014-07-25	20：10	61.933	-176.401	101

站位	日期	采样时间	纬度（°N）	经度（°E）	深度（m）
B15	2014-07-26	3：00	62.536	-175.308	78.6
CC2	2014-07-28	21：30	67.900	-168.241	57.6
CC3	2014-07-29	0：55	68.102	-167.899	52.5
CC4	2014-07-29	2：30	68.129	-167.511	48.9
CC6	2014-07-29	6：55	68.241	-167.127	42.28
R03	2014-07-29	14：12	68.619	-169.000	53.7
C03	2014-07-29	20：00	69.030	-166.478	33
C01	2014-07-30	2：39	69.220	-168.138	50
C06	2014-07-30	17：19	70.519	-162.777	35.21
C05	2014-07-30	21：49	70.763	-164.735	33
C04	2014-07-31	2：33	71.013	-166.995	45
R06	2014-07-31	13：47	71.997	-168.980	51.35
R07	2014-07-31	22：50	72.998	-168.971	73.36
R08	2014-08-01	9：55	74.000	-169.001	82.69
R09	2014-08-01	18：20	74.614	-169.032	190
S02	2014-08-03	4：05	71.917	-157.465	73
S01	2014-08-03	8：00	71.615	-157.929	62.94
S03	2014-08-03	14：56	72.238	-157.079	169.2
C13	2014-08-06	19：12	75.204	-159.176	941.76
C14	2014-08-07	3：42	75.400	-161.299	2091.8
R10	2014-08-08	2：38	75.427	-167.904	164.36
R11	2014-08-08	15：00	76.153	-166.196	352.43
R12	2014-08-13	3：00	77.001	-163.888	438.86
R14	2014-08-14	23：01	78.632	-160.429	761.37
LIC03	2014-08-20	23：00	81.078	-157.663	3634.2
SIC06	2014-08-28	15：00	79.976	-152.634	3763

3.1.2.4 海冰化学

中国第六次北极考察期间，在 7 个短期冰站（IC01~IC07）和 1 个为期 10 d 的长期冰站（LIC）进行了海冰化学的调查研究，作业站位如图 3-15 所示，站位信息见表 3-11。在短期冰站，我们系统地研究了以冰芯—冰水界面—冰下水为主线的化学要素的垂直分布。在长期冰站，进行了冰水界面颗粒物的连续采集，采集的颗粒物将进行生物标志物、光合色素、颗粒有机碳（POC）等分析研究。同时首次在冰站布放了冰下高分辨率的硝酸盐多参数剖面仪。此外，于长期冰站（LIC）设置了 1 条冰断面，该条冰断面通过了 2 个融池，以此研究融池在海冰生态系统中的生态效应。

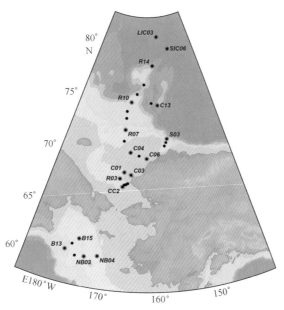

图 3-13　中国第六次北极科学考察表层沉积物采样站位图

沉积物分样　　　　　　　　　　　　　表层沉积物箱式取样器

图 3-14　中国第六次北极科学考察海洋化学现场作业

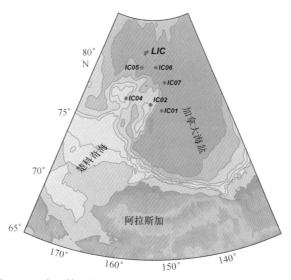

图 3-15　中国第六次北极科学考察海冰化学冰站作业站位图

表 3.11　第六次北极科学考察海冰化学冰站作业信息表

站位	采样日期	采样时间	纬度（°N）	经度（°E）
IC01	2014-08-10	19：50	76.713	−151.061
IC02	2014-08-11	12：52	77.184	−154.599
IC03	2014-08-13	14：58	77.489	−163.145
IC04	2014-08-14	14：00	77.489	−163.145
IC05	2014-08-16	14：52	79.935	−158.632
IC06	2014-08-28	15：05	79.976	−152.630
IC07	2014-08-29	9：19	78.806	−149.359
LIC01	2014-08-19	14：50	80.949	−157.668
LIC02	2014-08-20	15：20	81.079	−157.663
LIC03	2014-08-21	15：00	81.098	−157.313
LIC04	2014-08-22	15：12	81.100	−157.091
LIC05	2014-08-23	14：52	81.106	−156.780
LIC06	2014-08-24	14：37	81.173	−156.661

冰芯钻取

冰下水采集

融池水采集

冰芯分样

图 3-16　中国第六次北极科学考察冰站现场作业

3.1.2.5　沉积物捕获器长期观测锚系

中国第六次北极科学考察期间，在加拿大海盆 ST 站（74°N，156°E，视海冰情况调整），布放 1 套沉积物捕获器（图 3-17）。布放实施步骤如下。

（1）将缆绳（2 000 m）预先盘在飞行甲板上，将各组件连接完毕。

（2）船行驶至预订投放位置顶风逆流。

（3）记录现场水深和 GPS 数据，每分钟记录 1 次。

（4）确定具备投放条件后，潜标系统开始依次入水。

（5）将捕获器与脱钩器连接，使用折臂吊将捕获器吊至水面待放。

（6）将浮球首先放入水中，浮球后端的连接件用回头绳固定在船上，防止捕获器着力。

（7）捕获器脱钩，并解开回头绳。

（8）捕获器入水后，利用绞缆机将缆绳入水。此时船速慢，防止布放过程绳子挂到海冰上。在投放过程中要注意控制投放速度，使潜标系统在水中能随海流展开，避免打结。

（9）待缆绳快放完时，用回头绳穿过浮球前端的连接件固定在船上，防止释放器着力。后将释放器放入水中。

（10）将脱钩器与重块连接，现场指挥下命令将重块吊至 A 架下方。

（11）将回头绳解开，浮标入水，缆绳吃力在重块上。

（12）重块脱钩入水，记录入水时间、"雪龙"船 GPS 信息及现场水深。

（13）使用释放器甲板单元进行测距定位，船上须暂时关闭测深仪（其频率与释放器频率一致，造成干扰）。

（14）锚系定位：重块入海后，须"雪龙"船动车，在 3 个不同的位置测距，并记录 3 点（三角）位置坐标，获得锚系最终的经纬度。

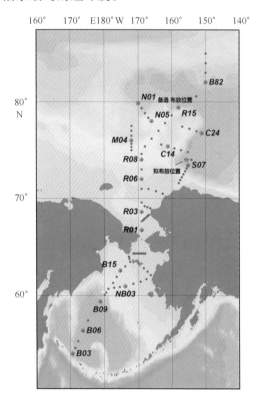

图 3-17　中国第六次北极科学考察沉积物捕获器布放位置

缆绳准备

捕获器起吊

捕获器入水

沉块入水瞬间

图 3-18　中国第六次北极科学考察长期观测锚系现场作业

3.2　北极海洋化学与碳通量考察内容

3.2.1　海水化学

　　海水化学考察内容包括海水化学 1 类参数（基础水化学参数）、海水化学 2 类参数（主要为有机地球化学参数等）、海水化学 3 类参数（主要为生物标志物、重金属、放射性同位素等）、走航化学观测、受控生态实验以及外业仪器布放。详细内容如下。

　　● 海水化学 1：溶解氧、pH 值、碱度、DIC、硝酸盐、亚硝酸盐、铵盐、活性磷酸盐、活性硅酸盐、^{18}O。

　　● 海水化学 2：DOC、POC、悬浮物、甲烷、N_2O、C 和 N 同位素、DMS、HPLC 色素、总氮、总磷、钙离子。

　　● 海水化学 3：类脂生物标志物、芳烃、金属元素（Cu、Db、Zr、Cd、Hg、Ba、Mn、U 等）、放射性同位素^{234}Th、^{238}U、高精度 pH 值、^{226}Ra、^{228}Ra、^{210}Po、^{210}Pb。

　　● 走航化学观测：pCO$_2$，甲烷（CH_4）观测、氧化亚氮（N_2O）观测。

　　● 受控生态实验：同位素示踪实验。

　　● 硝酸盐等多参数剖面仪、大体积原位过滤及同位素大体积采水等仪器布放。

3.2.2 大气化学

大气化学考察内容主要包括气体、气溶胶离子成分、重金属、大气悬浮颗粒物、气溶胶有机污染物等，在"雪龙"船的航迹上进行全程观测。详细内容如下。

- 气体：二氧化碳、甲烷、氮氧化物（N_2O、NO、NO_2）、Hg、二甲基硫、生物气溶胶前导气体。
- 气溶胶离子成分：MSA、Cl^-、Br^-、NO_3^-、SO_4^{2-}、Na^+、NH_4^+、K^+、Mg^{2+}、Ca^{2+}。
- 重金属：Cu、Pb、Zn、Cd、Ni、V、Ba 等。
- 大气悬浮颗粒物：炭黑、总碳、TSP、生物成因气溶胶。
- 气溶胶有机污染物：POPs（PAHs、PCBs、OCPs）。

3.2.3 沉积化学

在海洋地质组的帮助下，主要在白令海—楚科奇海陆架区进行了表层沉积物采样以及在北冰洋中心海盆高纬度地区采集了重力柱状样。详细内容如下。

3.2.3.1 表层沉积物站位

- 常规项目：粒度、总有机碳、有机氮、碳酸钙、生物硅、油类、重金属（Cu、Zn、Cd、Hg、Fe、Pb、Ba、Mn、U 等）。
- 生物标志物：正构烷烃、甾醇、GDGTs、TEX86、BIT、HPLC 色素、C 和 N 同位素。
- POPS：DDT、666、PCBs、PAHs。
- 放射性物质：^{226}Ra、Pb、Po、总铀、^{232}Th、^{137}Cs、^{40}K、^{58}Co、^{60}Co、^{54}Mn 10 个参数。

3.2.3.2 重力柱状样

- 生物标志物：IP25 等新型生物标志化合物。

3.2.4 海冰作业

海冰化学考察内容主要包括研究冰芯及冰下水的营养盐、无机碳、POPs，冰水界面颗粒物时间序列采集以及冰下硝酸盐仪布放。

（1）短期冰站和长期冰站进行冰芯和冰下水采集。在北冰洋中心海盆的冰站钻取冰芯样品，冰下水样按 0、5 m 和 10 m 分层，分别进行营养盐、无机碳、POPs 等分析。

（2）长期冰站进行冰水界面颗粒物连续采集。

（3）冰下硝酸盐等理化参数观测系统：于长期冰站，利用硝酸盐光学仪和温盐探头进行剖面观测。

3.2.5 沉积物捕获器观测锚系

中国第六次北极科学考察期间，已布放了 1 套沉积物捕获器长期观测锚系。利用时间序列沉积物捕获器可获得不同深度和时间尺度的沉降颗粒物样品，利用这些样品可进行更为精确的颗粒物生源要素组成分析。

3.2.6 受控生态实验

- 营养盐加富：楚科奇海、加拿大海盆各安排 1 组营养盐加富实验，主要围绕着海冰融化、营养盐限制、有机质和生源颗粒物营养盐再生等开展试验。测定参数如下：硝酸盐、亚硝酸盐、铵盐、活性磷酸盐、活性硅酸盐、叶绿素等。共 2 站，每站 8 组实验（2 组平行），每组采样 6 次（2 d/次）。

- 同位素示踪：在白令海、楚科奇海、北冰洋大西洋扇区各设计了 4 组试验，在北冰洋高纬区设计了 2 组实验。主要是利用 $^{15}N-NO_3^-/^{15}N-NH_4^+/^{15}N_2$ 外加培养，阐述水团构成对北冰洋氮循环关键过程的影响。

3.3 考察设备（包括实验室分析仪器）

中国第五次北极科学考察海洋化学所用的调查设备与分析仪器见表 3-12 所示。

表 3-12 中国第五次北极科学考察海洋化学调查设备及分析仪器

参数	仪器	仪器来源（单位）	负责人
硝酸盐	营养盐自动分析仪	中国极地研究中心	庄燕培
硅酸盐	营养盐自动分析仪	中国极地研究中心	庄燕培
磷酸盐	营养盐自动分析仪	中国极地研究中心	庄燕培
亚硝酸盐	分光光度计	国家海洋局第二海洋研究所	卢勇
铵盐	分光光度计	国家海洋局第二海洋研究所	卢勇
悬浮颗粒物	过滤装置、电子天平	国家海洋局第二海洋研究所	王斌
POC	过滤装置、ELEMENTAR vario MICRO 元素分析仪	国家海洋局第二海洋研究所	金海燕
颗粒有机碳稳定碳同位素	DELTA plus AD 稳定同位素质谱仪	国家海洋局第二海洋研究所	陈建芳
BSi	恒温振荡水浴锅、Skalar 营养盐自动分析仪	国家海洋局第二海洋研究所	李宏亮
色素	Waters 液相色谱仪	国家海洋局第二海洋研究所	金海燕
颗粒物类脂生标	大体积原位在线过滤器、实验室过滤装置；AGILENT 气质联用 &7890	国家海洋局第二海洋研究所	李宏亮
氨基酸	Waters 液相色谱仪	国家海洋局第二海洋研究所	陈建芳
颗石藻种类鉴定	偏光/显微镜镜检	国家海洋局第二海洋研究所	Antoine Bouvet
二甲基硫化物	日本岛津 GC2010plus 气相色谱仪	国家海洋局第一海洋研究所	王保栋
氮氧化物	天虹 TH-3000A 微电脑大气污染日平均浓度采样器	国家海洋局第一海洋研究所	郑晓玲
DO	7230 分光光度计	国家海洋局海洋大气化学与全球变化重点实验室	詹力扬

续表

参数	仪器	仪器来源（单位）	负责人
N_2O	GC2010 岛津	国家海洋局海洋大气化学与全球变化重点实验室	詹力扬
CH_4	GC2010 岛津	国家海洋局海洋大气与全球变化重点实验室	詹力扬
^{234}Th	超低本底 β 计数器	国家海洋局第三海洋研究所	林武辉
气溶胶有机质	M401 美国迈阿密大学	国家海洋局海洋大气与全球变化重点实验室	陈立奇
气溶胶无机质	M401 美国迈阿密大学	国家海洋局海洋大气与全球变化重点实验室	陈立奇
大气中 POPs	大流量大气采样器	国家海洋环境监测中心	王震
海水重金属	过滤器	国家海洋环境监测中心	王震
大气痕量汞	Tekran 2537B	中国科学技术大学	俞娟
大气中微生物	FA-1 撞击式空气微生物采样器	中国科学技术大学	俞娟
^{226}Ra、^{228}Ra	潜水泵	厦门大学	郑敏芳
PTS 海水样品	舯部 VANCO 潜水泵	厦门大学	蔡明刚
PTS 样品处理	293 mm 海水大体积过滤器、42 mm 海水大体积过滤器、ZG60-600 蠕动泵、BT600EA 蠕动泵、Supelco-Envei SPE 固相萃取装置	厦门大学	蔡明刚
PTS 样品分析	气相色谱—高分辨率质谱联用系统、6890N 型气相色谱仪	厦门大学	蔡明刚

中国第六次北极科学考察海洋化学所用的调查设备及分析仪器如表 3-13 所示。

表 3-13 中国第六次北极科学海洋化学调查设备及分析仪器

参数	仪器	仪器来源（单位）	负责人
硝酸盐	营养盐自动分析仪	中国极地研究中心	庄燕培
硅酸盐	营养盐自动分析仪	中国极地研究中心	庄燕培
磷酸盐	营养盐自动分析仪	中国极地研究中心	庄燕培
亚硝酸盐	分光光度计	国家海洋局第二海洋研究所	卢勇
铵盐	分光光度计	国家海洋局第二海洋研究所	卢勇
悬浮颗粒物	过滤装置、电子天平	国家海洋局第二海洋研究所	张扬
颗粒有机碳氮	过滤装置、ELEMENTAR vario MICRO 元素分析仪	国家海洋局第二海洋研究所	金海燕
颗粒有机碳氮稳定同位素	DELTA plus AD 稳定同位素质谱仪	国家海洋局第二海洋研究所	陈建芳
生物标志物	AGILENT 气质联用 &6890	国家海洋局第二海洋研究所	白有成
HPLC 色素	Waters 液相色谱仪	国家海洋局第二海洋研究所	金海燕
高分辨率硝酸盐等多参数	ISUS 硝酸盐仪、RBR 水质仪	国家海洋局第二海洋研究所	庄燕培
生物标志物原位过滤	Mclane 原位过滤器	国家海洋局第二海洋研究所	白有成

续表

参数	仪器	仪器来源（单位）	负责人
时间序列深海颗粒物采集	Mclane 沉积物捕获器	国家海洋局第二海洋研究所	李宏亮
颗石藻种类鉴定	偏光/显微镜镜检	国家海洋局第二海洋研究所	VictoireRérolle
二甲基硫化物	日本岛津 GC2010plus 气相色谱仪	国家海洋局第一海洋研究所	王保栋
氮氧化物	EC9841 氮氧化物分析仪	国家海洋局第一海洋研究所	郑晓玲
溶解氧（DO）	耶拿 250@ 分光光度计	国家海洋局第三海洋研究所	祁第
溶解无机碳（DIC）	Li-Cor® 非分散红外检测器（LI-7000）（AS-C2，美国 APOLLO 公司）	国家海洋局第三海洋研究所	祁第
总碱度（TA）	Gran 滴定自动仪（AS-ALK2，美国 APOLLO 公司）	国家海洋局第三海洋研究所	祁第
pCO_2	海—气走航观测系统（8050 型，美国 GO 公司）	国家海洋局第三海洋研究所	祁第
Ca^{2+}/颗粒无机碳（PIC）	万通 809 型自动电位滴定仪（Methrom 809 Titrando）	国家海洋局第三海洋研究所	祁第
pH 值	SHIMADZU UV-1800 分光光度计	国家海洋局第三海洋研究所	祁第
N_2O	GC2010 岛津	国家海洋局海洋大气与全球变化重点实验室	詹力扬
CH_4	GC2010 岛津	国家海洋局海洋大气与全球变化重点实验室	詹力扬
NCP	HPR40 膜进样质谱仪	国家海洋局第三海洋研究所	李玉红
DMS 走航观测	吹扫捕集联用仪、气相色谱脉冲火焰光度检测器	国家海洋局第三海洋研究所	张麋鸣
^{234}Th	超低本底 β 计数器	国家海洋局第三海洋研究所	邓芳芳
海水重金属	过滤器	国家海洋环境监测中心	马新东
^{226}Ra、^{228}Ra	潜水泵	厦门大学	曾健
PTS 海水样品	舯部 VANCO 潜水泵	厦门大学	邓恒祥
PTS 样品处理	293 mm 海水大体积过滤器、42 mm 海水大体积过滤器、ZG60-600 蠕动泵、BT600EA 蠕动泵、Supelco-Envei SPE 固相萃取装置	厦门大学	邓恒祥
PTS 样品分析	气相色谱—高分辨率质谱联用系统、6890N 型气相色谱仪	厦门大学	邓恒祥
采水器	SBE CTD、Niskin 采水瓶	"雪龙"船	王硕仁
气溶胶无机质	M401 美国迈阿密大学	国家海洋局海洋大气与全球变化重点实验室	陈立奇
大气中 POPs	大流量大气采样器	国家海洋环境监测中心	马新东
大气痕量汞	Tekran 2537X	中国科学技术大学	贺鹏真
挥发性有机物	不锈钢真空采样罐	中国科学技术大学	贺鹏真
总悬浮颗粒物	天虹 TH1000C II 型	中国科学技术大学	贺鹏真

3.3.1 "雪龙"船 SBE CTD 采水器

使用"雪龙"船的 SBE CTD 采水器（图 3-19），该采水器配置有 24 瓶 10L 的 Niskin 采水器，能够用于分层采集海水。现场海水温度、盐度及站位水深等海洋环境参数由 CTD 在采集海水时同步测定完成。

图 3-19 "雪龙"船 SEB CTD 采水器

3.3.2 营养盐自动分析仪

硝酸盐+亚硝酸盐、磷酸盐和硅酸盐使用营养盐自动分析仪分析，其购自荷兰 Skalar 公司，型号为 Skalar San++（图 3-20）。硝酸盐+亚硝酸盐、磷酸盐和硅酸盐分别采用镉铜柱还原—重氮偶氮法、磷钼蓝法和硅钼蓝法测定，检测限分别为 0.1 $\mu mol/dm^3$（$NO_3^- + NO_2^-$）、0.1 $\mu mol/dm^3$（SiO_3^{2-}）和 0.03 $\mu mol/dm^3$（PO_4^{3-}）。

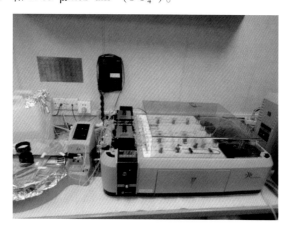

图 3-20 营养盐自动分析仪

3.3.3 高分辨率硝酸盐等多参数剖面仪

高分辨率硝酸盐剖面仪运用紫外吸收光谱方法原位测定溶解态硝酸盐的含量，其特点是无需使用化学试剂即可简便准确、实时连续地监测硝酸盐浓度（图 3-21）。

图 3-21　高分辨率硝酸盐剖面仪

硝酸盐剖面仪的测定原理是运用不同化学物质在 UV（200～400 nm）的紫外吸收特征来测定它们的浓度。包含三个主要步骤：①测定海水样品的吸收光谱；②系统的校准过程：建立在 UV（200～400 nm）有吸收的化学物质的吸收光谱库；③优化过程：调整校准化学物质的浓度，直到和测定得到的光谱匹配，从而得到硝酸盐浓度。其主要性能：精确度（Precision）为 ±0.5 μM；准确度（Accuracy）为 ±2 μM；浓度范围为 0～2 000 μM；可测深度为 1 000 m；可测温度范围为 0～35℃。

3.3.4　甲烷与氧化亚氮分析仪

采用离轴积分腔输出光谱法（ICOS）的一种高精细的光腔测量技术，以极高的精度和准确度测定大气中的甲烷和氧化亚氮，高分辨率的数据可以揭示海水中温室气体更加细微的变化，能更加准确地评估现场溶存温室气体的含量（图 3-22）。

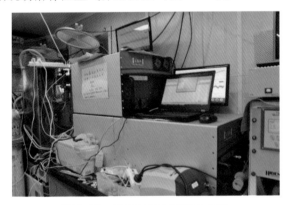

图 3-22　甲烷与氧化亚氮分析仪

3.3.5　膜进样质谱仪

N_2、O_2、Ar 是水体中含量最高的 3 种气体，N_2、O_2 在水体中的分布受物理过程和生物过程双重影响，而 Ar 只会被物理因素控制，根据 3 种气体的溶解特性相似的特点，可以通过 O_2/Ar 来去除物理混合作用而实现估算海域的净生产力的目的，而 N_2/Ar 是用来了解水体中反硝化过程的有效手段（图 3-23）。

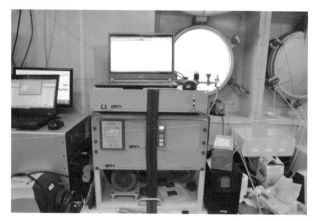

图 3-23　膜进样质谱仪

3.3.6　岛津 GC2010Plus 色谱仪

海水 DMS 分析采用冷肼吹扫—捕集气相色谱法，即氮气吹扫，将 DMS 冷肼富集于浓缩管中，后撤走冷源将浓缩管进行加热解析，在载气携带下将解析出的 DMS 直接送入色谱，用 GC-FPD 进行现场检测（图 3-24）。

图 3-24　岛津 GC2010Plus 色谱仪

3.3.7　汞在线监测仪 Tekran 2537 X

Tekran 2537X 汞蒸气分析仪可在亚纳克每立方米级持续分析大气总气态汞含量。仪器通过采集大气样品并将其通过含有超纯金的金管将汞蒸气富集在金管内。该金汞齐通过热分解后采用冷原子荧光光谱法测定，金管的设计采用双通道以达到改变采样、解析的目的，从而达到持续分析大气样品，每 5 min 出 1 个数据。为避免走航过程中经常变换时区的问题，数据输出的时间采用世界时，且仪器每天都会进行内部自我校准，确保了数据的准确性和可靠性（图 3-25）。

图 3-25　汞在线监测仪

3.3.8　不锈钢真空采样罐

采用的不锈钢真空瓶容积为 2 L（图 3-26），采样时长为 5 min。采集的北极航次气体样品，在实验室利用 GC-MS 测试分析其中物气溶胶前导气体的成分。采样时在船头的顶层甲板迎风采样，避免人为及船基污染。

图 3-26　不锈钢真空采样罐

3.3.9　总悬浮颗粒物（TSP）

TSP 采样仪安放在船头顶层甲板（图 3-27），采样流量为 1.05 m³/min，时长为 24 h，每一段时间采集 1 组空白膜样，采集的样品回国后进行分析。采样前滤膜以及保存滤膜的铝箔袋预先使用马弗炉在 450℃温度下烘烤 4 h 以去除有机物。采样结束将滤膜保存在预先处理好的铝箔袋中，再用两层清洁的自封袋密封，放入冰箱冷冻（-20℃）保存。采样空白按照真实样品相同的方法处理，采样时间为 1 min，并用与真实样品相同的程序保存。

图 3-27 总悬浮颗粒物（TSP）采样仪

3.3.10 EC9841 氮氧化物分析仪

将船舱外大气管路连接过滤器后，固定。以防止风雨对大气管路采气管口的污染。采气管口（过滤头，过滤器使用一定时间后，由于杂物的堵塞，导致气体流量下降，如果分析仪显示气体流量不足，可以更换过滤器）略向下倾斜。确保雨水或杂物不易进入采气管路。采气管的另一端连接在 EC9841 分析仪（图 3-28）的"INLET"口，将塑料的螺帽旋紧。将采气泵（THOMAS）的吸气管口与活性炭过滤器连接（短管），过滤器的另一端（长管）与 EC9841 分析仪的"EXHAUST"口连接，将塑料的螺帽旋紧。检查各管路的接口是否漏气，若漏气将漏气处旋紧，使之不再漏气。

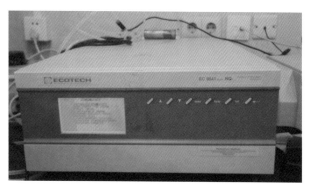

图 3-28 EC9841 氮氧化物分析仪

3.4 北极海洋化学与碳通量考察人员及分工

2012 年中国第五次北极科学考察海洋化学组共 17 人，包括 2 名国际合作科学家。17 名队员分别来自国家海洋局第一海洋研究所，国家海洋局第二海洋研究所，国家海洋局第三海洋研究所，国家海洋环境监测中心，厦门大学，中国科学技术大学，美国佐治亚大学及法国巴黎第六大学。

表3-14　中国第五次北极科学考察海洋化学组出海人员情况

序号	姓名	性别	单位	E-mail	航次任务
1	金海燕	女	国家海洋局第二海洋研究所	Jinhaiyan@ sio. org. cn	有机碳、色素、生物标志物等生地化参数
2	卢勇	男	国家海洋局第二海洋研究所	luyong@ sio. org. cn	营养盐分析、生态受控实验
3	庄燕培	男	国家海洋局第二海洋研究所	Pei386@ 163. com	营养盐分析
4	王斌	女	国家海洋局第二海洋研究所	Wangbin_ zj@ 126. com	颗粒物、生物硅及生物标志物
5	陈发荣	男	国家海洋局第一海洋研究所	frchen@ fio. org. cn	大气氮氧化物、氟利昂及沉积物中铅、锰、铀
6	厉丞烜	女	国家海洋局第一海洋研究所	cxli@ fio. org. cn	二甲基硫、总氮、总磷、溶解有机碳
7	孙恒	男	国家海洋局海洋大气化学与全球变化重点实验室	sunheng888888@ 163. com	CO_2 体系
8	张介霞	女	国家海洋局海洋大气化学与全球变化重点实验室	Zhangjiexia1986@ sina. com	氧化亚氮、甲烷
9	张凡	男	国家海洋局海洋大气化学与全球变化重点实验室	fengluokuye@ 126. com	溶解氧
10	林武辉	男	国家海洋局海洋大气化学与全球变化重点实验室	linwuhui8@ 163. com	^{234}Th
11	王震	男	国家海洋环境监测中心	zwang@ nmemc. org. cn	重金属及大气 POPs
12	郑敏芳	女	厦门大学	glittering. cat@ 163. com	北冰洋水团的同位素示踪、生态受控实验
13	胡王江	男	厦门大学	541639972@ qq. com	生物泵运转效率（$^{210}Po/^{210}Pb$、POM-^{13}C、^{15}N、$^{15}NO_3^-$）
14	蔡明刚	男	厦门大学	mgcai@ xmu. edu. cn	PAHs
15	俞娟	女	中国科学技术大学	jyu1124@ mail. ustc. edu. cn	大气汞监测及生物气溶胶采集
16	陈宝山	男	美国佐治亚大学	chenbaoshan@ gmail. com	海水 CO_2 体系
17	Antoine Bouvet	男	法国巴黎第六大学	antoine. bouvet@ hotmail. fr	颗石藻

中国第六次北极科学考察大洋队海洋化学组共有 15 名考察队员，来自 6 个不同科研院校。此外还有 3 名国际合作科研人员。

表3-15　中国第六次北极科学考察大洋队海洋化学组考察人员及航次任务情况

序号	姓名	性别	单位	专项任务	航次任务
1	卢勇	男	国家海洋局第二海洋研究所	03-04 专题海洋化学与碳通量考察	海水化学：亚硝酸盐、铵盐分析、外业仪器布放；海冰化学：冰芯钻取；沉积物捕获器布放

续表

序号	姓名	性别	单位	专项任务	航次任务
2	白有成	男	国家海洋局第二海洋研究所	03-04 专题海洋化学与碳通量考察	海水化学：营养盐分析、外业仪器布放；海冰化学：冰水界面颗粒物采集；沉积物捕获器布放
3	庄燕培	男	国家海洋局第二海洋研究所	03-04 专题海洋化学与碳通量考察	海水化学：营养盐分析、颗粒物及有机、碳氮采集；海冰化学：冰芯及冰下水颗粒物采集；沉积物捕获器布放
4	张扬	女	国家海洋局第二海洋研究所	03-04 专题海洋化学与碳通量考察	海水化学：营养盐分析、光合色素样品采集；海冰化学：冰芯及冰下水营养盐采集；沉积物捕获器布放
5	王子成	男	国家海洋局第一海洋研究所	03-04 专题海洋化学与碳通量考察	海水化学：DMS、DOC、TN、TP
6	滕芳	女	国家海洋局第一海洋研究所	03-04 专题海洋化学与碳通量考察	海水化学：氟利昂采样；大气化学：大气氮氧化物观测
7	李玉红	男	国家海洋局第三海洋研究所	03-04 专题海洋化学与碳通量考察	海水化学：CH_4、N_2O、O_2/Ar、N_2/Ar、^{15}N
8	祁第	男	国家海洋局第三海洋研究所	03-04 专题海洋化学与碳通量考察	海水化学：CO_2 体系和北冰洋酸化相关参数样品采集与分析（DIC、TA、pCO_2、DO、Ca^{2+}、pH）
9	张麋鸣	男	国家海洋局第三海洋研究所	03-04 专题海洋化学与碳通量考察	海水化学：DMS、DMSPp 走航观测
10	邓芳芳	女	国家海洋局第三海洋研究所	03-04 专题海洋化学与碳通量考察	海水化学：颗粒有机碳输出通量
11	马新东	男	国家海洋环境监测中心	03-04 专题海洋化学与碳通量考察	海水化学：重金属、POPs 样品采集及预处理
12	曾健	男	厦门大学	03-04 专题海洋化学与碳通量考察	海水化学：北冰洋水团的同位素示踪、生态受控实验
13	林辉	男	厦门大学	03-04 专题海洋化学与碳通量考察	海水化学：生物泵运转效率（$^{210}Po/^{210}Pb$、$POM-^{13}C$、^{15}N、$^{15}NO_3^-$）
14	邓恒祥	男	厦门大学	03-04 专题海洋化学与碳通量考察	海水化学：PAHs
15	贺鹏真	男	中国科学技术大学	03-04 专题海洋化学与碳通量考察	大气化学：大气汞监测及生物气溶胶样品采集
16	肖晓彤	女	德国阿尔弗雷德·韦格纳海洋研究所	国际合作	沉积化学：新型标志物
17	Victoire Rérolle	女	法国巴黎第六大学	国际合作	海水化学：颗石藻采样、pH 传感器比测
18	Andrew Collins	男	美国特拉华大学	国际合作	海水化学：CO_2 系统相关参数样品采集与分析（DIC、TA、pH 值）

3.5 北极海洋化学与碳通量考察完成工作量

3.5.1 中国第五次北极科学考察完成工作量

表 3.16 中国第五次北极科学考察营养盐循环与生物泵结构考察完成工作量

任务	子任务	要素	站位数	层数（站）	参数（层）	样品数（个）
海水化学	海水化学 1	五项营养盐	98	8	2	4 956
	海水化学 2	POC、悬浮物、C 和 N 同位素、HPLC 色素	45	5	2	662
	海水化学 3	类脂生物标志物	30	5 或 1	5	198
沉积化学	常规项目	粒度、总有机碳、有机氮、碳酸钙、生物硅	34	1	2	179
	生物标志物	正构烷烃、甾醇等	15	1	3	164
受控试验	营养盐加富		2	7	2	144
合计						6 303

表 3-17 中国第五次北极科学考察温室气体与碳通量评估工作量

任务	子任务	要素	站位数	层数（站）	参数（层）	样品数（个）
海水化学	海水化学 1	CO_2	94	8	3	2799
	海水化学 2	N_2O	80	7	1	209
	海水化学 2	CH_4	30	5	1	200
	海水化学 3	放射性同位素	18	5	1	185
大气化学	气体	N_2O、CH_4	走航数据		1	
	无机气溶胶	营养盐	45	1	10	456
		重金属	45	1	7	708
	有机物	POPs（OCP）	45	1	1	45
	气溶胶	悬浮物，炭黑等	45	1	6	168
沉积化学	有机物	DDT、666	10	1	1	10
	放射性核素	总铀、^{232}Th、^{137}Cs 等 7 个参数	10	1	1	10
合计						4790

表 3-18 中国第五次北极科学考察同位素与 POPs 考察完成工作量

任务	子任务	要素	站位数	层数（站）	参数（层）	样品数（个）
海水化学	海水化学 1	^{2}H、^{18}O	63	8	2	1 005
	海水化学 2	颗粒有机物 ^{13}C 和 ^{15}N	43	5	2	670
	海水化学 3	^{210}Po、^{210}Pb、^{226}Ra、^{228}Ra、芳烃	18	5 或 1	5	370
沉积化学	生物标志物	有机物 ^{13}C 和 ^{15}N	30	1	2	60
	放射性物质	^{226}Ra、^{210}Pb、^{210}Po	30	1	3	90
受控试验	同位素示踪受控实验	$^{15}NO_3^-$ 和 $^{15}NH_4^+$ 示踪	19	7	2	90
合计						2 285

表 3-19　中国第五次北极科学考察海域部分水体、大气化学和沉积化学考察工作量

任务		子任务	站位数	层数（站）	样品数（个）
第五次北极 科学考察	海水化学	CFCs	67	8 或 5 或 1	565
		DMS	39	8 或 5 或 1	279
		DOC	45	8 或 5 或 1	351
		TN/TP	31	8 或 5 或 1	192
	大气化学	氮氧化物	51	1	102
合计					1 489

表 3-20　中国第五次北极科学考察"雪龙"船航迹典型有机污染物和重金属调查考察工作量

任务	子任务	站位数	层数（站）	参数（层）	样品数（个）
海水化学	海水化学 1	—	—	—	—
	海水化学 2	—	—	—	—
	海水化学 3	35	1	8	271
大气化学	气溶胶有机污染物	19	1	46	874
沉积化学	常规项目	30	1	1	30
	POPs	30	1	46	1 380
合计				101	2 555

中国第五次北极科学考察期间，在线监测气态总汞（TGM）浓度，共获得约 10 000 组数据；通过大流量总悬浮颗粒采样器采集气溶胶样品 57 份；整个航次共用真空气罐采集大气样品 48 份，用于挥发性有机物的测定；分级采集生物气溶胶样品并培养计数，共采样细菌和真菌各 29 组（包括空白 2 组）。

3.5.2　中国第六次北极科学考察工作量

表 3-21　中国第六次北极科学考察营养盐循环与生物泵结构考察工作量

任务	子任务	要素	站位数	层数（站）	参数（层）	样品数（个）
海水化学	海水化学 1	五项营养盐	89	8	5	4 080
	海水化学 2	POC、悬浮物、C 和 N 同位素、HPLC 色素	57	5	5	1 485
	海水化学 3	类脂生物标志物	20	5 或 1	5	83
	硝酸盐等 多参数仪	硝酸盐	40	1	1	40
	大体积原位		20	1	1	20
沉积化学	常规项目	粒度、总有机碳、有机氮、碳酸钙、生物硅	31	1	5	155
	生物标志物	正构烷烃、甾醇等	31	1	8	248
长期观测 锚系	长期观测 锚系	沉积物捕获器	1	1	1	1
合计						6112

表 3-22　中国第六次北极科学考察温室气体与碳通量评估考察完成工作量

任务	子任务	要素	站位数	层数（站）	参数（层）	样品数（个）
海水化学	海水化学 1	CO_2	82	9	3	2 944
	海水化学 2	N_2O	62	8	1	532
	海水化学 2	CH_4	20	8	1	150
	海水化学 3	放射性同位素	20	5	1	225
大气化学	气体	N_2O、CH_4	走航数据		1	
	无机气溶胶	营养盐	20	1	10	200
		重金属	20	1	7	315
	有机物	POPs（OCP）	45	1	1	45
	气溶胶	悬浮物，炭黑等	20	1	6	120
沉积化学	有机物	DDT、666	正在申请样品	1	2	0
	放射性核素	总铀、^{232}Th、^{137}Cs 等 7 个参数	正在申请样品	1	7	0
合计						5 267

表 3-23　中国第六次北极科学考察同位素与 POPs 考察完成工作量

任务	子任务	要素	站位数	层数（站）	参数（层）	样品数（个）
海水化学	海水化学 1	^{18}O	91	8	1	738
	海水化学 2	颗粒有机物 ^{13}C 和 ^{15}N	45	5	2	582
	海水化学 3	^{210}Po、^{210}Pb、^{226}Ra、^{228}Ra、芳烃	19	5 或 1	5	806
沉积化学	生物标志物	有机物 ^{13}C 和 ^{15}N	10	1	2	0
	放射性物质	^{226}Ra、^{210}Pb、^{210}Po	10	1	3	0
受控试验	同位素示踪受控实验	$^{15}NO_3^-$ 和 $^{15}NH_4^+$ 示踪	10	7	2	160
合计						2 286

表 3-24　中国第六次北极海域部分水体、大气化学和沉积化学考察工作量

任务		子任务	站位数	层数（站）	样品数（个）
中国第六次北极科学考察	海水化学	CFCs	62	8 或 5 或 1	525
		DMS	40	8 或 5 或 1	290
		DOC	34	8 或 5 或 1	184
		TN/TP	34	8 或 5 或 1	184
	大气化学	氮氧化物	51	1	153
合计					1 336

表 3-25　中国第六次北极科学考察"雪龙"船航迹典型有机污染物和重金属调查考察工作量

任务	子任务	站位数	层数（站）	参数（层）	样品数（个）
海水化学	海水化学 1	—	—	—	—
	海水化学 2	—	—	—	—
	海水化学 3	22	1	8	176
大气化学	气溶胶有机污染物	28	1	43	1 204
沉积化学	常规项目	27	1	1	27
	POPs	27	1	43	1 161
合计				95	2 568

中国第六次北极科学考察期间，在线监测气态总汞（TGM）浓度，共获得约 10 000 组数据；通过大流量总悬浮颗粒采样器采集气溶胶样品总共 63 组 126 份；整个航次共用真空气罐采集大气样品 48 份，用于挥发性有机物的测定。

3.6　中国北极考察航次（路线）及考察重大事件介绍

3.6.1　中国第五次北极科学考察

依托中国第五次北极科学考察，以海冰快速融化下北冰洋中心区碳通量和营养要素生物地球化学循环如何响应为主线，拟在北冰洋中心区重点开展如下研究：①通过海洋化学多参数综合调查，查明北冰洋中心区海水化学参数、CO_2 体系、悬浮颗粒物组成、大气化学、沉积环境参数的基本分布特征；获取水体、大气和沉积环境的基础资料和图件；了解各海域大气 CO_2 的源汇情况，揭示北冰洋"生物泵"的结构、运转效率以及沉积碳早期成岩和埋藏过程。②利用水化学要素、生物标志物、放射性和稳定同位素对水团和海洋过程进行示踪，利用天然放射性同位素 ^{234}Th、^{238}U 的测量，通过模型计算，提供上层海洋颗粒有机碳输出通量参数，进一步深化对各要素时空分布、变化规律、形成机制和制约因素等的认识。③快速变化的北极海洋系统中海洋 N_2O、CH_4 等温室气体的形成机制、形成情况及其对全球变化产生的反馈作用。④北极快速变化条件下海—气界面气溶胶组成、来源、分布及转化的大气环境化学过程。⑤北冰洋中心区污染物质在各介质中的分布，开展污染物源解析，评价北极海洋环境的污染状况等。重点关注：利用温盐和化学示踪剂指示白令海—西北冰洋水团结构、主要锋面和跃层变化；西北冰洋营养要素分布特征、补充和消耗机制及其对淡水输入、海冰和海流变化的响应；水体生源颗粒物质再生和沉积物底界面过程对营养盐收支贡献；海水营养盐结构对浮游植物和生物泵组成的控制作用。最后阐明极区生态系统碳的汇/源时空格局形成的生物地球化学机制，评估生源要素循环在生态系统和生物资源变动中的作用。航次路线图如图 3-29 所示。

3.6.2　中国第六次北极科学考察

中国第六次北极科学考察海洋化学考察主要分为 5 部分内容：海水化学、大气化学、沉积化学、海冰化学以及沉积物捕获器长期观测锚系。结合前 5 次中国北极科学考察，以海冰

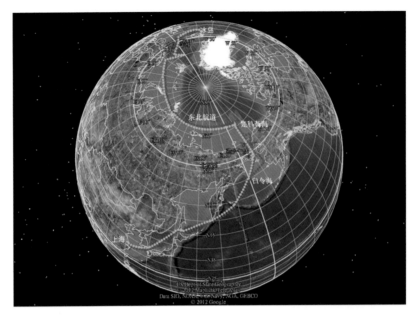

图 3-29 中国第五次北极科学考察航线及其考察区域位置示意图

快速融化下西北冰洋碳通量和营养要素生物地球化学循环如何响应为主线，重点开展如下研究：利用水化学要素和同位素示踪水团的运动和变性过程，探究北冰洋营养盐动力学过程对海冰消退及其产生的海洋物理场变动的响应；通过研究西北冰洋浮游群落结构、营养盐水平来反演北冰洋"生物泵"及"微生物泵"的地质记录；探讨北冰洋海冰快速消退对北冰洋酸化加速的调控机制，揭示北冰洋 Ca 循环对北冰洋海洋酸化的响应，并了解 N_2O、CH_4 等温室气体的空间分布，以期为全球变化过程提供重要根据；准确理解决定极区生物成因气溶胶来源、分布及转化的大气环境化学过程，为正确评估海洋和极地气溶胶对全球变化的响应和反馈提供科学依据；了解大气、冰雪及海洋环境中各类污染物的污染程度、空间分布及来源。航次路线图如图 3-30 所示。

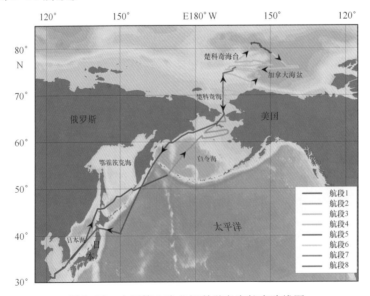

图 3-30 中国第六次北极科学考察航次路线图

第4章 北极海域海洋化学与碳通量考察获取的主要数据与样品

4.1 北极海域海洋化学与碳通量数据（样品）获取的方式

4.1.1 营养盐循环与生物泵结构考察各要素的分析方法

（1）营养盐

通过同一根乳胶管用聚丙烯塑料瓶采集营养盐水样约 500 mL，采集前用少量水样冲洗该采样瓶 2~3 次。水样采集后立即经 0.45 μm 醋酸纤维膜过滤，滤液分装于 100 mL 的塑料瓶并存放于 0.5℃ 的恒温冰箱用于磷酸盐、硝酸盐+亚硝酸盐和硅酸盐的营养盐自动分析仪测定，水样在 48 h 内分析测定；其余过滤水样用于铵盐和亚硝酸的分光光度法现场测定。铵盐水样过滤后立即加试剂显色，亚硝酸盐水样低温保存并确保在 24 h 之内测定。本次调查中海水磷酸盐、硝酸盐+亚硝酸盐和硅酸盐测定采用营养盐自动分析仪现场测定，其方法分别为磷钼蓝法、镉铜柱还原法和硅钼蓝法。详见 1999 的 Grasshoff 等出版的《methods of seawater analysis》和 SKALAR SAN^{++} 营养盐自动分析仪操作手册。海水中铵盐和亚硝酸盐分别用靛酚蓝法和重氮—偶氮法测定，详见我国《海洋调查规范》。

（2）生物地球化学参数 PBSi 和 POC

现场取样主要包括以下步骤：先从 CTD-Rosette 采水器中选择合适层位采集海水 10~50 L（根据水量大小）到 Nalgene HDPE 广口瓶（10 L）；然后回"雪龙"船实验室分装至 4 L Nalgene 带放水口采样瓶准备过滤。PBSi 分两种粒级进行过滤，分别是 0.8 μm 和 20 μm 的聚碳酸酯膜，过滤完成后将膜样品置于塑料冻存管内，于 -20℃ 下保存。色素和 POC 样品用 47 mm 的玻璃纤维膜过滤（GF/F），过滤完成后色素膜样品置于 15 mL 塑料离心管内，并立即保存于 -80℃ 低温冰箱；POC 膜样品用预先经 450℃ 灼烧过的铝箔包好，同样保存于 -80℃ 低温冰箱。水体中 PBSi 浓度测定采用 Ragueneau 等（2005）的提取方法。PBSi 滤膜样品在 60℃ 下烘干，将滤膜样品按 1/4 对折，置于 15 mL 塑料离心管中，加入 4.0 mL 浓度为 0.2 umol/L 的 NaOH 溶液，加盖混匀，在 100℃ 水浴中连续提取 40 min，提取完毕，立即用冰水冷却至室温，加入 1.0 mL 浓度为 1.0 μmol/L 的 HCL 溶液，使提取液大致呈中性。将中性提取液离心分离（3 500 r/min，10 min）。取 0.5 mL 上清液用硅钼蓝分光光度法测定溶解态硅浓度。

（3）有机碳、氮含量及氮同位素

分别用国家海洋局第二海洋研究所 Elementar 元素分析仪和 Delta Plus AD EA-IRMS 同位

素质谱仪（Thermal Finnigan）分析。

（4）碳酸钙

总碳（TC）和总氮（TN）含量用烘干后的沉积物样品经 CHN 元素分析仪直接测定。有机碳测定前先用酸去除无机碳，具体步骤如下：称取样品 500 mg 于 15 mL 玻璃离心管中，向离心管中加入过量的 1N HCl，将此酸化样品置于超声波水浴中振荡 10 min 后取出，离心，去上清液；加入 5 mL 二次重蒸水，振荡 5 min，离心后倒去上清液，重复两次，以洗去剩余的 HCL，样品在 50 ℃烘箱中干燥，研磨均质化后称取定量样品，用 CHN 元素分析仪测定有机碳百分含量（Corg）。碳酸钙含量通过沉积物样品的总碳和有机碳差值获得。

（5）沉积物中的生物硅（BSi）

采用 Mortlock 和 Froelich（1989）方法提取。具体方法是：首先称取沉积物 50~200 mg，用 2.0 M Na_2CO_3 溶液于 85 ℃水浴中提取，在第 2 小时和第 4 小时充分混合提取液，5 h 后取出离心分离，取上清液用硅钼蓝法测定溶解态硅浓度。

（6）沉积物氨基酸

沉积物干燥磨细后，将约 100 mg 样品水洗超声去一定盐分，离心后转移到 10 mL 玻璃样品瓶中，加入 6 N 的盐酸（GR HCL+MilliQ water），通氮气 3 min 后封口，利用 Pierce 加热模块 110℃ 下水解 24 h。吸取上清液 100 μL，在 Pierce 氮气吹扫系统低温（<40℃）浓缩至干，后加入 MilliQ water 溶解，再吹干以去除盐酸。最后用定量的 MilliQ water 溶解，按 WatersAccQ·Tag 氨基酸衍生法衍生，利用 Waters600E 和 474 荧光检测器进行氨基酸、氨基己糖的测定，用 Waters Millennium 32 色谱工作站处理数据。

（7）沉积物糖类

称取约 1 g 的沉积物样品置于 50 mL 的具盖玻璃样品瓶中，准确加入 10 mL 浓度为 2 mol/L 的硫酸，旋紧瓶盖。将超声波清洗仪的温度升到 80℃，然后将样品瓶放入清洗仪中，调节超声波功率至 80%，反应 8 h。取出样品瓶冷却至室温，加入 5g 碳酸钡以中和多余硫酸（可放入超声波清洗仪中使反应更充分，反应速度更快），显中性时表示已经反应完全。将反应完全的样品溶液转移到离心管中，以 3 000 r/min 的速度离心 10 min。准确吸取 1 mL 上清液到 10 mL 具旋盖样品瓶中，按标准曲线制作方法的步骤进行测定，并依照标准曲线计算样品 TCHO 的含量。

（8）类脂生物标志物

颗粒物样品经冷冻干燥用二氯甲烷提取，提取液经浓缩、皂化后用硅胶柱分离、纯化以及衍生化后用 GC 分析。

（9）光合色素

所有样品在萃取后 24 h 内分析。样品使用 DMF 超声萃取 30 s，放入 -20° 萃取 1 h，萃取液用 0.2 μm 滤膜过滤后与 buffer 混合用 HPLC 分析。

4.1.2 北极区域温室气体与碳通量评估

（1）pCO_2、溶解氧、DIC、TA、pH、Ca^{2+}

pCO_2 利用海—气走航观测系统（8050 型，美国 GO 公司）进行大气和表层水 CO_2 分压（pCO_2）走航测定。表层海水从位于船侧约 5 m 的深度连续抽取，海水通过水—气平衡器充分平衡后，经过干燥系统除去水汽，进入非分散红外气体分析仪连续测定其干空气中 CO_2 的摩尔分数。大气从"雪龙"船驾驶台顶层甲板桅杆顶端用气管接入引到实验室，通入非分散红外气体分析仪测量大气 pCO_2。pCO_2 的测量准确度：±1 μatm。

DO、DIC、TA、Ca^{2+} 和 pH 值的采样方法参照全球碳通量联合研究（JGOFS）计划的采样规范。采样管将水样引出，排净气泡后用水样荡洗采样瓶 3 次，然后迅速将采样管放至采样瓶底部将水样引入采样瓶，充满并溢流。溢流量至少达到采样瓶体积的 1 倍。DO 样品用 Winkler 试剂固定。

DIC 用美国 Apollo 公司生产的 DIC 测定仪（DIC Analyzer AS-II 或 AS-III）测定，原理是用 10% 的 H_3PO_4 和 NaCl 溶液把水样中的 HCO_3^- 和 CO_3^{2-} 都转变成 CO_2 并用氮气吹出，经干燥后进入非分散红外检测器（Li-Cor® 7000）检测。总碱度（TA）样品用基于 Gran 滴定法的碱度自动滴定仪（美国 Apollo 公司）测定。DIC 和 TA 的测定精度均可达 0.1%。

NBS 标准 pH 值用 Thermo Orion® ROSS® 复合 pH 电极（型号 8102BN）及 Thermo Orion® 3 star pH 计来测量。测量精度达 0.005pH 单位（0.1 mv）。测定时首先进行电极校正。校正前用 pH 值为 7 或 4 的缓冲溶液浸泡 5 min 以上；pH 值缓冲溶液于 25℃ 下恒温 10 min 以上。测定前把电极用去离子水冲洗，然后用纸巾把玻璃泡上的悬滴吸掉，分别放在用 pH 值为 4.01、7 和 10.01（NBS 标准）的 3 个缓冲溶液中读取电位值，读数须在 1 min 内稳定不变化。用电位和 pH 值做工作曲线。然后进行样品测定。采样后用淡水冲净外壁的海水，然后置于 25±0.05℃ 的水浴中恒温 30 min 后测定，测定方法同上。整批样品测定完成后电极浸泡在洁净海水中保存。

总氢离子浓度 pH 值采用 SHIMADZU 分光光度计 UV-1800 的测定，打开分光光度计电源，预热 30 min 以上；待仪器自检完成，通过键盘选择"1-光度"，"2-多波长"，继而设置波长数目为 3，且波长数值分别为 578 nm，434 nm 和 730 nm。开启恒温水浴，确定温度正确设置在 25℃。将海水样品与显色剂 M-Cresol Purple 浸没在恒温水浴中（至少 20 min 后才可开始测定）；将带有恒温水浴装置的 10 cm 石英比色皿安装到固定支架上，将支架小心安装进分光光度计内；移除管路中受到水或空气中 CO_2 影响而颜色变浅的指示剂。运行电脑上的"winpump. exe"程序，在"file"-"load program"中加载"R-MCP.gpl"，将数字泵 B 接口接上去离子水，运行"Program"-"run listed program"，仪器将移除部分显色剂并进行清洗。待程序清洗结束后按仪器键盘上的"Start"键读取吸光值数据，检查吸光值是否与纯 Milli-Q 水的吸光值相近（Milli-Q 水对各波长的吸光值很稳定）。如差值较大，可在"file"-"load program"中加载"flush.gpl"，本程序仅用 Milli-Q 水清洗仪器管路，清洗仪器后检查吸光值以保证管路清洗干净。严格按照表层到底层的顺序，将采集海水样品的 60 mL 注射器连接数字泵 B 端的塑料管接口，在"file"-"load program"中加载"pH.gpl"，运行"Program"-"run listed program"。仪器将用样品清洗管路与比色皿，待数字泵停止运行，按 UV-1800 键盘上的"Start"读取 3 个波长的吸光值。连续按"Start"多次读取，直至连续读取 3 次同样的数值，将此 3 个波长的吸光度值记录至测定记录本中"seawater"栏目；继续运行"Program"-"run listed program"，仪器将混合海水与显色剂，并将其推送入比色皿中。待数字泵停止运行，执行同样的数据读取操作，读取 3 次一样的吸光值，将此值记录至记录本中"MCP+Seawater"栏；待一批样品测定完成，与第 2 步一致加载"flush.gpl"执行清洗操作。此法测定的 pH 值数据的精度水平小于 0.001。

Ca^{2+}水样保存在 120 mL 酸洗过的高密聚乙烯（HDPE）塑料瓶中。Ca^{2+}测定基于 EGTA（Ethylene Glycol bis（2-aminoethylether）-N，N，N'，N'-Tetraacetic Acid）电位滴定法（Lebel and Poisson，1976），测定流程如下：准确称量 4.0000 g 水样和 4 g 氯化汞（$HgCl_2$）溶液（浓度为~1 mmol/L），再精确加入一定量的浓度为~10 mmol/L 的 EGTA 溶液以络合全部的 Hg^{2+} 和 95% 以上的 Ca^{2+}。对于盐度超过 28 的水样，上述 EGTA 溶液的加入量为 4.0000 g，随后，用 4 mL 0.05 mmol/L 的硼砂缓冲液调节溶液 pH 值至 10.1，再将剩余的游离 Ca^{2+} 用~2 mmol/L 的 EGTA 溶液进行滴定。滴定时使用万通"809"型自动电位滴定仪（Methrom 809 Titrando）和汞齐化复合银电极（Methrom Ag Titrode），以电位突跃来确定滴定终点。所用 EGTA 溶液的日常标定通过 IAPSO（International Association for the Physical Sciences of the Oceans）提供的标准海水（Batch P147，盐度为 34.993）来进行，此法测定的 Ca^{2+} 数据的精度水平为小于 1‰。

（2）N_2O 和 CH_4

本研究的 N_2O 和 CH_4 海水样品均用 Niskin 采样器（丹麦 KC-Denmark 公司）采集。采集海水样品时严格按照用于气体分析样品优先的规则顺序，即首先采集 DO（溶解氧）样品，随后进行 CO_2、N_2O、CH_4 等气体样品的采集，再进行其他样品采集。在本次研究中，N_2O 和 CH_4 样品选用 250 mL 的磨口玻璃瓶。采样步骤如下：将硅胶管与 Niskin 采样瓶出水口连接，打开采水瓶气阀，采水瓶中的水稍微流出一部分，然后硅胶管向上排出管中的气体。采样前将硅胶管插入采样瓶底部，润洗 3 遍，再将硅胶管放至采样瓶底部，让水样缓慢上升并溢出 3 倍采样瓶体积后小心将硅胶管拔出，在整个过程中要控制样品流出的速度，以免太快引入气泡，如发现进入气泡或有起泡现象均要按照上述步骤重新操作。所采集的样品再用移液枪加入 180 mL 的氯化汞（$HgCl_2$）饱和溶液，用于防止生物活动对浓度的影响。最后塞上涂有油脂的磨口塞，用塑料布和橡皮筋将瓶塞和瓶身固定，摇匀，最后将样品保存在 4 ℃ 的储藏室里进行避光保存，样品带回实验室待分析。

带回实验室的 N_2O 海水样品，采用虹吸的方法将水样从样品瓶导出到 20 mL 的顶空瓶中，具体操作方法同采样方法，注意流速不宜过快，以免导入气泡，然后轻轻盖上瓶盖，用压盖钳压紧，检查分装好的顶空瓶内水样是否有气泡，若有弃之，重新制备，每个水样制备 3 个平行样，制备好的样品与高纯 N_2 连接，通过顶空加入装置，用高纯 N_2 置换出 12.4 mL 的样品，制备好的样品通过 CTC 自动进样器，放入平衡器中。在本研究中，平衡器温度选用 45 ℃。平衡器转速为 700 rpm，10 min 即可达到平衡。制备好的顶空 N_2O 样品，采用静态顶空分析方法，利用气相色谱对其进行测定。本文按照 Zhan 等（2012）的方法对 N_2O 进行分析，该方法在早期的静态顶空的分析方法的基础上进行改进。

海水 CH_4 顶空样品的制备同 N_2O 步骤相同。平衡后的顶空样品用进样针抽取一定体积的气体样品，注射进入气相色谱仪，经装有 80~100 目 Porapak Q 并置于 50℃ 的色谱柱进行分析，然后用 FID 检测器进行检测，检测信号采用 CH_4/N_2 标气进行校正。FID 检测器的响应信号与甲烷浓度之间有良好的线性关系，为减少所取标准气体产生的误差。

（3）北极大气气溶胶

海洋大气气溶胶要素的观测依据国家海洋局《我国近海海洋综合调查与评价专项技术规程》大气化学部分技术规程执行。阴阳离子：根据《我国近海海洋综合调查与评价专项——海洋化学调查技术规程》要求，采用离子色谱法进行海洋气溶胶中的阴、阳离子测量。取

1/8 张滤膜于洁净 PP 样品瓶中，准确加入 50.00 g 超纯水（电阻率 18.2 mΩ/cm），旋紧瓶盖，放置在 KQ-100E 超声波清洗器中萃取 30 min，摇匀静置，取上层溶液荡涤 2 次进样瓶，最后加 5 mL 样品于进样瓶加盖待测。阴离子测量用美国 Dionex 公司 ICS-2500 型离子色谱仪，阳离子测量用美国 Dionex 公司 ICS-90A 型离子色谱仪。

POPs（OCPs）采样在"雪龙"号甲板最高处，安装大体积主动式采样器，采用玻璃纤维滤膜和 puff 来采集气溶胶样品。从考察船启航开始，采集气溶胶样品，每 3 天更换滤膜 1 次，直到返回国内停船为止。带回实验室样品处理过程大致技术路线为：萃取、浓缩、柱层析、浓缩、测定。来考察北极海域大气中 OCPs 的来源、时空分布格局和长距离输送机制，评估环境变化和人类活动对极地海域生态系统的影响。

4.1.3 北极海域同位素与 POPs 考察

（1）海水 ^2H

海水样品采集前，预先用少量样品水体洗涤 50 mL 聚氯乙烯（PVC）样品瓶，将连接至 Niskin 采水瓶的乳胶管伸入样品瓶底部，缓慢释放水样至瓶。待海水溢出样品瓶体积的 1/3 后，小心旋紧瓶盖。将样品瓶倒置，观察瓶中是否存在气泡，若瓶中不存在气泡，则采样完毕。海水样品用 Parafilm 膜封口，室温保存，并做好相关记录，带回陆地实验室进行分析。

海水 ^2H 采用 Pt 催化的 H_2/H_2O 同位素平衡法进行测定，即在 Pt 催化剂存在下，将水样与高纯 H_2 在恒温（28℃下）下进行同位素交换，当两者达到同位素交换平衡时，通过测定 H_2 的氢同位素组成获得海水的 δ^2H 值。氢同位素组成通过 Finnigan Delta^{plus} XP 稳定同位素比值质谱仪测定，测量精度为 ±0.5‰（陈敏和金明明，2003）。

（2）海水 ^{18}O

海水样品采集前，预先用少量样品水体洗涤 50 mL 聚氯乙烯（PVC）样品瓶，将连接至 Niskin 采水瓶的乳胶管伸入样品瓶底部，缓慢释放水样至瓶。待海水溢出样品瓶体积的 1/3 后，小心旋紧瓶盖。将样品瓶倒置，观察瓶中是否存在气泡，若瓶中不存在气泡，则采样完毕。海水样品用 Parafilm 膜封口，室温保存，并做好相关记录，带回陆地实验室进行分析。

中国第五次北极科学考察航次的海水 ^{18}O 采用恒温下（24℃）CO_2/H_2O 同位素平衡法进行分析，由 Finnigan Delta^{plus} XP 稳定同位素比值质谱仪完成，测量精度为 ±0.05‰。将 0.2 cm^3 海水样品转移至预先洁净的 Gasbench 专用进样管中，密封保存。在 25℃下往海水样品充入含有 0.3% CO_2 的高纯 He 气，静置平衡 18 h 以上。利用高纯 He 气将进样管中的 CO_2 气体载出，经除水装置后，进入六通阀，将 CO_2 气体送入色谱柱，经过二次除水及除杂质气体，最后将 CO_2 气体和参考气一同送入同位素比值质谱仪的离子源内，进行氧同位素组成的分析（中华人民共和国地质矿产行业标准，DZ/T 0184.21-1997）。

中国第六次北极科学考察航次海水 ^{18}O 采用光谱扫描光腔衰荡激光光谱技术进行测量，由 Picarro L2140-i 液态水同位素分析仪完成，测量精度为 ±0.03‰。将 2 cm^3 海水样品转移至水同位素分析仪专用玻璃瓶中，放置于仪器的样品测量盘上。自动进样器（LEAP Technologies LC PAL）将自动移取 $1.8×10^{-3}$ cm^3 海水注射入进样口并进行瞬间汽化，样品气体和高纯 N_2 载气在汽化室（110℃下）内平衡 90 s 后，通过压力差将其输送进入主分析室的光腔中，进行氧同位素组成分析。每份海水样品平行测量 8~10 次，经对数据统计处理后取

平均值获得海水 δ¹⁸O 值（Steig et al.，2014）。

（3）海水颗粒有机物¹³C

将 5~10 dm³ 海水样品在预先经高温灼烧（450℃，4 h）的 GF/F 滤膜（47 mm）过滤，收集颗粒物。过滤时负压保持在低水平，以避免细胞等颗粒物的破裂。颗粒物经少量预过滤海水和蒸馏水的 2~3 次洗涤后，于 60℃下烘干，装入滤膜盒中，−20℃下冷冻保存，带回陆上实验室做进一步处理。

在实验室内，将含有颗粒物的滤膜于 60℃下烘干 24 h 后，放入装有浓盐酸的容器中熏蒸 48 h，去除其中的无机碳，润洗烘干后包入锡舟。颗粒有机物碳同位素组成通过高温催化灼烧转化为 CO_2，由 Carlo Erba NC2500 元素分析仪通过 ConFlo II 开口分离器与 Finnigan Delta^{plus} XP 稳定同位素比值质谱仪联机进行测定。测量条件设置为：氧化炉温度为 950℃，还原炉温度为 650℃；色谱柱（Porapak Q）温度为 50℃；He 流量为 90 cm³/min；O_2 流量为 120 cm³/min。分析过程中，每间隔 6 个待测样品插入 IAEA-C8 和 USGS-40 两种国际标准物质进行质量控制，颗粒有机物 δ¹³C 测量精度优于 0.2‰（Finnigan，1995）。

（4）海水颗粒有机物¹⁵N

将 5~10 dm³ 海水样品在预先经高温灼烧（450℃，4 h）的 GF/F 滤膜（47 mm）过滤，收集颗粒物。过滤时负压保持在低水平，以避免细胞等颗粒物的破裂。颗粒物经少量预过滤海水和蒸馏水的 2~3 次洗涤后，于 60℃下烘干，装入滤膜盒中，−20℃下冷冻保存，带回陆上实验室做进一步处理。

在实验室内，将含有颗粒物的滤膜于 60℃下烘干 24 h，包入锡舟。颗粒有机物氮同位素组成通过高温催化灼烧转化为 N_2，由 Carlo Erba NC2500 元素分析仪通过 ConFlo II 开口分离器与 Finnigan Delta^{plus} XP 稳定同位素比值质谱仪联机进行测定。测量条件设置为：氧化炉温度为 950℃，还原炉温度为 650℃；色谱柱（Porapak Q）温度 50℃；He 流量为 80 cm³/min；O_2 流量为 120 cm³/min。分析过程中，每间隔 6 个待测样品插入 IAEA-N2 和 IAEA-N3 两种国际标准物质进行质量控制，颗粒有机物 δ¹⁵N 测量精度优于 0.3‰（Finnigan，1995）。

（5）海水²¹⁰Po

海水样品（5~10 dm³）采集于预先酸泡洁净的聚丙烯塑料瓶中，之后立即用直径 47 mm、孔径 0.4 μm 的聚碳酸酯滤膜过滤。滤液收集于预先酸洗洁净的聚丙烯塑料瓶中，加入 20 cm³ 1∶1 盐酸酸化至 pH 值小于 2，密封、室温保存。含有颗粒物的滤膜于 60℃下烘干，保存在密闭的塑料袋中，−20℃下冷冻保存。滤液（溶解态）和颗粒物（颗粒态）样品送回陆上实验室进行后续处理。

溶解态样品中加入适量的²⁰⁹Po、Pb^{2+} 示踪剂和 Fe^{3+} 载体，放置一段时间使示踪剂混合均匀。加入氨水调节 pH 值至 8~10，使²¹⁰Pb、²¹⁰Po 同 $Fe(OH)_3$ 一起共沉淀。离心分离收集沉淀，并用 1∶1 HCl 溶解沉淀，转入 Teflon 烧杯中。往溶液中滴加浓氨水，调节 pH 值至 0~2，之后依次加入适量抗坏血酸、20%盐酸羟胺溶液以及 25%柠檬酸钠溶液，再用浓氨水调节 pH 值约为 1.5。将溶液置于 85℃水浴中，在电热磁力搅拌作用下，用银片自沉积 4 h。用蒸馏水洗涤镀有 Po 的银片，晾干后送入 α 能谱仪进行测量。颗粒态组分转入 Teflon 烧杯后，依次加入 Pb^{2+} 和²⁰⁹Po 示踪剂，之后用 HNO_3、$HClO_4$、HF 混合酸进行消化。消化至澄清的溶液在电热板上加热至近干后转成 HCl 体系，之后按溶解态组分的流程进行²¹⁰Po 的分析。所采用方法²¹⁰Po 的检出限为小于 0.013 Bq/m³，计数统计误差±1σ<10%（中华人民共和国国家标准 GB

12376-90；杨伟锋等，2006）。

（6）海水 ^{210}Pb

海水样品（5～10 dm^3）采集于预先酸泡洁净的聚丙烯塑料瓶中，之后立即用直径 47 mm、孔径 0.4 μm 的聚碳酸酯滤膜过滤。滤液收集于预先酸洗洁净的聚丙烯塑料瓶中，加入 20 cm^3 1∶1 HCl 酸化至 pH 值小于 2，密封、室温保存。含有颗粒物的滤膜于 60℃ 下烘干，保存在密闭的塑料袋中，−20℃ 下冷冻保存。滤液（溶解态）和颗粒物（颗粒态）样品送回陆上实验室进行后续处理。

溶解态和颗粒态样品按 ^{210}Po 分析流程经 ^{210}Po 自沉积完毕后，用浓 HCl 酸化，密封保存 6～10 个月，让 ^{210}Pb 重新生长出 ^{210}Po。再次按 ^{210}Po 分析方法进行 ^{210}Po 的测定，利用测得的 ^{210}Po 活度，经放射性生长与衰变的校正，计算海水样品中溶解态和颗粒态 ^{210}Pb 比活度。实验流程中 ^{210}Pb 的化学回收率以原子吸收分光光度法测定的稳定铅（Pb^{2+}）回收率来确定。所采用该方法 ^{210}Pb 的检出限为小于 0.013 Bq/m^3，计数统计误差 ±1σ<10%（中华人民共和国国家标准 GB 12376-90；杨伟锋等，2006）。

（7）海水 ^{226}Ra

海水样品（180 dm^3）通过重力虹吸方式流经装有 5 g 白纤维和 12 g MnO$_2$ 纤维的 PVC 管，流速控制在 250 cm^3/min 以内。海水全部流过纤维后，量取塑料桶中剩余的体积，计算出流经纤维的水体体积。将吸附了 Ra 的 MnO$_2$ 纤维取出，装入塑料袋中，带回陆上实验室进行后续处理。

^{226}Ra 放射性活度采用 ^{222}Rn 直接射气—ZnS 闪烁法进行测量。将富集了 Ra 同位素的锰纤维甩干后装入特制的扩散管中，抽真空。密封放置 5～7 d，让 ^{226}Ra 衰变产生的子体 ^{222}Rn 不断生长。5～7 d 后，利用空气作为载体，将 ^{226}Ra 生长产生的 ^{222}Rn 送入预先抽成真空的 ZnS 闪烁室中，平衡 180 min 让 ^{222}Rn 子体得到充分生长，再用氡钍分析仪测定子体的放射性强度，进而计算出 ^{226}Ra 放射性活度。该方法分析 ^{226}Ra 的灵敏度好于 2×10^{-4} Bq/m^3（谢永臻等，1994）。

（8）海水 ^{228}Ra

海水样品（180 dm^3）通过重力虹吸方式流经装有 5 g 白纤维和 12 g MnO$_2$ 纤维的 PVC 管，流速控制在 250 cm^3/min 以内。海水全部流过纤维后，量取塑料桶中剩余的体积，计算出流经纤维的水体体积。将吸附了 Ra 的 MnO$_2$ 纤维取出，装入塑料袋中，带回陆上实验室进行后续处理。

^{228}Ra 放射性活度采用 ^{228}Ac β 计数法进行测量。海水样品在 ^{226}Ra 分析完成后，将吸附在锰纤维上的 ^{228}Ra 用 2 mol/dm^3 盐酸加热沥取出来，通过 Ba（Pb）SO$_4$ 共沉淀法富集 Ra。离心分离后，加入碱性 EDTA 溶解，逐滴加入体积比为 1∶1 的 H$_2$SO$_4$，产生 BaSO$_4$ 沉淀。沉淀用 DTPA 溶液溶解后，静置 48 h 以上，让子体 ^{228}Ac 与 ^{228}Ra 达到放射性平衡。^{228}Ra 通过生成 BaSO$_4$ 沉淀去除，生长出来的 ^{228}Ac 用一氯乙酸溶液萃取，再利用稀 HNO$_3$（体积比为 1∶14）溶液将 ^{228}Ac 反萃取至 HNO$_3$ 溶液中。利用 Ce$_2$（C$_2$O$_4$）$_3$ 沉淀法将 ^{228}Ac 转移到铺有定量滤纸的测量环上，经过红外灯烘干后，送入 α/β 低本底计数仪进行测量。该方法分析 ^{228}Ra 的灵敏度好于 2×10^{-4} Bq/m^3（谢永臻等，1994）。

（9）海水芳烃

海水样品（4 dm^3）采集后，用预先高温灼烧过的 47 mm GF/F 滤膜过滤，滤液收集于 4

dm^3 棕色瓶中，加入氘代示踪剂，将其流经活化后的 C_{18} 固相萃取柱，吸附溶解态芳烃，并将吸附了溶解态芳烃的小柱和含有颗粒物的滤膜于 -18℃ 下冷冻保存，带回陆上实验室进行后续处理。

在陆上实验室，向已经富集了 PAHs 的 C_{18} 小柱中加入替代物（萘-d_8，二氢苊-d_{10}，菲-d_{10}，屈-d_{12}，苝-d_{12}），用乙酸乙酯淋洗 C_{18} 小柱，收集洗脱液。用无水 Na_2SO_4（450℃，灼烧 4 h）除去样品中的水分。旋转蒸发，进行溶剂替换。浓缩加入内标（2-Fluorobiphenyl）定容至 200 μL，于 GC-MS 上进行分析，分析相对偏差小于 10%（中华人民共和国国家标准，GB/T 26411-2010）。

（10）沉积有机物^{13}C

表层沉积物采集后密封装入洁净塑料袋中，-20℃ 下冷冻保存，带回陆上实验室进行分析。在陆上实验室，将沉积物于 60℃ 下烘干，之后用研钵研磨至粒度均一。取研磨好的沉积物（0.5 g）转入沥水坩埚中，用 1 mol/dm^3 HCl 浸泡，去除其中的无机碳，经蒸馏水洗涤至中性后，将沉积物于 60℃ 下烘干，取适量包入锡舟中。颗粒有机物碳同位素组成通过高温催化灼烧转化为 CO_2，由 Carlo Erba NC2500 元素分析仪通过 ConFlo II 开口分离器与 Finnigan Delta^{plus} XP 稳定同位素比值质谱仪联机进行测定。测量条件设置为：氧化炉温度为 950℃，还原炉温度为 650℃；色谱柱（Porapak Q）温度为 50℃；He 流量为 90 cm^3/min；O_2 流量为 120 cm^3/min。分析过程中，每间隔 6 个待测样品插入 IAEA-C8 和 USGS-40 两种国际标准物质进行质量控制，颗粒有机物 δ^{13}C 测量精度优于 0.2‰（Finnigan，1995）。

（11）沉积有机物^{15}N

表层沉积物采集后密封装入洁净塑料袋中，-20℃ 下冷冻保存，带回陆上实验室进行分析。在陆上实验室，将沉积物于 60℃ 下烘干，取适量包入锡舟中。颗粒有机物氮同位素组成通过高温催化灼烧转化为 N_2，由 Carlo Erba NC2500 元素分析仪通过 ConFlo II 开口分离器与 Finnigan Delta^{plus} XP 稳定同位素比值质谱仪联机进行测定。测量条件设置为：氧化炉温度为 950℃，还原炉温度为 650℃；色谱柱（Porapak Q）温度 50℃；He 流量为 80 cm^3/min；O_2 流量为 120 cm^3/min。分析过程中，每间隔 6 个待测样品插入 IAEA-N2 和 IAEA-N3 两种国际标准物质进行质量控制，颗粒有机物 δ^{15}N 测量精度优于 0.3‰（Finnigan，1995）。

（12）沉积物^{226}Ra、^{210}Pb 和 ^{210}Po

表层沉积物（~500 g）采集后密封装入洁净塑料袋中，-20℃ 下冷冻保存，带回陆上实验室进行分析。

在陆上实验室，将沉积物放入冷冻干燥机中冷冻干燥 24 h，干燥后的沉积物用研钵研磨至粒度均一。研磨好的沉积物密封于密实袋中，放置 20 d 以上，使 ^{226}Ra 与其子体^{214}Pb 达到久期平衡。将密封的沉积物样品装入 70 mm×50 mm 的聚乙烯测量盒中，压实成规则的圆柱形，置于配有高纯锗探头的 γ 能谱仪进行测量。^{210}Pb 采用 46.5 keV（分支比 4.0%）的 γ 射线峰进行测定；^{226}Ra 采用其子体^{214}Pb 的 295.2 keV（分支比 18.4%）和 609.3 keV（分支比 45.49%）的 γ 射线峰进行测量；^{210}Po 因半衰期仅 138 d，测量时间距采样时间相隔大于 1.5 a，其放射性活度与母体^{210}Pb 达到久期平衡，由此计算获得。测量过程中保证^{210}Pb 和^{226}Ra 的净计数均大于 1 000，确保其计数统计误差（±1σ）均小于 3%（刘广山和黄奕普，1998；《海洋化学调查技术规程》，2006）。

（13）硝酸盐和铵盐生物吸收速率的同位素示踪受控生态实验

海水样品（2 dm³）采集后，平行分成2组，分别转入预先洁净的1 dm³玻璃瓶中。往其中1份平行样中添加¹⁵N丰度为98.5%的K¹⁵NO₃，另1份平行样中添加¹⁵N丰度为98.5%的（¹⁵NH₄）₂SO₄，于甲板流动水控制温度下培养24 h。培养结束后，用预先高温灼烧过的GF/F滤膜（直径为25 mm）过滤收集颗粒物，60℃下烘干，装入滤膜盒冷冻保存。

至陆上实验室后，颗粒有机物中的氮同位素组成通过高温催化灼烧转化为N_2，由Carlo Erba NC2500元素分析仪与Finnigan Delta^{plus} XP稳定同位素比值质谱仪联机进行测定，测量精度优于0.2‰。根据实测δ¹⁵N值，计算出海水中硝酸盐和铵盐的生物吸收速率（陈敏等，2007）。

4.1.4 北极海域部分水体、沉积物及大气化学要素调查与研究各要素的分析方法

（1）海水化学

①海水CFCs（CFC-11、CFC-12、CFC-113、CCl₄）的取样、样品处理、保存、测定技术按照国际公认技术规范操作（Bullister and Weiss，1988；Bulsiewicz et al.，1998），最大限度地避免采样过程和样品保存过程中带来的污染。如调查船实验条件允许，可以考虑将气相色谱-ECD安置在船舱实验室进行现场分析，现场分析同样须严格按照规程操作，避免样品污染。除船载CFCs分析系统外，仍应考虑将各站位海水样品取回陆地实验室分析，这样可以避免由于现场仪器的故障导致整个CFCs数据缺失，样品取样采用安瓿瓶，但安瓿瓶的熔焊需要高温氧焰，"雪龙"船禁止使用明火，因此，需要使用替代方法，建议使用安瓿瓶口蜡封或瓶口压盖后倒置存放。每个样品总需水样约300 mL。表层海水样品应该每层必做，这样可以知道海水的饱和程度。对其他层的海水样品应该进行平行样的分析，检测分析的精密度。采样前最好对Niskin采样瓶进行清洗，使用异丙醇是通常的做法。

②海水DMS的取样、样品处理、保存、测定技术参照国际公认的技术规范操作（Kiene and Service，1993），最大限度地避免采样过程和样品保存过程中带来的污染。首先将六通阀开到捕集位置，将Teflon样品环放入盛有液氮的杜瓦瓶中。用附有Teflon膜的灰色丁基胶塞密封玻璃瓶，再用铝制卷边封盖密封。将2个1 mL注射器的注射针插入玻璃瓶中，连接高纯氮气气源一端的注射针头深入玻璃瓶底部，而连接Nafion干燥器一端的注射针头穿过瓶盖位于瓶颈处。将一定体积海水样品用玻璃注射器注入此干燥玻璃瓶中，立即通入高纯氮气进行吹扫。吹扫气从瓶底底部通入，使海水形成大量细小气泡，能使吹扫气与海水充分接触，将样品中的DMS充分吹扫出来，被吹扫出来的DMS经Nation干燥器干燥除去水分后，通过捕集状态的六通阀进入样品环中。样品环中有大约0.2 cm³的Teflon棉来增加气体的捕集表面积。浸入液氮中的Teflon样品环可将DMS成分冷凝在管壁上，从而达到富集浓缩的目的。这一过程中，载气并不通过样品环而是通过六通阀后直接进入色谱柱。冷阱吹扫2.5 min后，将六通阀打到进样位置，将Teflon环从液氮中取出放入热水（>70℃）中加热解析，同时解析出来的DMS样品随载气进入GC色谱柱进行分离，然后由FPD检测，整个分析过程大约需要5 min。

③海水化学——DOC、总氮、总磷的取样、样品前处理和保存参照《海洋调查规范》

（GB12763-2007）、《海洋监测规范》（GB17378-2007）、《海洋化学调查技术规程》（国家海洋局 908 专项办公室，2006），并将样品带回实验室分析。每个项目都做至少 15%～20% 平行双样和一定数量的标准内控样。对于需要带回陆地实验室进行分析的样品，务必做好样品保存、转移等工作，保证样品的质量。

（2）大气化学——氮氧化物（NO、NO_2）

在"雪龙"船大流量大气总悬浮颗粒物采样器旁，安置电脑恒温氮氧化物大气采样器 2 台，1 台进行连续 24 h 测量，1 台进行短时间（1 h）采样。采样后立即在船上实验室用可见分光光度计进行测定分析。方法为《盐酸萘乙二胺分光光度法》（HJ479-2009）（现场完成测试）。需要船上实验室约 2 m^2 的工作台，放置采样器和分光光度计。

（3）沉积化学

表层沉积物样品经过冻干机抽真空冻干 24 h，研磨过筛，混合均匀后，在 110℃ 烘箱中干燥至恒重，取一定量的沉积物样品及水系沉积物样品（GBW07309）加入浓硝酸、双氧水、氢氟酸后于微波消解炉中消解，并赶尽残余氢氟酸后，定容，于安捷伦 7500A 型 ICPMS 上测定。

4.1.5 "雪龙"船北极典型航迹有机污染物和重金属调查

（1）表层海水中重金属

使用特制的采水器采集"雪龙"船航迹上表层海水 500 mL，经过滤后（过滤膜经硝酸酸化）立即装入样品瓶，并加入 2 mL 硝酸固定后，放入冷藏室避光冷藏保存（4℃），统一带回国内实验室用原子吸收和 ICP-MS 分析海水样品中的 Cu、Pb、Zn、Cd、Ba、Mn、U 等重金属。

此外，采集表层海水 250 mL，现场装入样品瓶，使用 2 mL 硫酸和 1 mL 过硫酸钾-硫酸溶液固定后，在冷藏室内避光冷藏保存（4℃），统一运回国内实验室经测汞仪定量分析表层海水中的汞含量。

（2）大气中 POPs 样品采集

本考察中，使用大流量采样器采集大气样品（包括大气颗粒物和气体）。采样流量为 1 m^3/min，连续采集 48 h。样品采集完成后，玻璃纤维滤膜和 PUF 使用铝箔包装后冷冻保存，统一运回国内实验室进行样品前处理，使用气相色谱分析 PCBs，使用气相色谱—s 质谱联用分析 PAHs。

（3）沉积物中 POPs 和油类

使用箱式采泥器采集沉积物样品后，用木质铲子刮取表层沉积物（0～5 cm）约 300 g，于铝箔包装后放入密实袋密封，置于冰柜中冷冻（-20℃）保存，统一运回国内实验室分析。

（4）分析测试方法

大气和沉积物样品中 PAHs 和表层海水中重金属（Cu、Pb、Zn、Cd、Ba、Mn、U、Hg）分析检测中，采用了海洋公益性科研专项研究成果《极地生态环境监测规范》（试行）作为样品采集以及仪器测定的方法依据。

大气和沉积物样品中 PCBs 的分析检测以《极地生态环境监测规范》（试行）中有机污染物采集方法为依据开展样品采集，以《海洋监测规范》（GB17378—2007）中相应方法作为分析依据。

沉积物中油类的样品处理与分析依据《海洋监测规范》（GB 17378—2007），采样荧光分光光度法进行测定。

分析仪器均为国家海洋环境监测中心自有仪器。

4.1.6　北极海洋边界层大气汞及生物气溶胶调查

（1）大气层痕量汞

大气汞的监测是使用自动汞检测仪（model 2537B，Tekran Inc.，Toronto，Canada）在北极考察航线上开展连续监测，高分辨率地获取大气痕量汞数据。

（2）气溶胶样品

采用大流量总悬浮颗粒物采样器采集气溶胶样品，冷藏/冻保存后，带回实验室进行化学分析，测试痕量金属元素和水溶性离子。

（3）大气样品

采用真空气罐采集大气样品，进行挥发性有机物的测定。

（4）微生物样品

采用分级微生物采样器，利用不同类型的培养基培养细菌/真菌等总菌落及不同级上的菌落数，进一步采用奥梅梁斯基公式计算空气中微生物的浓度。

4.2　北极海域海洋化学与碳通量考察获取的主要数据或样品数量

中国第五次北极科学考察

课题一：北冰洋营养盐循环与生物泵结构考察

依托中国第五次北极科学考察及前4次北极考察航次所采集的样品，2013年北冰洋营养盐循环与生物泵结构考察共获得海水化学1中海水悬浮物、硝酸盐、亚硝酸盐、铵盐、活性磷酸盐、活性硅酸盐数据合计4 956份，已超额完成（170%）合同规定的数据提交数量。获得海水化学2中生物硅、HPLC色素、POC、C和N同位素数据合计662份。沉积物各要素的测定也已完成，共获得数据343份。营养盐加富试验数据144份。均超额完成合同规定要求。

表4-1　中国第五次北极科学考察营养盐循环与生物泵结构考察获得数据种类与数量

内容		合同要求		实际完成		
		站位数（个）	样品数（份）	站位数（个）	数据量（份）	完成率
海水化学	海水化学1	60	2880	98	4956	172%
	海水化学2	30	600	45	662	110%
	海水化学3	18	198	30	198	90% *
	小计	60	3678	98	5618	
沉积化学	常规项目	30	150	34	179	119%
	生物标志物	15	135	15	164	121%
	小计	30	285	34	343	
受控生态试验	营养盐加富	2	144	2	144	100%
合计					6 303	

课题二：北极区域温室气体与碳通量评估

现场测量采用国标方法或国际通用方法，数据结果准确可靠。pH 值测量精确度为 ±0.005pH 单位（0.1mv）；DIC 测量精确度为±0.1%；TA 测量精确度为±0.1%；大气和海水 pCO_2 测量精确度为±1%。

表4-2　中国第五次北极科学考察北极区域温室气体与碳通量评估获取的数据

项目		数据量（份）	合同任务	完成率
海水化学1	DIC	760	480	158%
	TA	480	480	100%
	pH 值	760	480	158%
	DO	799	480	166%
海水化学2	N_2O	209	150	139%
	CH_4	100	150	100%
	钙离子	100	100	100%
海水化学3	放射性同位素	185	90	205%
走航 $pCO2$			7M	
气体	N_2O、CH_4	走航数据	10	100%
无机气溶胶	营养盐	456	450	101%
	重金属	708	315	225%
有机物	POPS（OCP）	45	45	100%
气溶胶	悬浮物，炭黑等	168	270	62%
沉积物	有机物	10	10	100%
	放射性核素	10	10	待测
合计		4 790		

课题三：北极海域同位素与POPs考察

依托中国第五次北极科学考察航次采集的样品，同位素与POPs考察2013年度共获得15个要素2 285份数据（表4-3），完成合同规定的需提交数据量（1 818 份）的126%。若以合同要求的工作量为基准，已获得的海水 ^{18}O、^2H、POC–^{13}C、PN–^{15}N、^{226}Ra、^{228}Ra、^{210}Po、^{210}Pb、芳烃、沉积物 ^{13}C、^{15}N、^{226}Ra、^{210}Pb、^{210}Po、同位素受控生态实验的数据量已分别完成合同规定工作量的109%、100%、223%、223%、100%、100%、109%、109%、153%、100%、100%、100%、100%、100%和214%。

表4-3　中国第五次北极科学考察同位素与POPs考察获得数据种类与数量

类别	要素	站位数（个）	数据量（份）	完成率（%）
海水化学1	^{18}O	63	523	109
	^2H	61	482	100
海水化学2	POC–^{13}C	43	335	223
	PN–^{15}N	43	335	223

续表

类别	要素	站位数（个）	数据量（份）	完成率（%）
海水化学3	^{226}Ra	18	18	100
	^{228}Ra	18	18	100
	^{210}Po	10	98	109
	^{210}Pb	10	98	109
	芳烃	24	138	153
沉积化学——生物标志物	^{13}C	30	30	100
	^{15}N	30	30	100
沉积化学——放射性物质	^{226}Ra	30	30	100
	^{210}Pb	30	30	100
	^{210}Po	30	30	100
同位素生态受控实验	^{15}N	19	90	214
合计	—	—	2285	126

课题四：北极海域部分水体、沉积物及大气化学要素调查与研究

表4-4 中国第五次北极科学考察北极海域部分水体、沉积物及大气化学要素
调查与研究获得数据种类与数量

任务		项目		站位数（个）	样品数（份）	完成率（%）
第五次北极科学考察	海水化学	海水化学1	CFCs	67	565	100
		海水化学2	DMS	39	279	100
			DOC	45	351	100
			TN/TP	31	192	100
	大气化学	氮氧化物		51	102	100
合计					1 489	100

课题五："雪龙"船北极典型航迹有机污染物和重金属调查

样品运回实验室后立即组织进行样品分析，整个分析过程完全按照国家海洋环境监测中心实验室（经国家计量认证通过的实验室）质量控制程序进行，包括实验室试剂空白、实验空白和标准参考物质分析等，所有样品均采用内标法定量，全部结果均满足方法质量控制要求。

通过严格的质控和精密的分析，目前已得到"雪龙"船北极地区航迹上表层海水中重金属的含量数值。其中 Cu、Pb、Zn、Cd、Ba、Mn、U 含量数据35组，Hg 含量数据26组。大气中 POPs 样品共19组，分析其中颗粒相和气相中的 13 种 PAHs 和 30 种 PCBs 同族物。沉积物样品为30份，分析其中 16 种 PAHs 和 24 种 PCBs 同族物以及油类。

表 4-5　中国第五次北极科学考察"雪龙"船典型航迹有机污染物和重金属调查获取的主要数据

区域	任务	项目	站位数（个）	样品数（份）	完成率（%）
白令海、楚科奇海、北冰洋—太平洋扇区	海水化学 1	—	—	—	—
	海水化学 2	—	—	—	—
	海水化学 3	Cu	35	35	100%
		Zn	35	35	100%
		Cd	35	35	100%
		Pb	35	35	100%
		U	35	35	100%
		Mn	35	35	100%
		Ba	35	35	100%
		Hg	26	26	100%
	大气化学	PAHs	19	304	100%
		PCBs	19	570	100%
	沉积化学	油类	30	30	100%
		PAHs	30	480	100%
		PCBs	30	900	100%
合计				2 555	

课题六：北极海洋边界层大气汞及生物气溶胶调查

中国第五次北极科学考察期间，在线监测气态总汞（TGM）浓度，共获得约 10 000 组数据；通过大流量总悬浮颗粒采样器采集气溶胶样品 57 份；整个航次共用真空气罐采集大气样品 48 份，用于挥发性有机物的测定；分级采集生物气溶胶样品并培养计数，共采集细菌和真菌样品各 29 组（包括空白 2 组）。

中国第六次北极科学考察

课题一：北冰洋营养盐循环与生物泵结构考察

依托中国第六次北极科学考察，北冰洋营养盐循环与生物泵结构考察 2014 年度共获得海水化学 1 中 5 个要素（硝酸盐、亚硝酸盐、铵盐、活性磷酸盐、活性硅酸盐）89 个站 4 080 份数据，完成布放硝酸盐等多参数剖面仪 40 个站位，获取了 40 个高分辨率的硝酸盐剖面；已超额完成（170%）合同规定的数据提交数量。海水化学 2 中 POC、悬浮物、C 和 N 同位素、HPLC 色素以及沉积物各要素的数据在 2015 年年底完成。

表 4-6　中国第六次北极科学考察营养盐循环与生物泵结构考察获得数据种类与数量

任务	子任务	站位数（个）	样品数（份）	完成率（%）
海水化学	海水化学 1	89	4 080	170
	海水化学 2	57	1 485	198
	海水化学 3	20	83	230
	硝酸盐等多参数仪	40	40	133
	大体积原位过滤	20	20	111

任务	子任务	站位数（个）	样品数（份）	完成率（%）
沉积化学	常规参数	31	155	310
	生物标志物	31	248	310
	重力柱状样	1~2	1	100
长期观测锚系	沉积物捕获器	1	/	100
合计			6 112	182

课题二：北极区域温室气体与碳通量评估

各参数检测方法在航行期间进行良好的质量控制，符合数据采集要求。

表 4-7　中国第六次北极科学考察北极区域温室气体与碳通量评估数据完成量

项目		样品数（份）	合同任务	完成率
海水化学 1	DIC	736	480	153%
	TA	736	480	153%
	pH 值	736	480	153%
	DO	736	480	153%
海水化学 2	N_2O	532	150	355%
	CH_4	150	150	100%
	钙离子	736	100	153%
海水化学 3	放射性同位素	225	90	250%
走航观测	pCO_2、N_2O、CH_4、DMS	走航数据		100%
无机气溶胶	营养盐	20	15	133%
	重金属	20	15	133%
有机物	POPs（OCP）	45	45	100%
气溶胶	悬浮物、炭黑等	20	20	100%
沉积物	有机物	正在申请样品		
	放射性核素	正在申请样品		

课题三：北极海域同位素与 POPs 考察

北极海域同位素与 POPs 考察获得的数据情况见表 4-8，获得海水 ^{18}O、^2H、POC-^{13}C、PN-^{15}N、^{226}Ra、^{228}Ra、^{210}Po、^{210}Pb、PAHs，表层沉积物 OC-^{13}C、ON-^{15}N、^{226}Ra、^{210}Po、^{210}Pb 以及同位素生态受控实验 NO_3^- 吸收速率、NH_4^+ 吸收速率 16 个要素在 165 个站的 4 218 份数据，总体超额（131%）完成了预定任务。与原定各项参数的任务相比，除海水 ^{210}Pb 和沉积物 ^{226}Ra、^{210}Po、^{210}Pb 外，其他参数均完成或超额完成预定任务。海水 ^{210}Pb 的分析因需将样品放置 1.5 a 以上，让其生长出 ^{210}Po 才能进行分析，故中国第六次北极科学考察采集的海水 ^{210}Pb 尚在等待分析中。

表 4-8　中国第六次北极科学考察同位素与 POPs 考察获得数据种类与数量

区域	任务	项目	站位数（个）	数据量（份）	完成率（%）
白令海、楚科奇海、加拿大海盆、北欧海	海水化学 1	^{18}O	91	738	154
	海水化学 2	POC-^{13}C	45	291	194
		PN-^{15}N	45	291	194
	海水化学 3	^{226}Ra	19	47	261
		^{228}Ra	19	47	261
		^{210}Po	13	158	176
		^{210}Pb	13	158	176
		PAHs	82	396	440
	受控生态试验	NO_3^- 吸收速率	10	80	381
		NH_4^+ 吸收速率	10	80	381
合计				2 286	194

课题四：北极海域部分水体、沉积物及大气化学要素调查与研究

表 4-9　中国第六次北极科学考察北极海域部分水体、沉积物及大气化学
要素调查与研究获得数据种类与数量

任务			项目	站位数（个）	样品数（份）	完成率（%）
第六次北极科学考察	海水化学	海水化学 1	CFCs	62	525	100
		海水化学 2	DMS	40	290	100
			DOC	34	184	100
			TN/TP	34	184	100
	大气化学		氮氧化物	51	153	100
合计					1 336	100

课题五："雪龙"船北极典型航迹有机污染物和重金属调查

样品运回实验室后立即组织进行样品分析，整个分析过程完全按照国家海洋环境监测中心实验室（经国家计量认证通过的实验室）质量控制程序进行，包括实验室试剂空白、实验空白和标准参考物质分析等，所有样品均采用内标法定量，全部结果均满足方法质量控制要求。

通过严格的质控和精密的分析，目前已得到"雪龙"船北极地区航迹上表层海水中重金属的含量数值。其中 Cu、Pb、Zn、Cd、Ba、Mn、U 含量数据 22 组，汞含量数据 22 组。大气中 POPs 样品共 28 组，分析其中颗粒相和气相中 16 种 PAHs 和 27 种 PCBs 同族物。

表 4-10　中国第六次北极科学考察"雪龙"船典型航迹有机污染物和重金属调查获取的主要数据

区域	任务	项目	站位数（个）	数据量（份）	完成率（%）
白令海、楚科奇海、北冰洋太平洋扇区	海水化学 1	—	—	—	—
	海水化学 2	—	—	—	—
	海水化学 3	Cu	22	22	100%
		Zn	22	22	100%
		Cd	22	22	100%
		Pb	22	22	100%
		U	22	22	100%
		Mn	22	22	100%
		Ba	22	22	100%
		Hg	22	22	100%
	大气化学	PAHs	28	448	100%
		PCBs	28	756	100%
	沉积化学	油类	未获得	未获得	100%
		PAHs	未获得	未获得	100%
		PCBs	未获得	未获得	100%
	合计			1 380	

课题六：北极海洋边界层大气汞及生物气溶胶调查

中国第六次北极科学考察期间，在线监测气态总汞（TGM）浓度，共获得约 10 000 组数据；通过大流量总悬浮颗粒采样器采集气溶胶样品总共 63 组 126 份；整个航次共用真空气罐采集大气样品 48 份，用于挥发性有机物的测定。

4.3　北极海域海洋化学与碳通量考察质量控制与监督管理

分专业分要素详细介绍数据质量控制方法和结果及质量管理和保障。

4.3.1　北冰洋营养盐循环与生物泵结构考察中的质量控制与监督管理

（1）在质量管理体系方面

任务承担单位持有国家质量技术监督局颁发的《中华人民共和国计量认证合格证书》，各要素分析过程中严格按照《计量认证/审查认可（验收）评审准则》建立质量管理体系，进行质量保证和质量监督。

（2）在现场样品的采集、保存与运输方面

按照国家标准 GB/T 17378.3-1998 中的《样品采集、贮存和运输》开展现场样品采集、保存与运输的质量控制。现场准确记录样品状态，并做唯一性标识，填写有关样品记录。送回实验室的样品，做好样品流转过程中的标识转移，确保在任何情况下样品不被混淆，并在运输过程中保证样品不被丢失和损坏。每航次前开展一次实验室内的样品分析测试，确保海上采集样品的质量。所有参加项目的调查研究人员均具备相关分析项目的分析经历或经验。

（3）在样品处理方面

所有样品的处理与分析均在国家海洋局第二海洋研究所海洋化学实验室进行，具有恒温、恒湿等良好实验环境，严格实施实验室环境控制。

（4）在仪器质量控制方面

所用到的分析测量仪器均在法定检定机构的检定、校准有效期内，确保仪器达到性能要求。每次使用仪器前通过测量标准点源或自检等方法检查仪器稳定性；定期检测仪器空白，确保仪器的低水平本底；定期检测仪器的分辨率及探测效率；使用两台以上的仪器工作时检查仪器的一致性，确保两台仪器测量结果的相对标准偏差小于10%。

（5）在数据质量控制方面

分析中所采用的标准物质由国家法定计量部门提供或认定，或者可溯源于此的标准物质。化学试剂均在规定期限内使用，用于放射性调查的化学试剂满足放化分析要求。严格控制每一测试项目分析流程和试剂空白。营养盐循环与生物泵结构考察各要素分析测试的质量控制方法及成效如下。

①颗粒有机物^{13}C的测定。

使用 IAEA-C8（Oxalic acid，δ^{13}C 值为 $-18.31‰\pm0.11‰$）和 USGS-40（L-glutamic acid，δ^{13}C 值为 $-26.389‰\pm0.042‰$）两种国际标准物质进行质量控制，每间隔6个待测样品插入一组标准物质进行质量控制。所采用流程和仪器对两种标准物质平行进行6次测量得到的 δ^{13}C 值分别为 $-18.32‰\pm0.18‰$（IAEA-C8）和 $-26.42‰\pm0.17‰$（USGS-40），与标称值十分吻合，证明所采用方法具有很好的准确度和精密度。

②颗粒有机物^{15}N的测定。

使用 IAEA-N2（Ammonium Sulphate，δ^{15}N 值为 $20.3‰\pm0.2‰$）和 IAEA-N3（Potassium Nitrate，δ^{15}N 值为 $4.7‰\pm0.2‰$）两种国际标准物质进行质量控制，每间隔6个待测样品插入一组标准物质进行质量控制。所采用流程和仪器对两种标准物质平行进行6次测量得到的 δ^{15}N 值分别为 $20.30‰\pm0.14‰$（IAEA-N2）和 $4.75‰\pm0.27‰$（IAEA-N3），与标称值十分吻合，证明所采用方法具有很好的准确度和精密度。

4.3.2 北极区域温室气体与碳通量评估的质量控制与监督管理

溶解无机碳 DIC 测定的精度受控于仪器的稳定性，通过在长时间内对同一进样体积的标准物质响应峰面积的稳定性确定，进样时至少进行3次平行测定，平行测定结果相对误差要小于0.1%。标准物质采用国际通用的美国 Scripps 海洋研究所的 A. G. Dickson 教授提供的 DIC 标准参考物质。

总碱度 TA 采用经典的 GRAN 法滴定法，盐酸溶液浓度的准确性与电极响应的稳定性决定测定精度。标定盐酸浓度至少3次，极差小于0.1%，盐酸浓度随时间变化是否稳定。监测 pH 电极状态，包括电极效率、电极斜率和截距情况，电极效率大于98%，三者随时间变化是否稳定。TA 测定以国际上通用的美国 Scripps 海洋研究所 Andrew Dickson 博士研制的标准海水校正。

pCO$_2$ 走航观测所用的非分散红外检测器具有良好的稳定性。在测量时用标准气定时对其进行校正。CO_2 标准气由中国气象科学研究院温室气体及相关微量成分实验室提供，为国际一级标气（WMO2007）"CO_2/空气标准气体"，该标准气体的定值准确度优于 $0.1×10^6$，保证期限 2 年。零气（N_2）由福州新航工业气体公司提供，纯度大于 99.999%。

电极法 pH 测定须监测 pH 电极状态，包括电极效率、电极斜率和截距情况，电极效率大于 98%，三者随时间变化是否稳定。单站测定过程中造成的漂移仅为 ±0.0002 pH 单位，低于仪器的检测限，此漂移影响可以忽略不计。

N_2O 使用顶空水样做标准曲线。选用与实验室空气平衡水样作为水样标准。选用自来水作为水样标准是因为实验室空气中 N_2O 分压稳定，N_2O 浓度在 2 年内测定的相对误差为 2% 左右。水样来源于实验室自来水，向样品内加入一定比例的氯化汞进行生物灭活，将样品放置恒温水浴槽内恒温（20 ℃），鼓泡平衡。最后再从制备好的平衡样品中分装水样标准。使用高纯 N_2、$102×10^{-9}$、$411×10^{-9}$、$717×10^{-9}$ 四种不同浓度的 N_2O 标准气置换出顶空瓶中的标准水样，标准气体由国家物质中心提供。其中，用高纯 N_2 为顶空的标准水样作为样品分析过程中的控制样。该分析方法的相对标准偏差为 2% 左右。

CH_4 使用的 FID 检测器检测出的响应信号采用一定体积分数的 CH_4 标气（国家标准物质中心）校正，采用同一浓度不同体积的多点校正法建立色谱峰面积与甲烷浓度的线性关系，然后根据待测样品校正空白后的色谱峰面积，利用标准曲线进行校正，本方法的检出限为 0.06 nmol/L，精密度小于 3%。

海洋大气气溶胶要素的观测依据国家海洋局《我国近海海洋综合调查与评价专项技术规程》大气化学部分技术规程执行。重金属分析：所有器具已用 15%HNO_3 浸泡，并已用 milli-Q 水冲洗干净。样品用浓硝酸 10 mL 消解后，定容至 35 mL，混匀，待测。同时用相同程序制备样品空白。样品利用电感耦合等离子体质谱仪 ICP-MS（7500ce，美国安捷伦公司）测定。选择各元素内标、选择各标准、引入各参数，由计算机绘制标准曲线、计算回归方程并计算样品中元素浓度。阴阳离子：根据《我国近海海洋综合调查与评价专项——海洋化学调查技术规程》要求，采用离子色谱法进行海洋气溶胶中的阴、阳离子测量。取 1/8 张滤膜于洁净 PP 样品瓶中，准确加入 50.00 g 超纯水（电阻率 18.2 mΩ/cm），旋紧瓶盖，放置在 KQ-100E 超声波清洗器中萃取 30 min，摇匀静置，取上层溶液荡涤 2 次进样瓶，最后加 5 mL 样品于进样瓶加盖待测。阴离子测量用美国 Dionex 公司 ICS-2500 型离子色谱仪，阳离子测量用美国 Dionex 公司 ICS-90A 型离子色谱仪。样品测量采用外标法，先绘制工作曲线，再测量样品。每次测量使用标准样品进行校正。

此外增加风速风向控制系统，采样操作经多年反复验证，确保无沾污。实验室前处理和数据测定采用国际认证的 EPA 方法，空白、质控、平行、回收率等均有严格要求。

4.3.3 北极海域同位素与 POPs 考察的质量控制与监督管理

（1）在质量管理体系方面

任务承担单位持有国家质量技术监督局颁发的《中华人民共和国计量认证合格证书》，各要素分析过程中严格按照《计量认证/审查认可（验收）评审准则》建立质量管理体系，进行质量保证和质量监督。

（2）在现场样品的采集、保存与运输方面

按照国家标准 GB/T 17378.3-1998 中的《样品采集、贮存和运输》开展现场样品采集、保存与运输的质量控制。现场准确记录样品状态，并做唯一性标识，填写有关样品记录。送回实验室的样品，做好样品流转过程中的标识转移，确保在任何情况下样品不被混淆，并在运输过程中保证样品不被丢失和损坏。每航次前开展一次实验室内的样品分析测试，确保海上采集样品的质量。所有参加项目的调查研究人员均具备相关分析项目的分析经历或经验。

（3）在样品处理方面

所有样品的处理与分析均在厦门大学海洋与地球学院同位素海洋化学实验室进行，具有恒温、恒湿等良好实验环境，严格实施实验室环境控制。

（4）在仪器质量控制方面

所用到的分析测量仪器均在法定检定机构的检定、校准有效期内，确保仪器达到性能要求。每次使用仪器前通过测量标准点源或自检等方法检查仪器稳定性；定期检测仪器空白，确保仪器的低水平本底；定期检测仪器的分辨率及探测效率；使用两台以上的仪器工作时检查仪器的一致性，确保两台仪器测量结果的相对标准偏差小于 10%。

（5）在数据质量控制方面

分析中所采用的标准物质由国家法定计量部门提供或认定，或者可溯源于此的标准物质。化学试剂均在规定期限内使用，用于放射性调查的化学试剂满足放化分析要求。严格控制每一测试项目分析流程和试剂空白。同位素与 POPs 考察各要素分析测试的质量控制方法及成效如下。

①海水 ^{18}O 的测定。

在应用同位素比值质谱进行海水 ^{18}O 分析过程中，每 10 份样品加入 4 份工作标准进行测定，用于建立标准工作曲线，图 4-1 所示为其中所采用的 5 条标准工作曲线，线性拟合关系的相关系数（R^2）均大于 0.999，确保了所得海水 $\delta^{18}O$ 值的可靠性。

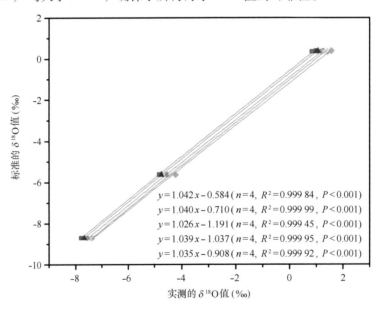

$y=1.042x-0.584\,(n=4,\ R^2=0.999\,84,\ P<0.001)$
$y=1.040x-0.710\,(n=4,\ R^2=0.999\,99,\ P<0.001)$
$y=1.026x-1.191\,(n=4,\ R^2=0.999\,45,\ P<0.001)$
$y=1.039x-1.037\,(n=4,\ R^2=0.999\,95,\ P<0.001)$
$y=1.035x-0.908\,(n=4,\ R^2=0.999\,92,\ P<0.001)$

图 4-1　海水 ^{18}O 分析中工作标准实测值与标定值的关系

②颗粒有机物^{13}C 的测定。

使用 IAEA-C8（Oxalic acid，δ^{13}C 值为-18.31‰±0.11‰）和 USGS-40（L-glutamic acid，δ^{13}C 值为-26.389‰±0.042‰）两种国际标准物质进行质量控制，每间隔 6 个待测样品插入一组标准物质进行质量控制。所采用流程和仪器对两种标准物质平行进行 6 次测量得到的 δ^{13}C 值分别为-18.32‰±0.18‰（IAEA-C8）和-26.42‰±0.17‰（USGS-40），与标称值十分吻合，证明所采用方法具有很好的准确度和精密度。

③颗粒有机物^{15}N 的测定。

使用 IAEA-N2（Ammonium Sulphate，δ^{15}N 值为 20.3‰±0.2‰）和 IAEA-N3（Potassium Nitrate，δ^{15}N 值为 4.7‰±0.2‰）两种国际标准物质进行质量控制，每间隔 6 个待测样品插入一组标准物质进行质量控制。所采用流程和仪器对两种标准物质平行进行 6 次测量得到的 δ^{15}N 值分别为 20.30‰±0.14‰（IAEA-N2）和 4.75‰±0.27‰（IAEA-N3），与标称值十分吻合，证明所采用方法具有很好的准确度和精密度。

④海水溶解态、颗粒态^{210}Po 和^{210}Pb 的测定。

本研究采用的 Po 自沉积-α 能谱法具有高选择性、高回收率、低检出限和现场可操作性等优点。方法建立过程中曾对 Po 自沉积时间、沉积面积、温度、pH 值等对沉积效率的影响进行了研究。在本研究实际样品分析所采用的佳化条件下，溶解态、颗粒态^{210}Po 的化学回收率分别高于 81% 和 89%；滤膜空白为（1.83±0.83）×10^{-4} Bq/张；稳定 Pb 试剂空白为（0.111 8±0.004 4）Bq/gPb；样品测量净计数控制在大于 100，统计计数误差（±1σ）小于 15%。样品测量过程中用 ^{239}Pu 和^{241}Am 标准源（证书编号 DYhd2014-1107，生产厂商 NIM）不定期检测 α 能谱仪探测效率和能量分辨率的变化，确保仪器的稳定和可靠。

⑤海水^{226}Ra 的测定。

利用氡钍分析仪进行^{226}Ra 测定时，闪烁室装置系数是衡量仪器探测效率的主要指标。研究中为尽可能获得准确的闪烁室装置系数，在实际样品测量前后均进行了每个闪烁室装置系数的测量，并以前后两次的平均值来计算海水样品^{226}Ra 的放射性活度。分析过程中所采用的闪烁室装置系数的变化范围为 0.390 1~0.696 3 dpm/cpm，平均值为 0.480 9 dpm/cpm。与此同时，在实际样品分析中，并没有采用所有闪烁室装置系数的平均值来计算放射性活度，而是采用对应于具体样品分析的闪烁室装置系数来计算，避免了装置系数变化引入的误差。

⑥海水^{228}Ra 的测定。

研究中利用^{232}Th 标准溶液验证了实验流程^{228}Ra-^{228}Ac 的放化分离效果，从 4 份标准溶液样品^{228}Ac 半衰期的测量结果看，分离后所测定核素的半衰期分别为 6.28 h、6.24 h、6.45 h 和 6.08 h，平均值为 6.26 h，与^{228}Ac 的理论半衰期（6.13 h）十分吻合，证明所采用分析流程得到的^{228}Ac 为放射化学纯，所采用的分离、纯化、测定^{228}Ac 进而测量^{228}Ra 的分析方法是可靠的。

⑦沉积物^{226}Ra、^{210}Pb 的测定。

沉积物^{226}Ra、^{210}Pb 采用干沉积物的 γ 能谱法进行测定。沉积物的干燥利用冷冻干燥法实现，能有效地保护沉积物及其所含活性物质的物理化学性质。在样品测定之前和之后，均利用中国计量科学研究院提供的沉积物标准源进行 γ 能谱仪探测效率的校准，结果表明，^{226}Ra、^{210}Pb 测量的相对标准误差均小于 8%，证明所采用仪器稳定性良好，分析数据精度完全符合检测要求。

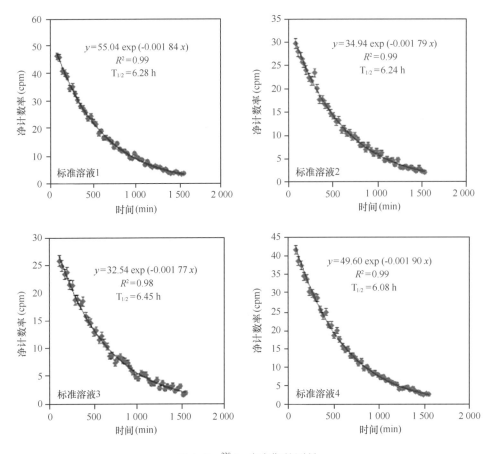

图 4-2 ^{228}Ac 半衰期的测量

4.3.4 北极海域部分水体、沉积物及大气化学要素调查与研究的质量控制与监督管理

（1）海水 CFCs 分析

按照文献 Bullister 和 Weiss（1988）和 Klaus Bulsiewicz 等（1998）中的相关技术规范操作，进行分析测定，认真做好防止污染的工作。

表 4-11　CFCs 分析项目与方法

序号	分析项目	分析方法	检出限	规范性引用文件
1	CFC-11	GC-ECD	0.005 pmol/kg	
2	CFC-12	GC-ECD	0.005 pmol/kg	Bullister 和 Weiss（1988）
3	CFC-113	GC-ECD	0.010 pmol/kg	Klaus Bulsiewicz 等（1998）
4	CCl4	GC-ECD	0.006 pmol/kg	

（2）海水 DOC 测定

采用高温催化氧化法，利用 TOC-VCPH 总有机碳分析仪进行测定；总磷、总氮采用过硫酸钾氧化法测定。

（3）海水 DMS 实验

实验中采用 Model 150 渗透系统装置（Dynacalibrator calibration gas generators，VICI Metronics Inc.，USA）来获得 DMS 标准曲线。DMS 和 MeSH 渗透管置于渗透系统装置的钝化玻璃涂层渗透室，通入一定流速的惰性气体（高纯氮气），使所测定的标准气体溢出渗透室。多次测定后，对渗透管重量和时间作图求斜率，在一定载气流速下，一定温度（20℃）条件下，可得到标准化的渗透管内 DMS 质量衰减速率。再结合管路出口气体的流速，即可得到单位体积溢出气体中 DMS 标准气体的摩尔质量。之后将相应的气体体积换算成 DMS 摩尔浓度。将所测得 DMS 峰面积的平方根与 DMS 标准气体浓度进行二次曲线拟合（如图 4-3），可得到一元二次多项式，用于实际海水的浓度计算。此方法对海水 DMS 样品的精密度好于 5%，最低检出限为 0.2 nM DMS。

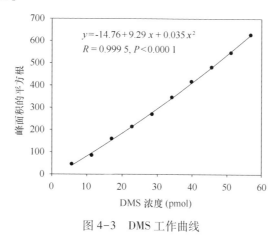

图 4-3　DMS 工作曲线

（4）大气氮氧化物

电脑恒温大气采样器校准（提供校准及校准报告）；

多孔吸收瓶、氧化瓶体积校准；采样器气密性检查，皂沫流量计对流量校准，误差小于 ±5%；

亚硝酸盐标准溶液的配制、标定；亚硝酸盐标准曲线的绘制；

取 6 支 10 mL 具塞比色管，按表 4-12 配制亚硝酸钠标准系列。

表 4-12　标准亚硝酸钠溶液配制

管号	0	1	2	3	4	5
亚硝酸钠标准使用溶液（mL）	0	0.40	0.80	1.20	1.60	2.00
显色液（mL）	8.00	8.00	8.00	8.00	8.00	8.00
水（mL）	2.00	1.60	1.20	0.80	0.40	0
NO_2^- 浓度（μg/mL）	0	0.10	0.20	0.30	0.40	0.50

各管摇匀，于暗处放置 20 min（室温低于 20℃ 时，显色 40 min 以上），用 10 mm 比色皿，于波长 540 nm 处，以水为参比测定吸光度。扣除空白试样的吸光度以后，对应 NO_2^- 的浓度（μg/mL），用最小二乘法计算标准曲线的回归方程。

现场空白样品的内业分析测定；

现场测定数据校准；绘制走航图件；完成调查报告；

结果表示与计算：

$$C_{NO_2}\ (mg/m^3)\ =\ (A_1-A_0-a)\ \times V\times D\div (b\times f\times V_0)$$

$$C_{NO}\ (以\ NO_2\ 计，mg/m^3)\ =\ (A_2-A_0-a)\ \times V\times D\div (b\times f\times k\times V_0)$$

$$C_{NO_x}\ (以\ NO_2\ 计，mg/m^3)\ =\ C_{NO_2}+C_{NO}$$

式中：C_{NO_2} 为空气中 NO_2 的浓度，mg/m^3；

C_{NO} 为空气中 NO 的浓度，以 NO_2 计，mg/m^3；

A_1、A_2 分别为串联的第一支吸收瓶和第二支吸收瓶中样品溶液的吸光度；

A_0 为试样空白溶液的吸光度；

b、a 为标准曲线的斜率（吸光度 mL/μg）和截距；

V 为采样用吸收液体积，mL；

V_0 为换算为标准状态（273K、101.325kPa）下的采样体积，L；

D 为样品的稀释倍数；

f 为 Saltzman 实验系数，0.88（当空气中 NO_2 浓度高于 0.720 mg/m^3 时，f 值为 0.77）。

标准曲线的绘制。

表4-13　亚硝酸盐标准曲线

管号	0	1	2	3	4	5
NO_2^- 浓度（μg/mL）	0	0.10	0.20	0.30	0.40	0.50
A（S）-A（BLK）	0	0.097	0.207	0.314	0.408	0.515

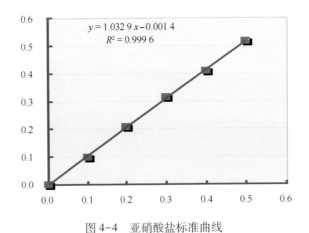

图4-4　亚硝酸盐标准曲线

表4-14　大气氮氧化物分析项目与方法

序号	分析项目	分析方法	变异系数	相对误差	规范性引用文件
1	NO	盐酸萘乙二胺分光光度法	<10%	<±10%	HJ479-2009
2	NO_2	盐酸萘乙二胺分光光度法	<10%	<±8%	HJ479-2009

4.3.5 "雪龙"船北极典型航迹有机污染物和重金属调查的质量控制与监督管理

4.3.5.1 采样过程

（1）表层海水中重金属

由于极地海水中重金属含量极低，考虑到船载 CTD 采集的海水有可能受到重金属的污染，影响到测定数据的可靠性和准确性，因此本考察中，表层海水重金属样品的采集没有使用 CTD 采样，而改为使用特制的树脂材料制成的采水器采集表层海水。使用特制的采水器采集"雪龙"船航迹上表层海水 500 mL，经过滤后（过滤膜经硝酸酸化）立即装入样品瓶，并加入 2 mL 硝酸固定后，放入冷藏室避光冷藏保存（4℃），统一带回国内实验室用原子吸收和 ICP-MS 分析海水样品中的 Cu、Pd、Zn、Cd、Bd、Mn、U 等重金属。

此外，采集表层海水 250 mL，现场装入样品瓶，使用 2 mL 硫酸和 1 mL 过硫酸钾—硫酸溶液固定后，在冷藏室内避光冷藏保存（4℃），统一运回国内实验室经测汞仪定量分析表层海水中的汞含量。

（2）大气中 POPs 样品采集

在"雪龙"船驾驶台顶部安装 1 台大流量大气采样器。在"雪龙"船走航期间，以石英滤膜采集大气中的总悬浮颗粒物，聚氨酯泡沫（PUF）固定相吸附大气中的气相 POPs。因大气中 POPs 浓度较低，多在纳克每立方米的水平下，特别是在极地环境下浓度更低，因此须采集大量空气样品。本考察中，使用大流量采样器采集大气样品（包括大气颗粒物和气体）。采样流量为 $1 \text{ m}^3/\text{min}$，连续采集 48 h。样品采集完成后，玻璃纤维滤膜和 PUF 使用铝箔包装后冷冻保存，统一运回国内实验室进行样品前处理。在船舶停船作业期间，采集的样品部分可能会受船尾排放烟的污染，故在船舶停船作业时，停止大气采样工作。

（3）沉积物中 POPs 和油类

使用箱式采泥器采集沉积物样品后，用木质铲子刮取表层沉积物（0~5 cm）约 300 g，于铝箔包装后放入密实袋密封，置于冰柜中冷冻（-20℃）保存，统一运回国内实验室分析。

4.3.5.2 分析测试过程

在 PAHs 和重金属（Cu、Pd、Zn、Cd、Bd、Mn、U、Hg）分析检测中，采用了海洋公益性科研专项研究成果《极地生态环境监测规范》（试行）作为样品采集以及测定方法依据；PCBs 的分析检测以《极地生态环境监测规范》（试行）中有机污染物采集方法为依据开展样品采集，以《海洋监测规范》中相应方法作为分析依据。

样品运回实验室后立即组织进行样品分析，整个分析过程完全按照国家海洋环境监测中心实验室（经国家计量认证通过的实验室）质量控制程序进行，包括实验室试剂空白、实验空白和标准参考物质分析等，所有样品均采用内标法定量，全部结果均满足方法质量控制要求。

项目参加人员均为有一定经验积累的技术和科研人员，具备相应的专业技术水平，均持有国家海洋局监/检测人员上岗资格证，可承担本项目需求的海水要素调查与分析测试任务。

国家海洋环境监测中心作为子项目承担单位，建有1个国家海洋局重点实验室，拥有良好的实验室条件和多台先进的仪器设备，长期从事我国近岸海域和典型河口的化学、水文和生态要素的调查研究工作，项目组成员具有丰富的海上现场作业和实验室分析工作经验。项目研究中使用的所有科研仪器设备满足质量要求，经过大连市质量监督单位的检定、验收和测试合格，实验室等工作环境和设施满足质量、环保和安全要求。

为保证数据的准确可靠，对使用的仪器设备（包括标准物质）的购置、验收、使用、维护等全过程实施有效的控制。相关仪器设备均按照实验室质控要求按规定送检或自校，在检定有效期内使用；在操作仪器设备前后均应检查仪器状态和环境条件；工作所用的标准物质是国家颁布或者是国际通用的标准物质，所有标准物质妥善保管并标识，在有效期内使用。此外，对工作时的各个场所的环境条件也进行控制，确保各工作场所所必需的设施和环境条件以及落实实验室一般环境条件要求、内业检测实验室的环境要求和外业调查的环境要求。

本项目在执行过程中，严格按照极地专项和国家海洋环境监测中心的相关管理要求开展各项工作。国家海洋环境监测中心具有国家质量技术监督局颁发的《中华人民共和国计量认证合格证书》，并按照《计量认证/审查认可（验收）评审准则》建立了完善的质量管理体系。本项目依靠国家海洋环境监测中心的质量控制和质量保证平台建立的QA/QC管理体系，对资料数据来源的唯一性和可靠性进行了甄别，对数据来源进行了评估和溯源，切实保证数据可追溯性。所依据的基本技术文件包括《海洋调查规范》（GB/T12763-2007）和《海洋监测规范》（GB17378-2007）及其他相关文件。分析数据具有代表性、准确性、精密性、可比性和完整性。

4.3.6 北极海洋边界层大气汞及生物气溶胶调查的质量控制与监督管理

（1）样品采集质量控制与监督管理

大气汞：体进样口前放有0.45 μm的特氟龙膜阻挡海盐气溶胶对仪器测试的影响；采样管放在船头迎风处避免船尾来风的影响。

气溶胶样品：为了避免可能的船尾来风的污染，我们采用风向和风速控制器，只有当风向为船头来风（风向范围在0°~120°或240°~360°）和风速大于5 m/s时，采样器才进行工作采样。采样结束后根据样品膜的种类分别放于密封袋或锡纸袋中冷藏或冷冻保存。同时还采集空白样品为样品分析提供质量控制。

大气样品：在制备不锈钢采样罐时，其内壁经过特殊处理，使VOC不会吸附在罐内壁且不会改变化学性质。采样前，每个采样罐都要用高纯氮气进行5次以上反复充气和抽真空清洗，清洗之后按20%比例将清洗好的采样罐充满高纯氮气放置24 h以上，并按样品分析标准流程进行分析，保证采样罐内目标化合物不被检出或低于检测限。并用清洗后的不锈钢压力表对清洗好的采样罐进行检漏，确保全部抽查合格后将所有采样罐抽真空备用。为了避免船尾本身释放的污染及人为源可能产生的污染，采样时迎风采样。

微生物样品：为避免可能的人为污染，将采样仪器放在"雪龙"船头，避免人为干扰，同时采集空白样品。

（2）样品分析质量控制

大气汞：该汞分析仪每隔24 h进行内部汞源自动校准，最低检测限可达到0.1 ng/m³，在野外采样前后用标准汞源注射进行人工仪器校准，自动校准和人工校准的误差小于2%，重复样品间的相对误差小于2%。

气溶胶样品：采样空白按照与真实样品相同的方法处理，此外，进行实验回收率及平行样品的测试。

大气样品：建立工作曲线，将标准样品用动态稀释系统稀释不同浓度，0.5 ppbv、1 ppbv、5 ppbv、15 ppbv 和 30 ppbv，通过与大气样品同样的分析方法对这5个标准样品和1个零空气进行分析，对每种物质建立工作曲线。为保证标准曲线定量的有效性，在分析大气样品前先分析浓度为 1 ppbv 的标准样品，用已有的标准曲线定量，定量结果与理论浓度值偏差小于5%，此外，进行空白试验，确保空白中没有目标物检出。

微生物样品：采样的微生物样品和空白样品根据微生物种类采用不同培养温度和培养时间，空白样品培养后没有发现微生物存在，微生物样品浓度分析根据奥梅梁斯基公式。

4.4 北极海域海洋化学与碳通量数据总体评价情况

从样品的采集、保存及分析严格按照《海洋监测规范 第4部分：海水分析》、《极地监测规范》、《海水分析方法》操作。

使用"雪龙"船的 SBE CTD 梅花采水系统（配置有24瓶10 L的 Carousel 采水器）分层采集海水。现场海水温度、盐度及站位水深等海洋环境参数由 CTD 在采集海水时同步测定完成。CTD 采水器上甲板后，将不同深度的海水分别装入润洗过2次的样品瓶中，将海水样品使用处理过的醋酸纤维滤膜（0.45 μm）过滤，分析过滤海水中的各项营养盐含量。其中分析铵盐和亚硝酸盐的海水直接装入比色皿中，使用分光光度计分析。另一部分过滤海水装入高密度聚乙烯瓶中冷藏，在48 h 内完成硝酸盐+亚硝酸盐、硅酸盐和磷酸盐的分析。

硝酸盐+亚硝酸盐、磷酸盐和硅酸盐使用营养盐自动分析仪（Skalar San^{++}）分析。硝酸盐+亚硝酸盐、磷酸盐和硅酸盐分别采用镉铜柱还原—重氮偶氮法、磷钼蓝法和硅钼蓝法测定，检测限分别为 0.1 μmol/dm^3（NO$_3^-$+NO$_2^-$）、0.1 μmol/dm^3（SiO$_3^{2-}$）和 0.03 μmol/dm^3（PO$_4^{3-}$）。

使用高密度聚乙烯瓶采装营养盐，所有样品瓶使用盐酸浸泡，去离子水清洗后使用。样品采集时先用少量水清洗样品瓶2次，样品过滤后冷藏保存，并在考察期间分析完毕。现场测定及试剂配置均使用 Millipore 超纯水（18.2 MΩ），采用国家海洋局第二海洋研究所海洋标准物质中心生产的国家一级标准营养盐标准溶液制定标准曲线。数据处理按技术规程要求进行记录。

CO$_2$ 体系各参数的采样和检测方法在航行期间以及后续实验室的处理中进行了良好的质量控制；N$_2$O、CH$_4$ 和 O$_2$/Ar 站位样品采集分析：N$_2$O、CH$_4$ 和 O$_2$/Ar 样品采集与 DO 相似，并紧随溶解氧采样，或与溶解氧采样同步进行（有双管水样情况下）。CTD 采水器上甲板后，立即进行采样，以保证在采样器中的水样接触空气后的 10 min 内完成样品采集，采样时 CTD 采水瓶中的水样不少于其容积的 1/3。N$_2$O 和 CH$_4$ 样品采样后加 150 uL 饱和 HgCl$_2$ 溶液灭活，并在瓶塞处涂抹真空油脂，以密封低温（4℃）保存带回实验室分析。符合数据采集要求，获得数据质量良好。气溶胶所采集样品和所获取数据，真实有效，符合质量控制规定。

北极海域同位素与POPs考察获得了海水 ^{18}O、^2H、POC-^{13}C、PN-^{15}N、^{226}Ra、^{228}Ra、^{210}Po、^{210}Pb、PAHs，表层沉积物 OC-^{13}C、ON-^{15}N、^{226}Ra、^{210}Po、^{210}Pb 以及同位素生态受控实验 NO_3^- 吸收速率、NH_4^+ 吸收速率 16 个要素在 165 个站的 4218 份数据，总体超额（131%）完成了预定任务。这些要素的分析均以国家海洋调查技术规范或国际主流方法进行，采用先进的仪器设备，并进行严格的质量控制，所获得的各要素数据均有很好的分析精度和准确度，不亚于国际同类数据的质量，而且不少要素的数据量（如海水 ^{18}O、^2H、PN-^{15}N ^{210}Po、^{210}Pb、PAHs 等）居于国际前列，这为掌握北冰洋同位素的时空变化规律提供了可能，同时也为应用同位素揭示北冰洋海洋环境变化规律及其作用机制奠定了很好的基础。

第5章 北极海域海洋化学与碳通量分析与评估

5.1 化学要素的分析和认识

5.1.1 海水化学要素的分布特征和变化规律

5.1.1.1 营养盐的分布特征和变化规律

1) 平面分布

（1）白令海

①中国第五次北极科学考察时白令海营养盐分布情况。

表层硝酸盐浓度在 0.40~21.40 μmol/L，平均浓度为 6.68 μmol/L，最高浓度出现在 BN01 站；磷酸盐浓度在 0.17~2.08 μmol/L，平均浓度为 0.90 μmol/L，最高浓度出现在 BN02 站；硅酸盐浓度范围在 0~31.1 μmol/L，平均浓度为 9.94 μmol/L，最高浓度出现在 BN02 站；亚硝酸盐浓度在 0.01~0.28 μmol/L，平均浓度为 0.09 μmol/L，最高浓度出现在 BL07 站；铵盐浓度在 0.15~1.43 μmol/L，平均值为 0.49 μmol/L，最高浓度出现在 BN01 站。如图 5-1 所示，表层营养盐分布出现两个高值区，分别出现在白令海盆及白令海峡西侧；表层 SPM 浓度范围在 0.38~7.35 mg/L，平均浓度为 1.95 mg/L，最高浓度出现在 BN01 站，同样，高值区也有两个，分别出现在白令海盆及白令海峡西侧。20 m 硝酸盐浓度在 0.40~22.20 μmol/L，平均浓度为 9.20 μmol/L，最高浓度出现在 BN03 站；磷酸盐浓度在 0.44~2.16 μmol/L，平均浓度为 1.20 μmol/L，最高浓度出现在 BN03 站；硅酸盐浓度范围在 0~35.0 μmol/L，平均浓度为 12.59 μmol/L，最高浓度出现在 BN03 站；亚硝酸盐浓度在 0.01~0.27 μmol/L，平均浓度为 0.12 μmol/L，最高浓度出现在 BL07 站；铵盐浓度在 0.27~2.02 μmol/L，平均值为 0.86 μmol/L，最高浓度出现在 BL10 站。类似的，20 m 营养盐分布出现两个高值区，分别出现在白令海盆及白令海峡西侧；20 m SPM 浓度范围在 0.23~8.03 mg/L，平均浓度为 2.18 mg/L，同样，高值区也有两个，分别出现在白令海盆及白令海峡西侧。

底层硅酸盐浓度范围在 0~61.2 μmol/L，平均浓度为 28.8 μmol/L，最高浓度出现在 BS01 站，最低浓度出现在 BN07 站；硝酸盐浓度在 0.30~26.40 μmol/L，平均浓度为 13.94 μmol/L，最高浓度出现在 BL13 站，最低浓度出现在 BS05 站；磷酸盐浓度在 0.68~2.64 μmol/L，平均浓度为 1.78 μmol/L，最高浓度出现在 BL16 站，最低浓度出现在 BS06 站。由于 3 个水团之间营养盐浓度的明显差异，底层营养盐分布自西向东逐渐降低；并且由

87

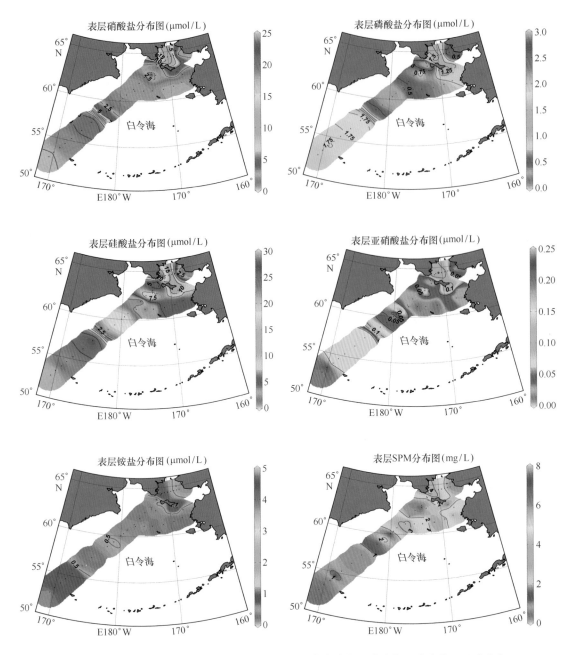

图 5-1 中国第五次北极科学考察白令海调查区域硝酸盐、磷酸盐、硅酸盐、亚硝酸盐、
铵盐及悬浮颗粒物的表层平面分布图

于温度和密度差异，水团之间混合强烈，在白令海峡形成较强的营养盐浓度梯度。

底层亚硝酸盐浓度在 0.02~0.25 μmol/L，平均浓度为 0.11 μmol/L，最高浓度出现在 BS04 站；铵盐浓度在 0.27~4.23 μmol/L，平均浓度为 1.38 μmol/L，最高浓度出现在 BS03 站。由于 3 个水团之间营养盐浓度的明显差异，两者分布自中部向东西降低。

底层 SPM 盐浓度在 0.98~7.85 mg/L，平均浓度为 3.33 mg/L，最高浓度出现在 BS01 站。

表层硝酸盐浓度在 0~3.40 μmol/L，平均浓度为 0.67 μmol/L，最高浓度出现在 SR03 站；底层亚硝酸盐浓度在 0.01~0.13 μmol/L，平均值为 0.03 μmol/L，最高浓度同样出现在 SR03 站，分布自南向北降低，可能是由于楚科奇海陆架受高硝酸盐浓度的太平洋水控制。

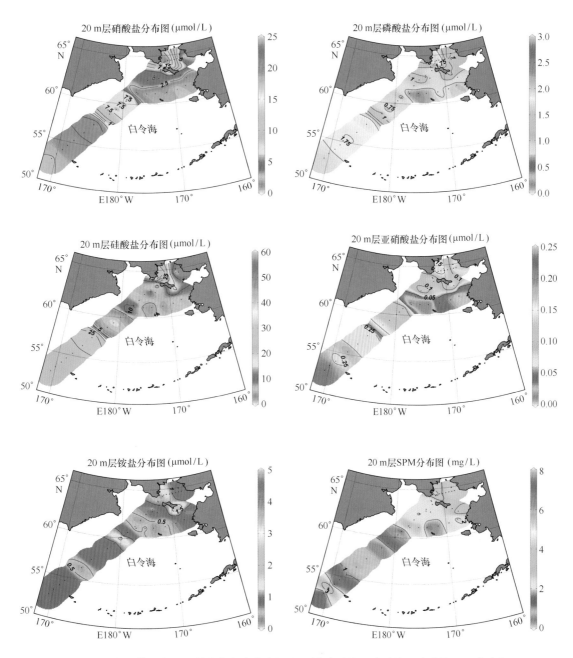

图 5-2 中国第五次北极科学考察白令海调查区域硝酸盐、磷酸盐、硅酸盐、亚硝酸盐、
铵盐及悬浮颗粒物的 20 m 层平面分布图

表层硅酸盐浓度范围在 0.1~24.9 μmol/L，平均浓度 3.65 μmol/L；磷酸盐浓度在 0.28~1.04 μmol/L，平均浓度为 0.56 μmol/L；两者分布自中部向南北降低，最高浓度出现在 R05站，可能是由于 R05 站具有极高的海冰覆盖率，表层水体仍为冬季陆架水，因而营养盐极高。

表层铵盐浓度在 0.11~3.37 μmol/L，平均浓度为 0.48 μmol/L，在 SR03 站出现明显高值区，而后自南向北降低，最高浓度出现在 SR14 站，且有明显的浓度梯度。表层 SPM 浓度在 0.50~8.23 mg/L，平均浓度为 2.38 mg/L，其分布自南向北升高，在 M01 站附近出现明显高值区，且有显著的浓度梯度。

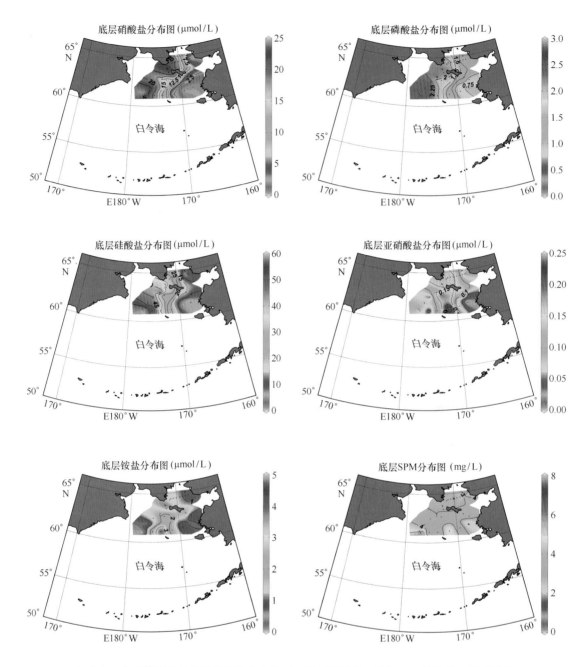

图 5-3 中国第五次北极科学考察白令海调查区域硝酸盐、磷酸盐、硅酸盐、亚硝酸盐、
铵盐及悬浮颗粒物的底层平面分布图

②中国第六次北极科学考察时白令海营养盐分布情况。

白令海表层营养盐分布情况如图 5-4 所示。硝酸盐浓度在 0~15.94 μmol/L，平均浓度为
5.96 μmol/L，最高浓度在 BS05 站；磷酸盐浓度范围在 0.22~1.46 μmol/L，平均浓度为
0.80 μmol/L，最高浓度在 B08 站；硅酸盐浓度范围在 0.29~31.68 μmol/L，平均浓度为
11.45 μmol/L，最高浓度在 B03 站；亚硝酸盐浓度范围在 0~0.23 μmol/L，平均浓度为
0.06 μmol/L，最高浓度在 B10 站；铵盐的浓度范围在 0.26~4.85 μmol/L，平均浓度为
1.52 μmol/L，最高浓度在 B07 站。白令海表层硝酸盐、磷酸盐和硅酸盐分布情况相似，由南

向北浓度逐渐降低，在到达白令海峡时升高。并且由于在白令海峡 3 个不同水团的交汇形成从西向东浓度的减少。亚硝酸盐和铵盐呈现块状分布，但总体趋势也是从南到北逐渐减少。

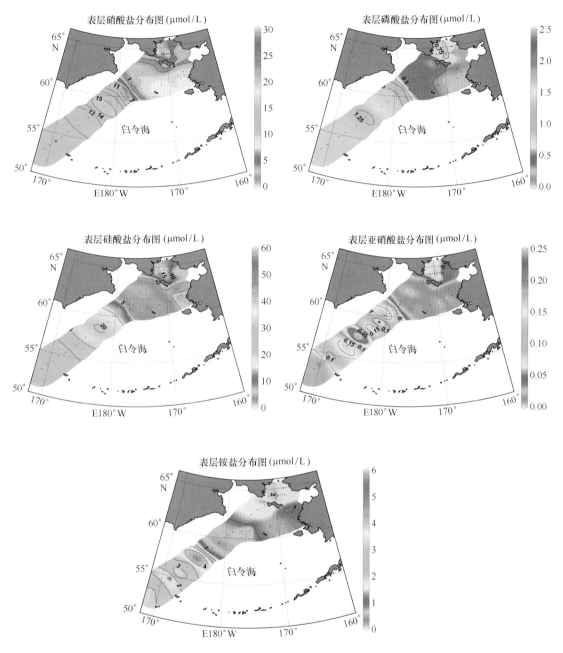

图 5-4　中国第六次北极科学考察白令海调查区域硝酸盐、磷酸盐、硅酸盐、亚硝酸盐、
铵盐的表层平面分布图

　　白令海 20 m 层营养盐分布情况如图 5-5 所示。硝酸盐浓度在 0～25.20 μmol/L，平均浓度为 7.05 μmol/L，最高浓度在 BS01 站；磷酸盐浓度范围在 0.34～2.04 μmol/L，平均浓度为 0.95 μmol/L，最高浓度在 BS01 站；硅酸盐浓度范围在 1.12～42.61 μmol/L，平均浓度为 14.09 μmol/L，最高浓度在 BS01 站；亚硝酸盐浓度范围在 0～0.22 μmol/L，平均浓度为 0.06 μmol/L，最高浓度在 B06 站；铵盐浓度范围在 0.31～4.13 μmol/L，平均浓度为

1.81 μmol/L，最高浓度在 BS05 站。白令海 20 m 层营养盐分布情况与表层分布情况类似。

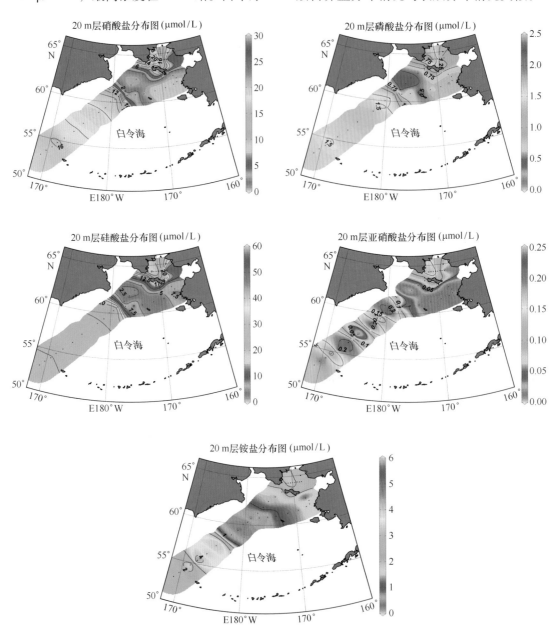

图 5-5　中国第六次北极科学考察白令海调查区域硝酸盐、磷酸盐、硅酸盐、亚硝酸盐、

铵盐的 20 m 层平面分布图

　　白令海底层营养盐分布情况如图 5-6 所示。硝酸盐浓度在 0~25.27 μmol/L，平均浓度为 14.13 μmol/L，最高浓度在 BS01 站；磷酸盐浓度范围在 0.58~2.35 μmol/L，平均浓度为 1.57 μmol/L，最高浓度在 B14 站；硅酸盐浓度范围在 1.24~49.54 μmol/L，平均浓度为 27.59 μmol/L，最高浓度在 NB11 站；亚硝酸盐浓度范围在 0.01~0.22 μmol/L，平均浓度为 0.13 μmol/L，最高浓度在 NB11 站；铵盐浓度范围在 0.66~6.54 μmol/L，平均浓度为 2.89 μmol/L，最高浓度在 B16 站。白令海底层由于进入白令海峡的太平洋北向流主要有 3 个水团，其来源和理化性质差异明显，形成了白令海峡各项营养盐浓度自西向东逐渐降低的趋势。

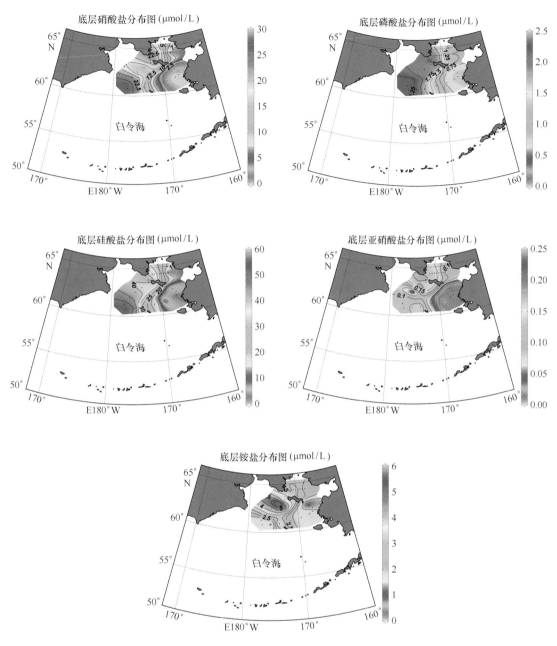

图 5-6　中国第六次北极科学考察白令海调查区域硝酸盐、磷酸盐、硅酸盐、亚硝酸盐、
铵盐的底层平面分布图

（2）西北冰洋

①中国第五次北极科学考察时西北冰洋营养盐分布情况。

20 m 硝酸盐浓度在 0.10～14.40 μmol/L，平均值为 1.80 μmol/L；磷酸盐浓度在 0.54～2.03 μmol/L，平均值为 0.87 μmol/L；亚硝酸盐浓度在 0.01～0.34 μmol/L，平均值为 0.06 μmol/L，三者分布出现 2 个高值区，最高浓度分别出现在 R03 站附近和 R05 站。

20 m 硅酸盐浓度在 0～39.0 μmol/L，平均浓度为 5.97 μmol/L，其分布自中部向南北降低，最高浓度出现在 R05 站。

20 m 铵盐浓度在 0.11～8.11 μmol/L，平均浓度为 1.07 μmol/L，其分布自南向北降低，

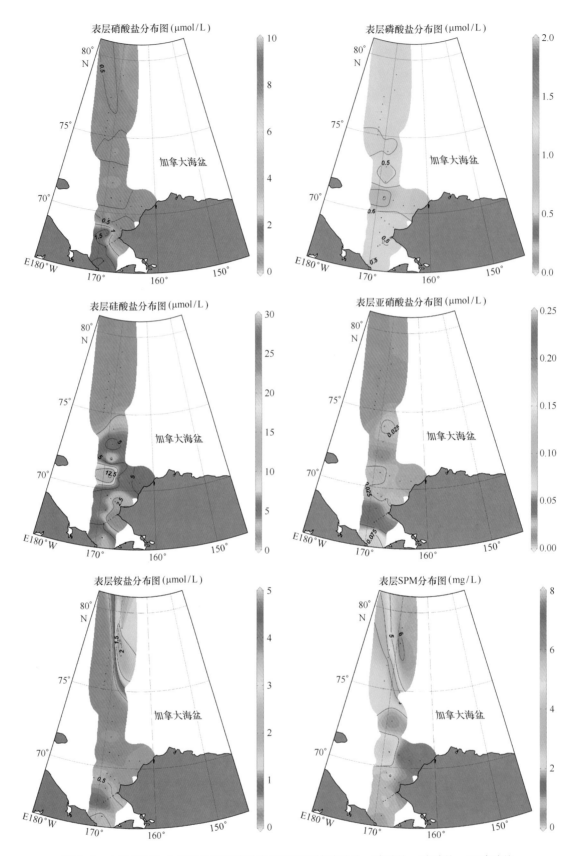

图5-7　中国第五次北极科学考察楚科奇海调查区域硝酸盐、磷酸盐、硅酸盐、亚硝酸盐、
铵盐及悬浮颗粒物的表层平面分布图

最高浓度出现在 SR03 站。

20 m SPM 浓度在 0.77~8.25 mg/L，平均浓度为 2.86 mg/L，最高浓度出现在 R05 站，其分布有 3 个高值区，分别出现在 M07 站、R05 站和 R03 站，在 SR11 站出现明显的低值区。

底层硝酸盐浓度范围在 0.60~11.80 μmol/L，平均浓度为 3.13 μmol/L；磷酸盐浓度在 0.64~2.15 μmol/L，平均浓度为 1.15 μmol/L；亚硝酸盐浓度在 0.03~0.29 μmol/L，平均浓度为 0.09 μmol/L；铵盐浓度范围在 0.27~3.24 μmol/L，平均浓度为 1.61 μmol/L；底层营养盐分布出现 2 个高值区，分别出现在 R02 站和 R05 站。

底层硅酸盐浓度在 0~48.5 μmol/L，平均浓度为 6.32 μmol/L，最高浓度出现在 R05 站，具有明显的高值，其分布自北向南降低。

底层 SPM 浓度在 1.75~5.08 mg/L，平均浓度为 2.63 mg/L，最高浓度出现在 CC1 站。

表层硝酸盐浓度在 2.00~5.20 μmol/L，平均浓度为 3.24 μmol/L；磷酸盐浓度在 0.21~0.47 μmol/L，平均浓度为 0.33 μmol/L；亚硝酸盐浓度在 0.03~0.10 μmol/L，平均浓度为 0.07 μmol/L。三者最高浓度均出现在 BB04 站，分布自 BB04 站向南北降低。

表层硅酸盐浓度范围在 0~0.3 μmol/L，整体呈现为显著的硅限制。

表层铵盐浓度在 0.28~1.02 μmol/L，平均值为 0.62 μmol/L，最高浓度出现在 BB04 站，高值区与低值区呈带状分布。

表层 SPM 浓度在 1.73~7.40 mg/L，平均值为 3.39 mg/L，最高浓度出现在 AT01 站，高值区与低值区呈带状分布。

②中国第六次北极科学考察时西北冰洋营养盐分布情况。

北冰洋海区表层营养盐分布情况如图 5-10 所示。硝酸盐浓度在 0~0.87 μmol/L，平均浓度为 0.24 μmol/L，最高浓度在 CC1 站；磷酸盐浓度范围在 0.22~0.76 μmol/L，平均浓度为 0.60 μmol/L，最高浓度在 R07 站；硅酸盐浓度范围在 0.23~13.25 μmol/L，平均浓度为 4.16 μmol/L，最高浓度在 R07 站；亚硝酸盐浓度范围在 0~0.11 μmol/L，平均浓度为 0.02 μmol/L，最高浓度在 R10 站；铵盐的浓度范围在 0.17~5.08 μmol/L，平均浓度为 1.09 μmol/L，最高浓度在 R08 站。北冰洋海区表层海水无机氮主要以硝酸盐和铵盐为主。硝酸盐在白令海峡口浓度最高，随着太平洋水流入楚科奇海陆架中部和北部浓度开始降低。磷酸盐分布情况与硝酸盐分布情况相反，在白令海峡口浓度低，随着太平洋水流入楚科奇海中部和北部浓度增加。硅酸盐则呈现中部高两边低的情况，可能与硅藻在北冰洋的生长情况有关。

北冰洋海区 20 m 层营养盐分布情况如图 5-11 所示。硝酸盐浓度在 0.02~10.96 μmol/L，平均浓度为 1.25 μmol/L，最高浓度在 R07 站；磷酸盐浓度范围在 0.23~1.64 μmol/L，平均浓度为 0.73 μmol/L，最高浓度在 R07 站；硅酸盐浓度范围在 0~34.81 μmol/L，平均浓度为 6.27 μmol/L，最高浓度在 R07 站；亚硝酸盐浓度范围在 0~0.21 μmol/L，平均浓度为 0.04 μmol/L，最高浓度在 R07 站；铵盐的浓度范围在 0.12~5.46 μmol/L，平均浓度为 1.42 μmol/L，最高浓度在 CC1 站。在 20 m 层，北冰洋海区硝酸盐、亚硝酸盐和铵盐从南到北浓度逐渐降低。营养盐浓度基本都在 R07 站位有 1 个最高浓度。

北冰洋海区底层营养盐分布情况如图 5-12 所示。硝酸盐浓度在 0.24~11.23 μmol/L，平均浓度为 2.53 μmol/L，最高浓度在 R02 站；磷酸盐浓度范围在 0.45~1.13 μmol/L，平均浓度为 0.80 μmol/L，最高浓度在 R02 站；硅酸盐浓度范围在 1.20~10.24 μmol/L，平均浓度为 5.70 μmol/L，最高浓度在 R02 站；亚硝酸盐浓度范围在 0.01~0.15 μmol/L，平均浓度为

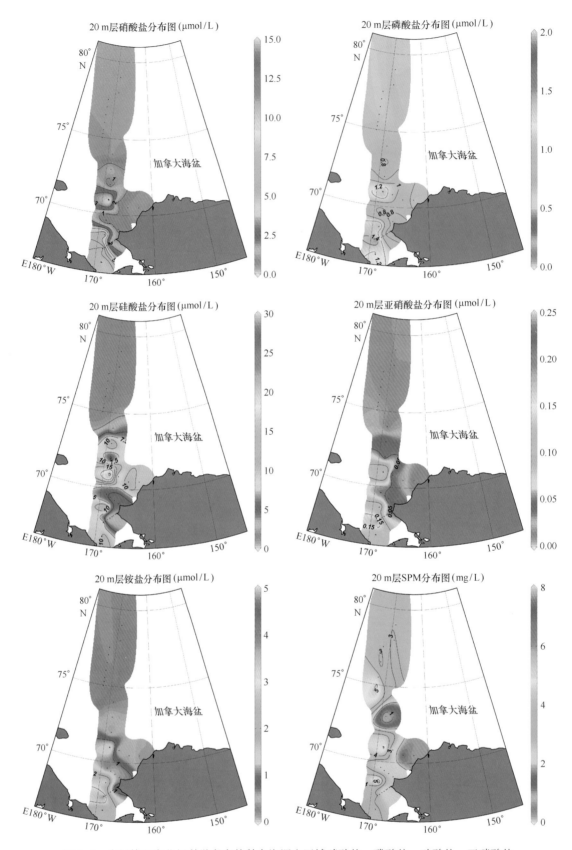

图 5-8　中国第五次北极科学考察楚科奇海调查区域硝酸盐、磷酸盐、硅酸盐、亚硝酸盐、
铵盐及悬浮颗粒物的 20 m 层平面分布图

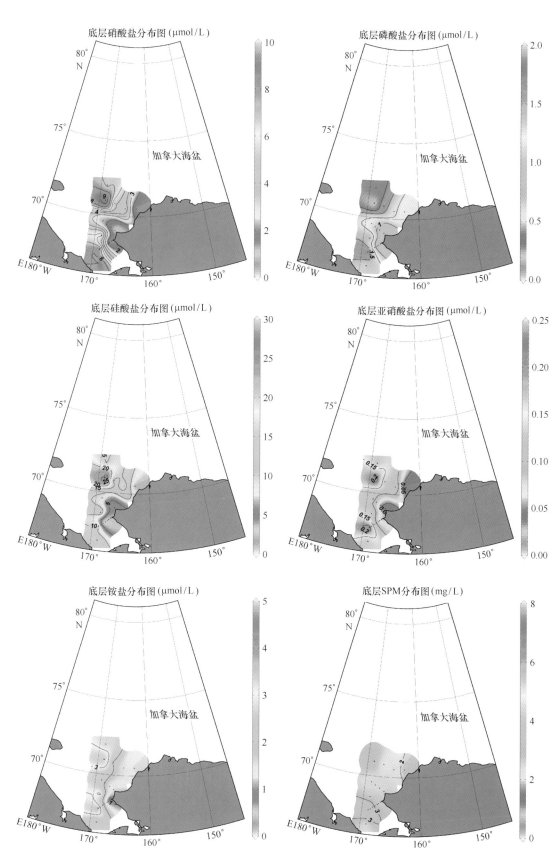

图5-9　中国第五次北极科学考察楚科奇海调查区域硝酸盐、磷酸盐、硅酸盐、亚硝酸盐、
铵盐及悬浮颗粒物的底层平面分布图

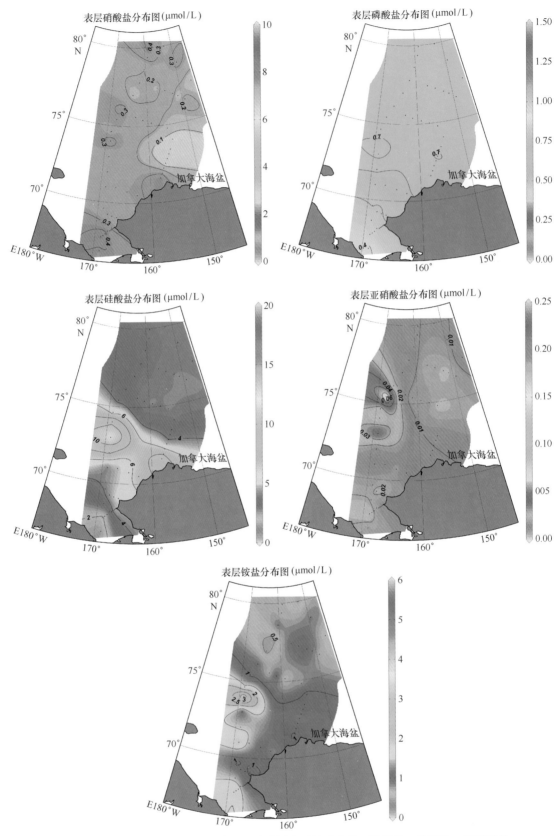

图 5-10　中国第六次北极科学考察西北冰洋调查区域硝酸盐、磷酸盐、硅酸盐、亚硝酸盐、
铵盐的表层平面分布图

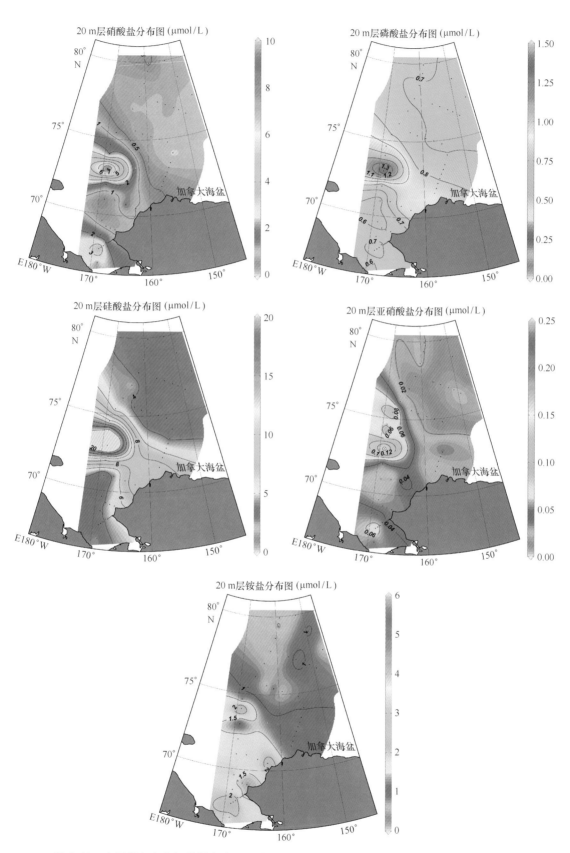

图 5-11 中国第六次北极科学考察西北冰洋调查区域硝酸盐、磷酸盐、硅酸盐、亚硝酸盐、
铵盐的 20 m 层平面分布图

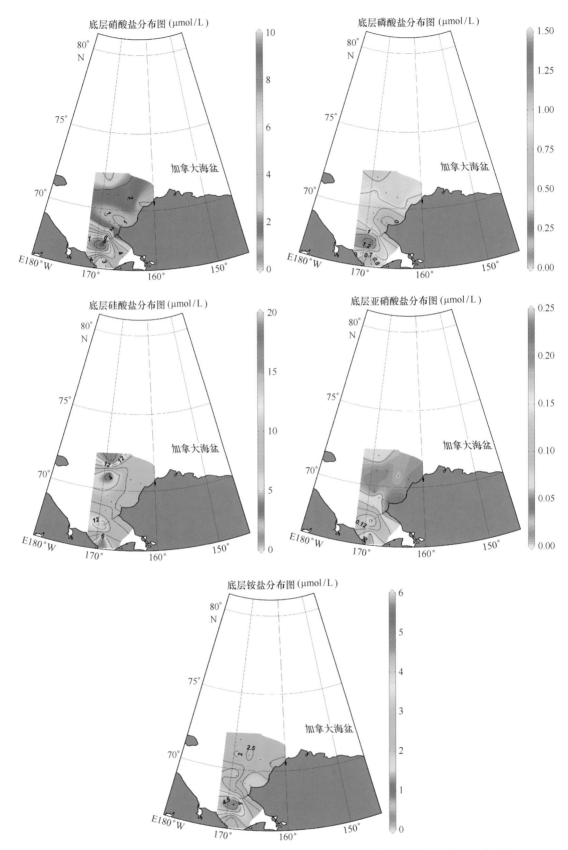

图 5-12　中国第六次北极科学考察西北冰洋调查区域硝酸盐、磷酸盐、硅酸盐、亚硝酸盐、
铵盐的底层平面分布图

0.06 μmol/L，最高浓度在 R02 站；铵盐的浓度范围在 0.72～5.93 μmol/L，平均浓度为 2.39 μmol/L，最高浓度在 CC1 站。北冰洋海区底层营养盐分布趋势基本相同，在白令海峡处较低，随后增加到最大，随着太平洋水的流入在楚科奇海中部减小，在继续向北的过程中又增大。具体原因可能是由于含有不同浓度营养盐的水体影响导致的。

（3）北欧海

中国第五次北极科学考察时北欧海营养盐分布情况。

20 m 硝酸盐浓度在 2.30～5.10 μmol/L，平均浓度为 3.56 μmol/L，最高浓度出现在 BB04 站；磷酸盐浓度在 0.23～0.48 μmol/L，平均浓度为 0.35 μmol/L，最高浓度出现在 BB07 站；亚硝酸盐浓度在 0.03～0.26 μmol/L，平均浓度为 0.09 μmol/L，最高浓度出现在 BB01 站。三者分布自最高浓度站附近向南北降低。

20 m 硅酸盐浓度范围在 0～0.4 μmol/L，整体表现为显著的硅限制。

20 m 铵盐浓度在 0.27～1.73 μmol/L，平均值为 0.72 μmol/L，最高浓度出现在 BB01 站；SPM 浓度在 1.45～8.38 mg/L，平均值为 3.41 mg/L，最高浓度出现在 BB09 站，两者高值区与低值区呈带状分布。

底层硝酸盐浓度在 14.60～18.10 μmol/L，平均值为 16.54 μmol/L，最高浓度出现在 AT08 站；磷酸盐浓度在 1.07～1.16 μmol/L，平均值为 1.13 μmol/L，最高浓度出现在 AT08 站，两者在底层分布较为均匀，且浓度较高。

底层硅酸盐浓度在 6.1～10.8 μmol/L，平均值为 9.7 μmol/L，最高浓度出现在 AT08 站，在 AT10 站出现明显低值。

底层亚硝酸盐浓度在 0.01～0.07 μmol/L，整体呈现低值，在 AT09 站出现明显高值。

底层铵盐浓度在 0.16～0.64 μmol/L，平均值为 0.32 μmol/L，最高浓度出现在 BB01 站，高值区与低值区呈带状分布。底层 SPM 浓度在 0.88～11.43 mg/L，平均值为 2.66 mg/L，高值区与低值区呈带状分布，在 AT05 站出现明显高值区。

2）断面分布

（1）白令海

①中国第五次北极科学考察时白令海断面分布情况。

白令海断面硝酸盐浓度范围在 0.40～46.00 μmol/L，平均值为 27.68 μmol/L，最高浓度出现在 1 000 m 深左右；磷酸盐浓度范围在 0.24～3.43 μmol/L，平均值为 2.29 μmol/L，同样，最高浓度出现在 1 000 m 深左右；硅酸盐浓度范围在 0～198.5 μmol/L，平均值高达 56.69 μmol/L，最高浓度出现在各站底层。上层水体（<300 m），硝酸盐和磷酸盐的浓度随深度增加迅速升高，1 000 m 以深则随深度增加而略有降低。白令海硝酸盐和磷酸盐分布具有良好的一致性，表明两者具有相同的来源或者相同的生物地球化学过程。白令海硅酸盐浓度分布表明，白令海深海具有极高的硅酸盐储量，其分布与水体的形成时间有关，在大洋环流中，大西洋具有最低的硅酸盐浓度，而白令海深层水来源于北太平洋，其水体年龄老，因而具有全球海洋最高的硅酸盐浓度。

亚硝酸盐浓度范围在 0.01～0.81 μmol/L，平均值为 0.12 μmol/L，最高浓度出现在次表层（50 m 左右）；铵盐浓度范围在 0.18～4.28 μmol/L，平均值为 0.65 μmol/L，最高浓度同样出现在次表层。150 m 以深，亚硝酸盐和铵盐浓度基本保持低值，需要指出的是，BL01 站和 BL02 站深层水体铵盐浓度明显高于白令海盆深层。

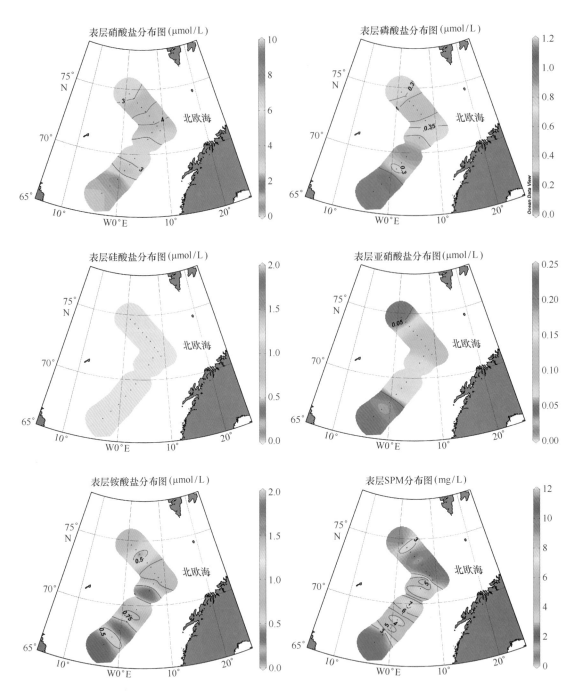

图 5-13 中国第五次北极科学考察北欧海调查区域硝酸盐、磷酸盐、硅酸盐、亚硝酸盐、铵盐及悬浮颗粒物的表层平面分布图

　　SPM 浓度在 0~7.00 mg/L 之间，平均值为 1.67 mg/L，表层浓度较低，在 BL07 站 300 m 深左右出现明显高值区，在 BL06 站和 BL08 站 3 000 m 深左右出现 2 个明显低值区。

　　硝酸盐浓度范围在 0.30~21.10 μmol/L，平均值为 5.37 μmol/L，最高浓度出现在 BS01 站底层；磷酸盐浓度范围在 0.42~2.51 μmol/L，平均值为 1.19 μmol/L，同样，最高浓度出现在 BS01 站底层；硅酸盐浓度范围在 2.8~61.2 μmol/L，平均值高达 18.4 μmol/L，同样，最高浓度出现在 BS01 站底层。表层基本表现为硝酸盐限制，随深度增加三者浓度明显增加，

102

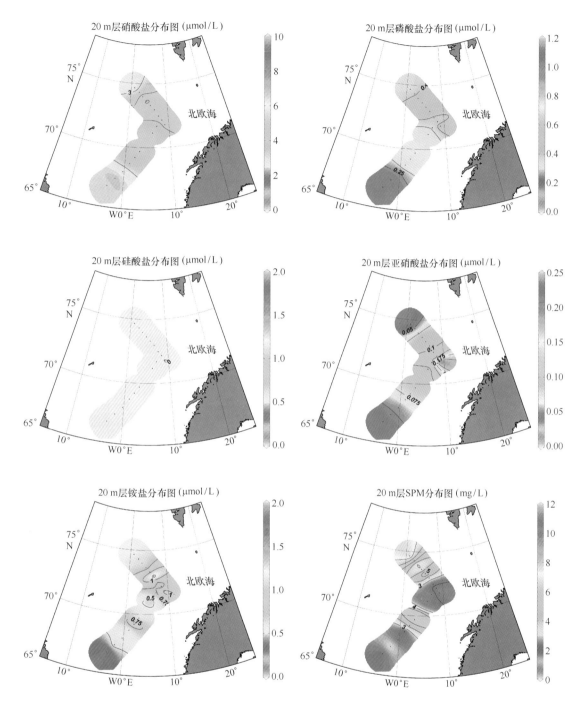

图 5-14 中国第五次北极科学考察北欧海调查区域硝酸盐、磷酸盐、硅酸盐、亚硝酸盐、铵盐及悬浮颗粒物的 20 m 层平面分布图

有明显的浓度梯度，由于 BS05 站和 BS06 站较浅，整个水体表现为低营养盐。

铵盐浓度范围在 0.20~4.23 μmol/L，平均值为 1.15 μmol/L，最高浓度出现在 BS03 站底层，表层水体浓度呈现低值。亚硝酸盐浓度范围在 0.01~0.26 μmol/L，平均值为 0.06 μmol/L，最高浓度出现在 BS02 站和 BS04 站 50 m 深左右，表层水体浓度呈现低值。

SPM 浓度在 1.52~14.00 mg/L，平均值为 3.40 mg/L，表层浓度较低，在 BS01 站 30 m 深左右出现明显高值区。

北极 海域海洋化学与碳通量考察

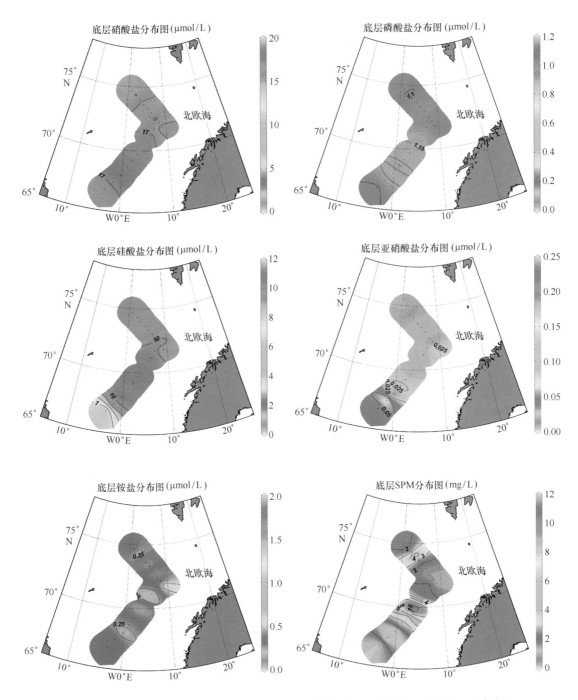

图 5-15 中国第五次北极科学考察北欧海调查区域硝酸盐、磷酸盐、硅酸盐、亚硝酸盐、
铵盐及悬浮颗粒物的底层平面分布图

硝酸盐浓度范围在 0.40~22.40 μmol/L，平均值为 12.83 μmol/L；磷酸盐浓度范围在 0.21~2.17 μmol/L，平均值为 1.46 μmol/L；硅酸盐浓度范围在 0~35.1 μmol/L，平均值为 18.21 μmol/L；亚硝酸盐浓度范围在 0.01~0.18 μmol/L，平均值为 0.12 μmol/L；铵盐浓度范围在 0.34~1.86 μmol/L，平均值为 0.99 μmol/L。进入白令海峡的太平洋北向流主要有 3 个水团，其来源和理化性质差异明显，其中沿白令海西侧进入北冰洋的是阿纳德尔流，表现为低温高盐高营养盐，靠近阿拉斯加海岸的是阿拉斯加沿岸流，其输运过程受育空河影响，

104

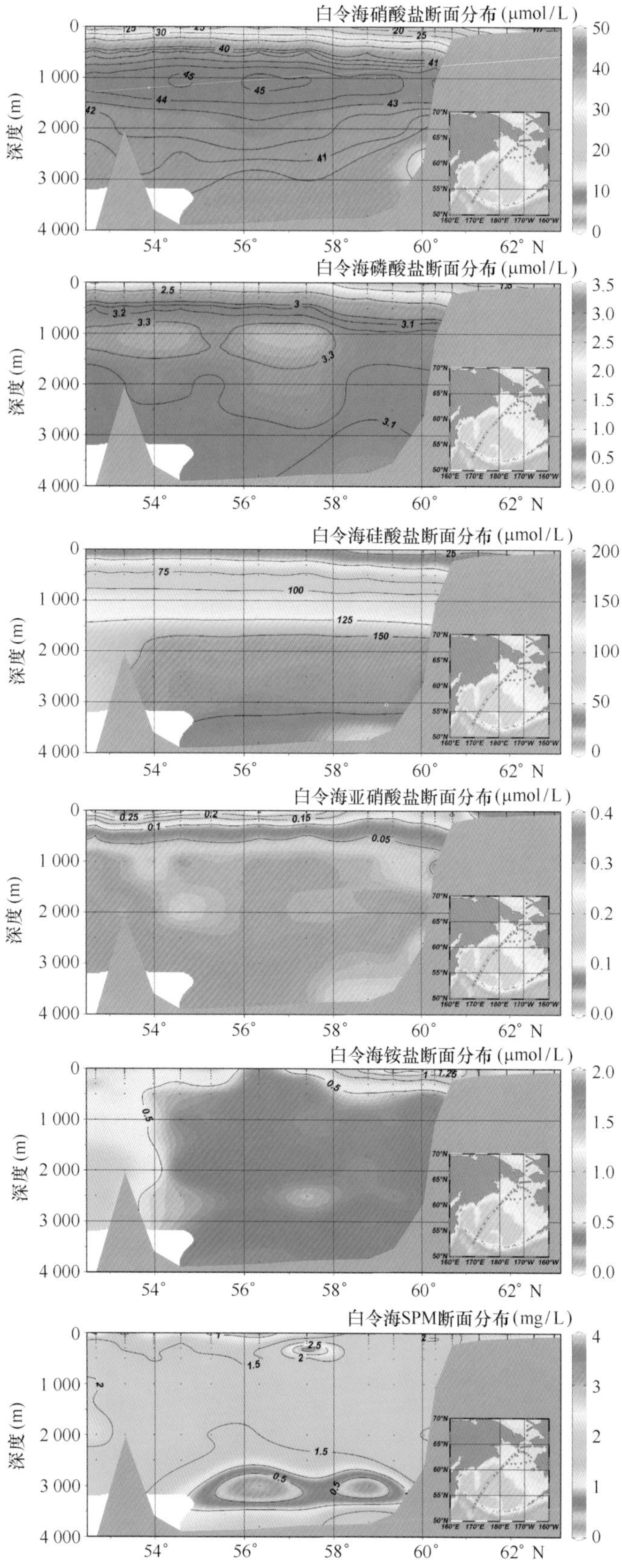

图 5-16 中国第五次北极科学考察白令海断面硝酸盐、磷酸盐、硅酸盐、亚硝酸盐、
铵盐及悬浮颗粒物的断面分布图

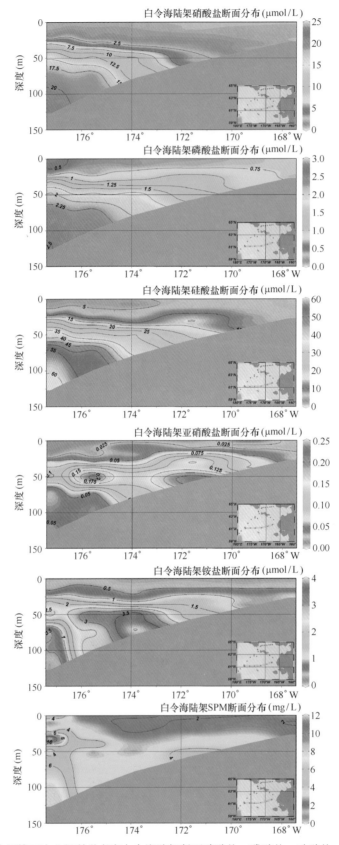

图 5-17　中国第五次北极科学考察白令海陆架断面硝酸盐、磷酸盐、硅酸盐、亚硝酸盐、铵盐及悬浮颗粒物的断面分布图

白令海陆架水则沿圣劳伦斯岛东西两侧向北输送。由于 3 个水团之间营养盐浓度差异明显，各项营养盐的浓度自西向东降低，并且由于温盐和密度差异，水团之间混合强烈，在白令海峡形成较强的营养盐浓度梯度。低温低密度的阿拉斯加沿岸流影响了 BN07 站和 BN08 站表层水营养盐浓度，表现为最低的营养盐浓度。比较特殊的是 BN07 站和 BN08 站下层水的营养盐结构，表现为相对于上层水更高的硅酸盐和磷酸盐浓度（亚硝酸盐和铵盐浓度也与之类似），硝酸盐浓度较低。另外需要指出的是，BN03 站表层各项营养盐浓度均表现低值。

SPM 浓度范围在 0.98~8.03 mg/L，平均值为 2.79 mg/L，与营养盐分布不同，悬浮颗粒物浓度没有明显的浓度梯度，最高值出现在 BN01 站表层和 BN02 站 20 m 层左右。

硝酸盐浓度范围在 0~20.30 μmol/L，平均值为 6.18 μmol/L，最高浓度出现在 SR12 站 100 m 层；磷酸盐浓度范围在 0.46~2.30 μmol/L，平均值为 1.33 μmol/L，最高浓度出现在 SR11 站底层和 SR12 站 100 m 层；硅酸盐浓度范围在 1.3~44.3 μmol/L，平均值为 16.1 μmol/L，最高浓度出现在 SR12 站 100 m 层；亚硝酸盐浓度范围在 0.01~0.40 μmol/L，平均值为 0.12 μmol/L；铵盐浓度范围在 0.13~8.26 μmol/L，平均值为 2.42 μmol/L，最高浓度出现在 SR03 站 30 m 层。受海冰输入和浮游植物勃发的影响，水体呈现明显的硝酸盐和硅酸盐共同限制。硝酸盐、磷酸盐、亚硝酸盐以及铵盐在 SR03 站至 SR05 站和 SR09 站底层以及楚科奇陆坡 SR11 站和 SR12 站出现高值，SR03 站可能受到高营养盐的太平洋水影响，而硅酸盐只在 SR09 站以及楚科奇陆坡出现高值，在 SR03 站未出现，可能是由于硅藻勃发过量吸收硅酸盐，导致硅酸盐浓度较低。SR09 站底层的高值与此站极高的海冰覆盖率有关。楚科奇陆坡的高值可能是发生了强烈的脱氮作用，但具体机制尚不明确，仍需进一步研究。

SPM 浓度范围在 0.77~7.60 mg/L，平均值为 3.02 mg/L，与营养盐分布类似，在楚科奇陆坡同样出现高值区。

②中国第六次北极科学考察时白令海断面分布情况。

白令海断面（B 断面）硝酸盐、磷酸盐、硅酸盐、亚硝酸盐和铵盐的浓度分布如图 5-19 所示。其中，硝酸盐浓度范围在 0~46.47 μmol/L，平均 32.29 μmol/L，最低值和最高值分别出现表层和 1 000 m 层左右；磷酸盐浓度范围在 0.36~3.46 μmol/L，平均 2.54 μmol/L，最低值和最高值出现在表层和 1 000 m 层左右；硅酸盐浓度范围在 1.03~250.60 μmol/L，平均 100.75 μmol/L，最低值和最高值分别出现在表层和 B09 站位深层；亚硝酸盐的浓度范围在 0~0.54 μmol/L，平均 0.07 μmol/L，在 2 000 m 层处出现几个高值点；铵盐的浓度范围在 0.04~7.35 μmol/L，平均 1.73 μmol/L。硝酸盐和磷酸盐有相似的分布特征：在此断面所在海区上层浓度较低，随着深度的增加而增加，在 1 000 m 层左右浓度达到最大值。上层营养盐浓度较低的原因主要有两方面，一是海洋上层浮游植物吸收转化为其机体的一部分，二是由于温度、盐度跃层的存在使得深层水体较高的营养盐不能通过混合作用到达上层。深层具有较高营养盐浓度也主要有两方面的原因，一是来自上层水体中浮游植物碎屑被再矿化成无机营养盐使得浓度增加，二是由于白令海处于世界大洋热盐环流末端，水体年龄更老，含有更多的被再矿化后形成的无机营养盐。

白令海陆架断面（NB 断面）硝酸盐、磷酸盐、硅酸盐、亚硝酸盐和铵盐的浓度分布如图 5-20 所示。其中，硝酸盐浓度范围在 0~27.42 μmol/L，平均 7.55 μmol/L，最低值和最高值分别出现表层和 NB01 站、NB02 站底层；磷酸盐浓度范围在 0.22~2.03 μmol/L，平均 1.04 μmol/L；硅酸盐浓度范围在 1.13~54.83 μmol/L，平均 15.88 μmol/L，磷酸盐和硅酸盐

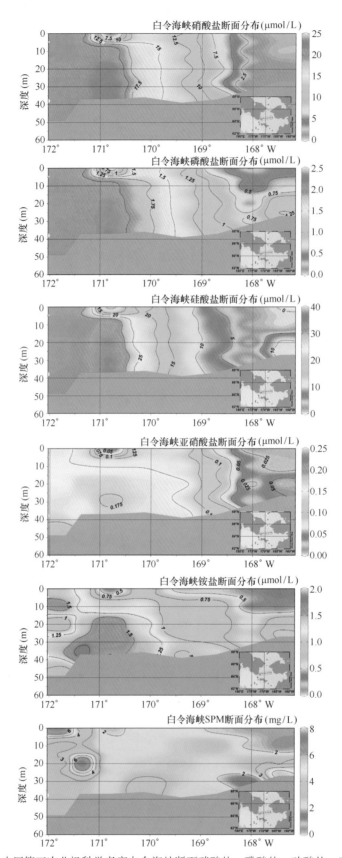

图 5-18　中国第五次北极科学考察白令海峡断面硝酸盐、磷酸盐、硅酸盐、亚硝酸盐、
铵盐及悬浮颗粒物的断面分布图

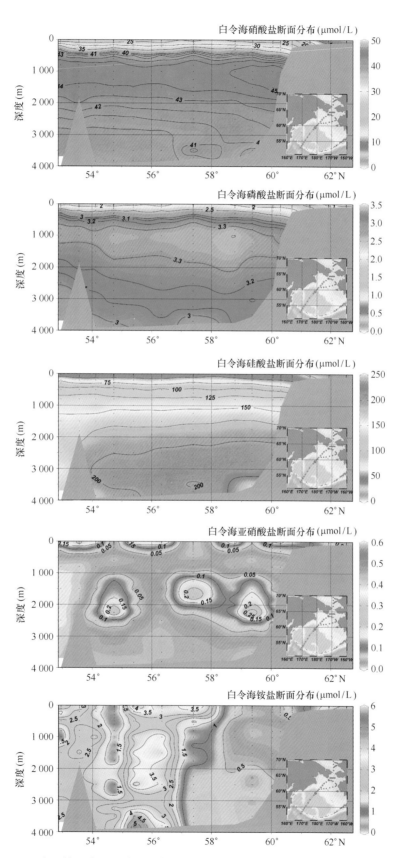

图 5-19 中国第六次北极科学考察白令海断面硝酸盐、磷酸盐、硅酸盐、亚硝酸盐、
铵盐的断面分布图

与硝酸盐分布类似，最低值和最高值分别出现在表层和 NB1 站、NB2 站底层；亚硝酸盐的浓度范围在 0~0.24 μmol/L，平均 0.07 μmol/L，在 NB01 站的 50 m 层处出现高值点；铵盐的浓度范围在 0.35~4.07 μmol/L，平均 1.66 μmol/L，最低值出现在 NB01 站和 NB02 站表层，最高值出现在 NB11 站底层。NB 断面硝酸盐、磷酸盐和硅酸盐分布情况类似，都是表层较低并随着深度增加而增大。

白令海峡断面（BS 断面）硝酸盐、磷酸盐、硅酸盐、亚硝酸盐和铵盐的浓度分布如图 5-21 所示。其中，硝酸盐浓度范围在 0.23~25.43 μmol/L，平均 12.92 μmol/L；磷酸盐浓度范围在 0.25~2.05 μmol/L，平均 1.30 μmol/L；硅酸盐浓度范围在 0.29~42.61 μmol/L，平均 24.05 μmol/L；亚硝酸盐浓度范围在 0.01~0.20 μmol/L，平均 0.12 μmol/L；铵盐浓度范围在 1.16~4.36 μmol/L，平均 2.57 μmol/L。由于进入白令海峡的太平洋北向流主要有 3 个水团，其来源和理化性质差异明显，形成了白令海峡各项营养盐浓度自西向东逐渐降低的趋势。在 BS01 站和 BS02 站表层出现的营养盐浓度较低的情况，或是由于浮游植物利用造成的。

（2）西北冰洋

①中国第五次北极科学考察时西北冰洋营养盐断面分布情况。

楚科奇海 R 断面硝酸盐浓度范围在 0.40~1.60 μmol/L，平均值为 0.81 μmol/L；磷酸盐浓度范围在 0.49~1.15 μmol/L，平均值为 0.76 μmol/L；硅酸盐浓度范围在 0.5~5.6 μmol/L，平均值为 3.0 μmol/L；亚硝酸盐浓度范围在 0.01~0.09 μmol/L，平均值为 0.04 μmol/L；铵盐浓度范围在 0.21~3.01 μmol/L，平均值为 1.07 μmol/L。各项营养盐的高值区均出现在 R04 站底层，不同的是，硝酸盐和硅酸盐的低值区出现在该站表层，亚硝酸盐和铵盐在表层均呈现低值。可能是由于 R04 站高的海冰覆盖率，水体上下各项营养盐浓度差异明显。

SPM 浓度范围在 0~5.13 mg/L，平均值为 2.17 mg/L，在 C01 站 30 m 层左右出现低值，在 C03 站 10 m 层左右出现高值。

楚科奇海 C 断面硝酸盐浓度范围在 0.20~19.30 μmol/L，平均值为 9.15 μmol/L；磷酸盐浓度范围在 0.47~2.02 μmol/L，平均值为 1.12 μmol/L；硅酸盐浓度范围在 1.4~30.7 μmol/L，平均值为 10.5 μmol/L。三者浓度极大值出现在次表层 150 m 左右，可能是受太平洋源水控制，浓度极小值出现在 1 000 m 层上下，可能是受低营养盐的大西洋源水控制。

亚硝酸盐浓度范围在 0.01~0.17 μmol/L，平均值为 0.03 μmol/L，最高值出现在近表层 50 m 左右。

铵盐浓度范围在 0.08~3.37 μmol/L，平均值为 0.28 μmol/L，最高值出现在 SR14 站表层。

SPM 浓度范围在 0.98~9.18 mg/L，平均值为 2.70 mg/L，最高值出现在 M07 站及 M01 站表层，另外，M01 站 1 000 m 层左右也出现悬浮颗粒物高值。

北冰洋高纬断面硝酸盐浓度范围在 2.50~17.40 μmol/L，平均值为 11.01 μmol/L；磷酸盐浓度范围在 0.32~1.13 μmol/L，平均值为 0.83 μmol/L；硅酸盐浓度范围在 1.4~10.4 μmol/L，平均值为 3.3 μmol/L。北大西洋表层水表现为显著的硅限制，硝酸盐和磷酸盐相对丰富。磷酸盐和硝酸盐最低值出现在 BB09 站和 BB08 站及 BB01 站表层水体，并自上而下升高，高值区均出现在底层水体，两者的分布具有良好的一致性，表明两者具有相同的来源或者相同的生物地球化学过程。

亚硝酸盐浓度范围在 0.01~0.43 μmol/L，平均值为 0.07 μmol/L；铵盐浓度范围在 0.16~1.97 μmol/L，平均值为 0.61 μmol/L。两者最高值均出现在表层水体，且深层浓度较低。

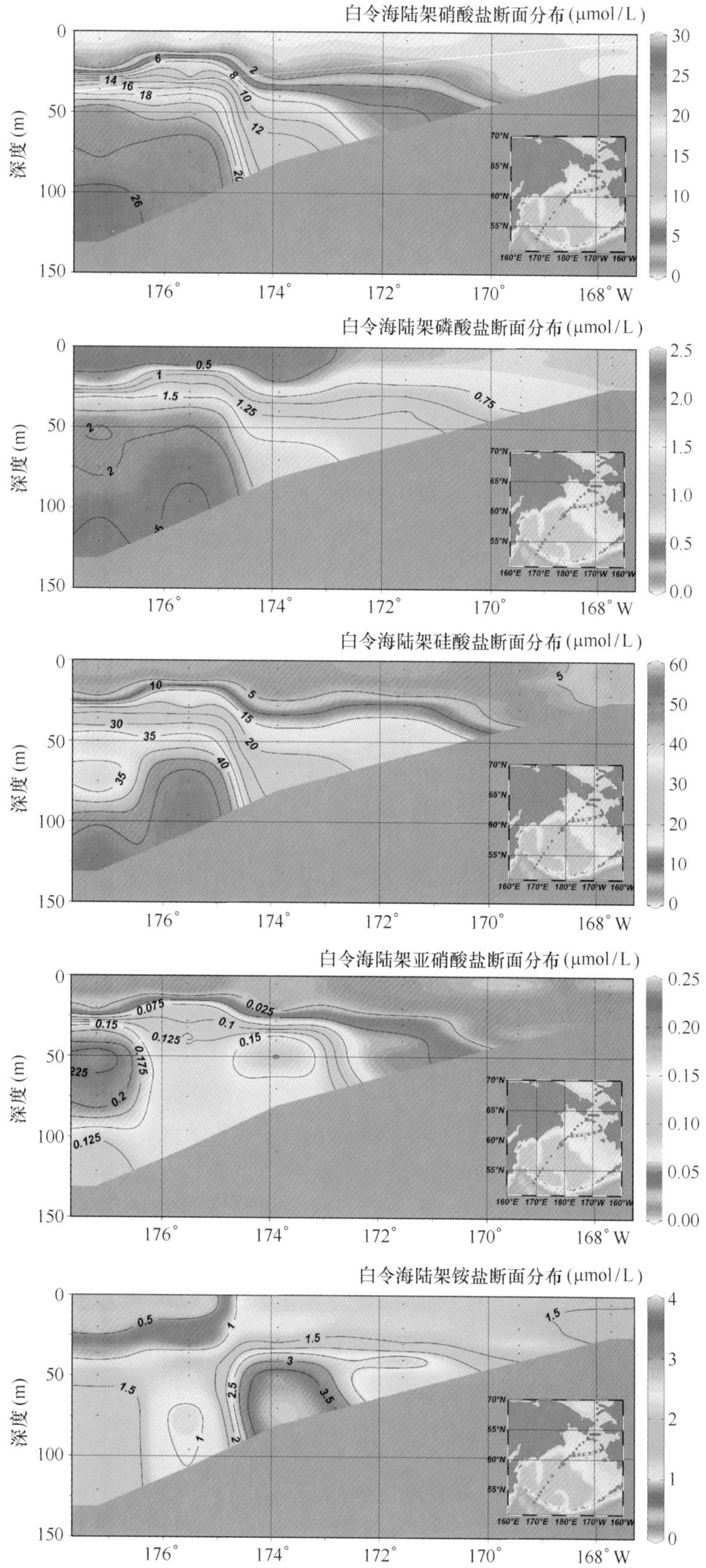

图5-20 中国第六次北极科学考察白令海陆架断面硝酸盐、磷酸盐、硅酸盐、亚硝酸盐、
铵盐的断面分布图

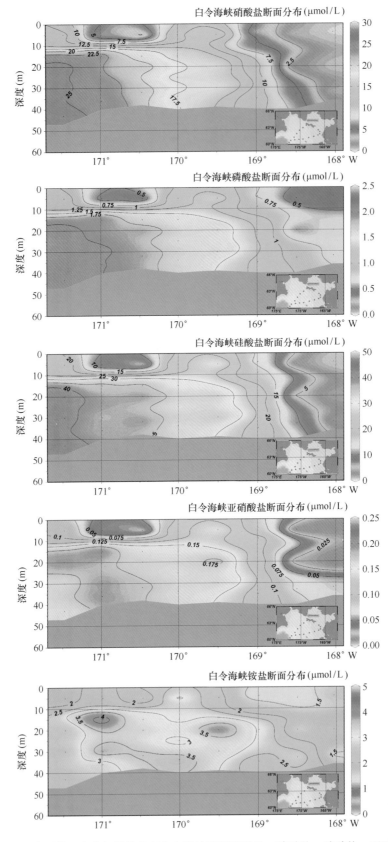

图 5-21　中国第六次北极科学考察白令海峡断面硝酸盐、磷酸盐、硅酸盐、亚硝酸盐、
铵盐的断面分布图

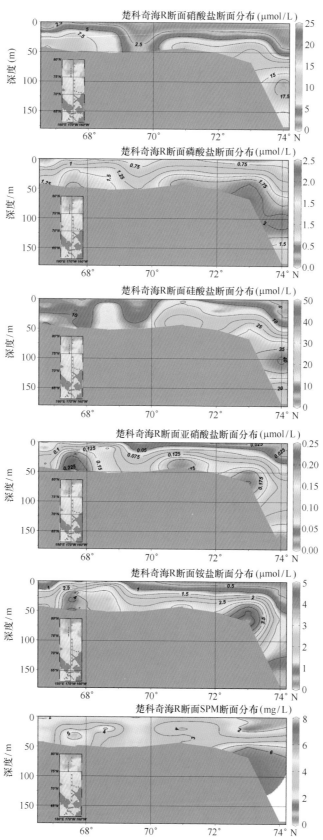

图 5-22　中国第五次北极科学考察楚科奇海 R 断面硝酸盐、磷酸盐、硅酸盐、
亚硝酸盐、铵盐及悬浮颗粒物的断面分布图

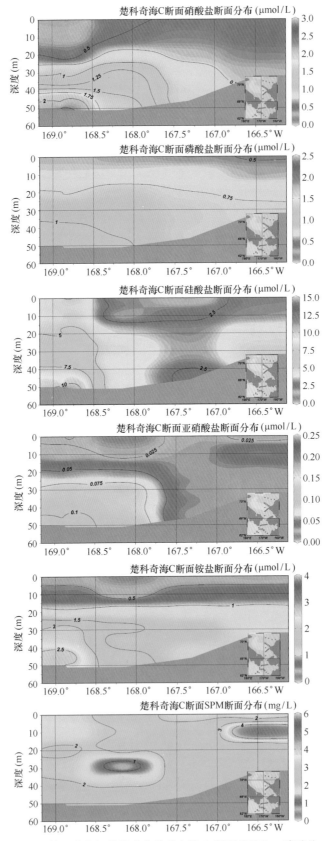

图5-23 中国第五次北极科学考察楚科奇海 C 断面硝酸盐、磷酸盐、硅酸盐、
亚硝酸盐、铵盐及悬浮颗粒物的断面分布图

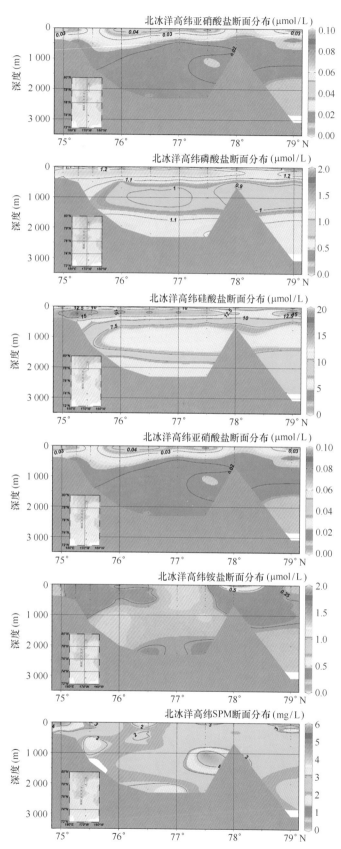

图 5-24　中国第五次北极科学考察北冰洋高纬断面硝酸盐、磷酸盐、硅酸盐、
亚硝酸盐、铵盐及悬浮颗粒物的断面分布图

SPM 浓度范围在 1.00 ~ 9.70 mg/L，平均值为 2.40 mg/L，BB07 站底层及 BB08 站 2 000 m 层左右出现悬浮颗粒物浓度高值。

②中国第六次北极科学考察时楚科奇海营养盐断面分布情况。

楚科奇海 R 断面各项营养盐分布如图 5-25 所示。其中，硝酸盐浓度范围在 0.09 ~ 22.76 μmol/L，平均浓度为 5.25 μmol/L，最低值和最高值分别位于 R03 站 10 m 层和 R07 站底层；磷酸盐浓度范围在 0.21 ~ 2.26 μmol/L，平均浓度为 0.93 μmol/L，最低值和最高值分别位于 R01 站 10 m 层和 R07 站底层；硅酸盐浓度范围在 0 ~ 61.47 μmol/L，平均浓度为 13.92 μmol/L，最低值和最高值分别位于 R05 站 20 m 层和 R07 站底层；亚硝酸盐浓度范围在 0 ~ 0.21 μmol/L，平均浓度为 0.06 μmol/L，最低值和最高值分别位于 R06 站 20 m 层和 R02 站底层；铵盐浓度范围在 0.30 ~ 6.54 μmol/L，平均浓度为 1.70 μmol/L，最低值和最高值分别位于 R03 站 20 m 层和 R02 站底层。如图 5-25 所示，硝酸盐、磷酸盐和硅酸盐具有相似的分布格局，20 m 以浅营养盐浓度均较低，20 m 以深水体营养盐浓度有较大变化，R01 ~ R03 站营养盐浓度较高，可能是与太平洋水的流入有关，R04 ~ R07 站营养盐浓度则较低。亚硝酸与铵盐也有相似的分布情况。

楚科奇海 C 断面各项营养盐分布如图 5-26 所示。其中，硝酸盐浓度范围在 0.10 ~ 0.76 μmol/L，平均浓度为 0.27 μmol/L，最低值和最高值分别位于 C01 站表层和 R04 站底层；磷酸盐浓度范围在 0.45 ~ 0.89 μmol/L，平均浓度为 0.58 μmol/L，最低值和最高值分别位于 C02 站 30 m 层和 R04 站底层；硅酸盐浓度范围在 1.83 ~ 10.36 μmol/L，平均浓度为 5.47 μmol/L，最低值和最高值分别位于 R04 站 20 m 层和 C03 站底层；亚硝酸盐浓度范围在 0.01 ~ 0.08 μmol/L，平均浓度为 0.03 μmol/L，最低值和最高值分别位于 R04 站 20 m 层和 C01 站底层；铵盐浓度范围在 0.38 ~ 3.97 μmol/L，平均浓度为 1.29 μmol/L，最低值和最高值分别位于 R04 站 10 m 层和 R04 站底层。楚科奇海 C 断面硝酸盐、磷酸盐和硅酸盐分布基本都随着深度增加而增加，但磷酸盐在 R04 站底层出现极大，与其相反硅酸盐则在 C03 站底层出现极大。这种不同的分布趋势可能是由于它们受不同的海洋初级生产和水文环境影响产生的。

北冰洋高纬断面各项营养盐分布如图 5-27 所示。其中，硝酸盐浓度范围在 0.08 ~ 117.47 μmol/L，平均浓度为 10.40 μmol/L，最低值和最高值分别位于 R14 站表层和 R10 站底层；磷酸盐浓度范围在 0.63 ~ 2.05 μmol/L，平均浓度为 1.19 μmol/L，最低值和最高值分别位于 R13 站、R14 站表层和 R16 站 150 m 层；硅酸盐浓度范围在 2.74 ~ 36.36 μmol/L，平均浓度为 14.23 μmol/L，最低值和最高值分别位于 R12 站、R13 站表层和 R16 站 150 m 层；亚硝酸盐浓度范围在 0 ~ 0.58 μmol/L，平均浓度为 0.03 μmol/L，最高值位于 R12 站 225 m 层；铵盐浓度范围在 0.08 ~ 2.11 μmol/L，平均浓度为 0.54 μmol/L，最低值和最高值分别位于 R15 站 400 m 层和 R14 站 75 m 层。北冰洋高纬断面硝酸盐、磷酸盐和硅酸盐总体分布趋势相似，即表层浓度较低，随着深度增加而快速增加，并在 150 m 层左右达到最大，其后随深度增加又快速降低然后趋于稳定。

加拿大海盆 C 断面各项营养盐分布如图 5-28 所示。其中，硝酸盐浓度范围在 0 ~ 16.26 μmol/L，平均浓度为 10.45 μmol/L，最低值和最高值分别位于 C25 站 50 m 层和 C25 站 200 m 层；磷酸盐浓度范围在 0.58 ~ 1.99 μmol/L，平均浓度为 1.12 μmol/L，最低值和最高值分别位于 C22 表层和 C22 站 200 m 层；硅酸盐浓度范围在 2.68 ~ 38.28 μmol/L，平均浓度为 13.02 μmol/L，最低值和最高值分别位于 C22 表层和 C22 站 200 m 层；亚硝酸盐浓度范围在 0 ~

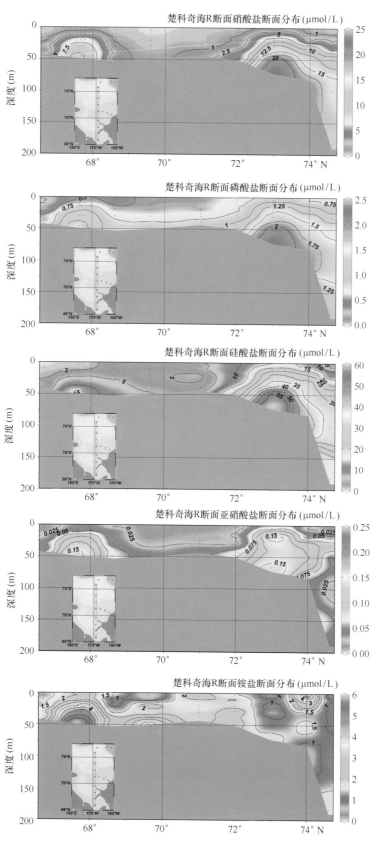

图 5-25　中国第六次北极科学考察楚科奇海 R 断面硝酸盐、磷酸盐、硅酸盐、亚硝酸盐、
铵盐的断面分布图

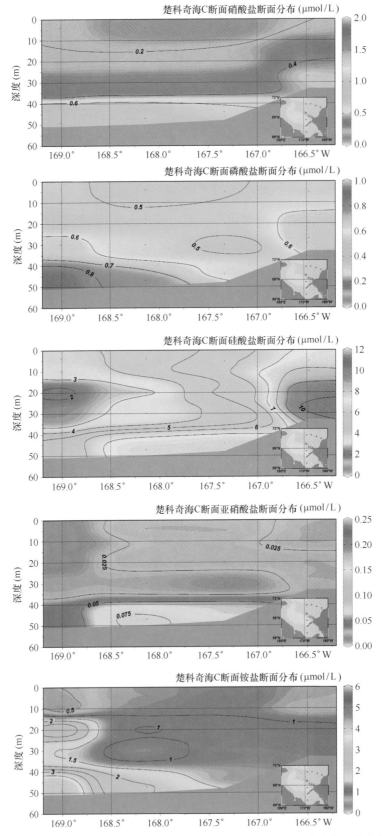

图 5-26　中国第六次北极科学考察楚科奇海 C 断面硝酸盐、磷酸盐、硅酸盐、亚硝酸盐、铵盐的断面分布图

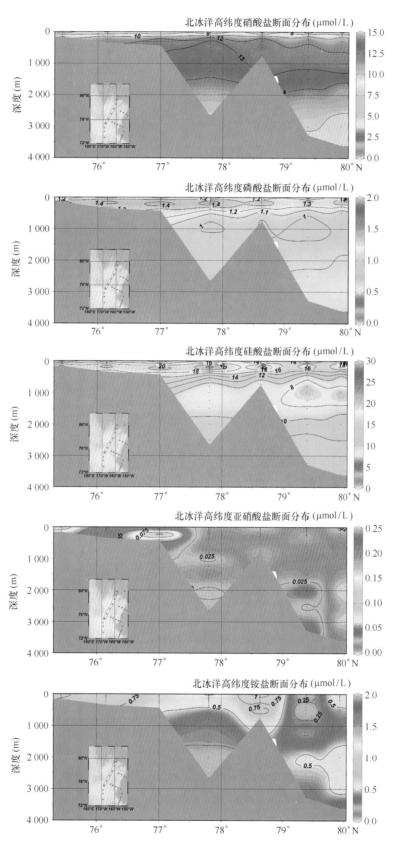

图 5-27　中国第六次北极科学考察北冰洋高纬断面硝酸盐、磷酸盐、硅酸盐、
亚硝酸盐、铵盐的断面分布图

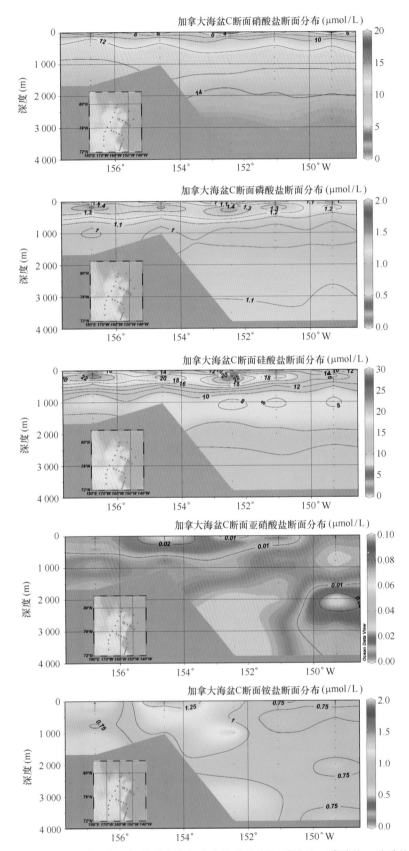

图 5-28　中国第六次北极科学考察加拿大海盆 C 断面硝酸盐、磷酸盐、硅酸盐、
亚硝酸盐、铵盐的断面分布图

0.06 μmol/L，平均浓度为 0.01 μmol/L，最高值位于 C22 站 58 m 层；铵盐浓度范围在 0.22～1.96 μmol/L，平均浓度为 0.84 μmol/L，最低值和最高值分别位于 C21 站 30m 层和 C22 站 30 m 层。加拿大海盆 C 断面硝酸盐、磷酸盐和硅酸盐总体分布趋势相似，即表层浓度较低，随着深度增加而快速增加，并在 150 m 层左右达到最大，其后随深度增加又快速降低然后趋于稳定。

加拿大海盆 S 断面各项营养盐分布如图 5-29 所示。其中，硝酸盐浓度范围在 0～16.74 μmol/L，平均浓度为 10.60 μmol/L，最低值和最高值分别位于表层和 S03 站 100 m 层；磷酸盐浓度范围在 0.62～1.92 μmol/L，平均浓度为 1.17 μmol/L，最低值和最高值分别位于表层和 S08 站 150 m 层；硅酸盐浓度范围在 2.54～49.64 μmol/L，平均浓度为 14.86 μmol/L，最低值和最高值分别位于 S08 站表层和 S03 站 100 m 层；亚硝酸盐浓度范围在 0～0.20 μmol/L，平均浓度为 0.05 μmol/L，最高值位于 S01 站底层；铵盐浓度范围在 0.22～5.07 μmol/L，平均浓度为 1.29 μmol/L，最低值和最高值分别位于 S08 站 150 m 层和 S01 站 28 m 层。其营养盐分布趋势与 C 断面相似。

（3）北欧海

中国第五次北极科学考察时北欧海营养盐断面分布情况。

硝酸盐浓度范围在 2.00～25.20 μmol/L，平均值为 12.13 μmol/L，最高浓度出现在 AT01 站 1 000 m 层左右；磷酸盐浓度范围在 0.21～1.16 μmol/L，平均值为 0.83 μmol/L；硅酸盐浓度范围在 0～10.8 μmol/L，平均值为 3.5 μmol/L。北大西洋表层水表现为显著的硅限制，硝酸盐和磷酸盐相对丰富。磷酸盐和硝酸盐最低值出现在 AT08 站表层水体，并且自上而下升高，高值区均出现在底层水体，两者的分布具有良好的一致性，表明两者具有相同的来源或者相同的生物地球化学过程。

亚硝酸盐浓度范围在 0.01～0.41 μmol/L，平均值为 0.07 μmol/L；铵盐浓度范围在 0.15～1.86 μmol/L，平均值为 0.46 μmol/L。两者最高值均出现在表层水体，且深层浓度较低。

SPM 浓度范围在 0.75～11.43 mg/L，平均值为 2.68 mg/L，AT05 站底层出现悬浮颗粒物浓度高值。

3）营养盐垂直分布

（1）白令海

①中国第五次北极科学考察时白令海营养盐垂直分布情况。

BL06 站表层硝酸盐、磷酸盐和硅酸盐较为丰富，但浓度相对深层较低，随深度增加浓度迅速增加，但后者与前两者分布并不相同，由于有机物的再矿化，硝酸盐和磷酸盐在 1 000 m 层左右出现极大值，1 000 m 以深浓度有所降低，并在深层保持稳定，而硅酸盐浓度随深度递增，这与颗粒蛋白石溶解速率较慢有关。亚硝酸盐在表层出现最大值，而后随深度增加迅速降低，150 m 以深基本保持低值（约 0.02 μmol/L）。铵盐在整个水体中浓度基本保持不变。悬浮颗粒物浓度在 3 000 m 层出现低值。

由于浮游植物的吸收，BS04 站 20 m 以浅各营养盐浓度均较低，总体表现为硝酸盐限制，20～30 m 层营养盐浓度迅速增加，30 m 以深营养盐浓度保持稳定。悬浮颗粒物浓度变化与营养盐类似。

②中国第六次北极科学考察时白令海营养盐垂直分布情况。

白令海 B09 站水深 3 552 m，营养盐分布情况如图 5-34 所示。硝酸盐浓度范围在 14.98～46.05 μmol/L，最大值和最小值分别出现在 1 000 m 层和表层；磷酸盐浓度范围在 1.30～

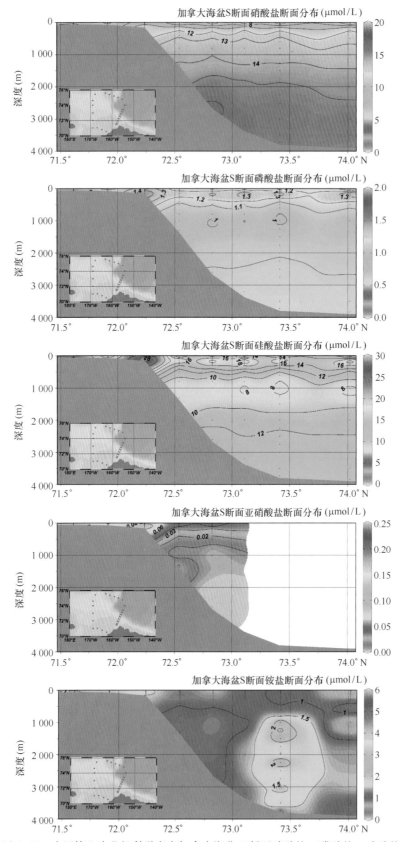

图 5-29 中国第六次北极科学考察加拿大海盆 S 断面硝酸盐、磷酸盐、硅酸盐、
亚硝酸盐、铵盐的断面分布图

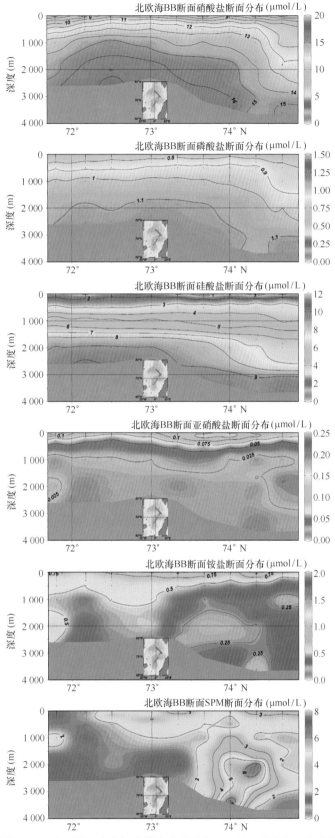

图 5-30 中国第五次北极科学考察北欧海 BB 断面硝酸盐、磷酸盐、
硅酸盐、亚硝酸盐、铵盐及悬浮颗粒物的断面分布图

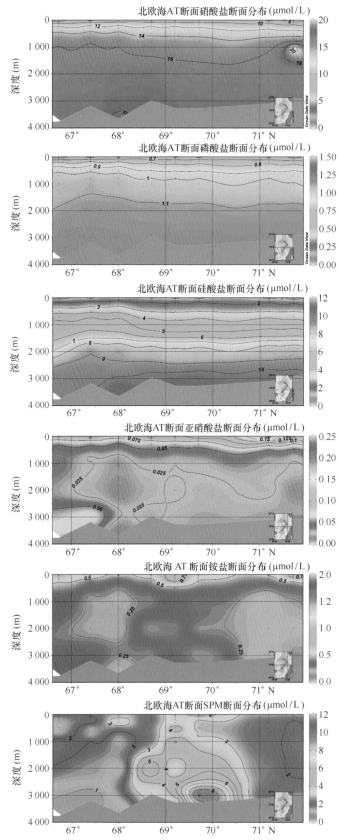

图 5-31　中国第五次北极科学考察北欧海 AT 断面硝酸盐、磷酸盐、硅酸盐、
亚硝酸盐、铵盐及悬浮颗粒物的断面分布图

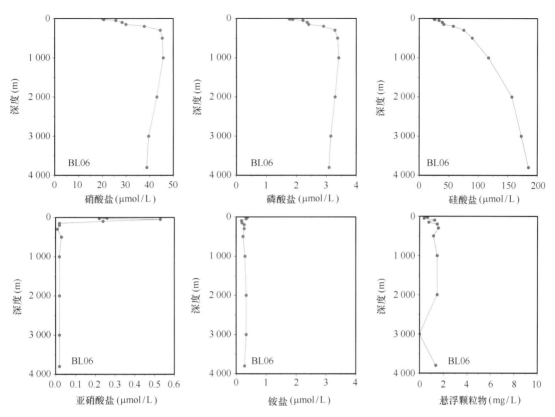

图 5-32 中国第五次北极科学考察白令海 BL06 站硝酸盐、磷酸盐、硅酸盐、亚硝酸盐、
铵盐及悬浮颗粒物的垂直分布图

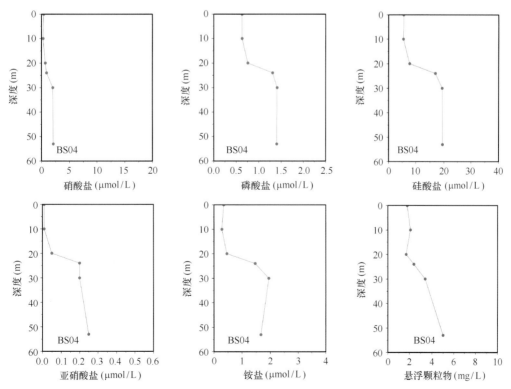

图 5-33 中国第五次北极科学考察白令海陆架 BS04 站硝酸盐、磷酸盐、硅酸盐、亚硝酸盐、
铵盐及悬浮颗粒物的垂直分布图

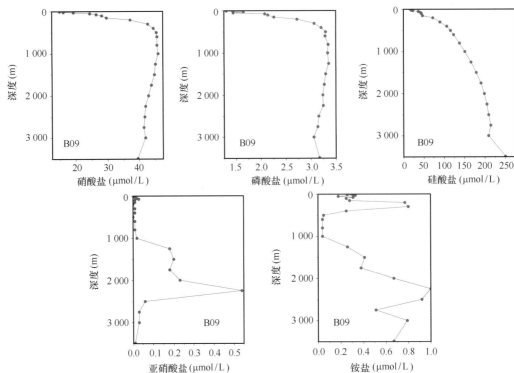

图 5-34　中国第六次北极科学考察白令海 B09 站硝酸盐、磷酸盐、硅酸盐、亚硝酸盐、
铵盐的垂直分布图

3.36 μmol/L，最大值和最小值分别出现在 1 250 m 层和表层。如图 5-34 所示，硝酸盐和磷酸盐具有相似的浓度变化趋势。在表层都具有较低的浓度，随着深度的增加而增加，在约 1 000 m 层处达到最大。其出现可能与浮游植物的吸收利用和有机碎屑的氧化分解有关。温度、盐度跃层的形成也与 1 000 m 层处极大值的形成有关。硅酸盐的浓度范围在 17.7～250.6 μmol/L，其浓度随着深度的增加而增加，并在底层达到最大。亚硝酸盐浓度范围在 0～0.54 μmol/L，在 1 000 m 以浅，亚硝酸盐浓度非常低，在 1 000 m 以深随着深度增加而增加，在 2 250 m 层处达到最大，并且突然降低。亚硝酸盐的这种分布特征可能与有机物的厌氧分解有关。铵盐的浓度范围 0.04～1.00 μmol/L，最大值和最小值分别出现在 2 250 m 层和 600～1 000 m 层，其最小值与硝酸盐和磷酸盐最大值所处水层相同，最大值与亚硝酸盐最大值处于同一水层，其分布特征或与有机物厌氧分解有关。

　　NB03 站水深 80.54 m，营养盐分布情况如图 5-35 所示。硝酸盐浓度范围在 0～12.56 μmol/L，磷酸盐浓度范围在 0.42～1.64 μmol/L，最小值和最大值都分别出现在表层和底层。硅酸盐浓度范围在 2.5～23.9 μmol/L，最小值和最高值分别出现在表层和底层。亚硝酸盐浓度范围在 0.01～0.18 μmol/L，最小值和最高值分别出现在 20 m 层和 50 m 层。铵盐浓度范围在 1.02～3.99 μmol/L，其分布特征与亚硝酸盐相似。NB03 站营养盐分布趋势大致为随着水体深度的增加而增加。

　　（2）西北冰洋

　　①中国第五次北极科学考察时西北冰洋营养盐垂直分布情况。

　　由于 R05 站海冰覆盖率极高，水体为冬季陆架水，营养盐浓度较高，并且随深度增加而升高，高值均出现在底层，但表层硝酸盐浓度较低，悬浮颗粒物在 20 m 层出现极大值（图 5-36）。

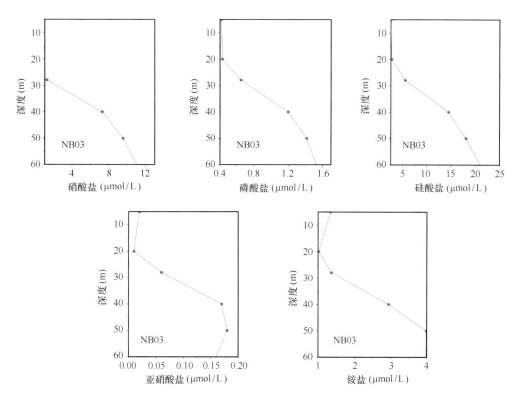

图 5-35　中国第六次北极科学考察白令海陆架 NB03 站硝酸盐、磷酸盐、硅酸盐、
亚硝酸盐、铵盐的垂直分布图

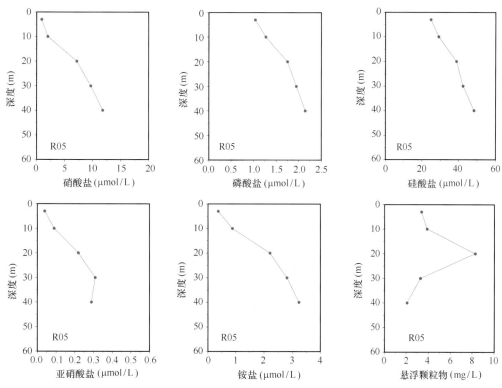

图 5-36　中国第五次北极科学考察楚科奇海 R05 站硝酸盐、磷酸盐、硅酸盐、亚硝酸盐、
铵盐及悬浮颗粒物的垂直分布图

C01 站磷酸盐较硝酸盐和硅酸盐丰富，各营养盐浓度随深度增加略有升高，其中铵盐随深度增加明显，在 35 m 层出现极小值，悬浮颗粒物 30 m 层出现极小值，其他深度基本保持稳定（图 5-37）。

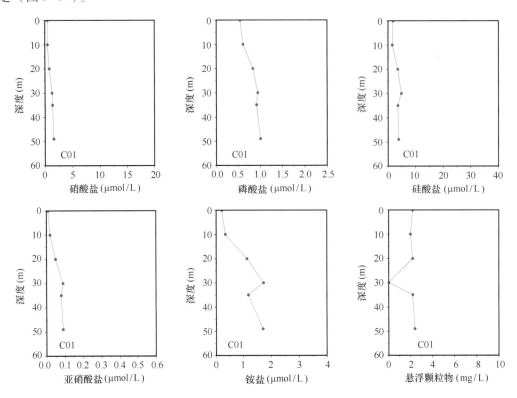

图 5-37　中国第五次北极科学考察楚科奇海 C01 站硝酸盐、磷酸盐、硅酸盐、亚硝酸盐、铵盐及悬浮颗粒物的垂直分布图

M03 站表层磷酸盐较硝酸盐和硅酸盐丰富，三者同时在 150 m 层左右出现极大值，而后随深度增加迅速降低，并保持稳定，深层浓度略有增加。亚硝酸盐在 50 m 层出现极大值，整体来说保持低值。铵盐在 150 m 层和 450 m 层左右出现双极大，其他深度基本保持不变。悬浮颗粒物浓度在水体中基本保持稳定（图 5-38）。

SR15 站表层磷酸盐较硝酸盐和硅酸盐丰富，三者同时在 150 m 层左右出现极大值，而后随深度增加迅速降低，并保持稳定，深层浓度略有增加。亚硝酸盐和铵盐在水体中基本保持不变，前者在 50 m 层出现极大值。悬浮颗粒物浓度在表层和 200 m 层左右出现双极大（图 5-39）。

②中国第六次北极科学考察时西北冰洋营养盐垂直分布情况。

楚科奇海陆架 C01 站水深 50 m，营养盐分布情况如图 5-41 所示。硝酸盐浓度范围在 0.1~0.71 μmol/L，磷酸盐浓度范围在 0.46 ~ 0.79 μmol/L；硅酸盐浓度范围在 3.9 ~ 7.5 μmol/L，亚硝酸盐浓度范围在 0.02~0.08 μmol/L，铵盐浓度范围在 0.74~2.09 μmol/L。C01 站营养盐分布趋势大致为随着水体深度的增加而增加。

北冰洋高纬 R15 站位水深 3 283.5 m，营养盐分布情况如图 5-42 所示。硝酸盐浓度范围在 0.18~16.2 μmol/L，最小值和最高值分别出现在 20 m 层和 150 m 层；磷酸盐浓度范围在 0.68~2.00 μmol/L，最小值和最高值分别出现在 20 m 层和 150 m 层；硅酸盐浓度范围在

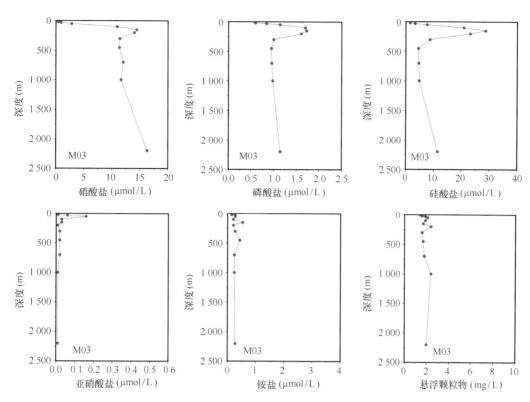

图 5-38　中国第五次北极科学考察北冰洋 M03 站硝酸盐、磷酸盐、硅酸盐、亚硝酸盐、
铵盐及悬浮颗粒物的垂直分布图

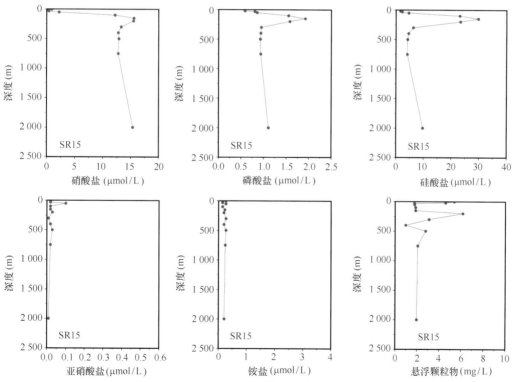

图 5-39　中国第五次北极科学考察北冰洋 SR15 站硝酸盐、磷酸盐、硅酸盐、亚硝酸盐、
铵盐及悬浮颗粒物的垂直分布图

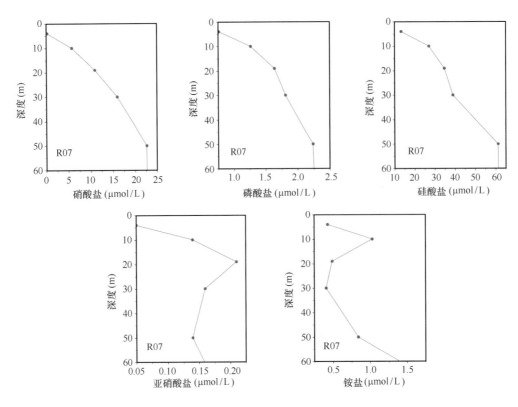

图 5-40 中国第六次北极科学考察楚科奇海陆架 R07 站硝酸盐、磷酸盐、硅酸盐、
亚硝酸盐、铵盐的垂直分布图

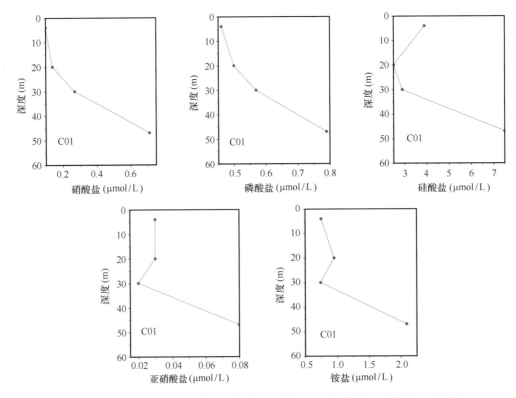

图 5-41 中国第六次北极科学考察楚科奇海陆架 C01 站硝酸盐、磷酸盐、硅酸盐、
亚硝酸盐、铵盐的垂直分布图

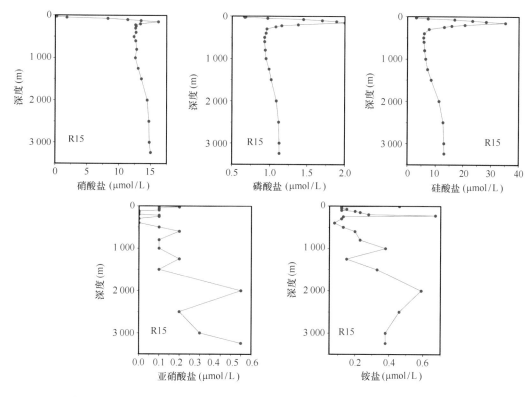

图 5-42　中国第六次北极科学考察北冰洋高纬 R15 站硝酸盐、磷酸盐、硅酸盐、
亚硝酸盐、铵盐的垂直分布图

3.2~35.2 μmol/L，最小值和最高值分别出现在表层和 150 m 层；亚硝酸盐浓度范围在 0~
0.05 μmol/L，最高值出现在底层；铵盐的浓度范围在 0.20~0.38 μmol/L，最低值和最高值
分别出现在 125 m 层和底层。

　　北冰洋高纬 S06 站位水深 3 382 m，营养盐分布情况如图 5-43 所示。硝酸盐浓度范围在
0.01~15.94 μmol/L，最小值和最高值分别出现在 20 m 层和 150 m 层；磷酸盐浓度范围在
0.72~1.88 μmol/L，最小值和最高值分别出现在表层和 150 m 层；硅酸盐浓度范围在 2.83~
31.90 μmol/L，最小值和最高值分别出现在 30 m 层和 200 m 层；铵盐浓度范围在 0.72~
1.36 μmol/L，最低值和最高值分别出现 1 000 m 层和 100 m 层

　　加拿大海盆 C11 站位水深 3 911.4 m，营养盐分布情况如图 5-44 所示。硝酸盐浓度范围
在 0~16.79 μmol/L，最小值和最高值分别出现在 30 m 层和 200 m 层；磷酸盐浓度范围在
0.63~1.95 μmol/L，最小值和最高值分别出现在表层和 200 m 层；硅酸盐浓度范围在 2.54~
36.51 μmol/L，最小值和最高值分别出现在表层和 200 m 层；亚硝酸盐浓度范围在 0~
0.05 μmol/L，最高值出现在 2 250 m 层；铵盐浓度范围在 0.20~4.46 μmol/L，最低值和最高
值分别出现在 100 m 层和 500 m 层。

　　加拿大海盆 C25 站位水深 3 774 m，营养盐分布情况如图 5-45 所示。硝酸盐浓度范围在
0~16.26 μmol/L，最小值和最高值分别出现在 50 m 层和 200 m 层；磷酸盐浓度范围在 0.60~
1.98 μmol/L，最小值和最高值分别出现在表层和 200 m 层；硅酸盐浓度范围在 2.68~
36.41 μmol/L，最小值和最高值分别出现在表层和 200 m 层；亚硝酸盐浓度范围在 0~
0.04 μmol/L，最高值出现在 2 000 m 层；铵盐浓度范围在 0.43~1.20 μmol/L，最低值和最高

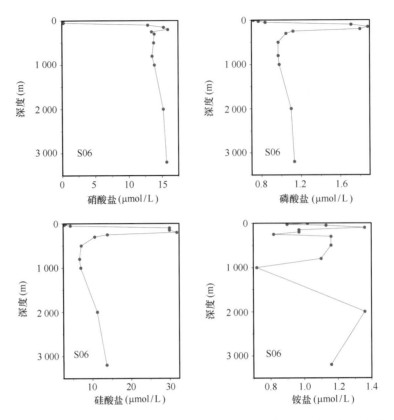

图 5-43　中国第六次北极科学考察加拿大海盆 S06 站硝酸盐、磷酸盐、硅酸盐、
铵盐的垂直分布图

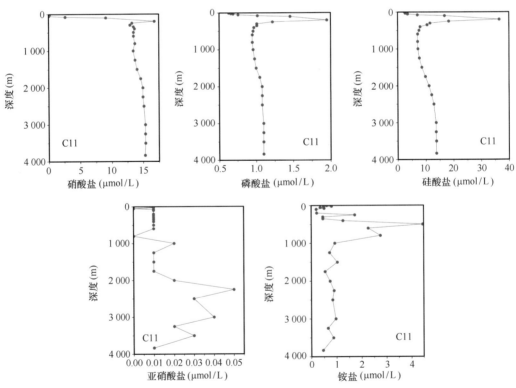

图 5-44　中国第六次北极科学考察加拿大海盆 C11 站硝酸盐、磷酸盐、硅酸盐、
亚硝酸盐、铵盐的垂直分布图

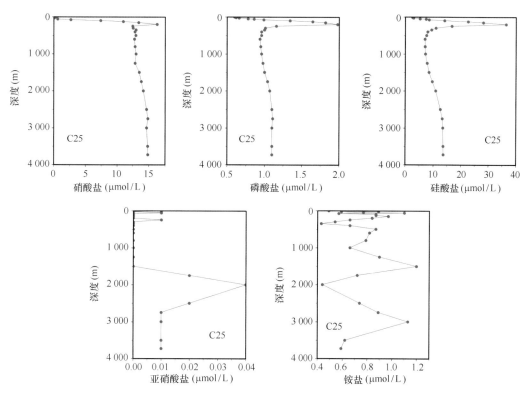

图 5-45　中国第六次北极科学考察加拿大海盆 C25 站硝酸盐、磷酸盐、硅酸盐、
亚硝酸盐、铵盐的垂直分布图

值分别出现在 350 m 层和 1 500 m 层。

R15、S06、C11、C25 四个站位硝酸盐、磷酸盐和硅酸盐都出现相似的分布特征，其在表层浓度都较低，随着深度增加在 150 m 层出达到最大，然后随着深度增加快速降低后趋于稳定。其原因可能是，上层水体受太平洋水控制，具有高营养盐的特征，下层水体受低营养的大西洋水控制。在上下两种水团交汇的地方，出现了营养盐极大及营养盐极大后突降的现象。

（3）北欧海

中国第五次北极科学考察时北欧海营养盐垂直分布情况。

BB06 站表层硝酸盐、磷酸盐和硅酸盐相对深层较低，但表层硅酸盐浓度耗竭，表现为硅限制，而后随深度增加而迅速升高，并保持高值。亚硝酸盐和铵盐在表层浓度同样较低，分别在 100 m 层和 75 m 层左右出现极大值，而后随深度增加迅速降低，并保持低值。悬浮颗粒物在整个水体中保持稳定，150 m 层出有极大值（图 5-46）。

AT08 站表层硝酸盐、磷酸盐和硅酸盐相对深层较低，但表层硅酸盐浓度耗竭，表现为硅限制，而后随深度增加而迅速升高，并保持高值。亚硝酸盐和铵盐在表层浓度同样较低，分别在 50 m 层和 30 m 层左右出现极大值，而后随深度增加迅速降低，并保持低值。悬浮颗粒物浓度在表层和 300 m 层左右出现双极大（图 5-47）。

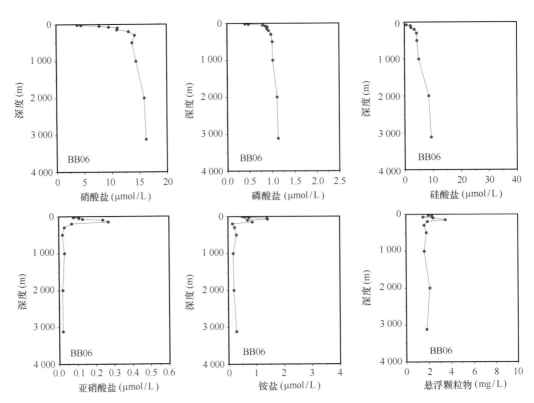

图 5-46　中国第五次北极科学考察北欧海 BB06 站硝酸盐、磷酸盐、硅酸盐、亚硝酸盐、
铵盐及悬浮颗粒物的垂直分布图

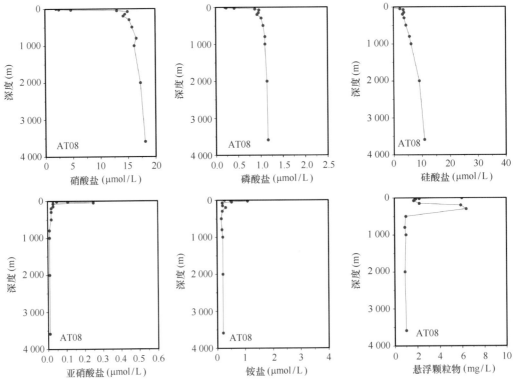

图 5-47　中国第五次北极科学考察北欧海 AT08 站硝酸盐、磷酸盐、硅酸盐、亚硝酸盐、
铵盐及悬浮颗粒物的垂直分布图

5.1.1.2　碳酸盐体系的分布特征和变化规律

1）碳酸盐平面分布

（1）白令海

①中国第五次北极科学考察时白令海碳酸盐平面分布情况。

根据中国第五次北极考察（CHINARE 2012）在白令海进行采样观测的结果，图 5-48 显示，在白令海陆架区域，表层海水中总碱度（TA）浓度范围在 ~2 100~2 200 μmol/L；总溶解无机碳（DIC）浓度范围在 ~1 800~2 100 μmol/L；pH 值范围在 ~7.85~8.05。白令海陆架表层海水观测到高 TA、高 DIC 和高 pH 值的主要原因是，受白令海高生产力影响，DIC 被显著消耗，导致观测到较高 pH 值。在海盆区域，表层海水中总碱度（TA）浓度范围在 ~2 200~2 250 μmol/L；总溶解无机碳（DIC）浓度范围在 ~1 900~2 050 μmol/L；pH 值范围在 ~7.90~8.05。值得注意的是在陆坡附近 ~61°—64°N 附近观测到 TA、DIC 和 pH 值最低值。该分布特征的主要原因是表层海水受到夏季融冰水的稀释。

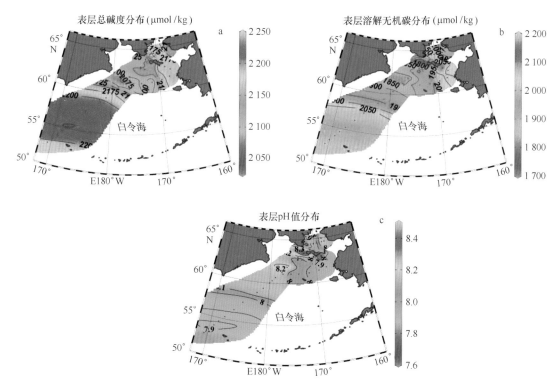

图 5-48　2012 年夏季白令海表层海水碳酸盐系统平面分布

a：总碱度（TA）分布；b：总溶解无机碳（DIC）分布；c：pH 值分布

图 5-49 显示，白令海 20 m 深海水中总碱度（TA）浓度范围在 ~2 150~2 200 μmol/L；总溶解无机碳（DIC）浓度范围在 ~2 050~2 150 μmol/L；pH 值范围在 ~7.75~7.85。白令海陆架 20 m 层较表层海水观测到更高 DIC 和更低 pH 值的主要原因是，受白令海高生产力影响，有机物输送到 20 m 层，有机物再矿化释放 CO_2，导致 DIC 添加，pH 值下降。在海盆区域，表层海水中总碱度（TA）浓度范围在 ~2 200~2 250 μmol/L；总溶解无机碳（DIC）浓度范围在 ~1 900~2 050 μmol/L；pH 值范围在 ~7.90~8.05。值得注意的是在陆坡附近

~61°—63°N附近观测到TA、DIC和pH值最低值。该分布特征的主要原因是表层海水受到夏季融冰水的稀释。

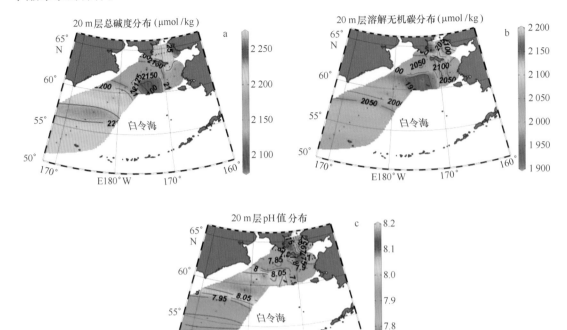

图5-49　2012年夏季白令海20 m层海水碳酸盐系统平面分布

a：总碱度（TA）分布；b：总溶解无机碳（DIC）分布；c：pH值分布

图5-50显示，白令海底层海水中总碱度（TA）浓度范围在~2 160~2 260 μmol/L；总溶解无机碳（DIC）浓度范围在~2 050~2 200 μmol/L；pH值范围在~7.85~8.05。白令海陆架表层海水观测到高DIC和低pH值的主要原因是，白令海陆架底层有机物再矿化，DIC添加，导致观测到较低pH值。

②中国第六次北极科学考察时白令海碳酸盐平面分布情况。

中国第六次北极考察在白令海进行采样观测的结果。图5-51显示，在白令海陆架区域，表层海水中总碱度（TA）浓度范围在~2 150~2 200 μmol/L；总溶解无机碳（DIC）浓度范围在~1 900~2 000 μmol/L；pH值范围在~7.85~8.05。白令海陆架表层海水观测到高TA、高DIC和高pH值的主要原因是，受白令海高生产力影响，DIC被显著消耗，导致观测到较高pH值。在海盆区域，表层海水中总碱度（TA）浓度范围在~2 200~2 250 μmol/L，；总溶解无机碳（DIC）浓度范围在~1 900~2 050 μmol/L；pH值范围在~7.85~7.90。值得注意的是在陆坡附近~61°—62°N附近观测到TA、DIC和pH值最低值。该分布特征的主要原因是表层海水受到夏季融冰水的稀释。

图5-52显示，白令海20 m深海水中总碱度（TA）浓度范围分别在在~2 150~2 200 μmol/L；总溶解无机碳（DIC）浓度范围分别在在~1 950~2 200 μmol/L；pH值范围分别在在~7.80~8.00。白令海陆架20 m层较表层海水观测到更高DIC和更低pH值的主要原因是，受白令海高生产力影响，有机物输送到20 m层，有机物再矿化释放CO_2，导致DIC添加，pH

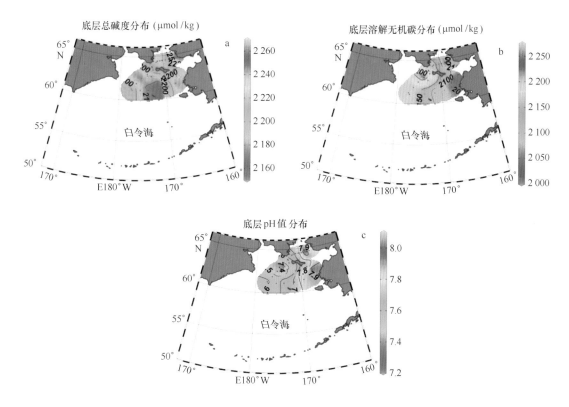

图 5-50 2012 年夏季白令海底层海水碳酸盐系平面分布

a：总碱度（TA）分布；b：总溶解无机碳（DIC）分布；c：pH 值分布

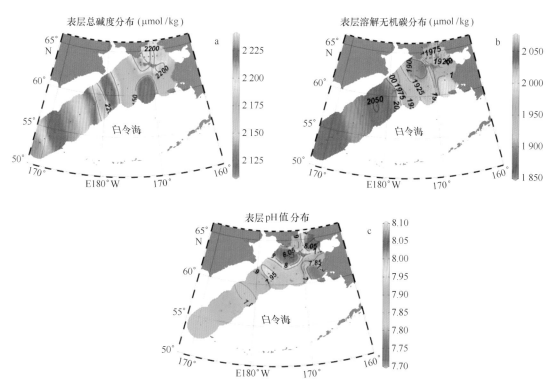

图 5-51 2014 年夏季白令海表层海水碳酸盐系统平面分布

a：总碱度（TA）分布；b：总溶解无机碳（DIC）分布；c：pH 值分布

值下降。在海盆区域，表层海水中总碱度（TA）浓度范围在~2 200~2 250 μmol/L；总溶解无机碳（DIC）浓度范围在~2 050~2 100 μmol/L；pH 值范围在~7.75~7.85。值得注意的是在陆坡附近~61°—63°N 附近观测到 TA 和 DIC 最低值。该分布特征的主要原因是表层海水受到夏季融冰水的稀释。

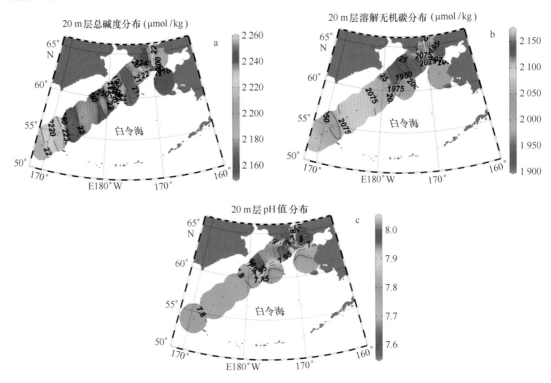

图 5-52　2014 年夏季白令海 20 m 层海水碳酸盐系统平面分布
a：总碱度（TA）分布；b：总溶解无机碳（DIC）分布；c：pH 值分布

图 5-53 显示，白令海底层海水中总碱度（TA）浓度范围在~2 150~2 260 μmol/L；总溶解无机碳（DIC）浓度范围在~2 000~2 200 μmol/L；pH 值范围在~7.35~7.85。白令海陆架表层海水观测到高 DIC 和低 pH 值的主要原因是，白令海陆架底层有机物再矿化，DIC 添加，导致观测到较低 pH 值。

（2）西北冰洋

①中国第五次北极科学考察时西北冰洋碳酸盐平面分布情况。

根据中国第五次北极考察在西北冰洋进行采样观测的结果，西北冰洋陆架楚科奇海陆架区域（图 5-54），表层海水中总碱度（TA）浓度范围在~2 100~2 200 μmol/L；总溶解无机碳（DIC）浓度范围在~1 900~2 000 μmol/L；pH 值范围在~8.00~8.10。楚科奇海表层海水观测到高 TA、高 DIC 和高 pH 值的主要原因是高盐度太平洋入流水带来高 TA 和高 DIC。然而受楚科奇海高生产力影响，DIC 被显著消耗，导致观测到较高 pH 值。在海盆区域，表层海水中总碱度（TA）浓度范围在~1 900~2 100 μmol/L；总溶解无机碳（DIC）浓度范围在~1 800~1 925 μmol/L；pH 值范围在~7.80~7.90。特别在加拿大海盆 75°N 附近观测到 TA、DIC 和 pH 值最低值。该分布特征的主要原因是表层海水受到融冰水的稀释。

图 5-55 显示，2014 年夏季西北冰洋 20 m 层碳酸盐系统分布。楚科奇海陆架区域，20 m 层海水中总碱度（TA）浓度范围在~2 200~2 300 μmol/L；总溶解无机碳（DIC）浓度范围

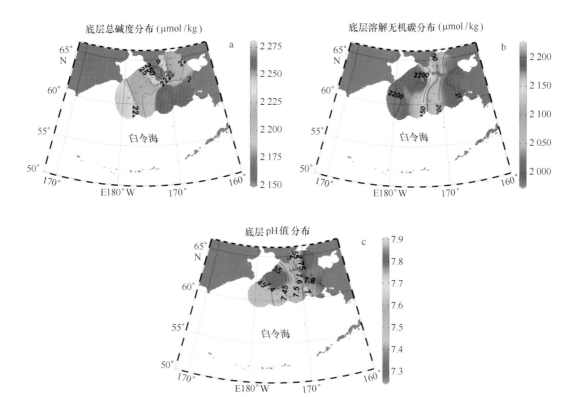

图 5-53　2014 年夏季白令海底层海水碳酸盐系统平面分布

a：总碱度（TA）分布；b：总溶解无机碳（DIC）分布；c：pH 值分布

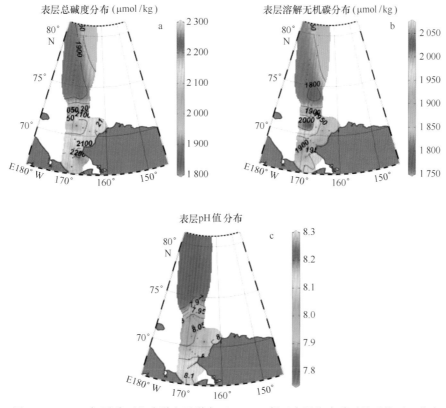

图 5-54　2012 年夏季西北冰洋太平洋扇区 170°W 断面表层海水碳酸盐系统平面分布

a：总碱度（TA）分布；b：总溶解无机碳（DIC）分布；c：pH 值分布

在~2 100~2 200 μmol/L；pH 值范围在~7.80~8.05。楚科奇海 20 m 层海水观测到 DIC 略微高于表层，pH 值略微低于表层的主要原因是，受楚科奇海陆架有机物再矿化，DIC 添加，导致观测到相对低的 pH 值。在海盆区域，表层海水中总碱度（TA）浓度范围在~1 900~2 100 μmol/L；总溶解无机碳（DIC）浓度范围在~1 850~1 925 μmol/L；pH 值范围在~7.80~7.90。特别在加拿大海盆 75°N 附近观测到 TA、DIC 和 pH 值最低值。该分布特征的主要原因是表层海水受到融冰水的稀释导致。

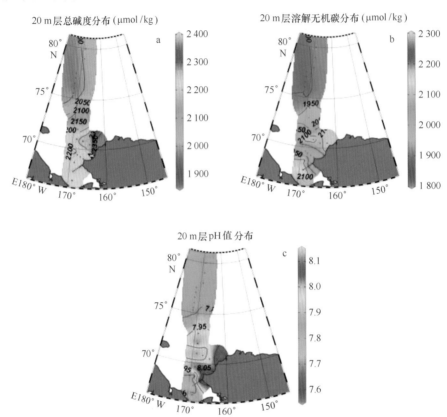

图 5-55　2012 年夏季西北冰洋太平洋扇区 170°W 断面 20 m 层海水碳酸盐系统平面分布
a：总碱度（TA）分布；b：总溶解无机碳（DIC）分布；c：pH 值分布

图 5-56 显示，楚科奇海底层海水中总碱度（TA）浓度范围在~2 230~2 280 μmol/L；总溶解无机碳（DIC）浓度范围在~2 050~2 200 μmol/L；pH 值范围在~7.60~8.10。白令海陆架表层海水观测到高 DIC 和低 pH 值的主要原因是，白令海陆架底层有机物再矿化，DIC 添加，导致观测到较低 pH 值。

②中国第六次北极科学考察时西北冰洋碳酸盐平面分布情况。

根据中国第六次北极考察（CHINARE 2014）在西北冰洋进行采样观测的结果，西北冰洋陆架楚科奇海陆架区域（图 5-57），表层海水中总碱度（TA）浓度范围在~2 150~2 200 μmol/L；总溶解无机碳（DIC）浓度范围在~1 875~1 875 μmol/L；pH 值范围在~7.9~8.10。楚科奇海表层海水观测到高 TA、高 DIC 和高 pH 值的主要原因是高盐度太平洋入流水带来高 TA 和高 DIC。然而受楚科奇海高生产力影响，DIC 被显著消耗，导致观测到较高 pH 值。在海盆区域，表层海水中总碱度（TA）浓度范围在~1 900~2 050 μmol/L；总溶解无机碳（DIC）浓度范围在~1 850~1 925 μmol/L；pH 值范围在~7.70~7.80。特别在加拿大

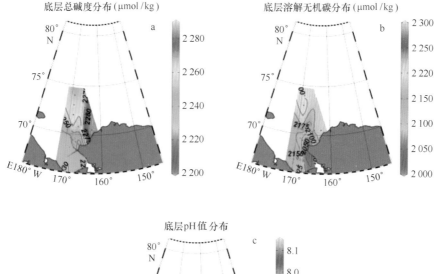

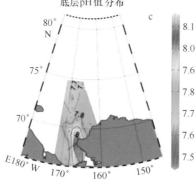

图 5-56 2012 年夏季西北冰洋太平洋扇区 170°W 断面底层海水碳酸盐系统平面分布

a：总碱度（TA）分布；b：总溶解无机碳（DIC）分布；c：pH 值分布

海盆 75°N 附近观测到 TA、DIC 和 pH 值最低值。该分布特征的主要原因是表层海水受到融冰水的稀释。

图 5-58 显示，2014 年夏季西北冰洋 20 m 层碳酸盐系统分布。楚科奇海陆架区域，20 m 海水中总碱度（TA）浓度范围在~2 175~2 275 μmol/L；总溶解无机碳（DIC）浓度范围在~1 900~2 100 μmol/L；pH 值范围在~7.90~8.10。楚科奇海 20 m 层海水观测到 DIC 略微低表层，pH 值略微高于表层的主要原因是：20 m 层生产力率高于表层，DIC 被显著消耗，导致观测到更高 pH 值。在海盆区域，表层海水中总碱度（TA）浓度范围在~2 050~2 100 μmol/L；总溶解无机碳（DIC）浓度范围在~1 900~1 950 μmol/L；pH 值范围在 ~7.70。特别在加拿大海盆 75°N 附近观测到 TA、DIC 和 pH 值最低值。该分布特征的主要原因是表层海水受到融冰水的稀释。

图 5-59 显示，楚科奇海底层海水中总碱度（TA）浓度范围在~2 150~2 350 μmol/L；总溶解无机碳（DIC）浓度范围在~2 000~2 200 μmol/L；pH 值范围在~7.60~8.00。白令海陆架表层海水观测到高 DIC 和低 pH 值的主要原因是，白令海陆架底层有机物再矿化，DIC 添加，导致观测到较低 pH 值。

（3）北欧海碳酸盐平面分布情况

根据中国第五次北极考察在北欧海进行采样观测的结果，图 5-60 显示北欧海碳酸盐系统表层平面分布：表层海水中总碱度（TA）浓度范围在 ~2 300~2 330 μmol/L；总溶解无机碳

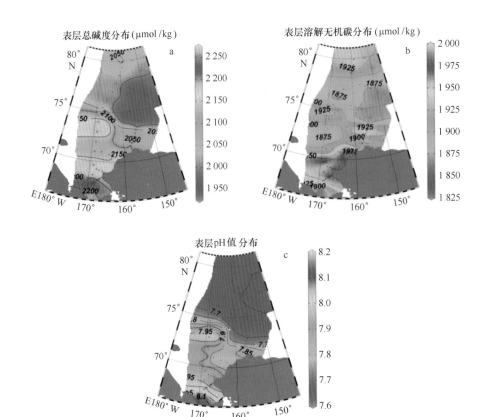

图 5-57 2014 年夏季西北冰洋太平洋扇区表层海水碳酸盐系统平面分布

a：总碱度（TA）分布；b：总溶解无机碳（DIC）分布；c：pH 值分布

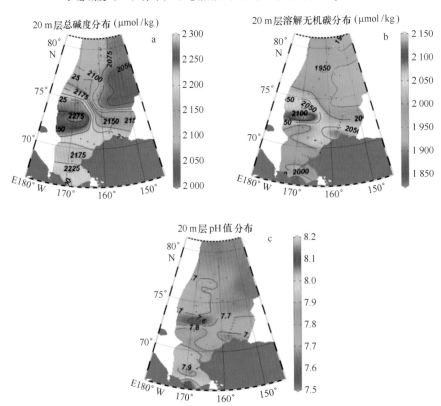

图 5-58 2014 年夏季西北冰洋太平洋扇区 20 m 层海水碳酸盐系统平面分布

a：总碱度（TA）分布；b：总溶解无机碳（DIC）分布；c：pH 值分布

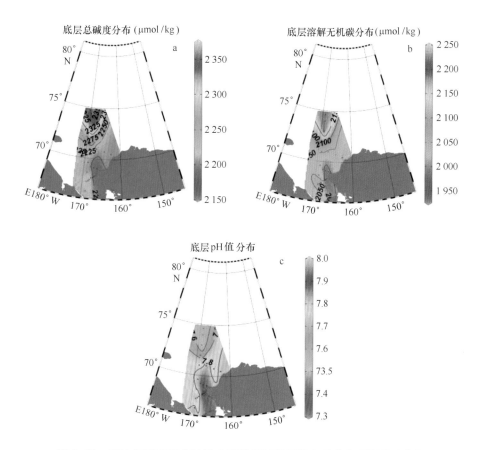

图 5-59　2014 年夏季西北冰洋太平洋扇区底层海水碳酸盐系统平面分布
a：总碱度（TA）分布；b：总溶解无机碳（DIC）分布；c：pH 值分布

（DIC）浓度范围在 ~2 060~2 090 μmol/L；pH 值范围在 ~8.00~8.10。罗弗敦海盆相较于挪威海盆和格陵兰海盆，有更高的 TA、更低的 DIC 和更高的 pH 值，主要原因是挪威海表层盐度更高，生产力更高。

图 5-61 显示北欧海 20 m 层碳酸盐系统平面分布：表层海水中总碱度（TA）浓度范围在 ~2 290~2 340 μmol/L；总溶解无机碳（DIC）浓度范围在 ~2 070~2 100 μmol/L；pH 值范围在 ~8.00~8.15。与表层相似，在 20 m 层，罗弗敦海盆相较于挪威海盆和格陵兰海盆，有更高的 TA、更低的 DIC 和更高的 pH 值，主要原因是挪威海表层盐度更高，生产力更高。

图 5-62 显示北欧海底层碳酸盐系统平面分布：表层海水中总碱度（TA）浓度范围在 ~2 290~2 320 μmol/L；总溶解无机碳（DIC）浓度范围在 ~2 150~2 165 μmol/L；pH 值范围在 ~7.84~7.90。总体而言 3 个海盆差别不大，但是，罗弗敦海盆相较于挪威海盆和格陵兰海盆，具有更高的 DIC 和更高的 pH 值，主要原因是挪威海表层生产力更高，因而输送到底层的颗粒物相对更多，再矿化过程释放的 CO_2 因此更多，导致 DIC 更高，pH 值更低。

2）碳酸盐断面分布特征

（1）白令海

①中国第五次北极科学考察时白令海碳酸盐断面分布情况。

图 5-63 显示 2012 年夏季白令海峡断面（BN01~BN08）和白令海陆架断面（BS01~BS06）海水碳酸盐系统断面分布。

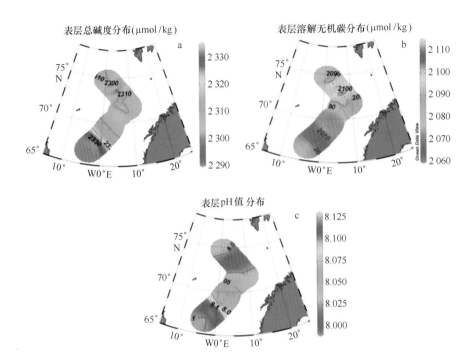

图 5-60　2012 年夏季北欧海表层海水碳酸盐系平面分布

a：总碱度（TA）分布；b：总溶解无机碳（DIC）分布；c：pH 值分布

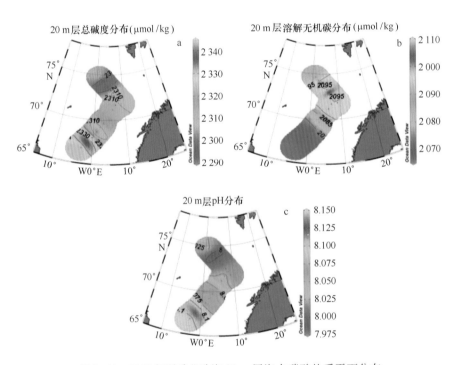

图 5-61　2012 年夏季北欧海 20 m 层海水碳酸盐系平面分布

a：总碱度（TA）分布；b：总溶解无机碳（DIC）分布；c：pH 值分布

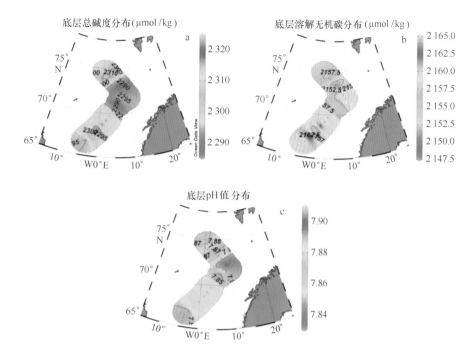

图 5-62　2012 年夏季北欧海底层海水碳酸盐系平面分布

a：总碱度（TA）分布；b：总溶解无机碳（DIC）分布；c：pH 值分布

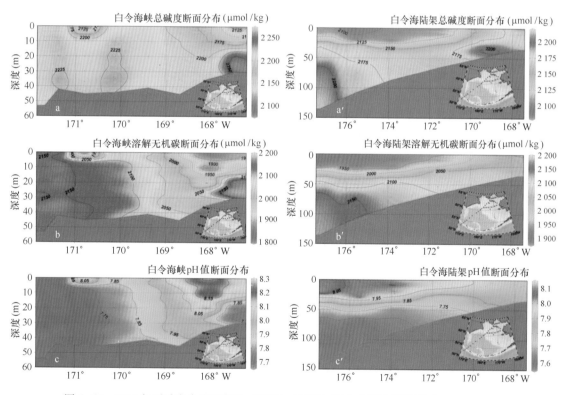

图 5-63　2012 年夏季白令海峡断面（BN01～BN08）和白令海陆架断面（BS01～BS06）

海水碳酸盐系统断面分布

a：白令海峡断面总碱度（TA）分布；b：白令海峡断面总溶解无机碳（DIC）分布；c：白令海峡断面 pH 值分布；

a'：白令海陆架断面总碱度（TA）分布；b'：白令海陆架断面总溶解无机碳（DIC）分布；c'：白令海陆架断面 pH 值分布

白令海峡断面（BN01~BN08）：表层海水中总碱度（TA）在~2 100~2 250 μmol/kg；总溶解无机碳（DIC）浓度较低，在~1 900~2 100 μmol/kg；pH 值为~7.80~8.20；近岸区域表层观测到 TA 低值、DIC 低值，pH 值高值，主要原因是融冰水的稀释作用和生物生长吸收 CO_2。相反在近岸附近底层观测到高 TA、高 DIC 和低 pH 值，暗示不仅仅存在有机物再矿化释放 CO_2，同时还发生碳酸钙溶解过程，导致 TA 升高。白令海 BN 断面 DIC 高值，为~2 150 μmol/kg，pH 值低值，为~7.75，主要位于海盆端元。该水团主要受北太平洋中层水影响，水团年龄较老，具有高 TA、高 DIC 和低 pH 值特征。

白令海陆架断面（BS01~BS06）：表层海水中总碱度（TA）为~2 100~2 175 μmol/kg；总溶解无机碳（DIC）浓度较低，为~1 900~2 000 μmol/kg；pH 值为~7.80~8.00。表现为：从表层到底层，TA 逐渐升高，DIC 逐渐升高，pH 值逐渐降低；从外海到近岸，TA 逐渐降低，DIC 逐渐降低，pH 值逐渐升高。外海水团主要受北太平洋中层水影响，水团年龄较老，具有高 TA、高 DIC 和低 pH 值特征。

图 5-64 显示 2012 夏季白令海 BL 断面海水碳酸盐系统断面分布。西北冰洋陆架楚科奇海陆架区域，表层海水中总碱度（TA）浓度范围为~2 150~2 200 μmol/kg，总溶解无机碳（DIC）浓度较低，为~2 000~2 150 μmol/kg，主要原因是受周边河流和融冰水的稀释作用。pH 值相对较高，为~7.80~7.90，这是由于陆架区域夏季生产力旺盛。白令海 B 断面 pH 值最高值出现在次表层海水中，在 20~50 m 层附近，溶解氧值为~8.0，受生物光合作用的影响显著；随着深度增加，TA 和 DIC 含量逐渐增加，大约在 250 m 层，pH 值出现极低值，该水团主要受北太平洋中层水影响，水团年龄较老，具有高 TA、高 DIC 和低 pH 值特征（图 5-64）。

②中国第六次北极科学考察时白令海碳酸盐断面分布情况。

白令海峡断面（BN01~BN08）：表层海水中总碱度（TA）浓度范围为~2 100~2 200 μmol/kg；总溶解无机碳（DIC）浓度较低，为~1 900~2 000 μmol/kg；pH 值为~7.75~8.10。近岸区域表层观测到 TA 低值、DIC 低值，pH 值高值，主要原因是融冰水的稀释作用和生物生长吸收 CO_2。白令海 BN 断面 DIC 高值，为~2 150 μmol/kg；pH 值低值，为~7.75，主要受海盆水影响。该水团主要受北太平洋中层水影响，水团年龄较老，具有高 TA、高 DIC 和低 pH 值特征（图 5-65）。

白令海陆架断面（BS01~BS06）：表层海水中总碱度（TA）浓度范围为~2 120~2 175 μmol/kg；总溶解无机碳（DIC）浓度较低，为~1 925~2 050 μmol/kg，pH 值为~7.75~7.90。表现为，从表层到底层，TA 逐渐升高，DIC 逐渐升高，pH 值逐渐降低；从外海到近岸，TA 逐渐降低，DIC 逐渐降低，pH 值逐渐升高。外海水团主要受北太平洋中层水影响，水团年龄较老，具有高 TA、高 DIC 和低 pH 值特征。

图 5-66 显示 2014 夏季白令海 BL 断面海水碳酸盐系统断面分布。白令海陆架区域，表层海水中总碱度（TA）浓度范围为~2 150~2 250 μmol/kg；总溶解无机碳（DIC）浓度较低，为~2 000~2 100 μmol/kg，主要原因是受周边河流和融冰水的稀释作用。pH 值相对较高，为~7.70~7.75，这是由于陆架区域夏季生产力旺盛。白令海 B 断面 pH 值最高值出现在次表层海水中，在 20~50 m 层附近，溶解氧值为~8.0，受生物光合作用的影响显著；随着深度增加，TA 和 DIC 含量逐渐增加，大约在 250 m 层，pH 值出现极低值。该水团主要受北太平洋中层水影响，水团年龄较老，具有高 TA、高 DIC 和低 pH 值特征。

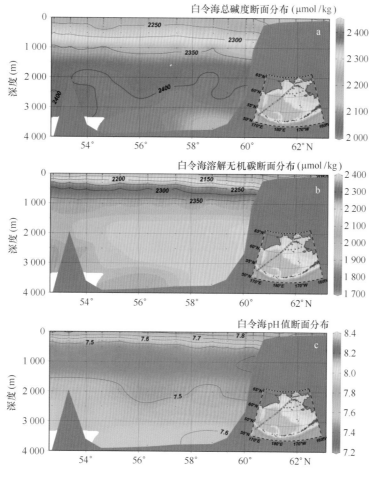

图 5-64 2012 夏季白令海 BL 断面海水碳酸盐系统断面分布

a：总碱度（TA）分布；b：总溶解无机碳（DIC）分布；c：pH 值分布

（2）西北冰洋

①中国第五次北极科学考察时西北冰洋碳酸盐断面分布情况。

图 5-67 和图 5-68 展示了根据中国第五次北极考察（CHINARE 2012）在西北冰洋进行碳酸盐系统相关参数采样观测的结果。

图 5-67 显示西北冰洋太平洋扇区楚科奇海陆架 C 断面碳酸盐系统相关参数断面分布：表层海水中总碱度（TA）浓度范围为~2 225~2 250 μmol/kg；总溶解无机碳（DIC）浓度范围为~1 925~1 950 μmol/kg；pH 值为 8.00~8.10。从表层到底层的总体趋势，TA 升高，DIC 升高，pH 值下降。表层海水低总碱度（TA），低总溶解无机碳（DIC）浓度，主要原因是受周边河流和融冰水的稀释作用；pH 值相对较高是因为陆架区域夏季表层和次表层生产力旺盛。楚科奇海次表层和底层海水观测到高 TA，高 DIC（~2 100~2 250 μmol/kg）和低 pH 值（~7.95~8.05）。原因是高盐度、高温度的夏季太平洋入流水带来高 TA，高 DIC；受底层有机物再矿化作用影响，生物呼吸作用释放 CO_2，导致 DIC 进一步升高和 pH 值下降。

图 5-68（a~c）展示了 2012 年夏季西北冰洋太平洋扇区 170°W 断面陆架区域 R 断面海水碳酸盐系统相关参数断面分布：表层海水中总碱度（TA）浓度范围为~2 100~2 150 μmol/kg；总溶解无机碳（DIC）浓度范围为~1 800~2 000 μmol/kg；pH 值范围为

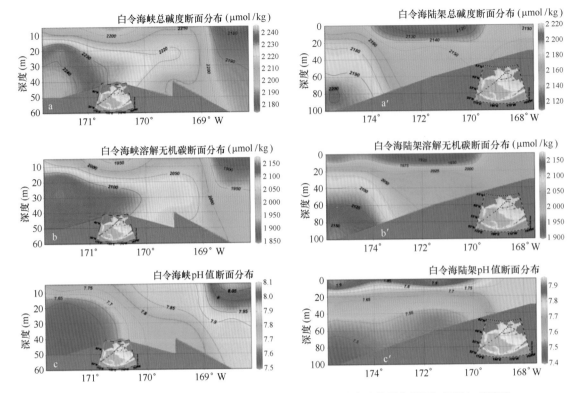

图 5-65　2014 年夏季白令海峡断面（BN01~BN08）和白令海陆架断面（BS01~BS06）
海水碳酸盐系统断面分布

a：白令海峡断面总碱度（TA）分布；b：白令海峡断面总溶解无机碳（DIC）分布；c：白令海峡断面 pH 值分布；

a′：白令海陆架断面总碱度（TA）分布；b′：白令海陆架断面总溶解无机碳（DIC）分布；c′：白令海陆架断面 pH 值分布

7.85~8.10。从表层到底层的总体趋势，TA 升高，DIC 升高，pH 值下降。表层海水具有低总碱度（TA），低总溶解无机碳（DIC）浓度，原因是受周边河流和融冰水的稀释作用；pH 值相对较高是由于陆架区域夏季表层和次表层生产力旺盛。楚科奇海次表层和底层海水观测到高 DIC（2 100~2 250 μmol/kg）和较低的 pH 值（~7.55~7.85），原因是高盐度、高温度的夏季太平洋入流水带来高 TA 和高 DIC，受底层有机物再矿作用影响，生物呼吸作用释放 CO_2，导致 DIC 进一步升高和 pH 值下降。在楚科奇海和加拿大海盆陆架坡折区（100~200 m 层），观察到 DIC 高值（~2 200 μmol/kg），同时观测到 pH 值最小（~7.60）。并认为，该层位的水团来自北太平洋次表层水（PW）（100~200 m 层），具有高营养盐特征。冬季北太平洋次表层冷水团（PWW）涌升到高生产力的白令海和楚科奇海陆架区域，受控于季节性"浮游植物—碳酸盐系统"相互作用，表层海冰消退，大量浮游植物生产导致 DIC 显著下降，来自表层的有机物输送到底层，好氧细菌再矿化过程消耗有机物和溶解氧，释放大量 CO_2，DIC 随着升高。

　　图 5-68（a′~c′）展示了 2012 年夏季西北冰洋太平洋扇区 170°W 断面高纬度海盆断面海水碳酸盐系统相关参数断面分布：加拿大海盆表层水下的混合层（50~100 m 层）水团来自北太平洋夏季水（PSW），经由上游白令海和楚科奇海陆架高生产力表层水（低 CO_2、高 pH 值）平流输送而形成，同时也受原位光合作用影响，因此观察到了 DIC 低值（小于 2 100 μmol/kg）和 pH 值的极大值（~7.90）。在加拿大海盆次表层水（100~200 m 层）水团

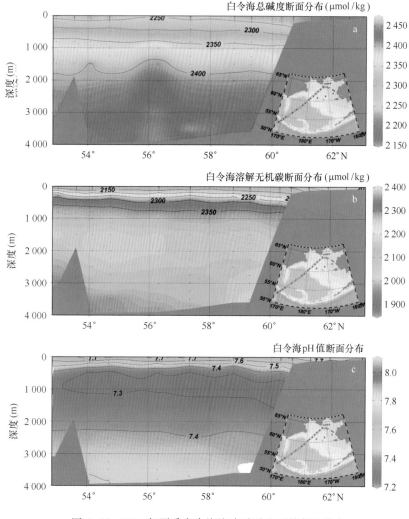

图5-66 2014年夏季白令海海水碳酸盐系统断面分布

a：总碱度分布；b：总溶解无机碳（DIC）分布；c：pH值分布

主要来自楚科奇海次表层水（PWW），因此观察到pH值低值（~7.75）。在PPW层位下方，400~800 m深度水团主要来自年龄较为年轻的北大西洋水（~30年），观测到TA浓度范围为~2 250~2 300 μmol/kg和DIC高值（~2 150~2 200 μmol/kg）以及pH值低值（~7.85~7.90）。在1 000 m层以下，为年龄最老的大西洋水（~300年），有机物再矿和碳酸盐溶解过程，导致TA和DIC略微升高，pH值则显著下降。

②中国第六次北极科学考察时西北冰洋碳酸盐断面分布情况。

图5-69，图5-70和图5-71展示了根据第六次北极考察（CHINARE 2014）在西北冰洋进行碳酸盐系统相关参数采样观测的结果。

图5-69展示西北冰洋太平洋扇区楚科奇海陆架C断面（R04及C01~C03）碳酸盐系统相关参数断面分布：总体趋势，从表层到底层，DIC，TA和pH值差异小；经向分布上，断面中间位置168.5°—168.5°W，观测到TA最低值（~2 165~2 170 μmol/kg），DIC最低值（~1 950 μmol/kg），pH值最高值（~7.90~8.00）。而两侧则具有相对较高的DIC和TA值以及较低的pH值。其中右侧的"Anadyr Water"水团具有最高的DIC和TA值以及较低的pH

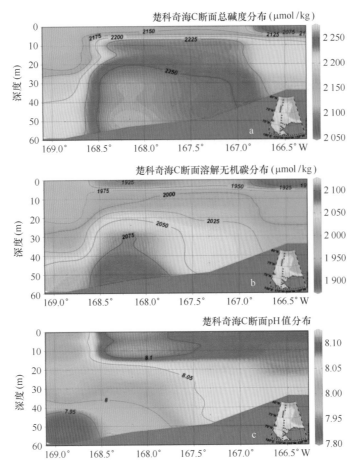

图 5-67　2012 年夏季西北冰洋太平洋扇区陆架 C 断面海水碳酸盐系统断面分布

a. 总碱度（TA）分布；b. 总溶解无机碳（DIC）分布；c. pH 值分布

值。太平洋入流水，分为 3 支不同的水团（Anadyr Water，Bering Shelf Water 和 Alaskan Coastal Current），3 支水团各种携带不同性质的水，入侵到进入西北冰洋，因而观测到显著"倒三明治"分布特征。

图 5-70（a~c）展示了 2014 年夏季西北冰洋太平洋扇区 170°W 断面陆架区域 R 断面海水碳酸盐系统相关参数断面分布：表层海水中总碱度（TA）浓度范围为 ~ 2 150 ~ 2 250 μmol/kg；总溶解无机碳（DIC）浓度范围为 ~ 1 900 ~ 2 000 μmol/kg；pH 值范围为 7.85~8.10。从表层到底层的总体趋势，TA 升高，DIC 升高，pH 值下降。表层海水具有低总碱度（TA）浓度，低总溶解无机碳（DIC）浓度，原因是受周边河流和融冰水的稀释作用；pH 值相对较高是由于陆架区域夏季表层和次表层生产力旺盛。楚科奇海次表层和底层海水观测到高 DIC（~2 100~2 250 μmol/kg）和较低的 pH 值（~7.55~7.85）。原因是高盐度、高温度的夏季太平洋入流水带来高 TA 和高 DIC，受底层有机物再矿作用影响，生物呼吸作用释放 CO_2，导致 DIC 进一步升高和 pH 值下降。在楚科奇海和加拿大海盆陆架坡折区（100~200 m 层），观察到 DIC 高值（~2 200 μmol/kg），同时观测到 pH 值最小（~7.40）。并认为，该层位的水团来自于北太平洋次表层水（PW）（100~200 m 层），具有高营养盐特征。冬季北太平洋次表层冷水团（PWW）涌升到高生产力的白令海和楚科奇海陆架区域，受控于季节性"浮游植物—碳酸盐系统"相互作用，表层海冰消退，大量浮游植物生产导致 DIC 显著下降，

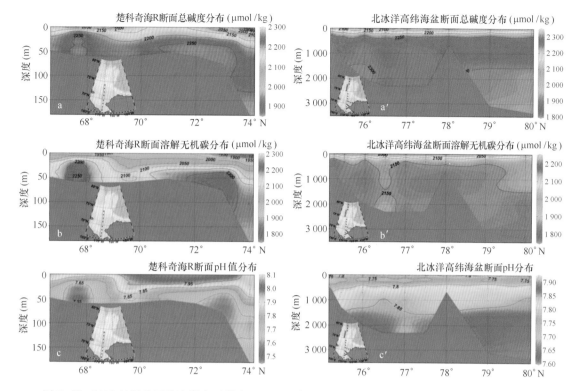

图5-68 2012年夏季西北冰洋太平洋扇区170°W断面（包括陆架区域R断面和高纬度海盆断面）
海水碳酸盐系统断面分布

a：楚科奇海陆架总碱度分布；b：楚科奇海陆架总溶解无机碳（DIC）分布；c：楚科奇海陆架pH值分布；

a′：高纬海盆总碱度（TA）分布；b′：高纬海盆总溶解无机碳（DIC）分布；c′：高纬海盆pH值分布

来自表层的有机物输送到底层，好氧细菌再矿化过程消耗有机物和溶解氧，释放大量 CO_2，DIC 随着升高。

图5-70（a′~c′）和图5-71展示了2014年夏季西北冰洋太平洋加拿大海盆海水碳酸盐系统相关参数断面分布：加拿大海盆表层水下的混合层（50~100 m层）水团来自北太平洋夏季水（PSW），经由上游白令海和楚科奇海陆架高生产力表层水（低 CO_2、高 pH 值）平流输送而形成，同时也受原位光合作用影响，因此观察到了 DIC 低值（<2 100 μmol/kg）和 pH 值的极大值（~7.90）。在加拿大海盆次表层水（100~200 m层）水团主要来自楚科奇海次表层水（PWW），因此观察到 pH 值低值（~7.75）。在 PPW 层位下方，400~800 m层深度水团主要来自年龄较为年轻的北大西洋水（~30 年），观测到 TA 高值（~2 250~2 300 μmol/kg）和 DIC 高值（~2 150~2 200 μmol/kg）及 pH 低值（~7.85~7.90）。在1 000 m层以下，为年龄最老的大西洋水（~300 年），有机物再矿化和碳酸盐溶解过程，导致 TA 和 DIC 略微升高，pH 值则显著下降。

（3）北欧海

中国第五次北极科学考察时北欧海碳酸盐断面分布情况。

图5-72展示了根据第五次北极科学考察在北欧海进行碳酸盐系统相关参数采样观测的结果。

图5-72（a~c）展示了2012年夏季北欧海 AT 断面海水碳酸盐系统相关参数断面分布：总体趋势从表层到深层 TA 逐渐降低，从表层的 2 310 μmol/kg 下降到深层~2 100 μmol/kg；

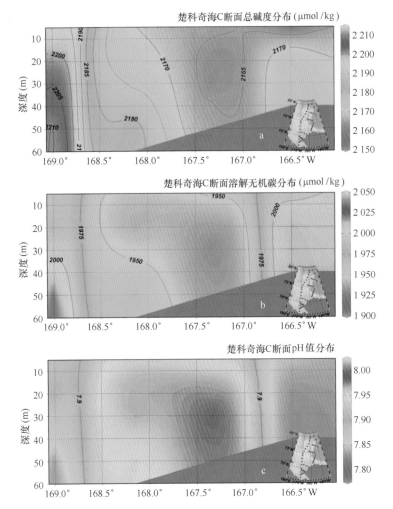

图 5-69　2014 年夏季西北冰洋太平洋扇区楚科奇海 C 断面（R04 及 C01~C03）

断面海水碳酸盐系统断面分布

a：总碱度（TA）分布；b：总溶解无机碳（DIC）分布；c：pH 值分布

DIC 逐渐升高，从表层 2 120 μmol/kg 升高到深层~2 150 μmol/kg；pH 值逐渐降低，从表层 7.95 下降到深层 7.85。原因是表层海水蒸发作用导致 TA 下降，深层水有机物再矿化导致 DIC 升高，pH 值下降。

图 5-72（a'~c'）展示了 2012 年夏季北欧海 BB 断面海水碳酸盐系统相关参数断面分布：总体趋势从表层到深层 TA 变化较小，维持在~2 300 μmol/kg；DIC 逐渐升高，从表层 2 140 μmol/kg 升高到深层~2 160 μmol/kg；pH 值逐渐降低，从表层 7.90 下降到深层 7.85。原因是对比 AT 断面表层，BB 断面纬度更高，表层海水温度低，蒸发作用较弱，TA 变化小，而深层水由于有机物再矿化导致 DIC 升高，pH 值下降。

3）碳酸盐垂直分布

（1）白令海

①中国第五次北极科学考察时白令海碳酸盐垂直分布情况。

图 5-73 展示了 2012 年夏季白令海盆 BL06 站位和白令海陆架 BS04 站位海水碳酸盐系统垂直分布。

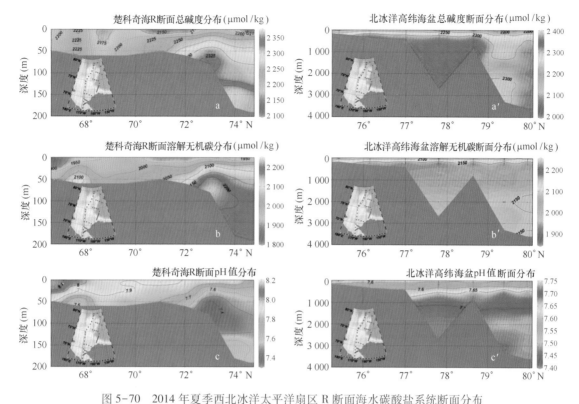

图 5-70 2014 年夏季西北冰洋太平洋扇区 R 断面海水碳酸盐系统断面分布

a：楚科奇海陆架总碱度（TA）分布；b：楚科奇海陆架总溶解无机碳（DIC）分布；c：楚科奇海陆架 pH 值分布；
a′：高纬海盆总碱度（TA）分布；b′：高纬海盆总溶解无机碳（DIC）分布；c′：高纬海盆 pH 值分布

从图 5-73（a~c）上可以看出，从表层到底层白令海盆 BL06 站位 TA 和 DIC 随着深度增加，逐渐升高，pH 值则是先降低后升高。其中，TA 浓度从表层 2 240 μmol/kg，升高到底层 2 430 μmol/kg；DIC 从表层 2 090 μmol/kg，随着深度逐渐升高，在~1 000 m 层处达到 2380 μmol/kg，后趋于稳定，在 1 000 m 层以下没有显著变化；pH 值从表层 7.90，随着深度加深，快速下降，在~500~800 m 层处下降至 7.40，随着深度进一步加深，pH 值反而逐渐升高。白令海~500~800 m 层次表层水，主要来自北太平洋中层水，该水团年龄较老，观测到 pH 值极小值、DIC 极大值的原因是~500~800 m 层水团主要受北太平洋中层水影响，水团年龄较老，具有高 TA、高 DIC 和低 pH 值特征。

从图 5-73（a′~c′）上可以看出，从表层到底层白令海陆架 BS04 站位 TA 和 DIC 随着深度增加，逐渐升高，pH 值则逐渐降低。其中，TA 浓度从表层 2 100 μmol/kg，升高到底层 2 160 μmol/kg；DIC 从表层 1 940 μmol/kg，随着深度逐渐升高，在~30 m 层处达到 2 180 μmol/kg，后趋于稳定，在 30 m 层以下没有显著变化；pH 值从表层 7.95，随着深度加深，快速下降，在~30 m 层处下降至 7.70，随着深度进一步加深，pH 值不变。白令海底层水，主要受太平洋次表层高 TA 和 DIC 水团影响，还受到陆架区域底层有机物再矿化过程释放 CO_2 的影响，导致 DIC 升高，pH 值显著下降。

②中国第六次北极科学考察时白令海碳酸盐垂直分布情况。

图 5-74 展示了 2014 年夏季白令海盆 B09 站位海水碳酸盐系统垂直分布。从图 5-74 上可以看出，从表层到底层白令海盆 B09 站位 TA 和 DIC 随着深度增加，逐渐升高，pH 值

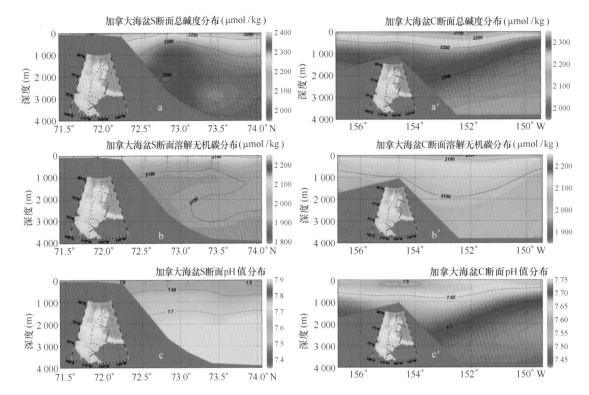

图 5-71　2014 年夏季西北冰洋太平洋扇区加拿大海盆 S 断面（S01~S08）和加拿大海盆 C 断面
（C21~C25）海水碳酸盐系统断面分布

a：加拿大海盆 S 断面总碱度（TA）分布；b：加拿大海盆 S 断面总溶解无机碳（DIC）分布；c：加拿大海盆 S 断面 pH 值分布；
a′：加拿大海盆 C 断面总碱度（TA）分布；b′：加拿大海盆 C 断面总溶解无机碳（DIC）分布；c′：加拿大海盆 C 断面 pH 值分布

则是先降低后升高。其中，TA 浓度从表层 2 240 μmol/kg，升高到底层 2 450 μmol/kg；
DIC 从表层 2 050 μmol/kg，随着深度逐渐升高，在~1 000 m 层处达到 2 380 μmol/kg，后
趋于稳定，在 1 000 m 层以下没有显著变化；pH 值从表层 7.90，随着深度加深，快速下
降，在~500~800 m 层处下降至 7.30，随着深度进一步加深，pH 值反而逐渐升高。白令
海~500~800 m 层次表层水，主要来自北太平洋中层水，该水团年龄较老，出观测到的 pH
值极小值，DIC 极大值的原因是~500~800 m 层水团主要受北太平洋中层水影响，水团年
龄较老，具有高 TA、DIC 和低 pH 值特征。

（2）楚科奇海

①中国第五次北极科学考察时楚科奇海碳酸盐垂直分布情况。

图 5-75 和图 5-76 展示了 2012 年夏季西北冰洋陆架楚科奇海 R05 和 C01 以及加拿大海
盆 SR15 站位和 M03 站位海水碳酸盐系统垂直分布。

图 5-75（a~c）展示了 2012 年夏季西北冰洋陆架楚科奇海 R05 站位海水碳酸盐系统垂
直分布。从图中可以看出，从表层到底层楚科奇海 R05 站位 TA 和 DIC 随着深度增加，逐渐
升高，pH 值则逐渐降低。其中，TA 浓度从表层 2 180 μmol/kg，升高到底层 2 280 μmol/kg；
DIC 从表层 2 070 μmol/kg，随着深度逐渐升高，在~40 m 层处达到 2 240 μmol/kg；pH 值从
表层 7.98，随着深度加深，快速下降，在~40 m 层处下降至 7.60，随着深度进一步加深，
pH 值不变。楚科奇海底层水，主要受太平洋入流水高 TA 和高 DIC 水团影响，还受到陆架区

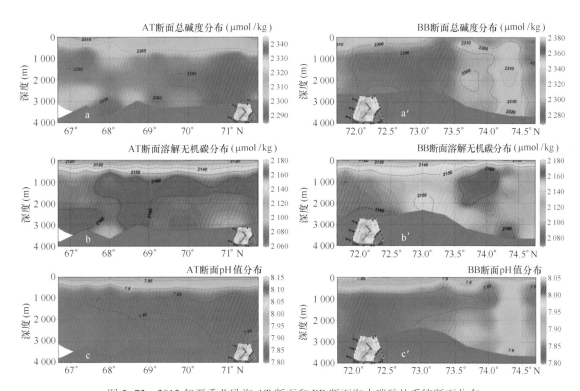

图 5-72　2012 年夏季北欧海 AT 断面和 BB 断面海水碳酸盐系统断面分布

a：北欧海 AT 断面总碱度分布；b：北欧海 AT 断面总溶解无机碳（DIC）分布；c：北欧海 AT 断面 pH 值分布；

a'：BB 断面总碱度（TA）分布；b'：BB 断面总溶解无机碳（DIC）分布；c'：BB 断面 pH 值分布

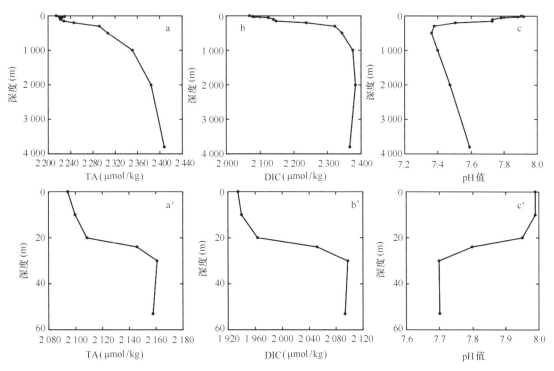

图 5-73　2012 年夏季白令海盆 BL06 和白令海陆架 BS04 海水碳酸盐系统垂直分布

a：BL06 站位 TA 分布；b：BL06 站位 DIC 分布；c：BL06 站位 pH 值分布；

a'：BS04 站位 TA 分布；b'：BS04 站位 DIC 分布；c'：BS04 站位 pH 值分布

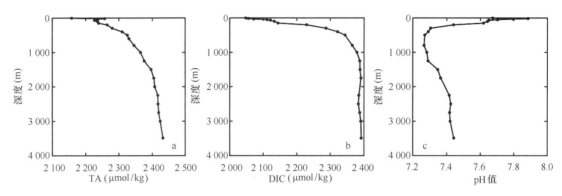

图 5-74　2014 年夏季白令海盆 B09 海水碳酸盐系统垂直分布

a：TA 分布；b：DIC 分布；c：pH 值分布

域底层有机物再矿化过程释放 CO_2 的影响，导致 DIC 升高，pH 值显著下降。

图 5-75（a′~c′）展示了 2012 年夏季西北冰洋陆架楚科奇海 C01 站位海水碳酸盐系统垂直分布。从图中可以看出，从表层到底层楚科奇海 C01 站位 TA 和 DIC 随着深度增加，逐渐升高，pH 值则逐渐降低。其中，TA 浓度从表层 2 140 μmol/kg，升高到底层 2 260 μmol/kg；DIC 从表层 2 040 μmol/kg，随着深度逐渐升高，在~40 m 层处达到 2 260 μmol/kg；pH 值从表层 8.10，随着深度加深，快速下降，在~40 m 层处下降至 7.98。楚科奇海底层水，主要受太平洋入流水高 TA 和高 DIC 水团影响，还受到陆架区域底层有机物再矿化过程释放 CO_2 的影响，导致 DIC 升高，pH 值显著下降。

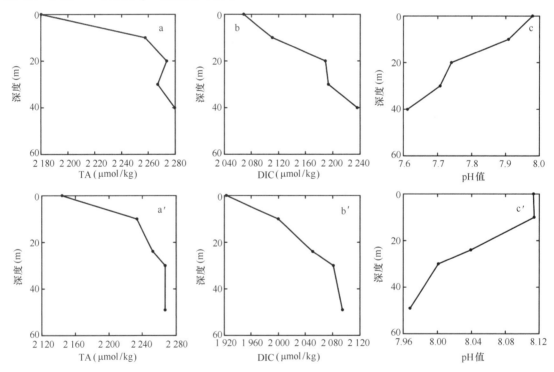

图 5-75　2012 年夏季楚科奇海 R05 和 C01 海水碳酸盐系统垂直分布

a：R05 站位 TA 分布；b：R05 站位 DIC 分布；c：R05 站位 pH 值分布；

a′：C01 站位 TA 分布；b′：C01 站位 DIC 分布；c′：C01 站位 pH 值分布

图5-76展示了2012年夏季西北冰洋太平洋扇区加拿大海盆SR15站位和M03站位海水碳酸盐系统相关参数垂直分布。加拿大海盆SR15站位和M03站位从表层到底层，TA随着深度增加，逐渐升高；DIC随着深度增加，先升高，后降低，并在400 m层以下深度趋于稳定；pH值则是先升高，后降低，再升高。其中，TA浓度从表层~1 850~1 900 μmol/kg，升高到底层~2 300 μmol/kg；DIC从表层1 880 μmol/kg，随着深度逐渐升高，在~200 m层处达到2 220 μmol/kg，随着深度进一步加深，DIC反而逐渐下降；~400 m层处达到2 150 μmol/kg，后趋于稳定，在400 m层以下没有显著变化；pH值从表层7.80，随着深度加深，快速升高，在~30 m层处升高至7.90，在~200 m层附近观测到极小值（~7.62），之后随着深度进一步加深，pH值逐渐升高，~400 m层处达到7.85，后趋于稳定。

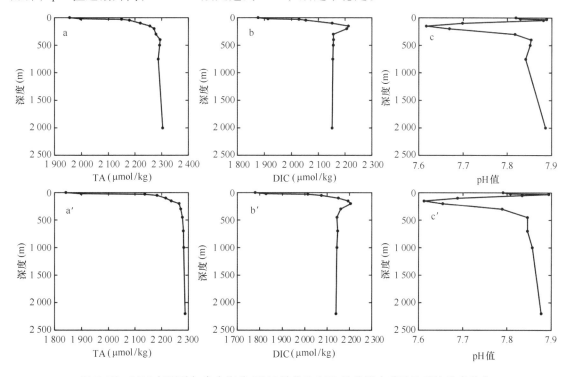

图5-76　2012年夏季加拿大海盆SR15站位和M03站位海水碳酸盐系统垂直分布

a：SR15站位TA分布；b：SR15站位DIC分布；c：SR15站位pH值分布；

a′：M03站位TA分布；b′：M03站位DIC分布；c′：M03站位pH值分布

加拿大海盆表层水下的混合层（50~100 m层）水团来自北太平洋夏季水（PSW），经由上游白令海和楚科奇海陆架高生产力表层水（低CO_2、高pH值）平流输送而形成，同时也受原位光合作用影响，因此观察到了DIC低值和pH值的极大值。在加拿大海盆次表层水（100~200 m层）水团主要来自楚科奇海次表层水（PWW），因此观察到pH值低值。在PPW层位下方，400~800 m层深度水团主要来自年龄较为年轻的北大西洋水（~30年），观测到TA高值，DIC高值和pH值低值。在1 000 m层以下，为年龄最老的大西洋水（~300年），水团性质较为稳定，因此没有看到碳酸盐系统相关参数明显的变化。

②中国第六次北极科学考察时楚科奇海碳酸盐垂直分布情况。

图5-77、图5-78和图5-79展示了2014年夏季西北冰洋楚科奇海陆架R07和C01和加拿大海盆R15、S06、C11和C25站位海水碳酸盐系统垂直分布。

图 5-77（a~c）展示了 2014 年夏季西北冰洋陆架楚科奇海 R07 站位海水碳酸盐系统垂直分布。从图中可以看出，楚科奇海 R07 站位从表层到底层 TA 和 DIC 随着深度增加，逐渐升高，pH 值则逐渐降低。其中，TA 浓度从表层 2 180 μmol/kg，升高到底层 2 340 μmol/kg；DIC 从表层 1 890 μmol/kg，升高到底层 2 250 μmol/kg；pH 值从表层 8.00，下降至底层 7.35。楚科奇海底层水，主要受太平洋入流水高 TA 和高 DIC 水团影响，还受到陆架区域底层有机物再矿化过程释放 CO_2 的影响，导致 DIC 升高，pH 值显著下降。

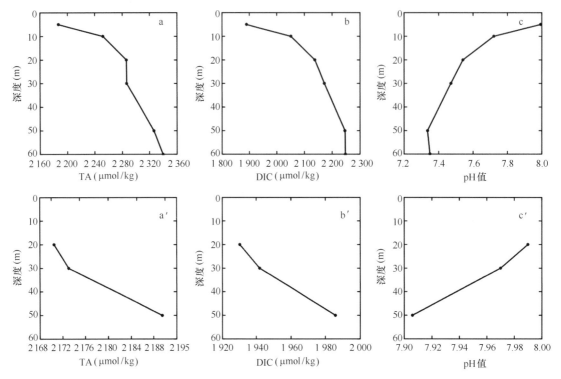

图 5-77　2014 年夏季楚科奇海 R07 和 C01 海水碳酸盐系统垂直分布

a：R07 站位 TA 分布；b：R07 站位 DIC 分布；c：R07 站位 pH 值分布；

a′：C01 站位 TA 分布；b′：C01 站位 DIC 分布；c′：C01 站位 pH 值分布

　　图 5-77（a′~c′）展示了 2014 年夏季西北冰洋陆架楚科奇海 C01 站位海水碳酸盐系统垂直分布。从图中可以看出，楚科奇海 C01 站位从表层到底层 TA 和 DIC 随着深度增加，逐渐升高，pH 值则逐渐降低。其中，TA 浓度从次表层 2 170 μmol/kg，升高到底层 2 190 μmol/kg；DIC 从次表层 1 930 μmol/kg，升高到底层 1 990 μmol/kg；pH 值从次表层 7.99，下降至底层 7.90。楚科奇海底层水，主要受太平洋入流水高 TA 和高 DIC 水团影响，还受到陆架区域底层有机物再矿化过程释放 CO_2 的影响，导致 DIC 升高，pH 值下降。

　　图 5-78 和图 5-79 展示了 2014 年夏季西北冰洋太平洋扇区加拿大海盆 R15、S06、C11 和 C25 站位海水碳酸盐系统垂直分布。加拿大海盆 R15、S06、C11 和 C25 站位从表层到底层，TA 随着深度增加，逐渐升高；DIC 随着深度增加，先升高，后降低，在 400 m 层以下深度趋于稳定；pH 值则是先升高，后降低，再升高，后趋于稳定。其中，TA 浓度从表层 ~1 950~2 050 μmol/kg，升高到底层 2 300~2 350 μmol/kg；DIC 从表层 1 850~1 930 μmol/kg，随着深度逐渐升高，在 ~200 m 层处达到 ~2 240 μmol/kg，随着深度进一步加深，DIC 反而逐渐下降；~400 m 层处达到 2 150 μmol/kg，后趋于稳定，在 400 m 层以下没有显著变化；pH

值从表层 7.65，随着深度加深，快速升高，在~30 m 层处升高至 7.70，随着深度进一步加深，在~200 m 层附近观测到极小值（~7.42~7.46），之后 pH 值逐渐升高，~400 m 层处达到 7.73，后趋于稳定。

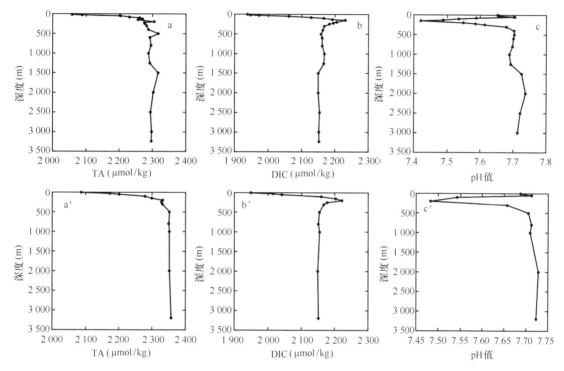

图 5-78　2014 年夏季加拿大海盆 R15 和 S06 海水碳酸盐系统垂直分布

a：R15 站位 TA 分布；b：R15 站位 DIC 分布；c：R15 站位 pH 值分布；

a′：S06 站位 TA 分布；b′：S06 站位 DIC 分布；c′：S06 站位 pH 值分布

　　加拿大海盆表层水下的混合层（50~100 m 层）水团来自北太平洋夏季水（PSW），经由上游白令海和楚科奇海陆架高生产力表层水（低 CO_2、高 pH 值）平流输送而形成，同时也受原位光合作用影响，因此观察到了 DIC 低值和 pH 值的极大值。在加拿大海盆次表层水（100~200 m 层）水团主要来自楚科奇海次表层水（PWW），因此观察到 pH 值低值。在 PPW 层位下方，400~800 m 层深度水团主要来自年龄较为年轻的北大西洋水（~30 年），观测到 TA 和 DIC 高值，pH 值低值。在 1 000 m 层以下，为年龄最老的大西洋水（~300 年），水团性质较为稳定，因此对比 2012 年，2014 年没有看到碳酸盐系统相关参数明显的变化。

　　（3）北欧海

　　中国第五次北极科学考察时北欧海碳酸盐垂直分布情况。

　　图 5-80（a~c）展示了 2012 年夏季北欧海海盆 AT08 站位海水碳酸盐系统垂直分布。从图中可以看出，AT08 站位总体趋势从表层到深层 TA 逐渐降低，从表层 2 320 μmol/kg 下降到深层~2 290 μmol/kg；DIC 逐渐升高，从表层 2 050 μmol/kg 逐渐升高到~500 m 层~2 160 μmol/kg，后趋于稳定；pH 值逐渐降低，从表层 8.10 下降到深层 7.85。原因是表层海水蒸发作用导致 TA 下降，深层水有机物再矿化导致 DIC 升高，pH 值下降。

　　图 5-80（a′~c′）展示了 2012 年夏季北欧海 BB06 站位海水碳酸盐系统相关参数断面分布：总体趋势从表层到深层 TA 变化较小，维持在~2 295 μmol/kg 附近；DIC 逐渐升高，

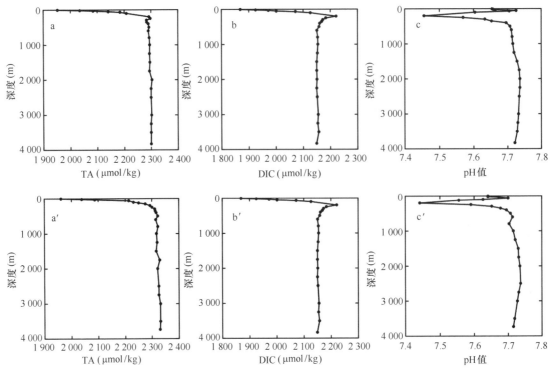

图5-79　2014年夏季加拿大海盆C11和C25海水碳酸盐系统垂直分布

a：C11站位TA分布；b：C11站位DIC分布；c：C11站位pH值分布；

a'：C25站位TA分布；b'：C25站位DIC分布；c'：C25站位pH值分布

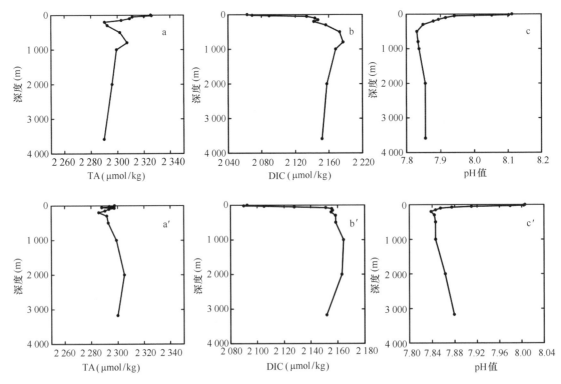

图5-80　2012年夏季北欧海AT08和BB06海水碳酸盐系统垂直分布

a：AT08站位TA分布；b：AT08站位DIC分布；c：AT08站位pH值分布；

a'：BB06站位TA分布；b'：BB06站位DIC分布；c'：BB06站位pH值分布

从表层 2 090 μmol/kg 下降到深层~500 m 层附近~2 160 μmol/kg，后趋于稳定；pH 值逐渐降低，从表层 8.00 下降到深层 7.86。对比 AT08 站位，BB06 站位纬度更高，表层海水温度低，蒸发作用较弱，TA 变化小，而深层水由于有机物再矿化导致 DIC 升高，pH 值下降。

4）分布特征成因探究及其对全球变化的响应

根据上述调查观察到的现象，可以得出以下几个结论：北极区域环境变化对 CO_2 系统的影响较为显著，包括气温升高、海冰快速消退，大量的融冰水输入到北冰洋表层以及海岸侵蚀增强等。因此，控制北冰洋 CO_2 系统的因素不仅包括海水表层吸收 CO_2，还包括物理过程和生物过程。物理过程包括水团水平输运、气候变暖、海冰融化水稀释、河流稀释以及上升流等；生物过程主要是光合作用和呼吸作用。

（1）海—气 CO_2 交换过程对 CO_2 系统的影响

海洋中碳酸盐体系包括如下反应：

$$CO_2（大气）\leftrightarrow CO_2（海水）+H_2O \leftrightarrow H_2CO_3 \leftrightarrow H^+ + HCO_3^- \leftrightarrow 2H^+ + CO_3^{2-}$$

大气中 CO_2 通过海—气界面交换溶解到北冰洋促使表层海水中的游离 CO_2、HCO_3^- 和 H^+ 离子浓度升高，pH 值下降，DIC 升高，TA 不变。

（2）融冰过程对 CO_2 系统的影响

过去几年间，北冰洋海冰面积的下降速度远较模型预测快。2007 年和 2008 年夏季北冰洋海冰面积达到季节性最小值，仅约占总面积的 25%，为历史卫星观测记录最小值。融冰过程释放大量淡水到海表混合层（0~50 m），盐度显著下降。由于波弗特涡（Beaufort Gyre）使风驱动力增强，西北冰洋海水淡化更为显著，另外，西北冰洋强烈的垂直密度梯度而维持海表混合层在整个季节处于低盐状态。融冰水总碱度（TA）和总溶解碳（DIC）浓度（约 300 μmol/kg）较海水浓度低（约 2 300 μmol/kg），因此融冰水与海水混合过程不仅使盐度下降，也导致 TA 和 DIC 浓度下降。河水中 TA 和 DIC 浓度（约 1 000 μmol/kg）比融冰水高，因此河水与海水混合过程，TA 和 DIC 下降程度较融冰水与海水混合过程小。因此，当淡水来自融冰水而不是河水时，DIC 和 TA 下降更为显著。研究结果显示，80°N 以南的加拿大海盆（Canada Baisin）和波弗特海（BeaufortSea）表层海水观察到较高的融冰水比例，夏季这些区域海冰面积下降明显，特别是多年冰开始出现融化。另一方面，融冰过程将促使西北冰洋开阔海域面积扩大，表层水游离 CO_2 浓度升高，pH 值将进一步下降。模型表明，海冰消退引起 CO_2 吸收和融冰水稀释过程是 pH 值下降的主要原因。然而，由于海冰消退，开阔海域面积的扩大有利于表层浮游植物的初级生长，特别是在楚科奇海和波弗特海，初级生产力提高 10%~40%。浮游植物初级生产将引起表层 DIC 下降，pH 值的升高。

（3）生物过程对 CO_2 体系的影响

海冰消退有利于藻类或者其他浮游植物生源颗粒在上层海洋的海表生成，后期生源颗粒物发生沉降，于底层矿化分解，微生物呼吸作用大量消耗溶解氧（DO），释放 CO_2。海洋学中经典的经验性方程 Redfield 方程简略地说明了这一再矿化过程所涉及的各个生源要素之间的摩尔比例关系。

$$106CO_2 + 122H_2O + 16HNO_3 + H_3PO_3 \leftrightarrow (CH_2O)_{106}(NH_3)_{16}H_3PO_4 + 138O_2$$

$$CO_2 + CO_3^{2-} + H_2O \leftrightarrow 2HCO_3^-$$

有机物矿化中与耗氧相伴的是产生大量的酸性气体 CO_2，游离 CO_2 迅速与海水中强碱

CO_3^{2-}发生反应。因此，通常生源颗粒物再矿化过程水体中 pH 值将发生显著下降，而 DIC 显著升高。反之，光合作用过程使水体中 DIC 下降和 pH 值明显上升。生物碳泵概念上提出"浮游植物—碳酸盐系统"（Phytoplankton-Carbonate，PhyC）模型概念。"PhyC"定义为：表层海水较高的浮游植物初级生产力引起季节性 DIC 下降，pH 值升高，随后颗粒有机碳垂直输送到次表层海水发生再矿化过程导致 pH 值将发生显著下降，而 DIC 显著升高的过程。因此，"PhyC"则关注西北冰洋受海冰影响的陆架区域 CO_2 系统动力学过程。在楚科奇海北部陆架和陆坡区域，北太平洋高营养盐入流海水输入、融冰过程和表层海水升温过程维持表层海水较高的初级生产力。西北冰洋，夏季表层海水同样具有较高生产力。当大量有机颗粒物垂直输送到次表层和底层，或者通过水平输运将生源颗粒物从陆架输送到加拿大海盆深水，在"PhyC"交互作用下，有机物再矿化过程重新释放 CO_2，引起西北冰洋海域（包括楚科奇海陆架和陆坡、东西伯利亚海以及加拿大海盆区域）次表层水或者底层水 pH 下降，CO_2 系统发生显著变化。

（4）其他物理过程影响

模型预测在陆架区域的融冰过程将会明显使上升流增强，1997 年以来，加拿大海盆海冰边缘线位于陆架坡折区北部，因此上升流将次表层高 DIC、低 pH 值的水输送到大陆架。从而在陆架区域观测到偏酸性水体。Mathis 等于 2011 年 10 月在西北冰洋波弗特海陆架开阔海域，观测到持续的风驱动上升流将盐跃层（<1.2 ℃）、高盐（>32.4）、高 $p\mathrm{CO}_2$（>550 μatm）和文石不饱和水输运到陆架浅层，为期 10 天的这一事件输送了 0.18～0.54 Tg C 到陆架区域，与碳输送相伴的是在陆架区域观测到 $\Omega_{文石}$<1。未来随着海冰的快速消退和暴风雨频率和强度的增加，陆架区域上升流将更加频繁，表层和次表层游离 CO_2 脱气过程和文石不饱和面积将进一步扩大。

5.1.1.3 氧化亚氮（N_2O）分布特征和变化规律

1）N_2O 平面分布特征

（1）楚科奇海

中国第五次北极科学考察时楚科奇海氧化亚氮（N_2O）平面分布特征。

根据中国第五次北极科学考察，在楚科奇海进行采样观察。图 5-81 显示了 2012 年夏季楚科奇海表层、20 m 层、底层 N_2O 平面分布情况。楚科奇海表层 N_2O 浓度范围为 14～18 nmol/L，随着纬度的增加逐渐增加，这可能是由于纬度越高，水温越低，N_2O 溶解度增强。20 m 层和底层 N_2O 浓度分布相似。

（2）白令海

①中国第五次北极科学考察时白令海 N_2O 平面分布特征。

根据中国第五次北极科学考察，在白令海进行采样观察。图 5-82 显示了 2012 年夏季白令海表层、20 m 层、底层 N_2O 平面分布情况，白令海海域 N_2O 浓度范围为 10～40 nmol/L。总体分布趋势：从不同水层来看，白令海表层 N_2O 浓度略小于 20 m N_2O 浓度，底层 N_2O 浓度最高；在空间分布上，陆架区高于海盆区，西陆架高于东陆架。该分布特征差异主要是由于陆架区生物生产力较强，沉积物反硝化过程产生的 N_2O 释放到陆架水体中导致。

②中国第六次北极科学考察时白令海 N_2O 平面分布特征。

在中国第六次北极科学考察中，白令海 N_2O 分布趋势与第五次相似，表层 N_2O 浓度范

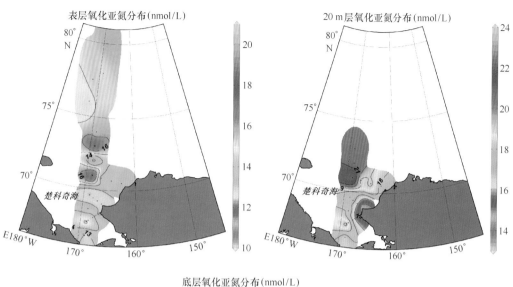

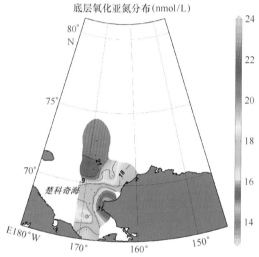

图 5-81 2012 年夏季楚科奇海表层、20 m 层、底层氧化亚氮平面分布

围为 11~16 nmol/L，20 m 层 N_2O 浓度范围为 11~17 nmol/L，底层 N_2O 浓度范围为 15~22 nmol/L。

（3）北欧海

中国第五次北极科学考察北欧海 N_2O 平面分布特征。

在中国第五次北极科学考察中，有幸对北欧海进行 N_2O 站位采样，北欧海表层和 20 m 层深 N_2O 浓度较低，范围为 5~13.5 nmol/L，表层低于 20 m 层。在表层中，挪威海 N_2O 浓度高于格陵兰海，而在 20 m 层，其分布特征相反，即格陵兰海高于挪威海。

在中国第五次、第六次北极科学考察期间，对北极海域白令海、楚科奇海、加拿大海盆以及北欧海开展了大范围的温室气体 N_2O 研究。总体来看，各海区表层海水中 N_2O 的浓度分布，表层海水 N_2O 浓度范围为 9.9~20.2 nmol/L；N_2O 浓度随着纬度的增加而递增，由高至低为加拿大海盆、陆架区、阿留申海盆、格陵兰海、挪威海。陆架区观察到区域性 N_2O 过饱和现象，主要是陆架水深较浅，沉积物反硝化较强引起的。在白令海的阿留申海盆区，表层海水 N_2O 饱和度异常值主要受北太平洋水的影响；挪威海表层海水 N_2O 不饱和的主要原因是北大西洋暖水在向北输送过程中，海水散热的速度快于海—气交换速度，增加了 N_2O 在海水

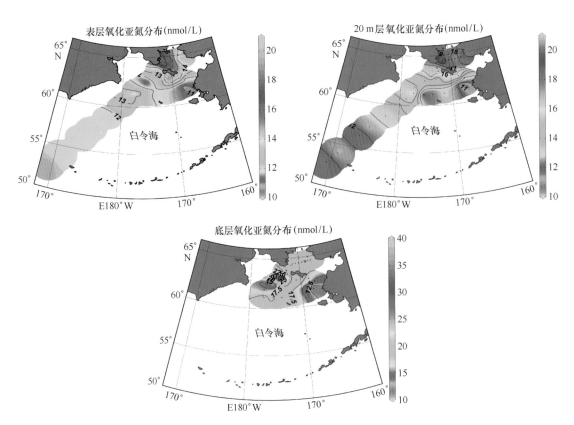

图 5-82　2012 年夏季白令海表层、20 m 层、底层氧化亚氮平面分布

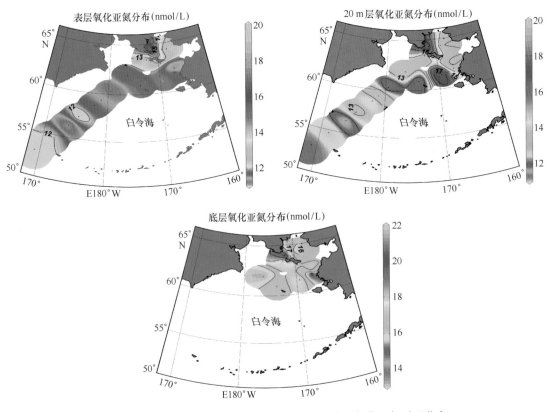

图 5-83　2014 年夏季白令海表层、20 m 层、底层氧化亚氮平面分布

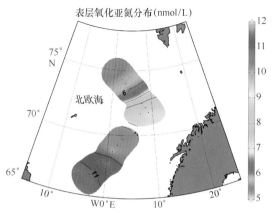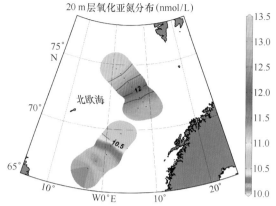

图 5-84 2012 年夏季北欧海表层、20 m 层氧化亚氮平面分布

中的溶解度；加拿大海盆表层水低温低盐特征表明，融冰水的稀释作用是表层海水中 N_2O 不饱和的主要原因；格陵兰海表层 N_2O 分布，不仅与融冰水有关，还与海域水体垂向对流较强有关，其 N_2O 饱和度异常值大于加拿大海盆。

2）N_2O 断面分布特征

（1）楚科奇海

中国第五次北极科学考察时楚科奇海 N_2O 断面分布特征。

图 5-85、图 5-86 和图 5-87 分别为楚科奇海 R、楚科奇海 C、北冰洋高纬度 N_2O 断面分布。从图中可以看出，在整个夏季采样期间，表层海水中 N_2O 浓度较低，均处于不饱和状态，浓度范围为 10.5~17.5 nmol/L。陆架区 N_2O 浓度随深度缓慢上升，至 20~30 m 层深度，N_2O 浓度垂直变化梯度变大；30 m 层至陆架底层，N_2O 的分布相对均匀，浓度范围为 15.6~20.9 nmol/L，饱和度异常值为 1.2%~24.3%，陆架底层水均表现为过饱和状态（图 5-85、图 5-86）。

在陆架区北部的加拿大海盆区（图 5-85），表层水体中 N_2O 浓度较低，浓度范围为 14.3~16.2 nmol/L，随着深度的增加，在上跃层深度出现 N_2O 极大值（~150 m 层）（17.8~19.4 nmol/L），饱和度异常值范围为-15.6%~3.4%；上跃层以下深度，N_2O 浓度逐渐降低，至 1 000 m 层处趋于稳定（~13.0 nmol/L）。

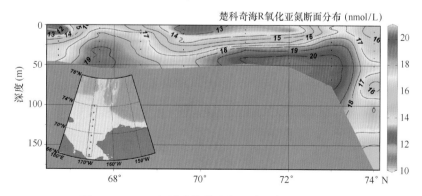

图 5-85 2012 年夏季楚科奇海 R 断面氧化亚氮分布

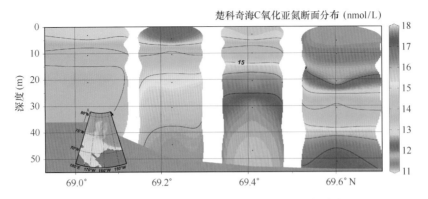

图 5-86　2012 年夏季楚科奇海 C 断面氧化亚氮分布

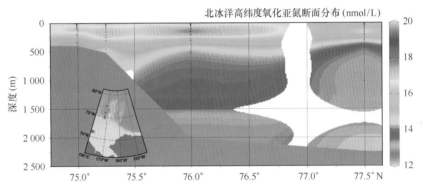

图 5-87　2012 年夏季北冰洋高纬度氧化亚氮断面分布

（2）白令海

①中国第五次北极科学考察时白令海 N_2O 断面分布特征。

图 5-88 为白令海 N_2O 垂直分布，从图中可以看出，在白令海海盆中，N_2O 垂直分布与北太平洋 N_2O 分布极其相似（中层水出现 1 个极大值），这是因为白令海海盆属于半封闭式海盆，是亚北极北太平洋的延续，水体性质具有相似性。从总体分布来看，N_2O 浓度范围为 11.1~46.6 nmol/L，表层浓度较低，为 11.1~11.4 nmol/L，随着深度的增加，N_2O 浓度随之增加，由于采样深度 500 m 以深的层位为 1 000 m 深度，观察发现 500 m 深度和 1 000 m 深度 N_2O 浓度相当，最大值可能位于 500~1 000 m 深度之间，浓度集中在 38.6~46.6 nmol/L，1 000 m 以深，N_2O 浓度缓慢降低，至 3 000 m 深度左右，N_2O 浓度趋于稳定（~22.0 nmol/L）。

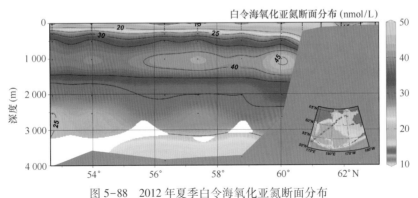

图 5-88　2012 年夏季白令海氧化亚氮断面分布

白令海陆架区断面横穿白令海外陆架、中陆架和内陆架（图5-89）。N_2O浓度范围为10.6~20.3 nmol/L，除BS06站位外，其余站位表现为混合层（~20 m层）浓度较低，混合层以下深度，N_2O浓度显著增加，变化幅度为~4 nmol/L，底层浓度最高。BS06站位N_2O浓度最低（10.6 nmol/L），垂直分布较均匀。白令海峡断面（图5-90）位于171.7°—167.5°W，~64.5°N，由西向东横跨白令海峡入口前端的整个陆架，是太平洋水进入北冰洋的必经断面。BN断面N_2O的浓度分布表现为西高东低，西部站位（BN01，BN02，BN04，BN05）N_2O浓度在整个水柱中分布较均匀，没有明显的梯度变化，但N_2O浓度自西向东逐渐降低，浓度范围为17.0~20.5 nmol/L，东部站位N_2O的浓度分布则随着深度的增加而增加，且变化梯度较大。

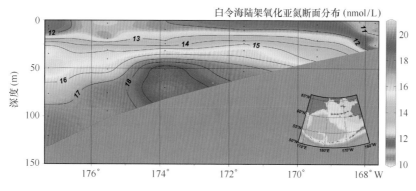

图5-89　2012年夏季白令海陆架氧化亚氮断面分布

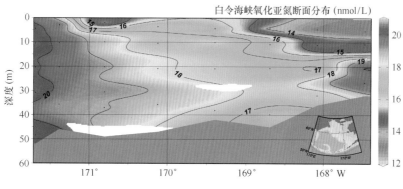

图5-90　2012年夏季白令海峡氧化亚氮断面分布

②中国第六次北极科学考察时白令海N_2O断面分布情况。

图5-91为中国第六次北极科学考察中的考察北冰洋高纬度N_2O断面分布，其分布与中国第五次北极科学考察相似。

（3）北欧海

中国第五次北极科学考察时北欧海N_2O断面分布情况。

从北欧海中格陵兰海盆（图5-92）和挪威海盆（图5-93）的N_2O的浓度分布来看，挪威海盆表层浓度较低（~10.2 nmol/L），深度增加至800 m层处，N_2O浓度增加到最大值（14.3~14.9 nmol/L），800~1 500 m层降低至~14.5 nmol/L，1 500 m层以下深度，N_2O浓度趋于稳定（~13.7 nmol/L）。格陵兰海N_2O浓度整体变化梯度不大，范围为14.2~15.3 nmol/L，

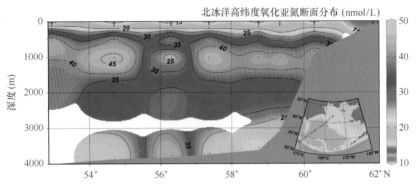

图 5-91　2014 年夏季北冰洋高纬度氧化亚氮断面分布

与挪威海盆的浓度分布差异表现在 1 500 m 以浅的水体，1 500 m 以深，分布相似。格陵兰海和挪威海中层到深层水体中 N_2O 浓度分布相似，这可能是因为格陵兰海深层水形成后水平平移至挪威海，深层水性质相当。

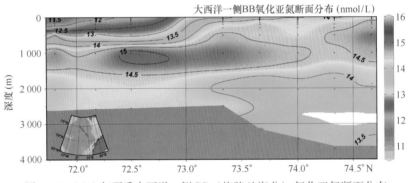

图 5-92　2012 年夏季大西洋一侧 BB（格陵兰海盆）氧化亚氮断面分布

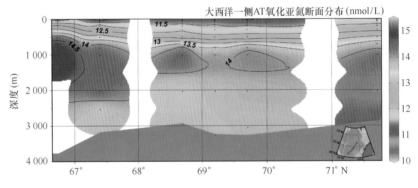

图 5-93　2012 年夏季大西洋一侧 AT（挪威海盆）氧化亚氮断面分布

3）N_2O 垂直分布

（1）白令海

中国第五次北极科学考察时白令海 N_2O 垂直分布情况。

在白令海海盆区，N_2O 浓度随着深度的增加逐渐增加，至 800 m 层左右出现极大值，随后逐渐降低，至 2 000 m 层处趋于稳定。在陆架区则表现为表层低，底层高，这主要是由于陆架区沉积物反硝化过程释放 N_2O 引起的。

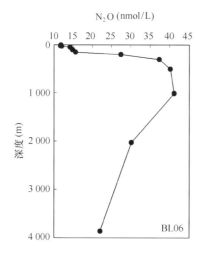

图 5-94 2012 年夏季白令海 BL06 站位
氧化亚氮垂直分布

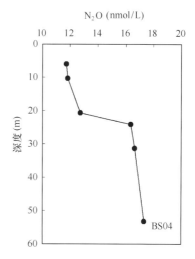

图 5-95 2012 年夏季白令海 BS04 站位
氧化亚氮垂直分布

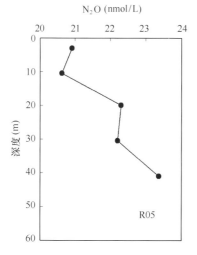

图 5-96 2012 年夏季白令海 R05 站位
氧化亚氮垂直分布

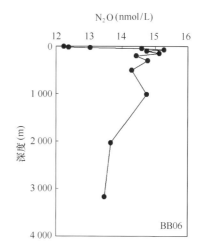

图 5-97 2012 年夏季白令海 BB06 站位
氧化亚氮垂直分布

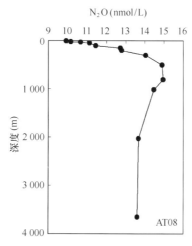

图 5-98 2012 年夏季白令海 AT08 站位氧化亚氮垂直分布

（2）楚科奇海

中国第五次北极科学考察时楚科奇海 N_2O 垂直分布情况。

楚科奇海陆架区 N_2O 浓度随着深度的增加而增加，这主要是由于陆架区沉积物反硝化过程释放 N_2O 引起的。

（3）北欧海

中国第五次北极科学考察时北欧海 N_2O 垂直分布情况。

从 N_2O 的浓度分布来看，挪威海盆表层浓度较低（~9.8 nmol/L），深度增加至 800 m 层处，N_2O 浓度增加到最大值（14.3~14.9 nmol/L），800~1 500 m 层降低至 ~14.5 nmol/L，1 500 m 以下深度，N_2O 浓度趋于稳定（~13.7 nmol/L）。格陵兰海 N_2O 浓度整体变化梯度不大，范围为 14.2~15.3 nmol/L。

5.1.1.4 甲烷（CH_4）分布特征和变化规律

1）甲烷平面分布特征

（1）楚科奇海

中国第五次北极科学考察时楚科奇海甲烷平面分布特征。

根据中国第五次北极科学考察在楚科奇海的调查结果（图5-99），可以看到楚科奇海陆架区 R 断面的 CH_4 浓度范围约在 4~40 nmol/L，相对于大气平衡浓度均为过饱和，说明夏季的楚科奇海是大气 CH_4 的"源"。平面分布（表、中、底层）均表现为陆架区浓度最高，向陆坡海盆区方向逐渐降低的趋势，从断面分布图来看，CH_4 浓度的高值均分布在陆架区的海底，可以推断在楚科奇海 CH_4 的主要来源是来自底层的释放。从垂直分布来看，CH_4 浓度的高值分布在海底，在向上扩散的过程中逐渐降低。

（2）白令海

中国第六次北极科学考察时白令海甲烷平面分布特征。

根据中国第六次北极科学考察在白令海的调查结果（图5-100），白令海海区 CH_4 浓度范围为 2~12 nmol/L，表层浓度相对于大气平衡浓度为过饱和，夏季的白令海作为大气 CH_4 的"源"。表层分布中 CH_4 浓度高值集中在圣劳伦斯岛的西侧，这可能与西伯利亚陆源影响有关，20 m 层 CH_4 分布图显示在白令海的陆架区均有高值，海盆区浓度最低，CH_4 浓度在次表层的高值现象可能与 CH_4 在水柱中的现场生产有关。从断面和垂直分布来看，CH_4 浓度的高值主要集中在陆架区，向深海盆区逐渐降低，而且陆架区的甲烷浓度垂直分布较为均匀，深海盆区甲烷的浓度的高值区位于上层海洋，向下逐渐降低，在海底区域为最低值区。

2）甲烷断面分布

（1）楚科奇海

中国第五次北极科学考察时楚科奇海甲烷断面分布特征。

夏季的楚科奇海具有较高的生产力，旺盛的浮游植物活动，导致高的 POC 通量从真光层沉降到海底，已有相关研究指出，在该海域沉积物中的有机碳含量远高于其他世界大洋陆架区域，高效率的碳埋藏为海底的有机碳分解提供了能量支持，有机质通过产甲烷菌的活动，经过一系列的反应产生甲烷，最终通过再悬浮作用，海底的甲烷向上扩散进入水柱，因此在楚科奇海的底层形成了甲烷浓度高值区。因此在楚科奇海陆架海域，海底沉积物的甲烷释放

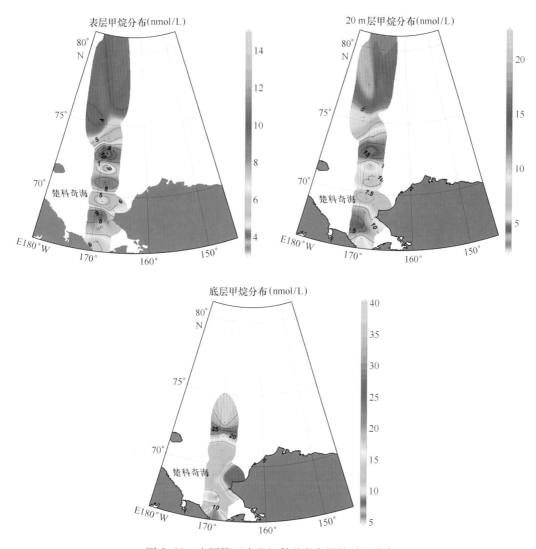

图 5-99　中国第五次北极科学考察甲烷平面分布

应当是水柱中甲烷来源的最主要原因。

（2）白令海

①中国第五次北极科学考察时白令海甲烷断面分布特征。

从白令海甲烷的垂直分布来看，高值主要分布在次表层 20 m 的深度，底层并无明显的甲烷高值区，说明该海域的甲烷主要来源是水柱中的现场生产。白令海具有明显的太平洋水团特征，太平洋水团的甲烷垂直分布特征具有明显的次表层高值现象，而该层位往往也伴随着溶解氧的低值区，该现象也被称为"海水中甲烷悖论"。甲烷的现场生产主要途径来自甲基营养型的产甲烷反应，有研究证实，颗粒物中的缺氧微环境是产甲烷细菌适宜的环境，这些颗粒最初可能是在浮游动物的肠道，而后随着粪便的排出，进入水体与水柱发生甲烷的交换。在整个白令海（深海盆和陆架区），甲烷的高值均出现在水体的次表层海域，说明水柱中的现场生产应该是该海域的主要来源。

②中国第六次北极科学考察时白令海甲烷断面分布特征。

太平洋水通过白令海峡进入楚科奇海，流量约为 0.8 Sv/a，白令海水体中所包含的过量

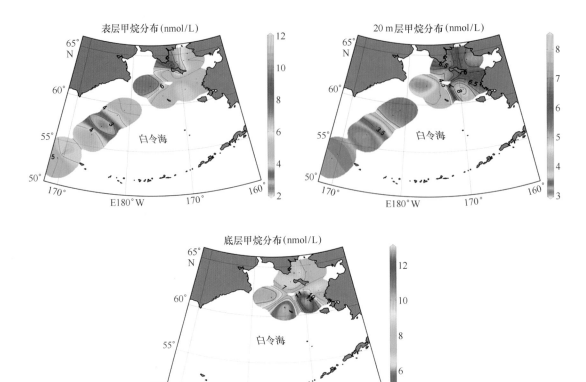

图 5-100 中国第六次北极科学考察甲烷平面分布

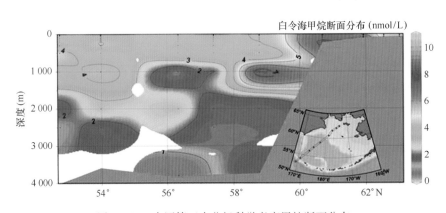

图 5-101 中国第五次北极科学考察甲烷断面分布

甲烷除通过海气交换释放进入大气外，也会由此进入楚科奇海，白令海中甲烷浓度范围为 2~
12 nmol/L，进入楚科奇海后，甲烷浓度范围为 4~40 nmol/L，经过稀释作用后，甲烷浓度的
提升，说明在楚科奇海有甲烷的本地来源，水柱中的产甲烷反应目前仍没有相关报道，但是
在楚科奇的海底沉积物中发现了极高的甲烷浓度和极高丰度的产甲烷菌，这些证据可以解释
楚科奇海水柱中低层甲烷的浓度高值现象。楚科奇海和白令海两个海域的甲烷具有不同的来
源，但由于数据的缺乏，仍须在该海域开展更多相关调查研究。

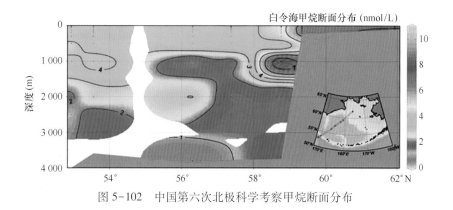

图 5-102 中国第六次北极科学考察甲烷断面分布

5.1.1.5 海水 $\delta^{18}O$ 值

1）含量

中国第五次北极科学考察期间（2012 年 7 月 10 日至 9 月 11 日），开展了白令海、楚科奇海、北欧海海水氧同位素组成的分析。研究区域海水 $\delta^{18}O$ 值介于 −13.36‰~2.00‰之间，平均值为 −0.24‰±1.18‰（$n=523$），其中白令海海水 $\delta^{18}O$ 值为 −13.36‰~0.98‰，平均值为 −0.98‰±1.57‰（$n=76$）；楚科奇海海水 $\delta^{18}O$ 值为 −3.18‰~0.72‰，平均值为 −0.98‰±1.00‰（$n=178$）；北欧海海水 $\delta^{18}O$ 值介于 −0.53‰~1.84‰之间，平均值为 0.52‰±0.31‰（$n=200$）。

中国第六次北极科学考察（2014 年 7 月 19 日至 8 月 30 日）开展了白令海、楚科奇海海水氧同位素组成的分析。研究区域海水 $\delta^{18}O$ 值介于 −4.07‰~0.44‰之间，平均值为 −1.02‰±1.12‰（$n=503$），其中白令海海水 $\delta^{18}O$ 值为 −1.62‰~0.18‰，平均值为 −0.58‰±0.42‰（$n=154$）；楚科奇海海水 $\delta^{18}O$ 值为 −4.07‰~0.44‰，平均值为 −1.14‰±1.17‰（$n=429$）。

2）海水 $\delta^{18}O$ 值平面分布

（1）白令海

①中国第五次北极科学考察时白令海海水 $\delta^{18}O$ 值平面分布情况。

中国第五次北极科学考察白令海表层海水 $\delta^{18}O$ 值在圣劳伦岛（St. Lawrence）北部、白令海峡南部海域出现极大值，在圣劳伦岛东部海域出现极小值。白令海表层海水 $\delta^{18}O$ 值整体呈现由北向南逐渐递减的态势，其中白令海西部海区表层 $\delta^{18}O$ 值分布较为均匀（图 5-103）。

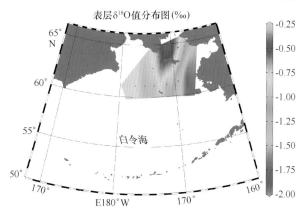

图 5-103 中国第五次北极科学考察白令海表层海水 $\delta^{18}O$ 值的分布

中国第五次北极科学考察航次期间，白令海 20 m 层海水 δ^{18}O 值的分布特征与表层海水 δ^{18}O 值的分布基本一致，即在圣劳伦岛（St. Lawrence）北部、白令海峡南部海域出现 δ^{18}O 极大值，在圣劳伦岛东部海域出现 δ^{18}O 极小值；白令海 20 m 层海水 δ^{18}O 值整体呈现由北向南逐渐递减的态势，其中西部海区的 δ^{18}O 值分布较为均匀（图 5-104）。

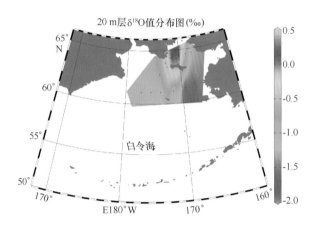

图 5-104　中国第五次北极科学考察白令海 20 m 层海水 δ^{18}O 值的分布

中国第五次北极科学考察航次期间，白令海 30 m 层海水 δ^{18}O 值的分布呈现由西北向东南方向逐渐递减的态势，西部海区出现 δ^{18}O 极大值，东南部海区出现 δ^{18}O 极小值（图 5-105）。

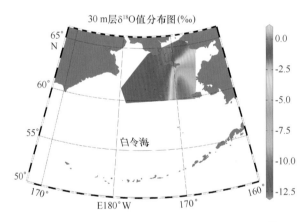

图 5-105　中国第五次北极科学考察白令海 30 m 层海水 δ^{18}O 值的分布

白令海底层海水 δ^{18}O 值的分布整体呈现由西向东逐渐递减的态势，BM03 站底层海水出现 δ^{18}O 极大值（0.78‰），东部海区出现 δ^{18}O 极小值，与表层、20 m 层、30 m 层观察到的情况类似，说明白令海东部海区存在 1 个由表及底低 δ^{18}O 值的水团（图 5-106）。

②中国第六次北极科学考察时白令海海水 δ^{18}O 值平面分布情况。

中国第六次北极科学考察期间，白令海表层海水 δ^{18}O 值的分布呈现由西南向东北方向逐渐递减的态势，海盆区表层海水 δ^{18}O 值明显高于陆架区，另外，在白令海陆架区的东部海域出现 δ^{18}O 极小值，与中国第五次北极科学考察航次观察到的情况一致（图 5-107）。

白令海 20 m 层海水 δ^{18}O 值的分布与表层类似，呈现由西南向东北方向逐渐递减的态势，表现出海盆区 δ^{18}O 值明显高于陆架区的特征。在白令海陆架区的东部海域，同样也出现 δ^{18}O

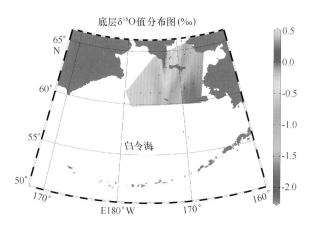

图 5-106　中国第五次北极科学考察白令海近底层海水 $\delta^{18}O$ 值的分布

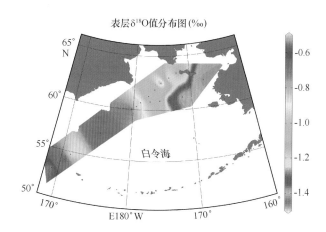

图 5-107　中国第六次北极科学考察白令海表层海水 $\delta^{18}O$ 值的分布

极小值（图 5-108）。

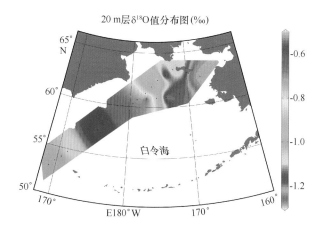

图 5-108　中国第六次北极科学考察白令海 20 m 层海水 $\delta^{18}O$ 值的分布

白令海 30 m 层海水 $\delta^{18}O$ 值的分布总体上与表层、20 m 层类似，表现出由西南部的海盆区向东北部陆架区逐渐递减的趋势。在白令海陆架区东南部海域同样存在 $\delta^{18}O$ 的极小值，只是该极小值区与表层、20 m 层相比向南部退缩（图 5-109）。

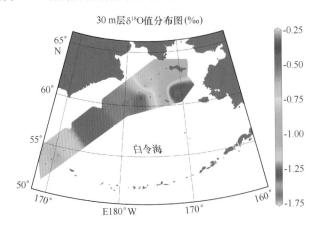

图 5-109　中国第六次北极科学考察白令海 30 m 层海水 $\delta^{18}O$ 值的分布

白令海底层海水 $\delta^{18}O$ 值的分布也表现出由西南部向东北部逐渐递减的态势，陆架边缘底层海水的 $\delta^{18}O$ 值出现极大值，而在陆架区东南部海域底层海水出现极小值。与表层、20 m、30 m 层的极小值区相比，底层极小值区的范围进一步缩小（图 5-110）。

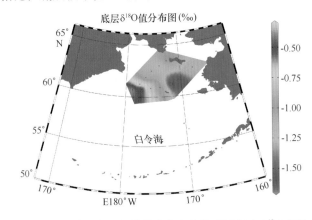

图 5-110　中国第六次北极科学考察白令海底层海水 $\delta^{18}O$ 值的分布

（2）楚科奇海

①中国第五次北极科学考察时楚科奇海海水 $\delta^{18}O$ 值平面分布情况。

楚科奇海表层海水 $\delta^{18}O$ 值在 74°N 以北海域分布较为均匀，但在 74°N 以南海域则呈现出由北向南递减的态势。表层海水 $\delta^{18}O$ 极大值（0.56‰）出现在 C04 站（70.8°N，166.9°W），而 SR07 站（69.6°N，168.9°W）至 R03 站（68.6°N，168.9°W）的区域表现为低 $\delta^{18}O$ 特征（图 5-111）。

楚科奇海 20 m 层海水 $\delta^{18}O$ 值的分布整体呈现由北向南增加的态势。与表层类似，74°N 以北海域海水 $\delta^{18}O$ 值分布较为均匀，而 74°N 以南海域则分别出现 1 个高 $\delta^{18}O$ 区域和 1 个低 $\delta^{18}O$ 区域。$\delta^{18}O$ 极大值出现在 SR03 站（67.7°N，168.9°W）和 CC03 站（70.8°N，166.9°W），低 $\delta^{18}O$ 区域则出现在 SR07 站（69.6°N，168.9°W）附近海域（图 5-112）。

楚科奇海 30 m 层海水 $\delta^{18}O$ 值在 75°N 以北海域变化较小，呈低值分布，而在 74°N 以南海域，30 m 层海水 $\delta^{18}O$ 值整体呈现由北向南增加的趋势，但在 SR12 站（74.0°N，169.0°

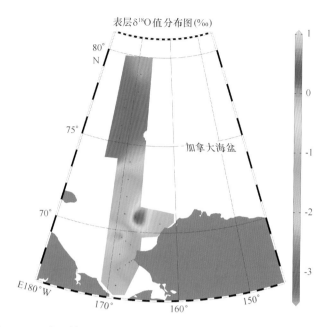

图 5-111　中国第五次北极科学考察楚科奇海表层海水 $\delta^{18}O$ 值的分布

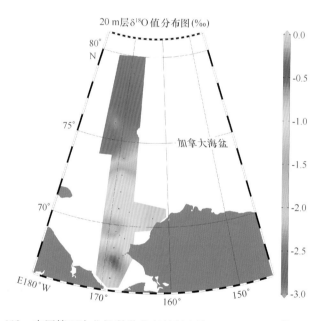

图 5-112　中国第五次北极科学考察楚科奇海 20 m 层海水 $\delta^{18}O$ 值的分布

W）附近海域出现 $\delta^{18}O$ 高值，该高值区并未在表层、20 m 层中发现（图 5-113）。

楚科奇海底层海水 $\delta^{18}O$ 值的分布整体呈现由北向南先减小后增加的态势，且表现出存在 1 个高 $\delta^{18}O$ 值区域和 1 个低 $\delta^{18}O$ 值区域，高 $\delta^{18}O$ 值出现在 SR11 站（73.0°N，169.0°W）和 SR12 站（74.0°N，169.0°W）附近海域，与 30 m 层海水的区域相对应，低 $\delta^{18}O$ 值出现在 SR09 站（71.0°N，168.9°W）附近海域（图 5-114）。

②中国第六次北极科学考察时楚科奇海海水 $\delta^{18}O$ 值平面分布情况。

楚科奇海表层海水 $\delta^{18}O$ 值表现出由北向南逐渐增加的趋势，北部海盆区的 $\delta^{18}O$ 值明显低于南部陆架区，在白令海峡附近海域表层海水中出现 $\delta^{18}O$ 极大值（图 5-115）。

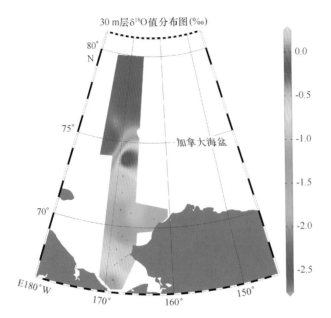

图 5-113　中国第五次北极科学考察楚科奇海 30 m 层海水 δ¹⁸O 值的分布

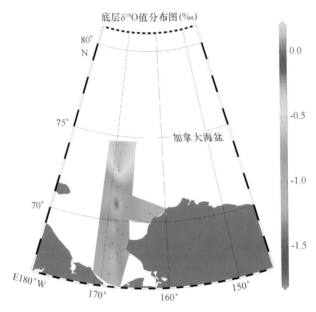

图 5-114　中国第五次北极科学考察楚科奇海底层海水 δ¹⁸O 值的分布

　　楚科奇海 20 m 层海水 δ¹⁸O 值的分布与表层相似，呈现由北向南逐渐增加的态势，海盆区海水 δ¹⁸O 值明显低于陆架区，且白令海峡附近海域出现 δ¹⁸O 极大值（图 5-116）。

　　楚科奇海 30 m 层海水 δ¹⁸O 值的分布表现出由南向北减少的趋势，其中 74°N 附近海域变化最为激烈，白令海峡附近海域也出现了 δ¹⁸O 的极大值（图 5-117）。

　　楚科奇海底层海水 δ¹⁸O 值的分布表现为由北向南先减小而后增加的态势，70°—73°N 一线海水 δ¹⁸O 值较低，白令海峡附近海域及 R09 站（74.6°N，169.0°W）附近海域出现 δ¹⁸O极大值（图 5-118）。

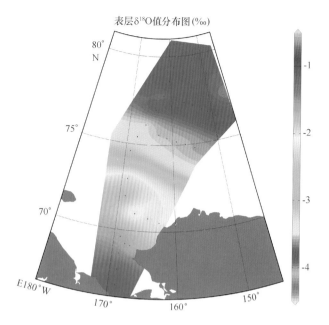

图 5-115　中国第六次北极科学考察楚科奇海表层海水 $\delta^{18}O$ 值的分布

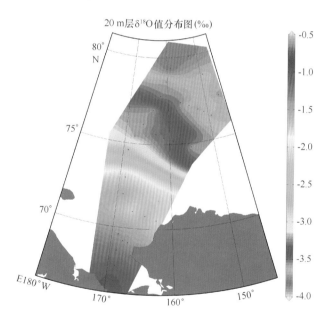

图 5-116　中国第六次北极科学考察楚科奇海 20 m 层海水 $\delta^{18}O$ 值的分布

（3）北欧海

中国第五次北极科学考察时北欧海海水 $\delta^{18}O$ 值平面分布情况。

北欧海表层海水 $\delta^{18}O$ 值在 BB08 站（74.3°N，2.3°E）出现极小值，而在 67°—71°N，0°—5°E 区域出现极大值。在 72°N 以北海域，表层海水 $\delta^{18}O$ 值呈现由北向南先减小后增加的趋势，而在 72°N 以南海域，表层海水 $\delta^{18}O$ 却表现为由北向南先增加后减小的趋势（图 5-119）。

北欧海 20 m 层海水 $\delta^{18}O$ 值的分布与表层海水类似，即在 72°N 以北海域呈由北向南先减小后增加的趋势，而在 72°N 以南海域呈现由北向南先增加后减小的趋势。20 m 层海水 $\delta^{18}O$

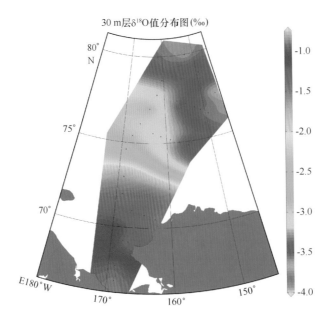

图 5-117　中国第六次北极科学考察楚科奇海 30 m 层海水 $\delta^{18}O$ 的分布

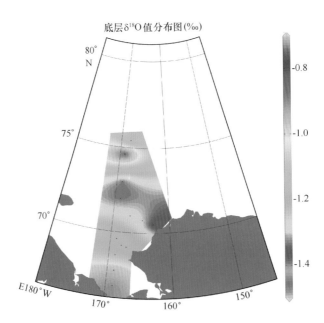

图 5-118　中国第六次北极科学考察楚科奇海底层海水 $\delta^{18}O$ 值的分布

也在 BB08 站（74.3°N, 2.3°E）出现极小值，但极大值出现在 68°—71°N, 2°—5°E 附近海域，与表层水比较，20 m 层海水 $\delta^{18}O$ 极大值向东北方向退缩，范围有所减小（图 5-120）。

北欧海 30 m 层海水 $\delta^{18}O$ 值的分布与表层、20 m 层类似，72°N 以北海域也表现为由北向南先减小后增加的趋势，72°N 以南海域表现为由北向南先增加后减小的趋势。同样，BB08 站（74.3°N, 2.3°E）30 m 层出现 $\delta^{18}O$ 极小值。与 20 m 层比较，30 m 层海水 $\delta^{18}O$ 极大值位置继续向东北方向退缩，范围进一步缩小（图 5-121）。

北欧海底层海水 $\delta^{18}O$ 值的分布与表层、20 m、30 m 层类似，但底层海水 $\delta^{18}O$ 极小值所在位置发生了偏移，从上层海水的 BB08 站（74.3°N, 2.3°E）偏移至 BB09 站（74.7°N,

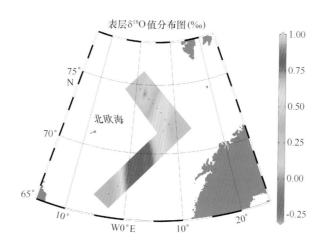

图 5-119 中国第五次北极科学考察北欧海表层海水 $\delta^{18}O$ 值的分布

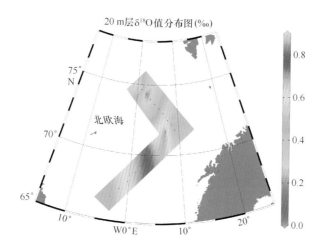

图 5-120 中国第五次北极科学考察北欧海 20 m 层海水 $\delta^{18}O$ 值的分布

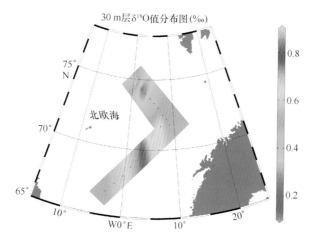

图 5-121 中国第五次北极科学考察北欧海 30 m 层海水 $\delta^{18}O$ 的分布

1.0°E)。与 30 m 层比较，底层海水 δ¹⁸O 极大值所覆盖的范围进一步减小（图 5-122）。

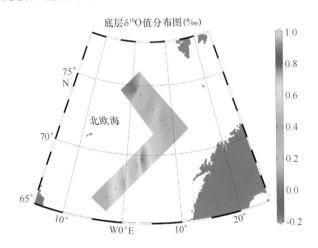

图 5-122　中国第五次北极科学考察北欧海底层海水 $\delta^{18}O$ 值的分布

3）断面分布

（1）白令海

①中国第五次北极科学考察时白令海海水 $\delta^{18}O$ 值断面分布情况。

白令海峡断面（BN01 站、BN02 站、BN04 站、BN06 站、BN08 站）位于圣劳伦岛（St. Lawrence）北部、白令海峡南部，从俄罗斯一侧横跨到阿拉斯加一侧。该断面海水 $\delta^{18}O$ 值在 168°W 以东海域出现低值，应是受阿拉斯加沿岸流的影响。168°W 以西海域除 BN02 站 20 m 层出现极大值外，海水 $\delta^{18}O$ 值较为均一（图 5-123）。

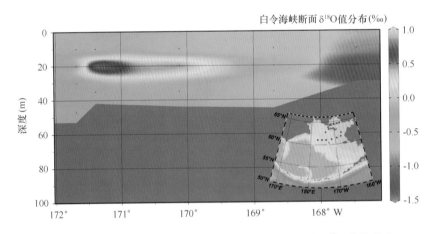

图 5-123　中国第五次北极科学考察白令海峡断面海水 $\delta^{18}O$ 值的分布

白令海陆架断面（BS01～BS06 站）位于圣劳伦岛（St. Lawrence）南部，水深度变化范围为 35～135 m。该断面海水 $\delta^{18}O$ 值呈现由西向东逐渐递减的态势，174°W 以西存在高 $\delta^{18}O$ 值的水体，主要位于 50 m 以深，而在 169.5°W 附近海域的 30～50 m 层存在低 $\delta^{18}O$ 值的水体（图 5-124）。

②中国第六次北极科学考察时白令海海水 $\delta^{18}O$ 值断面分布情况。

白令海断面（B01～B04 站、B07 站、B10～B16 站）为西南—东北走向，从水深较深的

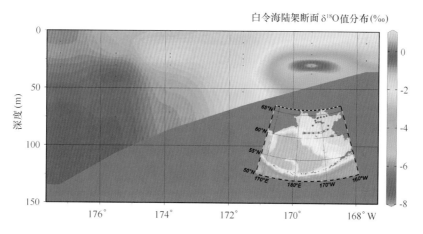

图 5-124 中国第五次北极科学考察白令海陆架断面海水 δ¹⁸O 值的分布

白令海北部海域一直延伸到水深较浅的白令海陆架区，水深变化较大。该断面海水 $\delta^{18}O$ 值的分布显示，200 m 以浅海水的 $\delta^{18}O$ 值明显小于 200 m 以深水体，且 $\delta^{18}O$ 低值均出现在白令海陆架区。200 m 以深水体出现 3 个高 $\delta^{18}O$ 核心，分别位于 53°N 的 3 000 m 层、55°N 的 3 000 m 层和 60°N 的 2 000 m 层（图 5-125）。

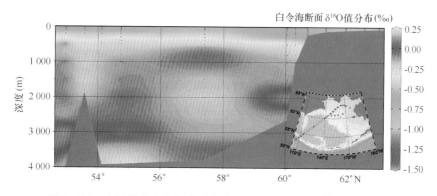

图 5-125 中国第六次北极科学考察白令海断面海水 δ¹⁸O 值的分布

白令海陆架断面（NB01~NB04 站）位于白令海中部陆架，水深变化范围为 59~131 m。该断面海水 $\delta^{18}O$ 值的分布表现出由西向东递减的趋势，极大值出现在 176.5°W 以西 25~60 m 层，极小值出现在 172.5°W 以东 25~60 m 层（图 5-126）。

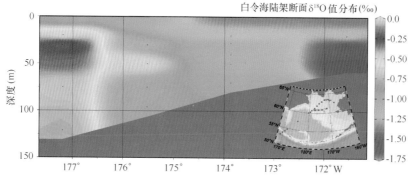

图 5-126 中国第六次北极科学考察白令海陆架断面海水 δ¹⁸O 值的分布

（2）楚科奇海

①中国第五次北极科学考察时楚科奇海海水 δ¹⁸O 值断面分布情况。

楚科奇海 R 断面（R01 站、SR03 站、CC3 站、R03 站、SR07 站、SR09～SR12 站）从白令海峡北部一直向北延伸到水深较深的楚科奇海台附近。该断面海水 δ¹⁸O 值均随着深度的增加而增大，近底层水通常具有较高的 δ¹⁸O 值。该断面海水 δ¹⁸O 的低值核心出现在 69.5°N 的 0～20 m 层和 74°N 的 0～20 m 层，其 δ¹⁸O 值分别为 -2.35‰ 和 -2.37‰；高值核心位于 73°N 的 60 m 以深和 74°N 的 150 m 以深，其 δ¹⁸O 值分别为 0.02‰ 和 -0.29‰（图 5-127）。

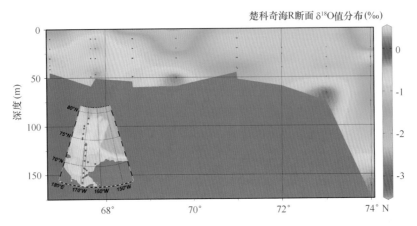

图 5-127　中国第五次北极科学考察楚科奇海 R 断面海水 δ¹⁸O 值的分布

楚科奇海台断面包括 M01 站、M02 站、M04 站、M06 站、M07 站、SR14 站、SR15 站，位于楚科奇海北部（楚科奇海台），深度范围为 390～3 076 m。该断面海水 δ¹⁸O 值均随着深度的增加而增大，500 m 以浅水体 δ¹⁸O 值的层化作用明显，而 500 m 以深 δ¹⁸O 值较为均匀（图 5-128）。

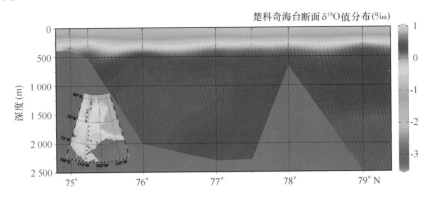

图 5-128　中国第五次北极科学考察楚科奇海台断面海水 ¹⁸O 值的分布

②中国第六次北极科学考察时楚科奇海海水 δ¹⁸O 值断面分布情况。

楚科奇海 R 断面从白令海峡北部一直向北延伸到水深较深的楚科奇海台附近，水深变化较大。该断面 50 m 以浅水体 δ¹⁸O 值呈现由南向北逐渐递减的态势，位于 74°N 以北的 R09 站（水深约为 190 m）海水 δ¹⁸O 值从表层到底层逐渐增加，表现出垂向变化较大的特征（图 5-129）。

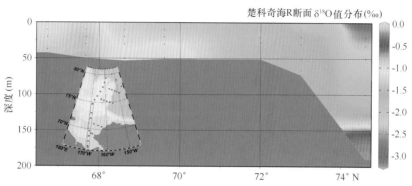

图 5-129 中国第六次北极科学考察楚科奇海 R 断面海水 $\delta^{18}O$ 值的分布

楚科奇海台断面（R10～R15 站）位于楚科奇海北部（楚科奇海台），水深变化范围为 164～3 284 m。该断面海水 $\delta^{18}O$ 值由表及底逐渐增加的趋势，且垂向变化明显，但 500 m 以深海水 $\delta^{18}O$ 值变化较小，呈均匀分布特征（图 5-130）。

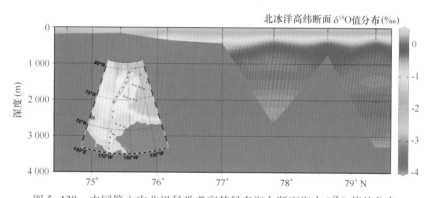

图 5-130 中国第六次北极科学考察楚科奇海台断面海水 $\delta^{18}O$ 值的分布

（3）北欧海

中国第五次北极科学考察时北欧海海水 $\delta^{18}O$ 值断面分布情况

AT 断面海水 $\delta^{18}O$ 值介于 0.24‰～0.96‰之间，平均值为 0.61‰±0.18‰（$n=71$），明显高于太平洋一侧海水的 $\delta^{18}O$ 值。该断面在 67°N 以南、68°—69°N 之间的 3 000 m 以深以及 70°N 附近的 1 500～2 500 m 水体出现较低的 $\delta^{18}O$ 值，而在 70°N 附近的 2 500 m 以深出现高 $\delta^{18}O$ 值特征。除了这些 $\delta^{18}O$ 极值区外，其余水体的 $\delta^{18}O$ 值变化很小（图 5-131）。

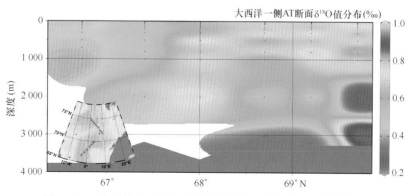

图 5-131 中国第五次北极科学考察 AT 断面海水 $\delta^{18}O$ 值的分布

BB 断面海水 $\delta^{18}O$ 值介于 $-0.53‰ \sim 1.57‰$，平均值为 $0.42‰ \pm 0.32‰$（$n=116$），同样明显高于太平洋一侧海水的 $\delta^{18}O$ 值。该断面 $\delta^{18}O$ 值的分布呈现由南向北逐渐递减的态势，在 $72°N$ 附近的 500 m 层以及 $72.5°$—$73°N$ 附近的 2 000 m 层存在 $\delta^{18}O$ 高值，而在 $74°N$ 以北海水 $\delta^{18}O$ 值普遍偏低（图 5-132）。

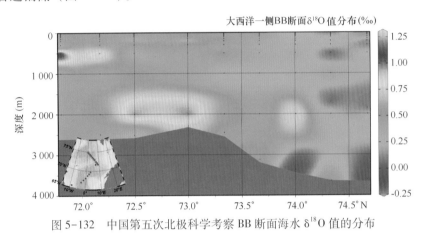

图 5-132　中国第五次北极科学考察 BB 断面海水 $\delta^{18}O$ 值的分布

5.1.1.6　海水 δ^2H

1）含量

中国第五次北极科学考察期间，开展了白令海、楚科奇海、北欧海盆海水中氢同位素组成（^2H）的分析。研究海区海水 δ^2H 值的变化范围为 $-52.0‰ \sim 17.3‰$，平均值为 $-2.4‰$。其中，白令海海水 δ^2H 值的变化范围为 $-52.0‰ \sim 6.0‰$，平均值为 $-2.8‰$；楚科奇海海水 δ^2H 值的变化范围为 $-33.4‰ \sim 25.6‰$，平均值为 $-7.0‰$；北欧海盆海水 δ^2H 值为 $-36.9‰ \sim 17.3‰$，平均值为 $2.7‰$。

2）平面分布

（1）白令海水 δ^2H 平面分布情况

白令海表层海水 δ^2H 值均小于 0‰，空间分布主要呈现南部和北部海域 δ^2H 值较高，而东、西两侧海域 δ^2H 值较低的特征（图 5-133）。

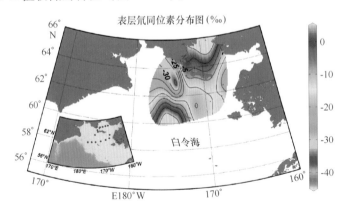

图 5-133　中国第五次北极科学考察白令海表层海水 δ^2H 值的分布

白令海 20 m 层海水 δ^2H 的分布与表层相差无几，主要呈现出南、北部海域海水 δ^2H 值较高，而东、西侧海域海水 δ^2H 值较低的特征。东、西两侧海域较低的 δ^2H 值可能与沿岸河水输入的影响有关（图 5-134）。

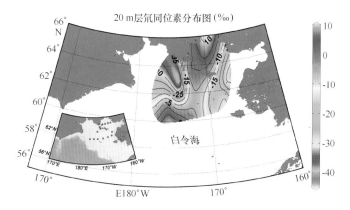

图 5-134　中国第五次北极科学考察白令海 20 m 层海水 δ^2H 值的分布

白令海底层海水 δ^2H 值的分布和表层、20 m 层类似，也表现出南、北部海域 δ^2H 值较高，而东、西侧海域较低的特征。东、西两侧海域较低的 δ^2H 值可能与沿岸河水输入的影响有关（图 5-135）。

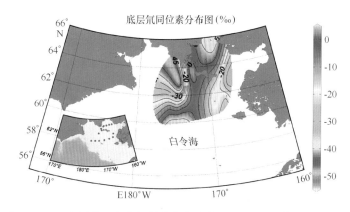

图 5-135　中国第五次北极科学考察白令海底层海水 δ^2H 值的分布

（2）楚科奇海海水 δ^2H 平面分布情况

楚科奇海表层海水 δ^2H 值的空间分布表现出白令海峡区高、陆架区低、海盆区又升高的趋势。白令海峡区较高的 δ^2H 值反映了太平洋入流的影响，楚科奇海陆架区的低值可能主要受海冰融化水的影响，而北部海盆区较高的 δ^2H 值则可能反映了大西洋水的影响（图 5-136）。

楚科奇海 20 m 层海水 δ^2H 的分布与表层类似，由南往北呈现出白令海峡区较高、楚科奇海陆架区较低、北部海盆区又升高的趋势。这种空间分布的形成与太平洋入流水、海冰融化水和大西洋水的影响有关（图 5-137）。

楚科奇海底层海水 δ^2H 值由南往北依旧表现为白令海峡区高、楚科奇海陆架区低、北部海盆区又升高的趋势，同样反映出太平洋入流水、海冰融化水和大西洋水的影响（图 5-138）。

（3）北欧海海水 δ^2H 平面分布情况

北欧海表层海水 δ^2H 值大多为正值，仅东南部靠近陆架区的 AT08 站表层出现负值

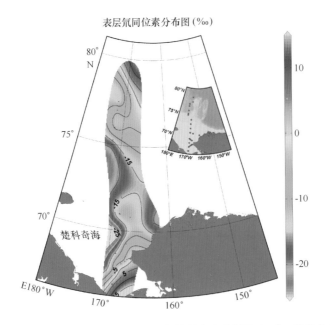

图 5-136 中国第五次北极科学考察楚科奇海表层海水 δ^2H 值的分布

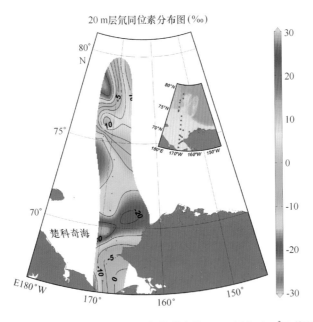

图 5-137 中国第五次北极科学考察楚科奇海 20 m 层海水 δ^2H 值的分布

（-24.42‰）。表层 δ^2H 值整体表现为中心海盆区高、陆架边缘区低的特征，且南部海域高于北部海域（图 5-139）。

北欧海 20 m 层海水 δ^2H 值表现出北部高、南部低，西部高、东部低的特征，另外，中心海盆区的 δ^2H 值明显高于陆架边缘区（图 5-140）。

格陵兰海底层海水 δ^2H 值表现为北部高、南部低，西部低、东部高的特征，另外，中心海盆区海水 δ^2H 值明显比陆架边缘区来得高（图 5-141）。

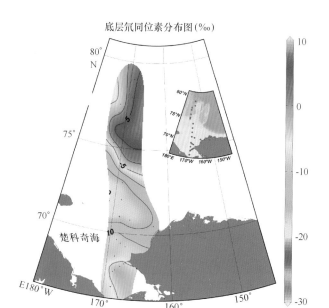

图 5-138　中国第五次北极科学考察楚科奇海底层海水 $\delta^2 H$ 值的分布

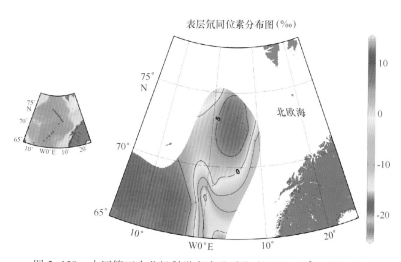

图 5-139　中国第五次北极科学考察北欧海表层海水 $\delta^2 H$ 值的分布

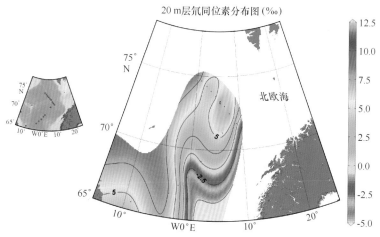

图 5-140　中国第五次北极科学考察北欧海 20 m 层海水 $\delta^2 H$ 值的分布

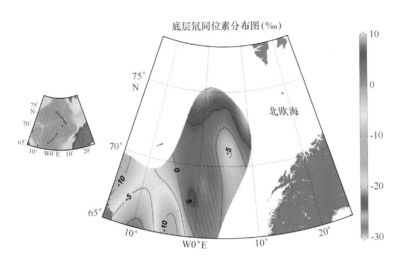

图 5-141　中国第五次北极科学考察北欧海底层海水 δ^2H 值的分布

3）断面分布

（1）白令海海水 δ^2H 断面分布情况

白令海陆架区 BS 断面海水 δ^2H 值整体呈现东、西部较低，而中部较高的特征，其中东部 BS01 站 30 m 以深出现 δ^2H 极小值（-23.2‰~-10.1‰，平均为-10.7‰）（图 5-142）。

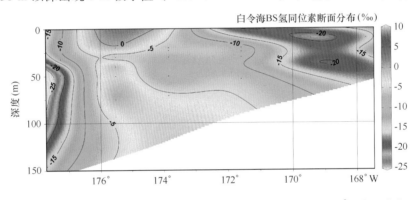

图 5-142　中国第五次北极科学考察白令海陆架区 BS 断面海水 δ^2H 值的分布

白令海峡 BN 断面海水 δ^2H 值表现出明显的东西向差异，东侧水体具有明显较低的 δ^2H 值，反映出阿拉斯加沿岸流的影响，中、西侧海域海水 δ^2H 值明显较高，反映出阿纳德尔水和白令海陆架水的影响，其中最东侧站位次表层及近底层出现 δ^2H 较低值，可能是受沿岸河水输入的影响（图 5-143）。

（2）楚科奇海海水 δ^2H 断面分布情况

楚科奇海陆架区 R 断面海水 δ^2H 值存在明显的南北向变化，在 69°N 以南海域，整个水柱中的 δ^2H 值均较高，但在 69°N 以北海域，20 m 以浅水体的 δ^2H 值明显较低，且在中层水体出现 δ^2H 极大值（图 5-144）。

（3）北欧海海水 δ^2H 断面分布情况

AT 断面位于大西洋和北冰洋交界处的格陵兰海区，该断面海水 δ^2H 值整体上呈现由南往北逐渐降低的趋势，但 AT10 站 500 m 以深水体出现 δ^2H 低值（图 5-145）。

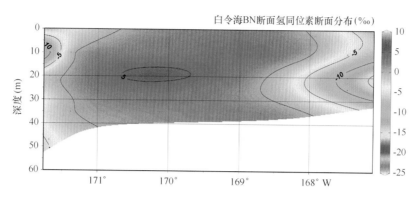

图 5-143　中国第五次北极科学考察白令海峡 BN 断面海水 δ^2H 值的分布

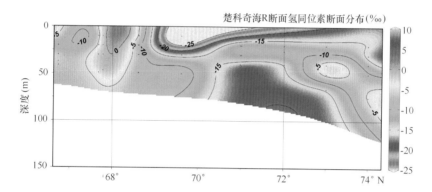

图 5-144　中国第五次北极科学考察楚科奇海 R 断面海水 δ^2H 值的分布

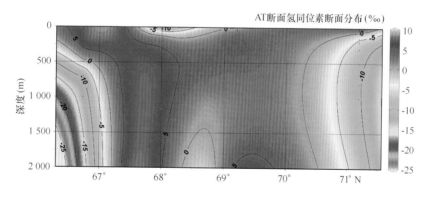

图 5-145　中国第五次北极科学考察北欧海 AT 断面海水 δ^2H 值的分布

BB 断面横跨整个格陵兰海盆区，该断面海水 δ^2H 值大多为正值，仅在 100 m 层零星出现若干小于 0‰的情况。整体上看，海水 δ^2H 值呈现南、北部海域较高而中部海域较低的特征，且垂向上表现出一定的层化现象（图 5-146）。

5.1.1.7　POM-$\delta^{13}C$

1）含量

中国第五次北极科学考察期间，研究海域悬浮颗粒有机物 $\delta^{13}C$ 值介于 −29.6‰~

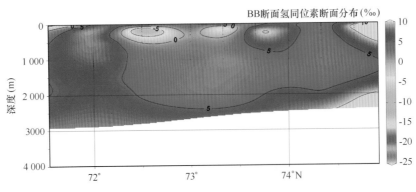

图 5-146　中国第五次北极科学考察北欧海 BB 断面海水 δ^2H 值的分布

$-18.8‰$，平均为 $-25.0‰±2.6‰$，最高值出现在 BL11 站 20 m 层，最低值出现在 M04 站 50 m 层。其中，白令海海盆区悬浮颗粒有机物 $\delta^{13}C$ 值为 $-29.0‰ \sim -18.8‰$，平均为 $-25.4‰±2.1‰$；白令海陆架区悬浮颗粒有机物 $\delta^{13}C$ 值为 $-28.5‰ \sim -18.9‰$，平均为 $-23.1‰±2.2‰$；楚科奇海悬浮颗粒有机物 $\delta^{13}C$ 值为 $-29.6‰ \sim -22.0‰$，平均为 $-27.1‰±1.7‰$。

中国第六次北极科学考察期间，调查海域悬浮颗粒有机物 $\delta^{13}C$ 值介于 $-31.2‰ \sim -21.7‰$，平均为 $-27.0‰±1.7‰$，最高值出现在 R01 站 37 m 层，最低值出现在 R13 站 1 500 m 层。其中，白令海海盆区悬浮颗粒有机物 $\delta^{13}C$ 值为 $-29.4‰ \sim -26.5‰$，平均为 $-28.1‰±0.7‰$；白令海陆架区悬浮颗粒有机物 $\delta^{13}C$ 值为 $-29.0‰ \sim -22.3‰$，平均为 $-26.0‰±1.6‰$；楚科奇海悬浮颗粒有机物 $\delta^{13}C$ 值为 $-31.2‰ \sim -21.7‰$，平均为 $-26.7‰±1.8‰$。

2）平面分布

（1）白令海

①中国第五次北极科学考察时白令海 POM-$\delta^{13}C$ 平面分布情况。

白令海表层悬浮颗粒有机物 $\delta^{13}C$ 值介于 $-27.3‰ \sim -20.1‰$，最低值出现在最南端的 BL02 站，最高值出现在陆架区 BL16 站。表层 POC-$\delta^{13}C$ 值在海盆区呈现出由南向北逐渐增高的趋势，而在陆架区呈现出南低北高的分布特征，即白令海峡表层的 POC-$\delta^{13}C$ 值整体高于其南边陆架区。在东西方向上，陆架区与白令海峡区的空间变化不同，陆架区呈现出东西两侧高、中间低的分布特征，而海峡区东西两侧海域略低于中部海域（图 5-147）。

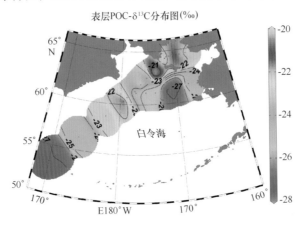

图 5-147　中国第五次北极科学考察白令海表层水 POC-$\delta^{13}C$ 的分布

白令海20 m层悬浮颗粒有机物$\delta^{13}C$值介于$-28.4‰\sim-18.9‰$，最低值出现在白令海陆架BS04站，最高值出现在白令海峡BN03站。与表层分布类似，20 m层POC-$\delta^{13}C$值在海盆区呈现出由南向北逐渐增高的趋势，而在陆架区呈现出南低北高的分布特征，即白令海峡POC-$\delta^{13}C$值整体高于其南部陆架区。在东西方向上，陆架区与白令海峡区的空间变化也不同，陆架区呈现出东西两侧高、中部低的分布特征，而白令海峡区则由西向东略微降低（图5-148）。

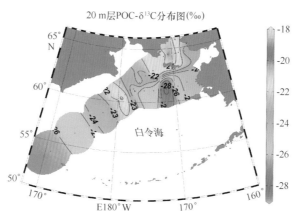

图5-148 中国第五次北极科学考察白令海20 m层POC-$\delta^{13}C$的分布

白令海陆架区底层悬浮颗粒有机物$\delta^{13}C$值介于$-24.1‰\sim-18.9‰$，最低值出现在陆架东侧BS06站，最高值出现在白令海峡BN03站。底层POC-$\delta^{13}C$值在陆架区呈现出南低北高的分布特征，即白令海峡POC-$\delta^{13}C$值整体高于其南部陆架区。在东西方向上，西侧海域的POC-$\delta^{13}C$值略高于东侧海域（图5-149）。

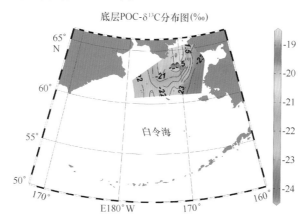

图5-149 中国第五次北极科学考察白令海底层POC-$\delta^{13}C$的分布

②中国第六次北极科学考察时白令海POM-$\delta^{13}C$平面分布情况。

白令海表层悬浮颗粒有机物的$\delta^{13}C$值介于$-28.5‰\sim-22.5‰$，最低值出现在陆架区NB03站，最高值出现在白令海峡区BS07站。表层POC-$\delta^{13}C$值总体呈现出由南向北逐渐增高的趋势，但在陆陡区（B11站和B12站）出现了高于其南、北侧陆架区的情况。在东西方向上，陆架区东侧海域表层POC-$\delta^{13}C$值略高于西侧海域（图5-150）。

白令海20 m层悬浮颗粒有机物的$\delta^{13}C$值介于$-28.7‰\sim-22.3‰$，最低值出现在白令海

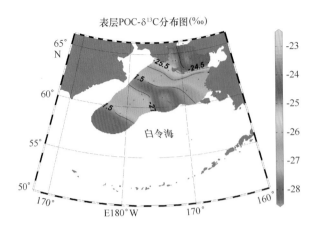

图 5-150　中国第六次北极科学考察白令海表层 POC-δ^{13}C 的分布

盆 B08 站，最高值出现在白令海峡区 BS07 站。与表层分布特征类似，20 m 层 POC-δ^{13}C 值总体呈现出由南向北逐渐增高的趋势，但陆坡区局部出现的高值导致其南北向变化不具有连续性。在东西方向上，POC-δ^{13}C 值呈现出由东向西逐渐降低的趋势（图 5-151）。

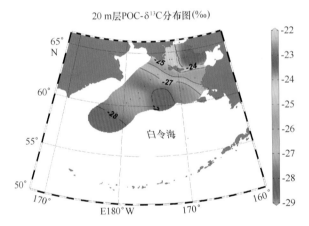

图 5-151　中国第六次北极科学考察白令海 20 m 层 POC-δ^{13}C 的分布

　　白令海陆架区底层悬浮颗粒有机物的 δ^{13}C 值介于-27.2‰~-22.6‰，最低值出现在陆架西侧 B12 站，最高值出现在白令海峡区 BS07 站。底层 POC-δ^{13}C 值总体呈现出由西向东、由南向北逐渐增大的趋势，但在南北方向上，陆架西侧的变化不明显，除最南端的低值和最北端的高值外，其余站位底层 POC-δ^{13}C 值变化很小（平均为-24.7‰，$SD=0.3‰$，$n=6$）（图5-152）。

　　（2）楚科奇海

　　①中国第五次北极科学考察楚科奇海 POC-δ^{13}C 平面分布情况。

　　楚科奇海表层悬浮颗粒有机物的 δ^{13}C 值介于-28.7‰~-21.8‰，最低值出现在北部的 SR14 站，最高值出现在南部陆架区的 SR05 站。除去最南端的 SR01 站，表层 POC-δ^{13}C 值总体呈现出由南向北逐渐降低的趋势，75°N 以北区域变化较小，平均为-28.2‰（$SD=0.5‰$，$n=5$）（图 5-153）。

　　楚科奇海 20 m 层悬浮颗粒有机物的 δ^{13}C 值介于-28.8‰~-21.8‰，最低值出现在北部

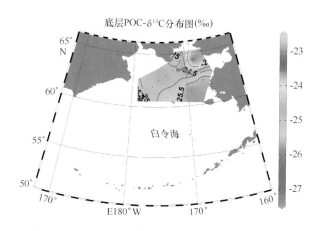

图5-152 中国第六次北极科学考察白令海底层POC-δ¹³C的分布

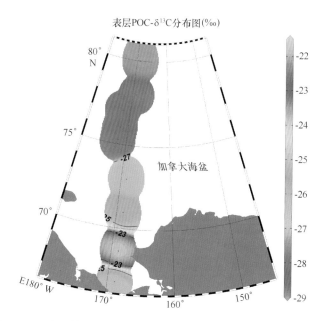

图5-153 中国第五次北极科学考察楚科奇海表层POC-δ¹³C的分布

的M04站，最高值出现在南部陆架区的SR05站。与表层分布特征类似，20 m层POC-δ¹³C值总体呈现出由南向北逐渐降低的趋势（除去最南端的SR01站），75°N以北区域变化较小，平均为-28.4‰（$SD=0.4‰$，$n=5$）（图5-154）。

楚科奇海陆架区底层悬浮颗粒有机物的δ¹³C值介于-22.9‰~-20.8‰，最低值出现在南部的SR01站，最高值出现在SR05站。除去最南端的SR01站，其余站位的POC-δ¹³C值表现出由南向北逐渐降低的趋势（图5-155）。

②中国第六次北极科学考察楚科奇海POC-δ¹³C平面分布情况。

楚科奇海表层悬浮颗粒有机物的δ¹³C值介于-31.1‰~-23.1‰，最低值出现在陆坡区S05站，最高值出现在白令海峡区R01站。表层POC-δ¹³C值总体呈现出由南向北、由陆架向海盆逐渐降低的趋势（图5-156）。

楚科奇海20 m层悬浮颗粒有机物的δ¹³C值介于-29.6‰~-22.7‰，最低值出现在北部R15站，最高值出现白令海峡区R01站。与表层分布类似，20 m层POC-δ¹³C值总体呈现出

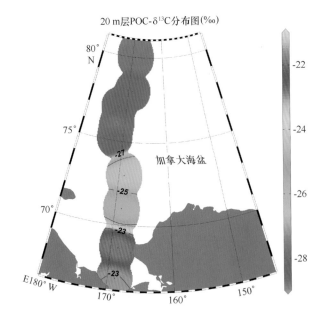

图 5-154　中国第五次北极科学考察楚科奇海 20 m 层 POC-δ¹³C 的分布

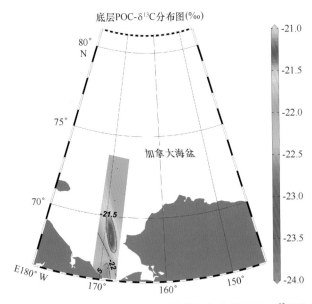

图 5-155　中国第五次北极科学考察楚科奇海底层 POC-δ¹³C 的分布

由南向北、由陆架向海盆逐渐降低的趋势（图 5-157）。

楚科奇海陆架区底层悬浮颗粒有机物的 δ¹³C 值介于 -23.8‰~ -21.7‰，最低值出现在北部 R07 站，最高值出现在白令海峡区 R01 站。底层 POC-δ¹³C 值总体呈现出由南向北逐渐降低的趋势，但在 68°N 陆架区出现低值（图 5-158）。

3）断面分布

（1）白令海

①中国第五次北极科学考察时白令海 POC-δ¹³C 断面分布情况。

白令海 BL 断面悬浮颗粒有机物的 δ¹³C 值介于 -29.0‰~ -18.8‰，最低值出现在海盆区

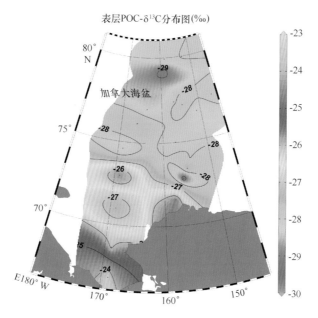

图 5-156　中国第六次北极科学考察楚科奇海表层 POC-δ^{13}C 的分布

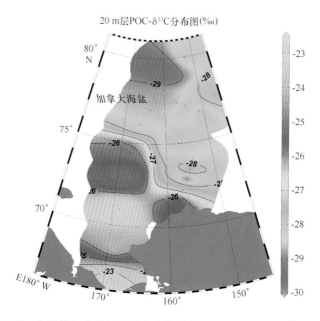

图 5-157　中国第六次北极科学考察楚科奇海 20 m 层 POC-δ^{13}C 的分布

BL06 站 50 m 层，最高值出现在陆架区 BL11 站 20 m 层。在垂直方向上，海盆区 POC-δ^{13}C 值变化不明显，分布比较均匀；陆坡区呈现出随深度增加而降低的趋势；陆架区 POC-δ^{13}C 值的垂向变化不明显，分布也比较均匀。在水平方向上，1000 m 以浅水体的 POC-δ^{13}C 值呈现出由南向北逐渐增加的趋势，陆架区 POC-δ^{13}C 值整体高于海盆区，而 1 000 m 以深 POC-δ^{13}C 值变化很小（图 5-159）。

　　白令海陆架区 BS 断面悬浮颗粒有机物的 δ^{13}C 值介于 -28.2‰ ～ -21.6‰，最低值出现在 BS04 站 10 m 层，最高值出现在西侧的 BS01 站底层。在垂直方向上，POC-δ^{13}C 值均表现出随深度增加而增大的趋势，极小值一般出现在表层和次表层，而极大值出现在底层。在水平

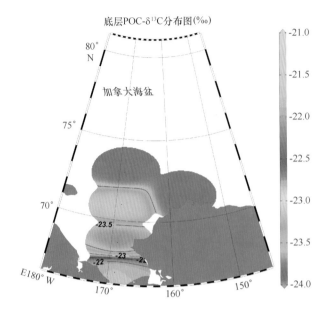

图 5-158　中国第六次北极科学考察楚科奇海底层 POC-δ^{13}C 的分布

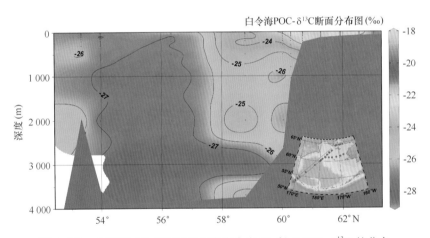

图 5-159　中国第五次北极科学考察白令海 BL 断面 POC-δ^{13}C 的分布

方向上，POC-δ^{13}C 值变化不明显（图 5-160）。

②中国第六次北极科学考察时白令海 POC-δ^{13}C 断面分布情况。

白令海 B 断面悬浮颗粒有机物的 δ^{13}C 值介于−29.1‰ ~ −24.2‰，最低值出现在海盆区 B08 站 100 m 层，最高值出现在陆架区 B13 站 100 m 层。该断面各站位 POC-δ^{13}C 值的垂向变化较不明显，但在水平方向上，1 000 m 以浅水体的 POC-δ^{13}C 值表现出由南向北、由海盆向陆架逐渐增加的趋势，但陆架区 B14 站出现了不同于其他站位的低值（图 5-161）。

白令海陆架区 NB 断面悬浮颗粒有机物的 δ^{13}C 值介于−28.6‰ ~ −24.7‰，最低值出现在 NB03 站 28 m 层，最高值出现在西侧 NB01 站底层。在垂直方向上，各站位的 POC-δ^{13}C 值均表现出随深度增加而增大的趋势，极小值一般出现在表层和次表层，极大值出现在底层。在水平方向上，POC-δ^{13}C 值变化较小（图 5-162）。

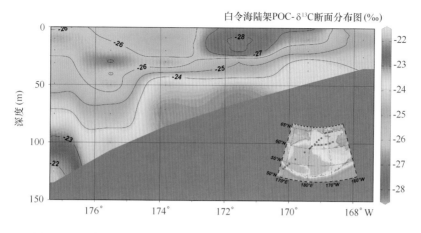

图 5-160 中国第五次北极科学考察白令海 BS 断面 POC-δ^{13}C 的分布

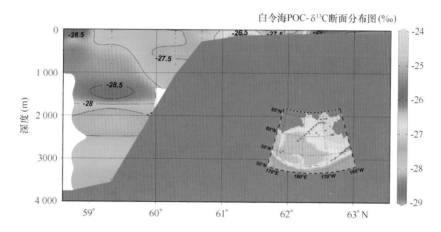

图 5-161 中国第六次北极科学考察白令海 B 断面 POC-δ^{13}C 的分布

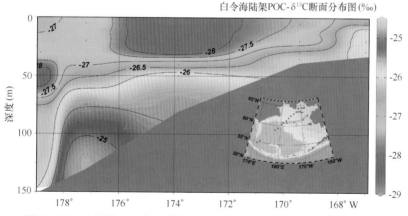

图 5-162 中国第六次北极科学考察白令海 NB 断面 POC-δ^{13}C 的分布

（2）楚科奇海

①中国第五次北极科学考察时楚科奇海 POC-δ^{13}C 断面分布情况。

楚科奇海陆架区 SR 断面悬浮颗粒有机物的 δ^{13}C 值介于-27.1‰~-20.8‰，最低值出现在 SR09 站 30 m 层，最高值出现在 SR05 站底层。垂向上，各站位的 POC-δ^{13}C 值均随着深度的增加而增大，极小值一般出现在表层和次表层，极大值出现在底层（图 5-163）。

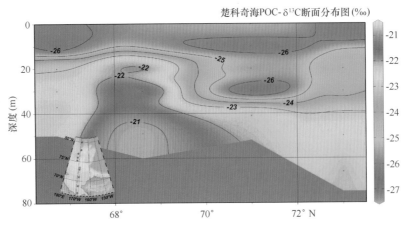

图 5-163　中国第五次北极科学考察楚科奇海 SR 断面 POC-δ^{13}C 的分布

②中国第六次北极科学考察楚科奇海 POC-δ^{13}C 断面分布情况。

楚科奇海陆架区 R 断面悬浮颗粒有机物的 δ^{13}C 值介于-29.4‰~-21.7‰之间，最低值出现在北端 R09 站底层，最高值出现在南端 R01 站底层。在垂直方向上，除 R09 站外，各站位的 POC-δ^{13}C 值均随着深度的增加而增大，极小值一般出现在表层和次表层，极大值出现在底层。R09 站的情况不同，其 POC-δ^{13}C 值在 50 m 层存在极大值，而底层出现极小值（图 5-164）。

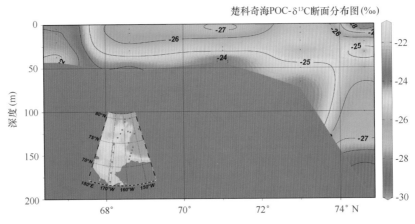

图 5-164　中国第六次北极科学考察楚科奇海 R 断面 POC-δ^{13}C 的分布

5.1.1.8　PN-δ^{15}N

1）含量

中国第五次北极科学考察期间，白令海、楚科奇海悬浮颗粒物的 δ^{15}N 值介于-1.4‰~12.2‰，平均为 7.0‰±2.4‰，最高值出现在 BS02 站 75 m 层，最低值出现在 BL03 站 20 m 层。其中，白令海海盆区悬浮颗粒物的 δ^{15}N 值为-1.4‰~9.3‰，平均为 4.9‰±2.7‰；白令海陆架区悬浮颗粒物的 δ^{15}N 值为 3.9‰~12.2‰，平均为 7.9‰±1.9‰；楚科奇海悬浮颗粒物的 δ^{15}N 值为 4.2‰~11.4‰，平均为 7.6‰±1.5‰。

中国第六次北极科学考察期间，白令海、楚科奇海悬浮颗粒物的 δ^{15}N 值介于-1.3‰~12.6‰，平均为 6.1‰±2.6‰，最高值出现在 R12 站 150 m 层，最低值出现在 B05 站 30 m

层。其中，白令海海盆区悬浮颗粒物的 $\delta^{15}N$ 值为 -1.3‰~7.5‰，平均为 3.8‰±2.1‰；白令海陆架区悬浮颗粒物的 $\delta^{15}N$ 值为 2.0‰~11.3‰，平均为 7.2‰±1.7‰；楚科奇海悬浮颗粒物的 $\delta^{15}N$ 值为 -0.5‰~12.6‰，平均为 7.3‰±2.4‰。

2）平面分布

（1）白令海

①中国第五次北极科学考察时白令海 PN-$\delta^{15}N$ 平面分布情况。

白令海表层悬浮颗粒物的 $\delta^{15}N$ 值介于 -1.3‰~10.7‰，最低值出现在最南端的 BL02 站，最高值出现在陆架东侧的 BS06 站。海盆区的表层 PN-$\delta^{15}N$ 值呈现出由南向北逐渐增高的趋势，而在陆架区则表现出西低东高的特征。在白令海峡附近海域，除最东面的 BN08 站外，表层 PN-$\delta^{15}N$ 值均在 5.8‰左右变化（$SD=0.3‰$），整体低于其南部陆架区的测值（图 5-165）。

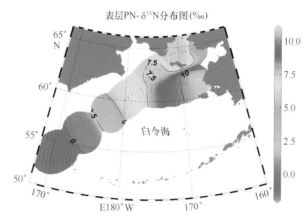

图 5-165　中国第五次北极科学考察白令海表层 PN-$\delta^{15}N$ 值的分布

白令海 20 m 层悬浮颗粒物的 $\delta^{15}N$ 值介于 -1.4‰~11.1‰，最低值出现在南部 BL03 站，最高值出现在陆架区的 BS02 站。与表层分布类似，20 m 层的 PN-$\delta^{15}N$ 值在海盆区呈现由南向北逐渐增高的趋势，而在陆架区呈现出西低东高的特征。白令海峡附近海域除最东侧的 BN08 站外，其余的 PN-$\delta^{15}N$ 值均在 5.9‰左右变化（$SD=0.3‰$），整体低于其南侧陆架区的测值（图 5-166）。

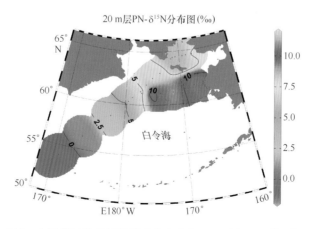

图 5-166　中国第五次北极科学考察白令海 20 m 层 PN-$\delta^{15}N$ 值的分布

白令海陆架区底层悬浮颗粒物的 $\delta^{15}N$ 值介于 5.1‰~10.6‰，最低值出现在白令海峡最西侧的 BN01 站，最高值出现在陆架东侧的 BS06 站。底层的 PN-$\delta^{15}N$ 值表现出南高北低的趋势，这与表层、20 m 层的分布类似，但与表层、20 m 层不同的是，底层的 PN-$\delta^{15}N$ 值在东西方向上变化较小（图 5-167）。

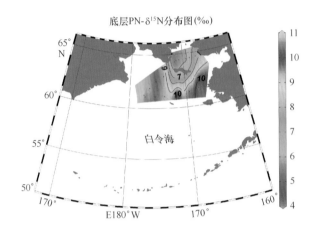

图 5-167　中国第五次北极科学考察白令海底层 PN-$\delta^{15}N$ 值的分布

②中国第六次北极科学考察时白令海 PN-$\delta^{15}N$ 平面分布情况。

白令海表层悬浮颗粒物的 $\delta^{15}N$ 值介于 1.8‰~11.3‰，最低值出现在南端的 B08 站，最高值出现在陆架东侧的 NB08 站。表层 PN-$\delta^{15}N$ 值呈现出由西向东逐渐增高的趋势。在南北方向上，西侧站位表现出由南向北逐渐增加的趋势，而东侧站位表现出南高北低的特征（图 5-168）。

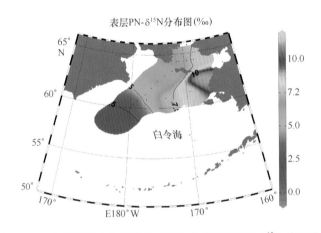

图 5-168　中国第六次北极科学考察白令海表层 PN-$\delta^{15}N$ 值的分布

白令海 20 m 层悬浮颗粒物的 $\delta^{15}N$ 值介于 1.8‰~10.7‰，最低值出现在南端的 B08 站，最高值出现在陆架东侧的 NB08 站。与表层分布类似，20 m 层的 PN-$\delta^{15}N$ 值呈现出由西向东逐渐增高的趋势，且东北部海域存在 PN-$\delta^{15}N$ 的极大值（图 5-169）。

白令海陆架区底层悬浮颗粒物的 $\delta^{15}N$ 值介于 5.5‰~10.7‰，最低值出现在南端 B12 站，最高值出现在陆架西侧 NB01 站。底层的 PN-$\delta^{15}N$ 值整体呈现出南高北低的趋势，即白令海

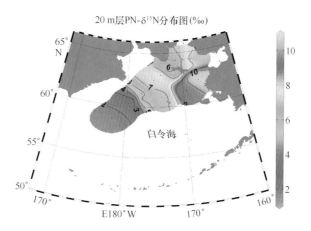

图 5-169　中国第六次北极科学考察白令海 20 m 层 PN-δ^{15}N 值的分布

峡附近海域的 PN-δ^{15}N 值较低，另外，陆架区东北部海域同样存在 PN-δ^{15}N 的极大值（图 5-170）。

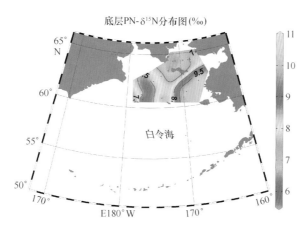

图 5-170　中国第六次北极科学考察白令海底层 PN-δ^{15}N 值的分布

（2）楚科奇海

①中国第五次北极科学考察时楚科奇海 PN-δ^{15}N 平面分布情况。

楚科奇海表层悬浮颗粒物的 δ^{15}N 值介于 5.2‰~8.8‰，最低值出现在北部的 M02 站，最高值出现在最南端的 SR01 站。表层的 PN-δ^{15}N 值总体呈现出由南向北逐渐降低的趋势，但在南的 SR05 站和北部的 SR14 站分别出现了不符合整体变化趋势的低值（6.0‰）和高值（6.6‰）（图 5-171）。

楚科奇海 20 m 层悬浮颗粒物的 δ^{15}N 值介于 5.9‰~9.2‰，最低值出现在最北端的 SR16 站，最高值出现在陆架北部的 SR11 站。楚科奇海南部陆架区的 PN-δ^{15}N 值无明显变化，平均为 7.3‰（$SD=0.3$‰，$n=3$），而北部陆架区的 PN-δ^{15}N 值表现出由南向北降低的趋势（图 5-172）。

楚科奇海陆架区底层悬浮颗粒物的 δ^{15}N 值介于 7.0‰~9.3‰，整体表现出由南向北逐渐增加的趋势（图 5-173）。

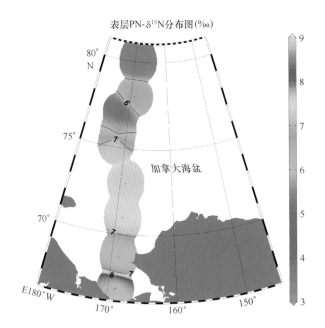

图 5-171　中国第五次北极科学考察楚科奇海表层 PN-δ^{15}N 值的分布

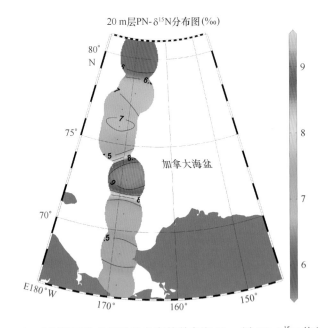

图 5-172　中国第五次北极科学考察楚科奇海 20 m 层 PN-δ^{15}N 值的分布

②中国第六次北极科学考察时楚科奇海 PN-δ^{15}N 平面分布情况。

楚科奇海表层悬浮颗粒物的 δ^{15}N 值介于-0.4‰~9.8‰，最低值出现在北部 R15 站，最高值出现在陆架边缘 R07 站。在 71°N 以南海域，表层的 PN-δ^{15}N 值无明显差异；在 71°N 至 79°N 海域，表层的 PN-δ^{15}N 值呈现出由南向北、由陆架向海盆逐渐降低的趋势；在 80°N 附近海域，表层的 PN-δ^{15}N 值又出现高值（图 5-174）。

楚科奇海 20 m 层悬浮颗粒物的 δ^{15}N 值介于 1.4‰~9.3‰，最低值出现在 S08 站，最高值出现在陆架边缘 R07 站。与表层分布类似，20 m 层的 PN-δ^{15}N 值在 71°N 以南海域无明显

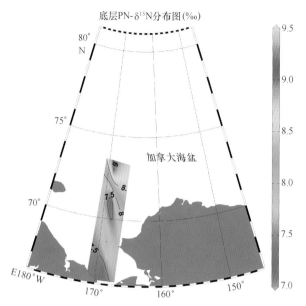

图 5-173　中国第五次北极科学考察楚科奇海底层 PN-δ^{15}N 值的分布

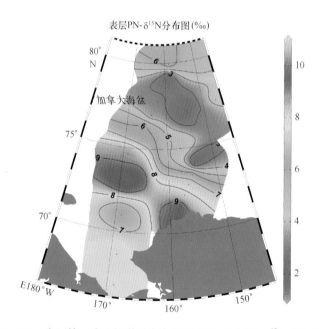

图 5-174　中国第六次北极科学考察楚科奇海表层 PN-δ^{15}N 值的分布

差异；在 71°—79°N 海域，PN-δ^{15}N 值呈现出由南向北、由陆架向海盆逐渐降低的趋势；在 80°N 附近海域，PN-δ^{15}N 出现高值（图 5-175）。

楚科奇海陆架区底层悬浮颗粒物的 δ^{15}N 值介于 8.0‰～11.8‰，整体表现为由南向北逐渐增大的趋势（图 5-176）。

3）断面分布

（1）白令海

①中国第五次北极科学考察时白令海 PN-δ^{15}N 断面分布情况。

白令海 BL 断面悬浮颗粒物的 δ^{15}N 值介于 −1.4‰～10.9‰，最低值出现在南部海盆区的

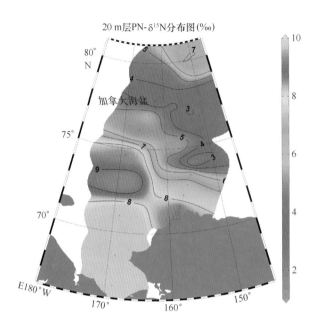

图 5-175　中国第六次北极科学考察楚科奇海 20 m 层 PN-δ¹⁵N 值的分布

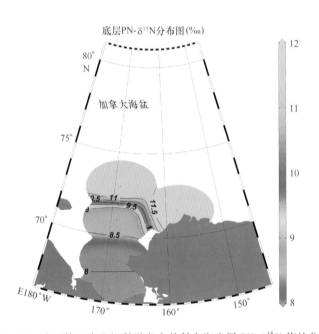

图 5-176　中国第六次北极科学考察楚科奇海底层 PN-δ¹⁵N 值的分布

BL03 站 20 m 层，最高值出现在北部陆架区的 BL14 站 50 m 层。在垂直方向上，海盆区 PN-δ^{15}N 值总体呈现出随深度增加而增大的趋势，最低值一般出现在表层，最高值一般出现在 2 000 m 层或底层；陆坡区的 PN-δ^{15}N 值分布特征与海盆区相似，即随着深度的增加而增大，最高值出现在底层；陆架区的 PN-δ^{15}N 值垂向变化不明显，分布比较均匀。在水平方向上，3 000 m 以浅水体的 PN-δ^{15}N 值呈现出由南向北逐渐增加的趋势，而对于 3 000 m 以深水体，除 BL06 站底层的高值外，其余站位没有明显的差别，平均为 5‰（图 5-177）。

　　白令海陆架区 BS 断面悬浮颗粒物的 δ^{15}N 值介于 3.9‰ ~ 12.2‰，最低值出现在西侧

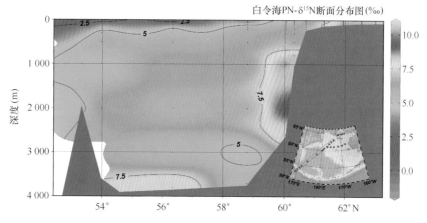

图 5-177　中国第五次北极科学考察白令海 BL 断面 PN-δ^{15}N 值的分布

BS01 站 30 m 层，最高值出现在 BS02 站 75 m 层。在垂直方向上，西侧外陆架区（水深 100~200 m）的 PN-δ^{15}N 值在次表层存在极小值，而底层和近底层出现极大值；中陆架区（水深 50~100 m）的垂向变化不明显，平均为 9.6‰（$SD = 0.5‰$，$n = 11$）；东侧内陆架区（水深小于 50 m）在 BS05 站 10 m 层出现极大值，其他站位垂向变化不显著，平均为 10.3‰（$SD = 0.3‰$，$n = 7$）。在水平方向上，70 m 以浅水体的 PN-^{15}N 值总体呈现出由西向东逐渐增加的趋势，而 70 m 以深水体的水平变化不明显，平均为 10.3‰（$SD = 1.0‰$，$n = 6$）（图 5-178）。

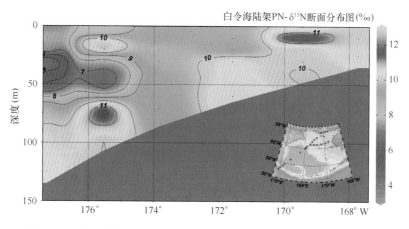

图 5-178　中国第五次北极科学考察白令海 BS 断面 PN-δ^{15}N 值的分布

②中国第六次北极科学考察时白令海 PN-δ^{15}N 断面分布情况。

白令海 B 断面悬浮颗粒物的 δ^{15}N 值介于 -0.4‰~10.2‰，最低值出现在海盆区 B09 站 50 m 层，最高值出现在陆架区 B14 站 85 m 层。在垂直方向上，海盆区和陆坡区的 PN-δ^{15}N 值总体呈现出随深度增加而增大的趋势，最低值一般出现在表层，最高值一般出现在底层；陆架区的 PN-δ^{15}N 值垂向变化不明显，分布比较均匀。在水平方向上，1 000 m 以浅水体的 PN-δ^{15}N 值总体呈现出由南向北、由海盆向陆架逐渐增加的趋势（图 5-179）。

白令海陆架区 NB 断面悬浮颗粒物的 δ^{15}N 值介于 2.0‰~11.3‰，最低值出现在西侧 B12 站 30 m 层，最高值出现在东侧 NB08 站表层。在垂直方向上，西侧外陆架区（水深 100~200 m）的 PN-δ^{15}N 值随水深的增加而增大，极大值出现在底层；中陆架区（水深 50~100 m）

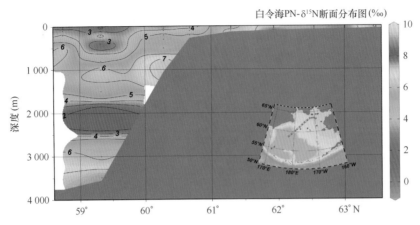

图 5-179　中国第六次北极科学考察白令海 B 断面 PN-δ^{15}N 值的分布

的垂向变化不明显；东侧内陆架区（水深小于 50 m）2 个站位的垂直分布特征不同：NB05 站表层出现极小值，之后随着深度的增加 PN-δ^{15}N 值略微增大，而 NB08 站的极大值出现在表层，10 m 以深垂向变化不明显。在水平方向上，70 m 以浅水体的 PN-δ^{15}N 值呈现出由西向东逐渐增加的趋势，70 m 以深水体的水平变化不明显（图 5-180）。

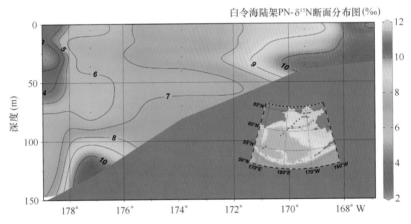

图 5-180　中国第六次北极科学考察白令海 NB 断面 PN-δ^{15}N 值的分布

（2）楚科奇海

①中国第五次北极科学考察时楚科奇海 PN-δ^{15}N 断面分布情况。

楚科奇海陆架区 SR 断面悬浮颗粒物的 δ^{15}N 值介于 5.8‰~9.3‰，最低值出现在 SR05 站 10 m 层，最高值出现在陆架最北端 SR11 站底层。在垂直方向上，各站位的变化趋势差异较大，其中最南端 SR01 站的 PN-δ^{15}N 值在表层出现极大值，10 m 以深变化不显著；SR05 站在表层出现极小值，10 m 以深 PN-δ^{15}N 值随深度的增加略微增大；SR09 站的 PN-δ^{15}N 值在 10 m 层出现极大值，30 m 层出现极小值；对于最北端的 SR11 站，PN-δ^{15}N 值在表层出现极小值，30 m 以深随着深度的增加而增大，极大值出现在底层。在水平方向上，PN-δ^{15}N 值总体呈现出南北两端高、中间站位低的特征（图 5-181）。

②中国第六次北极科学考察时楚科奇海 PN-δ^{15}N 断面分布情况。

楚科奇海陆架区 R 断面悬浮颗粒物的 δ^{15}N 值介于 6.2‰~12.2‰，最低值出现在 R05 站

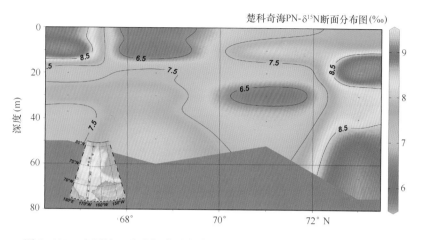

图5-181 中国第五次北极科学考察楚科奇海 SR 断面 PN-δ^{15}N 值的分布

表层，最高值出现在陆架边缘 R07 站近底层。在垂直方向上，除 R03 站无明显变化外，其余站位均呈现出随深度增加 PN-δ^{15}N 值增大的趋势，极大值基本都出现在底层或近底层。在水平方向上，72°N 以南海域 PN-δ^{15}N 值无明显差异，但 72°N 以北海域的 PN-δ^{15}N 值呈现出由南向北逐渐降低的趋势（图5-182）。

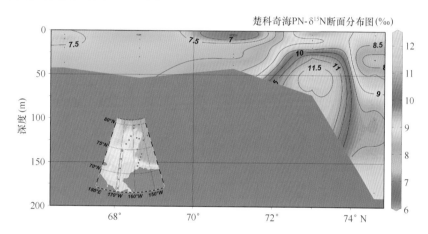

图5-182 中国第六次北极科学考察楚科奇海 R 断面 PN-δ^{15}N 值的分布

5.1.1.9 ^{226}Ra

1）含量

中国第五次北极科学考察期间，白令海、楚科奇海表层海水的^{226}Ra 放射性比活度介于 0.12~1.78 Bq/m^3，平均为 1.01±0.56 Bq/m^3（$n=18$）。

中国第六次北极科学考察期间，白令海、楚科奇海表层海水的^{226}Ra 放射性比活度介于 0.86~1.63 Bq/m^3，平均为 1.36±0.23 Bq/m^3（$n=13$）。

2）平面分布

（1）中国第五次北极科学考察时白令海、楚科奇海^{226}Ra 平面分布情况

白令海、楚科奇海表层海水^{226}Ra 的空间分布均表现为由深海区向陆架区逐渐递减的

态势，即深海区的^{226}Ra放射性比活度高于陆架区，可能反映出海冰融化水的不同影响（图5-183）。

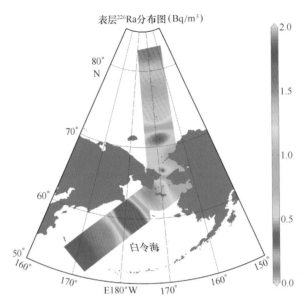

图5-183 中国第五次北极科学考察白令海、楚科奇海表层海水^{226}Ra的分布

（2）中国第六次北极科学考察时白令海、楚科奇海^{226}Ra平面分布情况

白令海、楚科奇海表层海水^{226}Ra的空间分布均呈现由深海区向陆架区逐渐递减的态势，与中国第五次北极科学考察航次观察到的现象一致，可能反映出海冰融化水的影响。值得注意的是，楚科奇海陆架区表层海水的^{226}Ra放射性比活度明显高于白令海陆架区（图5-184）。

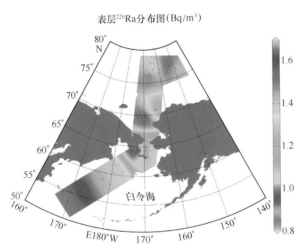

图5-184 中国第六次北极科学考察白令海、楚科奇海表层海水^{226}Ra的分布

3）垂直分布

中国第六次北极科学考察航次获得了B08站和R04站^{226}Ra的垂直分布。B08站^{226}Ra的放射性比活度介于1.11~1.86 Bq/m^3，20 m层存在^{226}Ra极大值（1.51 Bq/m^3），40 m层出现极小值（1.11 Bq/m^3），近底层又表现出增加的趋势（图5-185）。R04站^{226}Ra的放射性比活

度介于 1.22~1.54 Bq/m³，随着深度的增加，²²⁶Ra 放射性比活度呈现出先减小而后增加的趋势，25 m 层出现极小值（图 5-186）。

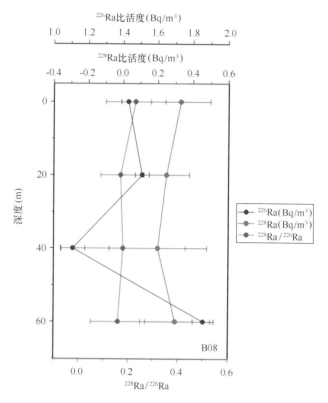

图 5-185 中国第六次北极科学考察 B08 站²²⁶Ra、²²⁸Ra、²²⁸Ra/²²⁶Ra 的垂直分布

5.1.1.10 ²²⁸Ra

1) 含量

中国第五次北极科学考察期间，白令海、楚科奇海表层海水²²⁸Ra 放射性比活度介于 0.19~1.37 Bq/m³，平均为 0.54±0.27 Bq/m³；²²⁸Ra/²²⁶Ra 比值介于 0.13~2.5 之间，平均为 0.74±0.54。

中国第六次北极科学考察期间，白令海、楚科奇海表层海水²²⁸Ra 放射性比活度介于 0.19~1.44 Bq/m³，平均为 0.59±0.35 Bq/m³；²²⁸Ra/²²⁶Ra 比值介于 0.14~1.17 之间，平均为 0.44±0.26。

2) 平面分布

（1）中国第五次北极科学考察时白令海、楚科奇海²²⁸Ra 平面分布情况

从空间分布看，白令海表层海水²²⁸Ra 的放射性比活度较低，楚科奇海表层水较高，另外，白令海峡附近海域存在²²⁸Ra 的高值（图 5-187）。

（2）中国第六次北极科学考察时白令海、楚科奇海²²⁸Ra 平面分布情况

楚科奇海陆架区表层海水²²⁸Ra 放射性比活度明显高于白令海和楚科奇海台区，最低值出现在白令海陆坡区（图 5-188）。

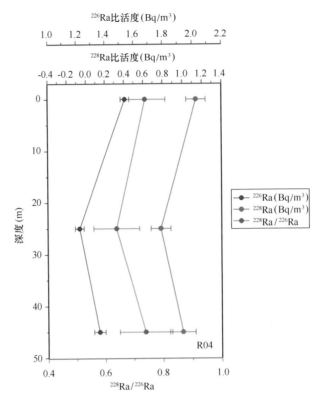

图 5-186 中国第六次北极科学考察 R04 站 ^{226}Ra、^{228}Ra、$^{228}Ra/^{226}Ra$ 的垂直分布

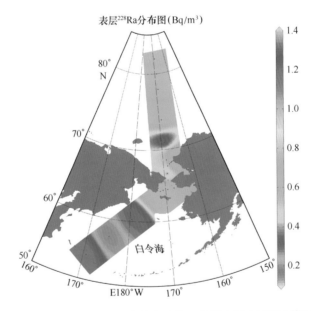

图 5-187 中国第五次北极科学考察白令海、楚科奇海表层海水 ^{228}Ra 的分布

3）垂直分布

中国第六次北极科学考察航次获得了 B08 站和 R04 站 ^{228}Ra 的垂直分布。B08 站 ^{228}Ra 的放射性比活度介于 0.20~0.33 Bq/m³，其垂向上随着深度的增加呈减小趋势，且在 40 m 层出现极小值，在近底层水表现出增加的态势。R04 站 ^{228}Ra 放射性比活度介于 0.78~

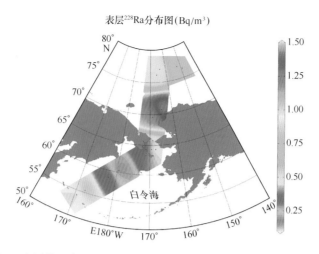

表层^{228}Ra分布图(Bq/m^3)

图5-188　中国第六次北极科学考察白令海和楚科奇海表层海水^{228}Ra的分布

1.14 Bq/m^3，其垂向上随着深度的增加呈现先减小再增大的态势，25 m层出现极小值。

5.1.1.11　^{210}Po

1）含量

中国第五次北极科学考察期间，白令海溶解态^{210}Po和颗粒态^{210}Po的放射性比活度分别介于0～2.53 Bq/m^{3}和0～0.57 Bq/m^3，平均值分别为0.44 Bq/m^{3}和0.10 Bq/m^3。海水中总态^{210}Po的放射性比活度介于0～2.58 Bq/m^3，平均值为0.54 Bq/m^3。

中国第六次北极科学考察期间，白令海、楚科奇海溶解态^{210}Po、颗粒态^{210}Po的放射性比活度分别介于0.12～2.48 Bq/m^{3}和0～0.54 Bq/m^3，平均值分别为0.65 Bq/m^{3}和0.19 Bq/m^3。海水中总态^{210}Po的放射性比活度介于0.24～2.69 Bq/m^3，平均值为0.84 Bq/m^3。其中，白令海溶解态^{210}Po、颗粒态^{210}Po、总态^{210}Po的放射性比活度分别介于0.20～2.48 Bq/m^3、0～0.54 Bq/m^{3}和0.26～2.69 Bq/m^3，平均值分别为0.85 Bq/m^3、0.19 Bq/m^{3}和1.03 Bq/m^3。楚科奇海溶解态^{210}Po、颗粒态^{210}Po、总态^{210}Po的放射性比活度分别介于0.12～0.80 Bq/m^3、0.09～0.52 Bq/m^{3}和0.24～1.21 Bq/m^3，平均值分别为0.34 Bq/m^3、0.21 Bq/m^{3}和0.54 Bq/m^3。

2）平面分布

（1）中国第五次北极科学考察时白令海^{210}Po平面分布情况

白令海表层^{210}Po总体呈现北高南低、东高西低的现象。在白令海北部陆架区、靠近白令海峡的BN断面（BN01站、BN02站、BN03站和BN05站），表层总态^{210}Po放射性比活度较高，随着纬度降低，其值逐渐降低，并在位于60.036°N、179.993°W的BL10站出现最低值。同样，表层溶解态^{210}Po和颗粒态^{210}Po的分布与总态^{210}Po的分布类似，随着纬度的升高，其放射性比活度有增加的趋势，但表层溶解态^{210}Po的纬度差异更为明显（图5-189）。

白令海20 m层^{210}Po的分布显示，溶解态^{210}Po在白令海陆坡BL12站出现最高值，在该站北部的BL13站、BL15站和BL16站则出现低值。与溶解态^{210}Po相比，颗粒态^{210}Po变化较不明显。总态^{210}Po的分布则主要受控于溶解态^{210}Po的变化（图5-190）。

白令海底层溶解态^{210}Po的高值和总态^{210}Po一样，都出现在BL11站，二者的分布趋势也

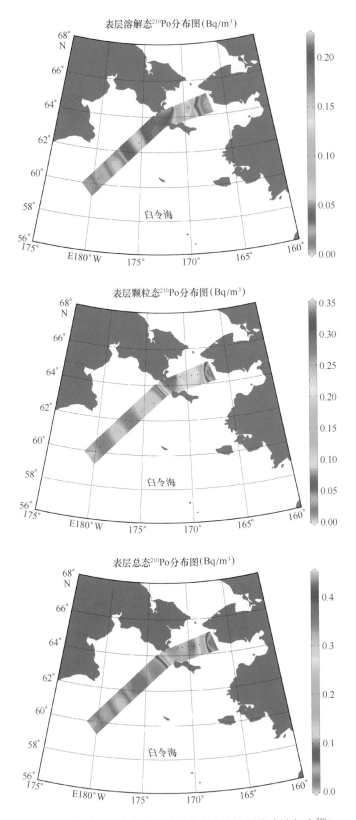

图 5-189 中国第五次北极科学考察白令海表层海水溶解态^{210}Po、
颗粒态^{210}Po 和总态^{210}Po 的分布

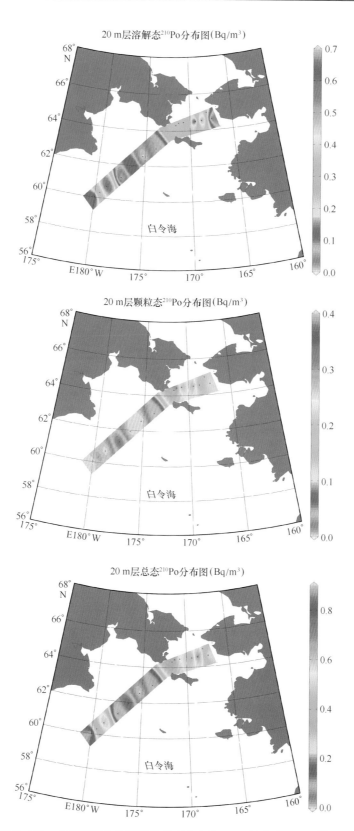

图 5-190 中国第五次北极科学考察白令海 20 m 层海水溶解态^{210}Po、
颗粒态^{210}Po 和总态^{210}Po 的分布

大体相当，即较低纬度的 BL 站位往往具有较高放射性比活度的溶解态 ^{210}Po 和总态 ^{210}Po，而较高纬度的 BN 断面溶解态和总态 ^{210}Po 较低。颗粒态 ^{210}Po 的高值主要出现在 BN 断面，这与溶解态 ^{210}Po 的分布刚好相反（图 5-191）。

（2）中国第六次北极科学考察时白令海 ^{210}Po 平面分布情况

白令海表层溶解态 ^{210}Po 的分布显示，较低纬度的海盆区 B04 站和 B09 站溶解态 ^{210}Po 放射性比活度较高，随着纬度的升高，表层溶解态 ^{210}Po 逐渐降低。波弗特海陆架区 S06 站表层溶解态 ^{210}Po 放射性比活度也较高。在白令海，表层颗粒态 ^{210}Po 与溶解态 ^{210}Po 的分布类似，即随着纬度的升高，表层颗粒态 ^{210}Po 放射性比活度逐渐降低。表层总态 ^{210}Po 的分布与溶解态 ^{210}Po 极为类似。总体而言，白令海盆 B04 站和 B09 站表层出现较高的溶解态 ^{210}Po、颗粒态 ^{210}Po 和总态 ^{210}Po，而波弗特海陆架区 S 断面的站位表层溶解态 ^{210}Po 和总态 ^{210}Po 较低，颗粒态 ^{210}Po 的低值则出现在白令海北部陆架区的 B15 站（图 5-192）。

20 m 层溶解态 ^{210}Po 和总态 ^{210}Po 的分布仍非常相似，即在白令海 B04 站和 B09 站出现溶解态 ^{210}Po 和总态 ^{210}Po 的高值，而低值主要存在于白令海峡 BS 断面的东侧海域。20 m 层颗粒态 ^{210}Po 的空间变化差异比溶解态 ^{210}Po 和总态 ^{210}Po 来得小，高值出现在最南部的 B04 站和最北部的 S06 站，低值出现在白令海的北部陆架区（图 5-193）。

底层溶解态 ^{210}Po 在 B04 站和 B09 站出现高值，这与表层、20 m 层溶解态 ^{210}Po 类似，随着纬度升高，底层溶解态 ^{210}Po 放射性比活度逐渐降低。底层颗粒态 ^{210}Po 的最高值出现在波弗特海陆架区 S06 站，随着纬度的降低，颗粒态 ^{210}Po 放射性比活度呈减小趋势。底层总态 ^{210}Po 的分布受控于溶解态 ^{210}Po，同样在低纬度呈现高值，随着纬度的升高，总态 ^{210}Po 有升高的趋势（图 5-194）。

3）断面分布

（1）中国第五次北极科学考察时白令海 ^{210}Po 断面分布情况

白令海 BL 断面溶解态 ^{210}Po 的分布显示，陆坡区溶解态 ^{210}Po 整体上高于陆架区，且陆坡区 1 000 m 深度出现溶解态 ^{210}Po 的极大值。该断面的颗粒态 ^{210}Po 大多低于检测限，比较而言，表层、深层水体颗粒态 ^{210}Po 放射性比活度都很低，但在陆坡区 1 000 m 深度存在极大值。总态 ^{210}Po 同样在陆坡区 1 000 m 深度出现极大值，且陆坡区总态 ^{210}Po 整体上高于陆架区（图 5-195）。

白令海峡 BN 断面溶解态 ^{210}Po、颗粒态 ^{210}Po 和总态 ^{210}Po 的分布表现出明显的东西向差异。溶解态 ^{210}Po 在 168°—169°W 的 ~30 m 层出现极大值，而西侧阿纳德尔水的溶解态 ^{210}Po 较高，东侧阿拉斯加沿岸流水体溶解态 ^{210}Po 较低。颗粒态 ^{210}Po、总态 ^{210}Po 的分布也与溶解态 ^{210}Po 较为类似，西侧阿纳德尔水的颗粒态 ^{210}Po 和总态 ^{210}Po 较高，东侧阿拉斯加沿岸水体较低（图 5-196）。

（2）中国第六次北极科学考察时白令海 ^{210}Po 断面分布情况

①白令海。

白令海盆 B 断面溶解态 ^{210}Po 呈现南高北低、中深层水体高表层低的现象。颗粒态 ^{210}Po 放射性比活度比溶解态 ^{210}Po 低，总体也呈现南高北低的趋势。总态 ^{210}Po 的分布与溶解态 ^{210}Po 更为接近，即白令海陆坡区总态 ^{210}Po 远高于白令海陆架区，而中深层水体的总态 ^{210}Po 高于表层水体（图 5-197）。

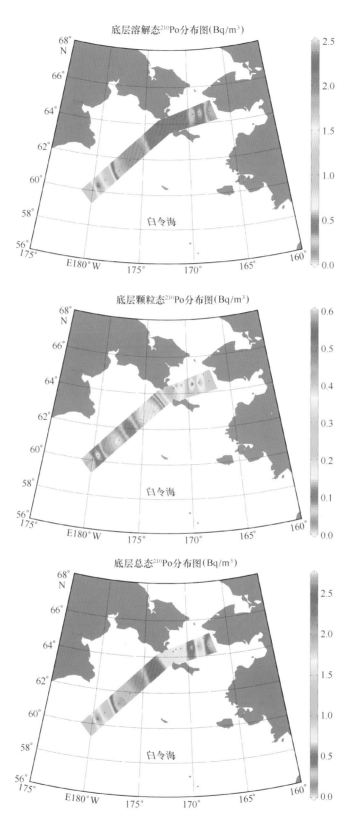

图 5-191 中国第五次北极科学考察白令海底层海水溶解态^{210}Po、
颗粒态^{210}Po 和总态^{210}Po 的分布

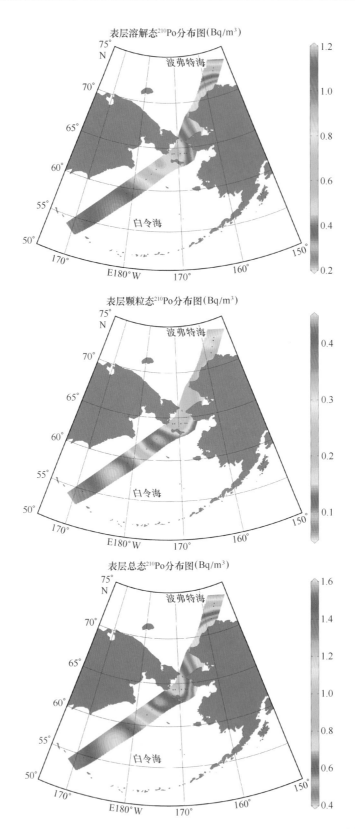

图 5-192　中国第六次北极科学考察白令海、楚科奇海表层海水溶解态[210]Po、
颗粒态[210]Po 和总态[210]Po 的分布

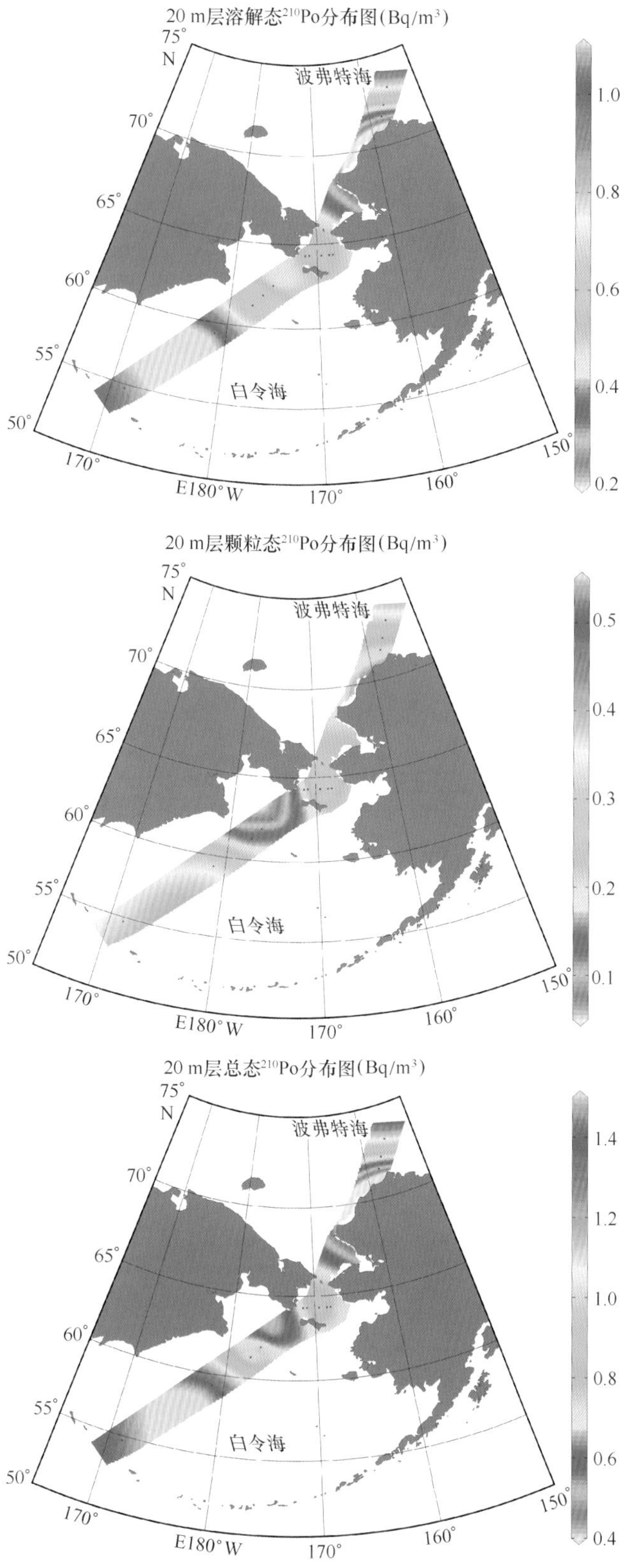

20 m层溶解态²¹⁰Po分布图(Bq/m³)

20 m层颗粒态²¹⁰Po分布图(Bq/m³)

20 m层总态²¹⁰Po分布图(Bq/m³)

图 5-193　中国第六次北极科学考察白令海、楚科奇海 20 m 层海水溶解态²¹⁰Po、
颗粒态²¹⁰Po 和总态²¹⁰Po 的分布

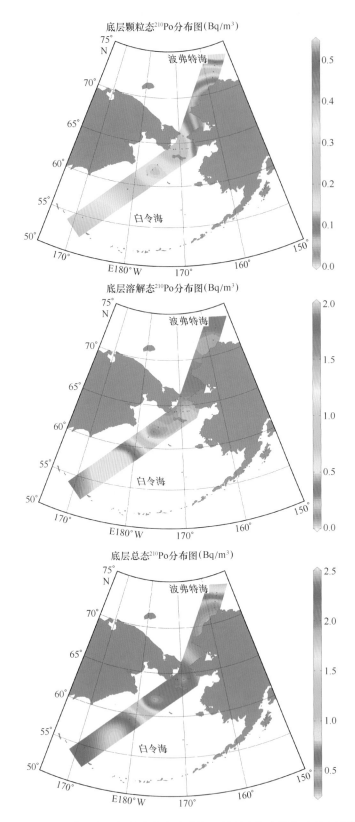

图 5-194　中国第六次北极科学考察白令海、楚科奇海底层海水溶解态 [210]Po、
颗粒态 [210]Po 和总态 [210]Po 的分布

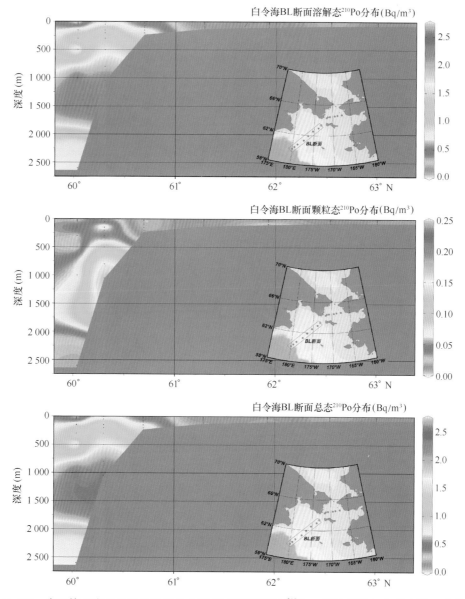

图5-195 中国第五次北极科学考察白令海 BL 断面溶解态[210]Po、颗粒态[210]Po 和总态[210]Po 的分布

②楚科奇海。

中国第六次北极科考期间，楚科奇海 S 断面溶解态[210]Po 的分布表现出表层水体高、中深层水体低的特征，S06 站表层水体具有最高的溶解态[210]Po，而其底层溶解态[210]Po 则较低。S 断面颗粒态[210]Po 的分布与溶解态[210]Po 相反，近底层往往出现颗粒态[210]Po 的高值，而表层水体颗粒态[210]Po 含量较低，此外，随着纬度的升高，颗粒态[210]Po 放射性比活度逐渐增加。总态[210]Po 在表层水体中的分布与溶解态[210]Po 类似，即随着纬度的升高，表层水体中的总态[210]Po 有增加的趋势，但不同的是，总态[210]Po 在中深层水体出现极小值，近底层有所增加（图5-198）。

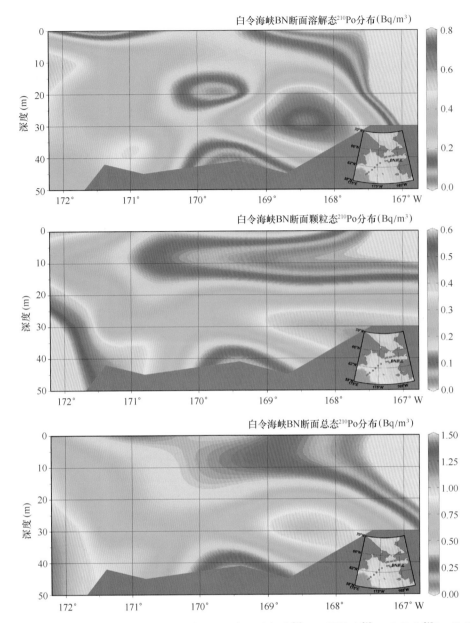

图5-196 中国第五次北极科学考察白令海 BN 断面溶解态^{210}Po、颗粒态^{210}Po 和总态^{210}Po 的分布

5.1.1.12 ^{210}Pb

1) ^{210}Pb 含量

中国第五次北极科学考察期间，白令海溶解态^{210}Pb 和颗粒态^{210}Pb 的放射性比活度分别介于 0.21~3.34 Bq/m^3 和 0.13~0.98 Bq/m^3，平均值分别为 0.84 Bq/m^3 和 0.37 Bq/m^3。海水中总态^{210}Po 的放射性比活度介于 0.37~3.68 Bq/m^3，平均值为 1.21 Bq/m^3。

2) ^{210}Pb 平面分布

中国第五次北极科学考察时白令海^{210}Pb 平面分布情况。

白令海表层^{210}Pb 的分布表现为随着纬度的降低，其放射性比活度逐渐升高，并在 BL10 站出现总态^{210}Pb 的最高值。表层溶解态^{210}Pb 的分布与总态^{210}Pb 的分布类似，但对于颗粒态

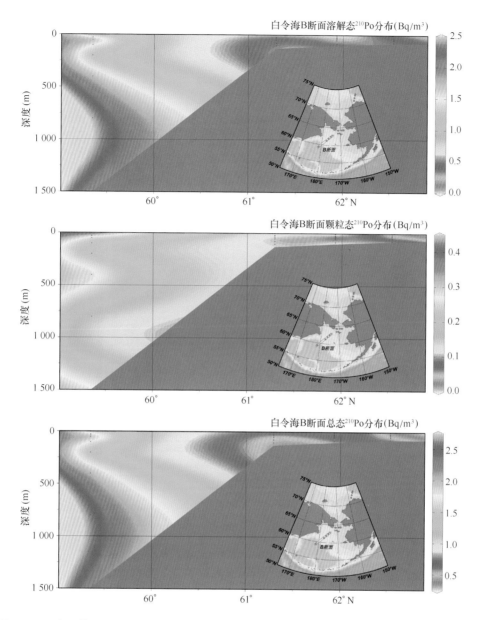

图 5-197　中国第六次北极科学考察白令海 B 断面溶解态²¹⁰Po、颗粒态²¹⁰Po 和总态²¹⁰Po 的分布

²¹⁰Pb，白令海北部陆架区（主要是 BN01 站、BN02 站和 BN03 站）也出现高值（图 5-199）。

白令海 20 m 层溶解态²¹⁰Pb 在 BL10 站出现最高值，无论是溶解态²¹⁰Pb、颗粒态²¹⁰Pb，还是总态²¹⁰Pb，低值都出现在 63°N 附近的 BL16 站。颗粒态²¹⁰Pb 的高值位于 62°N 附近的 BL14 站。总态²¹⁰Pb 的分布与溶解态²¹⁰Pb 基本类似（图 5-200）。

底层溶解态²¹⁰Pb 在 BL 断面含量较高，相应的，总态²¹⁰Pb 也呈类似分布。颗粒态²¹⁰Pb 在 BN 断面出现高值，但由于其含量较低，对总态²¹⁰Pb 的分布影响很小（图 5-201）。

3）²¹⁰Pb 断面分布

中国第五次北极科学考察时白令海²¹⁰Pb 断面分布情况。

白令海 BL 断面溶解态²¹⁰Pb、颗粒态²¹⁰Pb 和总态²¹⁰Pb 的分布显示，陆坡区（BL10 站和 BL11 站）溶解态²¹⁰Pb 放射性比活度普遍高于陆架区（BL12 站、BL13 站、BL14 站、BL15 站

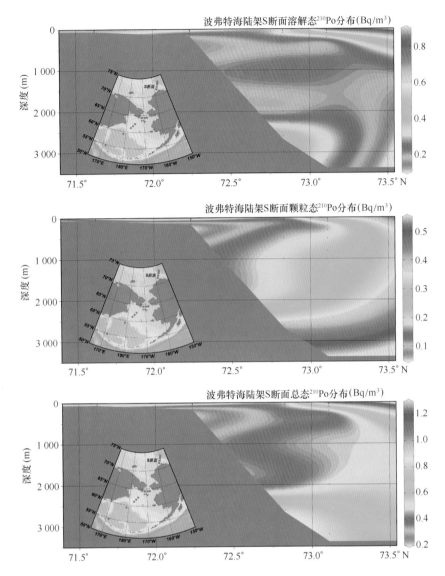

图 5-198　中国第六次北极科学考察楚科奇海 S 断面溶解态^{210}Po、颗粒态^{210}Po 和总态^{210}Po 的分布

和 BL16 站），呈现由南向北降低的趋势。陆坡区（BL10 站和 BL11 站）表层水溶解态^{210}Pb 较低，并在 500 m 深度出现极大值。对于颗粒态^{210}Pb，陆坡区颗粒态^{210}Pb 放射性比活度普遍高于陆架区，呈现由南向北降低的趋势，陆坡区近底层出现颗粒态^{210}Pb 的高值。总态^{210}Pb 的分布与溶解态^{210}Pb 类似（图 5-202）。

　　白令海峡 BN 断面溶解态^{210}Pb、颗粒态^{210}Pb 和总态^{210}Pb 的分布显示，东部水体的溶解态^{210}Pb 普遍低于西部。对于颗粒态^{210}Pb 和总态^{210}Pb，它们的东西向差异更为显著，西侧颗粒态^{210}Pb 和总态^{210}Pb 明显高于东侧，且均在表层出现极大值。受溶解态^{210}Pb 的影响，总态^{210}Pb 在 20~30 m 深度出现低值（图 5-203）。

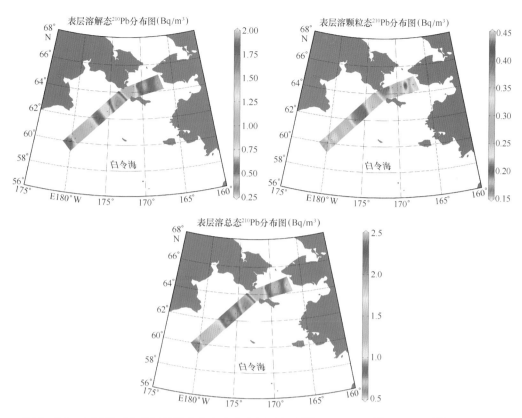

图 5-199 中国第五次北极科学考察白令海表层溶解态^{210}Pb、颗粒态^{210}Pb 和总态^{210}Pb 的分布

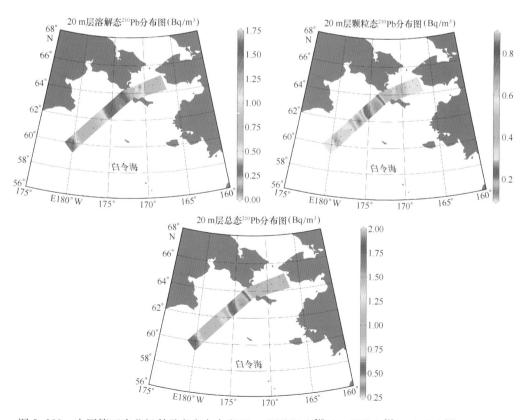

图 5-200 中国第五次北极科学考察白令海 20 m 层溶解态^{210}Pb、颗粒态^{210}Pb 和总态^{210}Pb 的分布

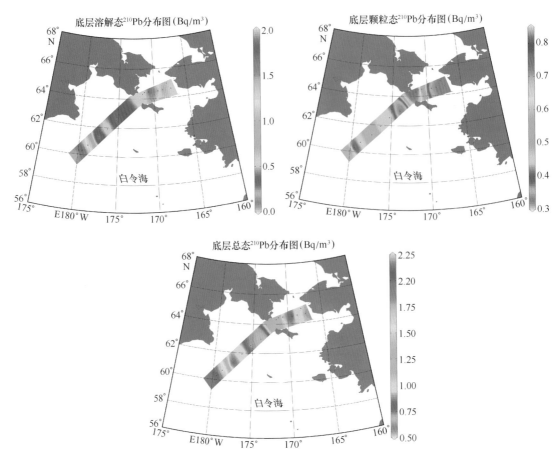

图 5-201 中国第五次北极科学考察白令海底层溶解态²¹⁰Pb、颗粒态²¹⁰Pb 和总态²¹⁰Pb 的分布

5.1.1.13 PAHs

1）PAHs 含量

中国第五次北极科学考察期间，白令海 PAHs 浓度的变化范围为 9.22~56.96 ng/L，平均值为 27.92 ng/L；楚科奇海 PAHs 的变化范围为 23.01~125.18 ng/L，平均值为 53.77 ng/L；北冰洋大西洋扇区及冰岛近海 PAHs 的变化范围为 7.78~91.03 ng/L，平均值为 45.39 ng/L。

中国第六次北极科学考察期间，白令海 PAHs 浓度的变化范围为 3.13~27.41 ng/L，平均值为 11.89 ng/L；楚科奇海 PAHs 的变化范围为 3.98~45.64 ng/L，平均值为 17.11 ng/L。

2）PAHs 平面分布

（1）白令海

①中国第五次北极科学考察时白令海 PAHs 平面分布情况。

白令海表层海水总态 PAHs 总体上呈现出海盆区含量较低，并沿陆坡向陆架海区逐渐升高的趋势，白令海峡附近海域 PAHs 含量较高，峰值出现在陆架海域的 BL16 站（图 5-204）。

白令海 20 m 层海水中的 PAHs 含量明显低于表层，其分布趋势总体表现为包括海盆区在内的大部分区域含量较低，而陆架区含量较高（图 5-205）。

白令海陆架区底层海水 PAHs 的分布趋势与 20 m 层较为一致，即北部靠近白令海峡附近的海区 PAHs 含量较高，接近陆坡和海盆的区域含量较低（图 5-206）。

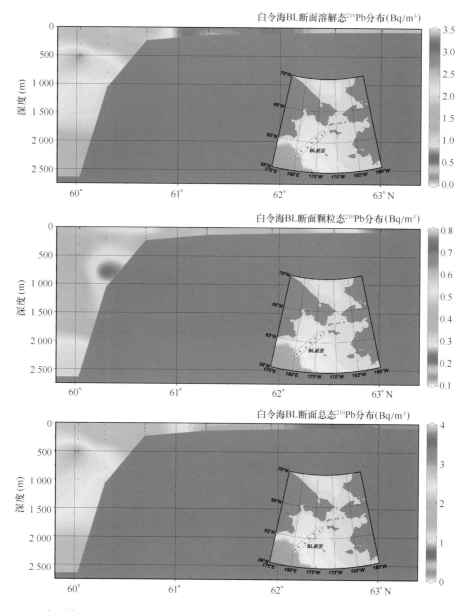

图5-202 中国第五次北极科学考察白令海 BL 断面溶解态[210]Pb、颗粒态[210]Pb 和总态[210]Pb 的分布

②中国第六次北极科学考察时白令海 PAHs 平面分布情况。

白令海表层海水中 PAHs 总体呈现出一定的纬度分布特征，即在海盆区，随着纬度的升高 PAHs 含量逐渐减低，但含量总体较低；随着纬度的继续升高，自陆坡向陆架区 PAHs 浓度又逐渐升高（图5-207）。

白令海 20 m 层海水中的 PAHs 含量低于表层，其分布趋势与表层一致，即海盆区 PAHs 含量较低，且随着纬度的升高而降低，之后沿陆坡、陆架又逐渐升高（图5-208）。

白令海陆架区底层海水中 PAHs 的分布显示，靠近白令海峡附近海区 PAHs 含量较低，而接近陆坡和海盆的区域含量较高，但总体差别不大（图5-209）。

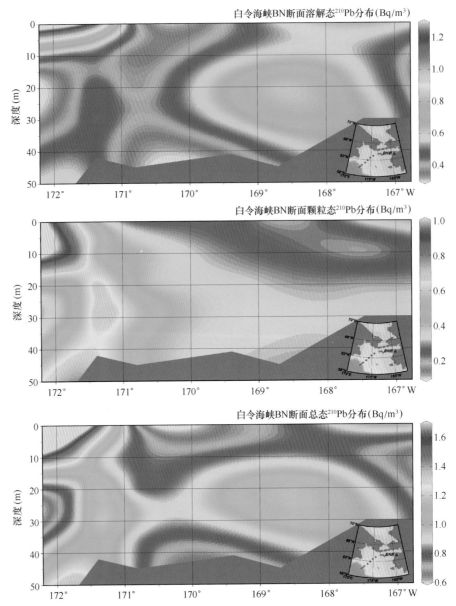

图 5-203　中国第五次北极科学考察白令海 BN 断面溶解态^{210}Pb、颗粒态^{210}Pb 和总态^{210}Pb 的分布

（2）楚科奇海

①中国第五次北极科学考察时楚科奇海 PAHs 平面分布情况。

楚科奇海表层海水中 PAHs 含量主要受大气输送和水体混合的影响，总体呈现出较明显的分布特征即含量由高至低为陆架，陆坡，海盆，最高值出现在楚科奇海海域，高纬海域则相对较低（图 5-210）。

楚科奇海 20 m 层海水 PAHs 的总体分布规律与表层一致，即楚科奇海陆架区较高，北部高纬海区含量较低。另一方面，20 m 层 PAHs 含量高于表层，且变化梯度减缓（图 5-211）。

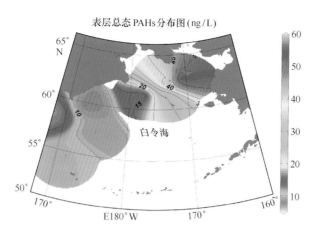

图 5-204　中国第五次北极科学考察白令海表层海水总态 PAHs 的分布

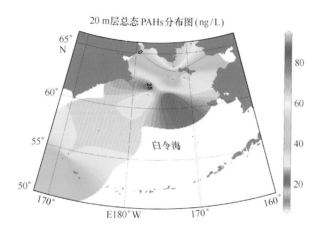

图 5-205　中国第五次北极科学考察白令海 20 m 层海水总态 PAHs 的分布

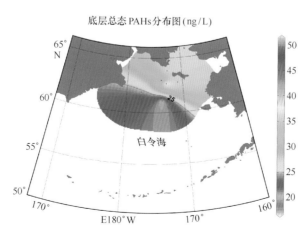

图 5-206　中国第五次北极科学考察白令海底层海水总态 PAHs 的分布

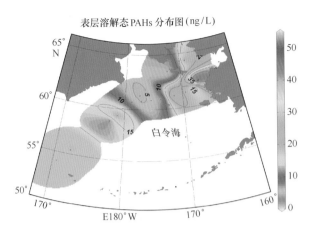

图 5-207　中国第六次北极科学考察白令海表层海水溶解态 PAHs 的分布

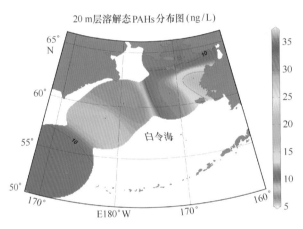

图 5-208　中国第六次北极科学考察白令海 20 m 层海水溶解态 PAHs 的分布

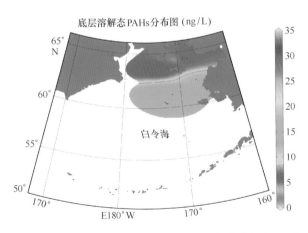

图 5-209　中国第六次北极科学考察白令海底层海水溶解态 PAHs 的分布

表层总态 PAHs 分布图 (ng/L)

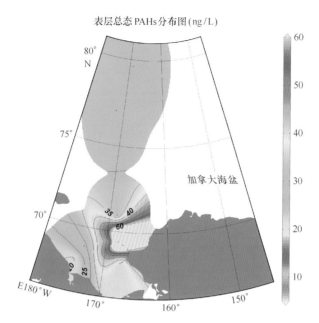

图 5-210 中国第五次北极科学考察楚科奇海表层海水总态 PAHs 的分布

20 m 层总态 PAHs 分布图 (ng/L)

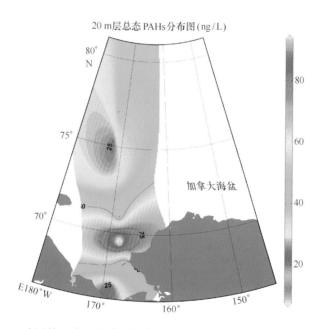

图 5-211 中国第五次北极科学考察楚科奇海 20 m 层海水总态 PAHs 的分布

楚科奇海底层海水中总态 PAHs 的分布总体上较为均匀,仅在楚科奇海陆架海域略高(图 5-212)。

②中国第六次北极科学考察时楚科奇海 PAHs 平面分布情况。

楚科奇海表层海水中 PAHs 的高值区主要位于楚科奇海和白令海峡出口,高纬海域表层海水中 PAHs 则相对较低,可能主要受控于太平洋海流输送及沿岸污染物的输入(图 5-213)。

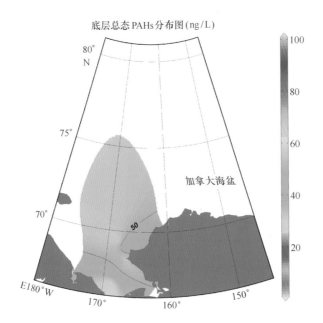

图 5-212　中国第五次北极科学考察楚科奇海底层海水总态 PAHs 的分布

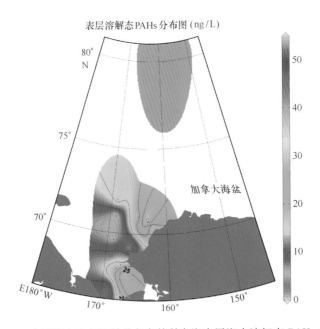

图 5-213　中国第六次北极科学考察楚科奇海表层海水溶解态 PAHs 的分布

　　楚科奇海 20 m 层海水中 PAHs 的分布规律总体上与表层一致，即楚科奇陆架区和白令海峡出口海域较高，靠近海盆区含量较低（图 5-214）。

　　楚科奇海底层海水中 PAHs 的分布呈现楚科奇海及东北陆架区较高，白令海峡附近海域较低的特征，沉积物底部再悬浮可能是其主要影响因素（图 5-215）。

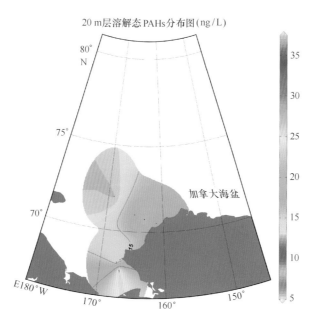

图 5-214　中国第六次北极科学考察楚科奇海 20 m 层海水溶解态 PAHs 的分布

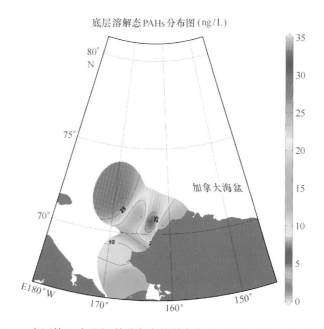

图 5-215　中国第六次北极科学考察楚科奇海底层海水溶解态 PAHs 的分布

（3）北欧海

中国第五次北极科学考察时北欧海 PAHs 平面分布情况。

北欧海表层海水 PAHs 的分布总体上呈随纬度增加含量逐渐降低的趋势，高值区主要出现在北欧海，低值区主要出现在 10°E 以东的高纬海区。表层海水 PAHs 的分布主要受控于邻近陆域输入与大气传输（图 5-216）。

北欧海 20 m 层海水中总态 PAHs 的含量明显低于表层，其分布呈现出 69°N 附近海域浓度最低，在其邻近的高、低纬度海区浓度缓慢升高的态势。此外，就离岸距离而言，呈现较

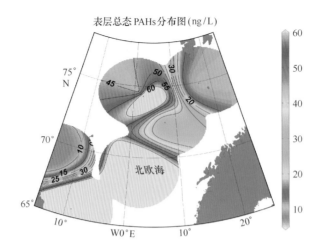

图 5-216　中国第五次北极科学考察北欧海表层海水总态 PAHs 的分布

明显的近岸高、外海低的特征（图 5-217）。

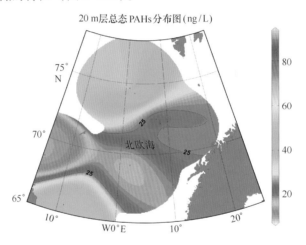

图 5-217　中国第五次北极科学考察北欧海 20 m 层海水总态 PAHs 的分布

北欧海底层海水中总态 PAHs 含量与 20 m 层接近，其分布特征也与 20 m 层类似，即北欧海附近海水 PAHs 含量较低，但在其邻近的高、低纬度海区则浓度较高（图 5-218）。

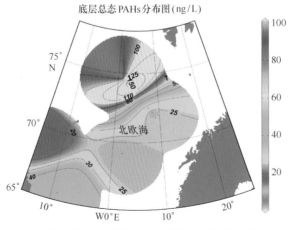

图 5-218　中国第五次北极科学考察北欧海底层海水总态 PAHs 的分布

3）断面分布

（1）白令海

中国第五次北极科学考察时白令海 PAHs 断面分布情况。

白令海 BL 断面总溶解态 PAHs 的分布表明，表层含量总体变化不明显，在陆坡、陆架海域随着纬度的升高含量缓慢增加，但在海盆区则相反。PAHs 垂直分布特征明显，具体表现为表层受海/气交换作用影响含量较高，20~30 m 层普遍存在低值，可能是颗粒清除、迁出作用所致（图 5-219）。

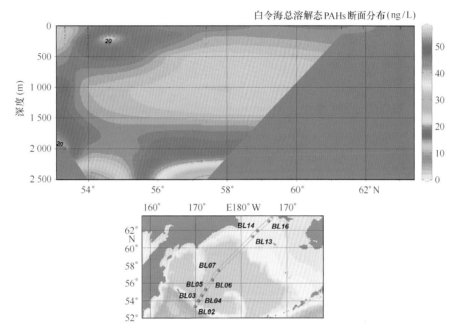

图 5-219　中国第五次北极科学考察白令海 BL 断面总溶解态 PAHs 的分布

（2）楚科奇海

中国第五次北极科学考察时楚科奇海 PAHs 断面分布情况。

楚科奇海 SR 断面总溶解态 PAHs 的分布表明，表层含量总体呈现随纬度增加逐渐升高的趋势。PAHs 垂直分布特征明显，具体表现为随深度增加浓度逐渐升高的特征，底部沉积物再悬浮可能是其主要输送机制之一。随着纬度的升高，溶解态 PAHs 层化作用逐渐减弱，垂直分布趋向均匀（图 5-220）。

5.1.1.14　$^{15}N-NO_3^-$ 和 $^{15}N-NH_4^+$ 吸收速率

1）$^{15}N-NO_3^-$ 和 $^{15}N-NH_4^+$ 含量

中国第五次北极科学考察期间，白令海 $^{15}N-NO_3^-$ 和 $^{15}N-NH_4^+$ 的比吸收速率分别介于 0~0.519/d 和 0.006~1.222/d，平均值分别为 0.056/d 和 0.252/d。$^{15}N-NO_3^-$ 和 $^{15}N-NH_4^+$ 的绝对吸收速率分别介于 0~0.646 μmol/（L·d）和 0.002-2.930 μmol/（L·d），平均值分别为 0.056 μmol/（L·d）和 0.270 μmol/（L·d）。

中国第六次北极科学考察期间，白令海 $^{15}N-NO_3^-$ 和 $^{15}N-NH_4^+$ 的比吸收速率分别为 0.002~1.815/d 和 0.030~2.506/d，平均值分别为 0.089/d 和 0.315/d。$^{15}N-NO_3^-$ 和 $^{15}N-NH_4^+$ 的绝对

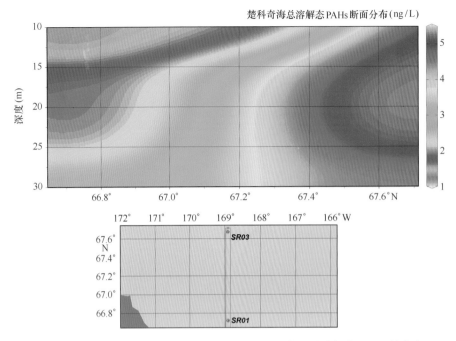

图 5-220　中国第五次北极科学考察楚科奇海 SR 断面总溶解态 PAHs 的分布

吸收速率分别介于 $0.001 \sim 1.439 \ \mu\text{mol}/(\text{L} \cdot \text{d})$ 和 $0.004 \sim 0.969 \ \mu\text{mol}/(\text{L} \cdot \text{d})$，平均值分别为 $0.066 \ \mu\text{mol}/(\text{L} \cdot \text{d})$ 和 $0.196 \ \mu\text{mol}/(\text{L} \cdot \text{d})$。

2）$^{15}\text{N-NO}_3^-$ 和 $^{15}\text{N-NH}_4^+$ 断面分布

（1）中国第五次北极科学考察时白令海 $^{15}\text{N-NO}_3^-$ 和 $^{15}\text{N-NH}_4^+$ 断面分布情况

中国第五次北极科学考察期间，白令海 $^{15}\text{N-NO}_3^-$ 比吸收速率的垂向变化表现出 3 种模式：其一，$^{15}\text{N-NO}_3^-$ 比吸收速率随深度的增加而增大，如 BL06 站、BL08 站、AT07 站、SR05 站；其二，$^{15}\text{N-NO}_3^-$ 比吸收速率随深度的增加而降低，表层存在最大值，如 R01 站；其三，$^{15}\text{N-}$ NO_3^- 比吸收速率存在波动，$50 \sim 100 \ \text{m}$ 层左右存在极值，如 BL10 站、BL12 站、BL13 站、BL16 站等。从空间变化看，$^{15}\text{N-NO}_3^-$ 比吸收速率呈现出陆架区较大、海盆区较小的特征（图 5-221）。

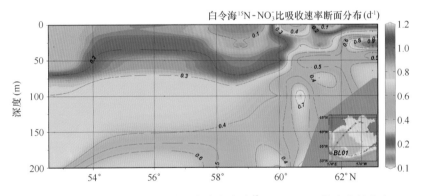

图 5-221　中国第五次北极科学考察白令海 $^{15}\text{N-NO}_3^-$ 比吸收速率的分布

白令海 $^{15}\text{N-NO}_3^-$ 绝对吸收速率的垂向变化表现出 2 种模式：其一，$^{15}\text{N-NO}_3^-$ 绝对吸收速率随深度的增加而增大，如 SR11 站、SR05 站,；其二，$^{15}N-NO_3^-$ 绝对吸收速率存在波动，50 ～ 100 m 层存在极值，如 AT10 站、AT07 站、AT01 站等。从空间变化看，$^{15}N-NO_3^-$ 绝对吸收速率也呈现出陆架区较大、海盆区较小的特征（图 5-222）。

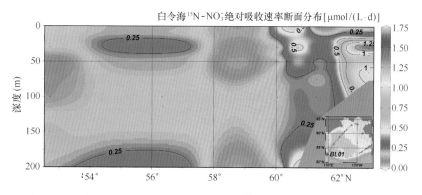

图 5-222 中国第五次北极科学考察白令海 $^{15}N-NO_3^-$ 绝对吸收速率的分布

白令海 $^{15}N-NH_4^+$ 的比吸收速率在垂向上表现出 2 种模式，其一，$^{15}N-NH_4^+$ 比吸收速率随深度的增加而降低，表层存在最大值，如 BL16 站、R01 站；其二，$^{15}N-NH_4^+$ 比吸收速率存在波动，如 BL10 站、BL12 站、BL13 站等。在所采样的 19 个站位中，绝大多数站位表现为第二种类型。从空间变化看，除 BL13 站外，陆架区 $^{15}N-NH_4^+$ 比吸收速率整体比海盆区低（图 5-223）。

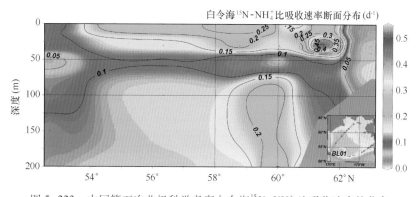

图 5-223 中国第五次北极科学考察白令海 $^{15}N-NH_4^+$ 比吸收速率的分布

白令海 $^{15}N-NH_4^+$ 绝对吸收速率的垂直分布也表现为 2 种模式，其一，$^{15}N-NH_4^+$ 绝对吸收速率随深度的增加呈降低趋势，表层存在最大值，如 BL06 站、R01 站；其二，$^{15}N-NH_4^+$ 绝对吸收速率存在波动，如 BL10 站、BL12 站、BL13 站等。在所采样的 19 个站位中，绝大多数站位都表现为第二种类型。从空间变化看，除 BL13 站存在极大值外，陆架区 $^{15}N-NH_4^+$ 绝对吸收速率整体比海盆区来得低（图 5-224）。

（2）中国第六次北极科学考察时白令海 $^{15}N-NO_3^-$ 和 $^{15}N-NH_4^+$ 断面分布情况

中国第六次北极科学考察期间，白令海 $^{15}N-NO_3^-$ 比吸收速率在 B08 站存在异常高值，另外，各站位存在 100 m 以浅 $^{15}N-NO_3^-$ 比吸收速率比其以深水体来得高的特征（图 5-225）。

白令海 $^{15}N-NO_3^-$ 绝对吸收速率的垂向变化表现出 2 种模式，其一：$^{15}N-NO_3^-$ 绝对吸收速率随深度的增加而降低，如 B10 站；其二，$^{15}N-NO_3^-$ 绝对吸收速率存在波动，30 ～ 50 m 层存在极

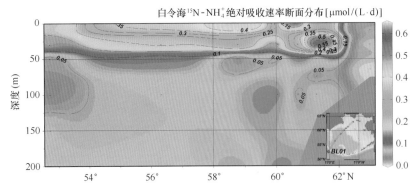

图 5-224　中国第五次北极科学考察白令海 $^{15}N-NH_4^+$ 绝对吸收速率的分布

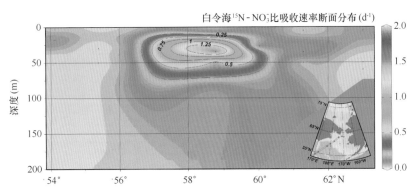

图 5-225　中国第六次北极科学考察白令海 $^{15}N-NO_3^-$ 比吸收速率的分布

值，如 B03 站、B08 站、C12 站等。从空间变化看，$^{15}N-NO_3^-$ 绝对吸收速率在 B08 站出现高值，且各站位在 100 m 以浅较高（图 5-226）。

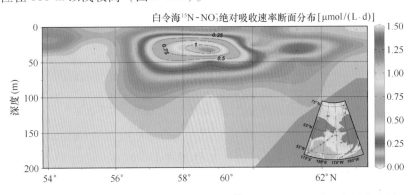

图 5-226　中国第六次北极科学考察白令海 $^{15}N-NO_3^-$ 绝对吸收速率的分布图

　　白令海 $^{15}N-NH_4^+$ 比吸收速率的垂直分布表现出 2 种模式：其一，$^{15}N-NH_4^+$ 比吸收速率随深度的增加而降低，如 B10 站、B13 站、S03 站、S07 站；其二，$^{15}N-NH_4^+$ 比吸收速率存在波动，如 B05 站、C12 站等。从空间变化看，$^{15}N-NH_4^+$ 比吸收速率整体表现为陆架区较高、海盆区较低的特征（图 5-227）。

　　白令海 $^{15}N-NH_4^+$ 绝对吸收速率的垂向变化也表现为 2 种模式：其一，$^{15}N-NH_4^+$ 绝对吸收速率随深度的增加而降低，表层存在最大值，如 B10 站、B16 站、S07 站；其二，$^{15}N-NH_4^+$ 绝对

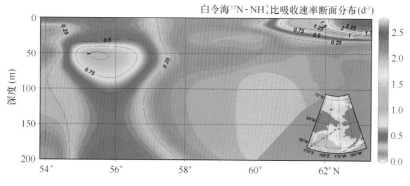

图 5-227 中国第六次北极科学考察白令海^{15}N-NH$_4^+$比吸收速率的分布

吸收速率存在波动，如 B13 站、C12 站等。从空间变化看，陆架区^{15}N-NH$_4^+$绝对吸收速率较高，海盆区较低（图 5-228）。

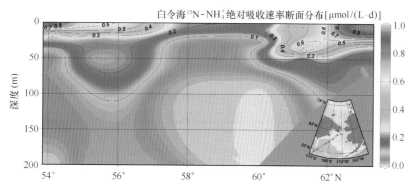

图 5-228 中国第六次北极科学考察白令海^{15}N-NH$_4^+$绝对吸收速率的分布

5.1.1.15 表层海水二甲基硫化物、DOC 的分布特征与变化规律

1）二甲基硫化物空间变化

（1）平面分布

中国第六次北极科学考察期间，北冰洋太平洋扇区表层海水中，DMS 含量最高可达 37.3 nmol/L，最低浓度低于检测限。最高值出现在白令海峡附近的 R01 站位，最低值出现在低温低盐（$T<-1℃$，$S<28$）的高纬度海区。总体看来，DMS 的含量有 2 个高值区，分别位于白令海盆中部和白令海峡，以高值区为中心分别向南北两侧呈降低趋势。叶绿素高值区位于白令海盆和白令海峡，并分别向北呈降低的趋势。

白令海表层海水中 DMS 含量范围在 1.5~37.3 nmol/L，平均值为 10.3±8.0 nmol/L，表层 DMSPt 浓度范围在 11.2~193.8 nmol/L，平均值为 89.8±61.4 nmol/L。在平均水深超过 3 000 m 的海盆区，表层 DMS 含量平均值为 9.5 nmol/L，略高于陆架区表层的 DMS 浓度（7.5 nmol/L），而 DMSPt 含量也在海盆区高，陆架区低，但是浓度相差却比较大，结果显示海盆区 DMSPt 含量高达 145.5 nmol/L，陆架区 DMSPt 含量仅为 58.4 nmol/L。溶解态的 DMSP 与总态的 DMSP 在分布趋势上保持一致，但从结构比例上来看，海盆区较陆架区溶解态 DMSP 比例偏低，结果显示海盆区溶解态 DMSP 占总 DMSP 的 18.2%左右，而陆架区溶解态

DMSP 占总 DMSP 的 47.9% 左右。此外，Chl a 在海盆区的含量也高于陆架区，其平均值分别为 2.1 μg/L 和 0.5 μg/L。有研究报道，白令海作为一个高浓度 DMS 海区，其释放主要来自于海藻 Phaeocystis pouchetti（Barnard et al.，1984）。白令海峡口的 DMS 浓度平均值高达 9.8±7.1 nmol/L，表层 DMSPt 浓度范围在 11.2~183.3 nmol/L，平均值为 61.2±52.9 nmol/L，从结构上看，溶解态 DMSP 所占比例均未超过 50%，在 BS06 站位，测得的 DMSPt 浓度为 183.3 nmol/L，溶解态 DMSP 仅为 5.7 nmol/L。

在楚科奇海及其以北的北冰洋海域，表层 DMS 随纬度的升高迅速降低。这与北极高纬地区低温低盐的特点有关，浮游植物在此区域的生产力降低，导致了 DMS 生产和释放过程的减缓。在近白令海峡口北的 R02 站位，测得 DMS 浓度为 16.5 nmol/L，在接近 80°N 的 R15 站位，DMS 浓度低于检测限。研究测得楚科奇海表层 DMS 平均浓度为 6.3±5.8 nmol/L，而北冰洋表层 DMS 平均浓度仅为 1.4±1.0 nmol/L，由此看来，调查海域表层 DMS 分布表现为白令海高于楚科奇海，楚科奇海高于北冰洋。DMSPt 在楚科奇海表层浓度范围在 9.6~110.4 nmol/L，平均值为 56.9±33.3 nmol/L，而北冰洋 DMSPt 表层浓度为 8.8±4.7 nmol/L，在接近 80°N 的 R15 站位，DMSPt 的含量为 4.5 nmol/L，其中溶解态 DMSP 为 2.6 nmol/L，依然有 DMS 生产和释放的潜力，随着北极温度的升高和海冰面积的退缩，DMS 生产和释放行为也势必会更加靠北。从结构上来看，楚科奇海和北冰洋除个别站位（R05 站、R06 站、R08 站）溶解态 DMSP 所占比例大于颗粒态 DMSP 外，多数站位依然是颗粒态 DMSP 比例大于溶解态比例，这得益于极地海冰中大量存在的极地硅藻是 DMSP 的高产种。从空间分布来看，DMS 和各形态 DMSP 分布趋势保持一致，高值出现在楚科奇海大部分浅水区表层；在北冰洋海域，DMS 和各形态 DMSP 含量均较低。DMSP 在调查海域的分布表现为白令海高于楚科奇海，楚科奇海高于北冰洋。

（2）断面分布

中国第六次北极科学考察期间，白令海 B 断面西南至东北向横跨整个白令海盆和陆坡并延伸至圣劳伦斯岛西南侧陆架，此断面的 DMS 浓度最高值为 39.3 nmol/L，最低浓度低于检测限，平均值为 2.9±5.6 nmol/L。从垂直分布来看，DMS 的浓度随着深度的增加迅速降低，高值集中在 50 m 以浅的上层水体，在 200 m 以下的深水中，DMS 浓度减小至不足 1 nmol/L。值得注意的是，在白令海盆区的底层水中，DMS 含量虽小但仍高于检测限，部分站位高于 1 nmol/L，说明在底层水体中依然存在 DMS 的生产或释放过程。在白令海西南部靠近阿留申群岛处，DMS 高值出现在 20 m 层，也是 Chl a 最大值层，进入白令海盆中部，DMS 高值出现在表层，表层 DMS 浓度高于 20 m 层。在白令海峡南侧的陆架区 DMS 高值回落到 20 m 层。DM-SPd 和 DMSPp 在垂直分布上与 DMS 保持一致，随着深度增加含量迅速降低，一般在 200 m 以深 DMSP 的浓度就低于检测限。DMSP 高值基本位于表层，深层水体中 DMSP 的含量很低，在海盆区，200 m 以深的 DMSP 含量不超过 1 nmol/L，从结构上来看，可能为包含在颗粒物中的 DMSP 向下沉降至深水层中释放造成的，如浮游动物摄食浮游植物的粪便等。

白令海峡口处的 BS 断面，DMS 分布与温度的分布相似，其西侧 DMS 高值出现在表层，且随深度增加 DMS 含量迅速降低。而在东部，DMS 高值出现在真光层，且垂直分布较为均匀。造成这种差异的原因可能是在 BS 断面中部存在一个上升流（高郭平等，2004；高生泉等，2011），将真光层富含浮游植物和 DMS 的水体带到了表层，使得表层 DMS 值较高，而真光层 DMS 含量降低。DMSPd 与 DMS 在白令海峡处的分布趋势基本一致，因此不再赘述，而

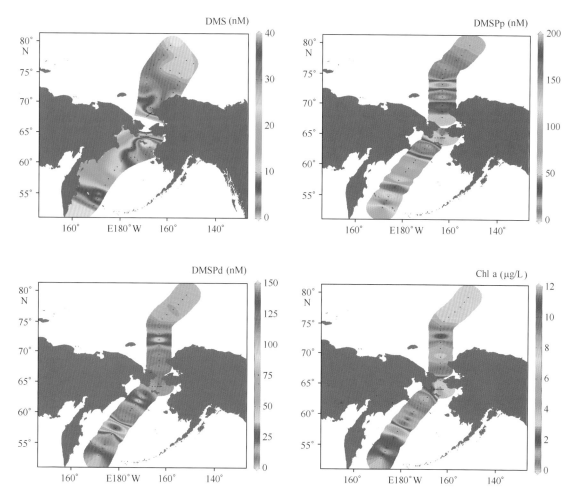

图 5-229　2014 年夏季北冰洋太平洋扇区表层 DMS、DMSPd、DMSPp 和 Chl a 分布图

DMSPp 在上层水体和深层水体的含量高，中层水体中 DMSPp 的含量相对偏低，这可能与水体中颗粒物的沉降过程有关。在海峡东部，DMSPp 在水体中上下混合较为均匀，这与叶绿素在此区域分布均匀有关。从结构上看，DMSPp 含量比例高于 DMSPd。

楚科奇海，以 Herald 浅滩北端（73°N，170°W）为界，与北冰洋呈现南北明显的水文差异，楚科奇海可能是考察同期入流的高温高盐的太平洋入流水，而北冰洋是冬季或者早春季节流入的白令海水，其中上层受到海冰融化的影响，盐度较低，且有明显的盐跃层。楚科奇海—北冰洋海域，明显受到了 3 个水团的影响，分别是浅滩以南夏季进入的白令海陆架水；浅滩以北冬季或春季进入的白令海水；表层受海冰消融影响的混合水体。DMS 的高值主要集中在浅滩以南的海区，在浅滩以北，DMS 含量很低，最北端的 R15 站位 DMS 浓度低于检测限。楚科奇海 DMS 的平均浓度为 4.8±5.0 nmol/L，北冰洋 DMS 的平均浓度为 1.1±2.5 nmol/L。在北冰洋陆坡处，底层的 DMS 浓度有所回升，特别是在 R11 站位，DMS 底层浓度高达 11.9 nmol/L。楚科奇海和北冰洋的 DMSP 以浅滩为界南北呈现不同的分布趋势，DMSPp 在浅滩以南有较高的含量，浅滩以北浓度降低；DMSPd 在浅滩以南含量较低，但在浅滩以北浓度升高。这可能是因为在楚科奇海，更有利于 DMSPd 转化成 DMS，DMSPd 生物利用率高于北冰洋，而 DMSPp 的生物利用率相对较低，其分布趋势受控于水团运动，由于白令海水通过白令海峡向北流入楚科奇海，因此使 DMSPp 在楚科奇海含量高，北冰洋含量低。

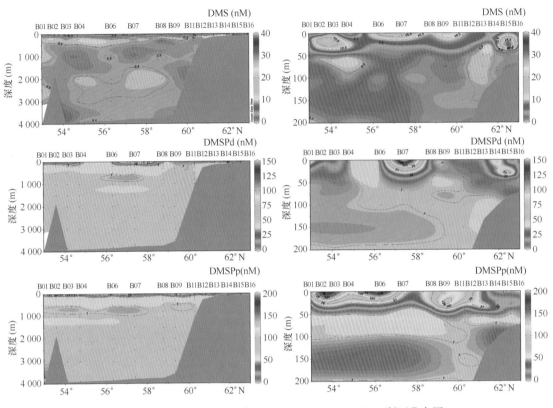

图 5-230　2014 年夏季白令海 DMS、DMSPd、DMSPp 断面分布图

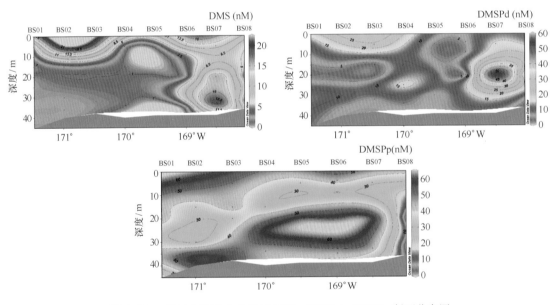

图 5-231　2014 年夏季白令海峡 DMS、DMSPd、DMSPp 断面分布图

2）二甲基硫化物年际变化

（1）DMSP 年际变化

与 2012 年同期相比，在白令海，由于 Chl a 分布变得更为均为，因此 DMSPp 呈交替变

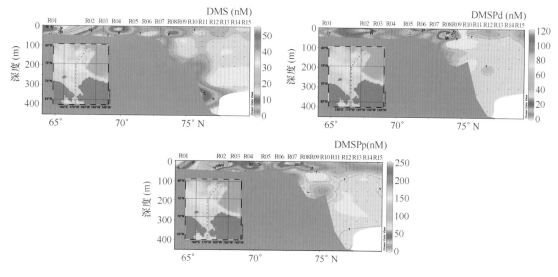

图5-232 2014年夏季楚科奇海—北冰洋 DMS、DMSPd、DMSPp 断面分布图

化，有的站位含量升高，有的站位含量降低，但整体呈升高的趋势，且高值区更加靠北。楚科奇海北部在2012年发生水华，其DMSPp值异常高。中部和南部海域，DMSPp含量较2012年升高了1倍，由 18.2±22.3 nmol/L 升高至 41.6±18.5 nmol/L。由于低温更有利于藻类细胞合成DMSPp，因此楚科奇海DMSPp含量的升高更可能是因为水温的升高导致融冰发生，进而为楚科奇海补充了氮盐（庄燕培等，2012），促使藻类细胞产生更多内源性的DMSP。

DMSPd的变化比较显著，同2012年相比，白令海表层DMSPd的含量升高了接近5倍，由 4.6±4.2 nmol/L 升高至 27.0±37.7 nmol/L。楚科奇海DMSPd含量升高了3倍，由 2.1±5.7 nmol/L 升高至 8.1±4.8 nmol/L。海水中，只有当细胞进入衰老期，被浮游动物捕食或受病毒感染时才大量释放DMSP，因此北冰洋太平洋扇区溶解态DMSP含量的显著升高可能是由于浮游动物生物量升高导致的捕食活动加剧造成的。此外，Lomas 和 Glibert（1999）和 Stockwell 等（1997）都指出，温度的上升使得白令海藻类种群结构发生了替换，颗石藻逐渐代替了硅藻，而颗石藻是DMSP的高产藻种，这也是DMSP变化的主要原因。

（2）DMS 年际变化

北冰洋太平洋扇区水温升高，可能会使藻类群落结构发生变化，DMSP高产藻种颗石藻逐渐替换了DMSP低产藻种硅藻，导致二甲基硫化物在此海域发生改变。通过与2012年同期调查结果相比较，发现白令海表层DMS的浓度升高1倍，2012年白令海表层DMS含量为 4.8±4.5 nmol/L，到2014年同期其平均含量升高至 8.7±4.7 nmol/L。楚科奇海DMS浓度升高了3倍，由2012年的 1.5±1.6 nmol/L 升高至 5.6±6.3 nmol/L。此外，在楚科奇海的垂直分布上，高值区范围扩大并且在浓度上升高，同2012年相比，楚科奇海中部DMS含量水平明显提高，并在中部形成1个高值区。DMS含量和水温的整体升高必然导致DMS在北冰洋太平洋扇区海—气通量的上升，与2012年同期相比，白令海DMS海—气通量升高了4倍，由 4.7 μmol/（m² · d）升高至 23.4 μmol/（m² · d）；楚科奇海则升高了7倍，由 2.7 μmol/（m² · d）升高至 21.9 μmol/（m² · d）。Andreae认为，如果DMS的通量变化1倍，全球的平均温度将会变化几度。因此北冰洋太平洋扇区DMS含量上升，会对极区的气候产生一种反馈调节作用。此外，DMS释放到大气中的氧化产物还是酸雨的主要成分，DMS含量升高也可能

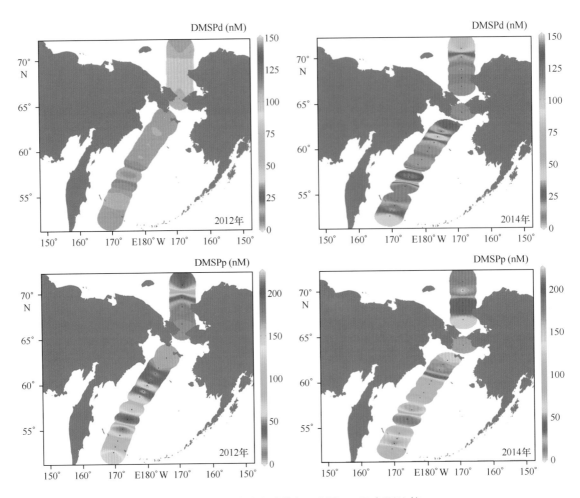

图 5-233　北冰洋太平洋扇区表层 DMSP 年际比较

会对北冰洋海水酸化带来不利的作用。

　　海水温度的升高能够使藻类细胞代谢旺盛从而释放更多的 DMS，相对于盐度，温度和 DMSPd 在北冰洋太平洋扇区变化更大，由于 DMS 的产生是一个复杂的过程，藻类可以主动释放 DMS，但更重要的是细胞溶解和浮游动物摄食。因此定量的分析温度和 DMSPd 变化量对 DMS 升高的贡献是比较困难的，但不可否认二者与 DMS 含量升高之间的联系。

　　3）溶解有机碳（DOC）

　　中国第五次北极科学考察北冰洋大西洋扇区、白令海和楚克奇海 DOC 浓度垂直分布表明，夏季这 3 个海域 DOC 浓度未呈现出明显的垂直变化情况，北冰洋大西洋扇区 BB 断面和楚克奇海 R 断面上，整个水体各层 DOC 浓度水平分布皆呈现出随纬度增高而降低的趋势，这种分布与叶绿素的分布类似，而营养盐则是浮游植物生长的基础物质，水体中营养盐的浓度及结构直接影响着浮游植物的生产，进而与 DOC 浓度分布也存在密切关系。白令海 BL 断面上，在 BL02 站位底层出现 1 个明显的 DOC 浓度高值区，相似的，该区域也是 Chl a 浓度高值区，此处 DOC 浓度的增高主要由于与初级生产有关的 DOC 的生产提高所至。

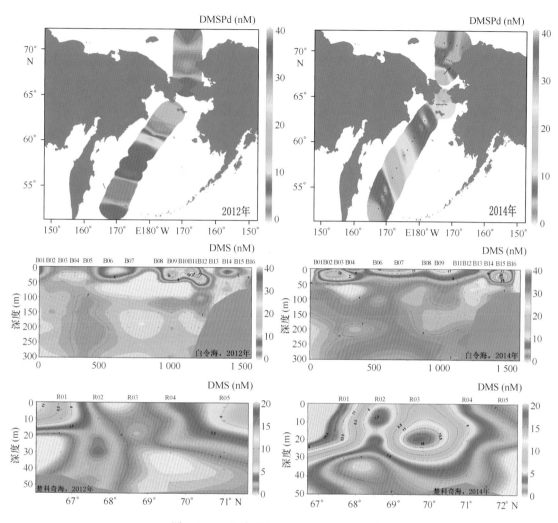

图 5-234 北冰洋太平洋扇区 DMS 年际比较

4）总氮（TN）和总磷（TP）

中国第五次北极科学考察北冰洋大西洋扇区 TN、TP 浓度分布表明，TN 和 TP 在各断面都呈现出上层浓度低、深层浓度高的特点，而水平分布上，TN 和 TP 浓度未呈现出明显的变化趋势。上层水体中浮游植物通过光合作用吸收营养盐进行生物生产，上层产生的有机物沉积到深层被微生物分解再矿化为营养盐。而在楚克奇海，TP 浓度出现 2 个高值区，分别出现在 R02 站和 R05 站下层（20 m 以深）。TN 浓度在 R01 站、R02 站位 20 m 层处出现浓度峰值；另一个高值区也出现在 R05 站位底层。由于 R05 站冰覆盖率极高，显然水体仍为冬季陆架水，因而营养盐极高。而对于 R02 站，可能是收到高营养盐的太平洋水的影响，因而存在营养盐高值区。

5.1.1.16 表层海水中的典型重金属的分布特征与变化规律

1）中国第五次北极科学考察时北极海域表层海水典型重金属分布情况

本次考察共采集表层海水 35 份，分析了其中的 7 种金属元素的含量：铜（Cu）、铅（Pb）、锌（Zn）、镉（Cd）、钡（Ba）、锰（Mn）和铀（U），同时，还分析了 26 份表层水样中的汞（Hg）的含量。图 5-235 给出了海水中重金属（除 Hg 外）的采样站位以及表层海水中 Cu 的浓度值，图 5-236 给出了海水中 Hg 的采样站位及浓度值。

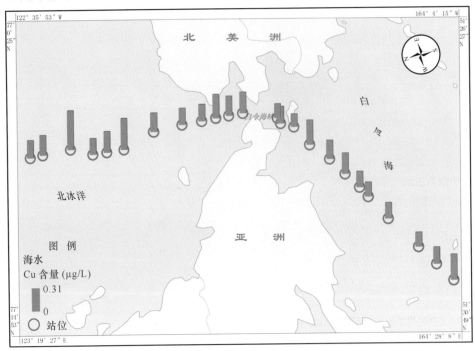

图 5-235　中国第五次北极科学考察"雪龙"船航迹表层海水中重金属
（除 Hg 外）的采样站位以及 Cu 的浓度值

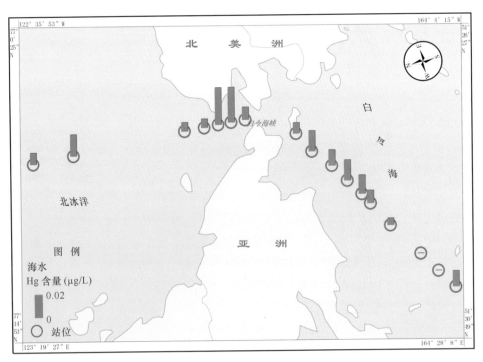

图 5-236　中国第五次北极科学考察"雪龙"船航迹表层海水中 Hg 的采样站位以及浓度值

　　本次考察"雪龙"船航迹表层海水中的 7 种典型重金属平均浓度与标准偏差如下。
Cu：0.297 1±0.084 7 μg/L；Zn：1.888±0.611 μg/L；Cd：0.027 87±0.008 94 μg/L；

Pb：0.155 5±0.051 5 μg/L；U：2.772±0.626 μg/L；Mn：0.510 1±0.240 9 μg/L；Ba：6.339±0.768 μg/L。分海区来看，在北大西洋海水中，除 U 外，其他 6 种重金属的平均值均小于白令海和楚科奇海中重金属的浓度值（表 5-1）。其中，Cu、Zn、Pb、Mn 和 Ba 在楚科奇海表层海水中的浓度较高，而 Cd 的浓度在白令海的浓度较高。图 5-237 给出了这 7 种重金属在白令海、楚科奇海和北大西洋海水中浓度分布的箱式图。图 5-238 给出了 Hg 在各采样点的浓度分布图。Hg 在北极海水中的平均浓度为 0.019 5±0.009 7 μg/L，与其他重金属类似，Hg 在各采样点表层海水中的浓度很低，大部分在方法检出限附近。与我国近岸和世界其他国家近岸海水中的重金属浓度水平相比较，北极海水中所分析的 7 种重金属的浓度均很低（表 5-2）。

表 5-1　中国第五次北极科学考察"雪龙"船航线表层海水中典型重金属的平均值与标准偏差（μg/L）

海区		Cu	Zn	Cd	Pb	U	Mn	Ba
白令海	平均值	0.278 7	1.844	0.030 01	0.142 5	2.815	0.435 3	6.466
	标准偏差	0.065 3	0.541	0.006 17	0.039 6	0.213	0.144 3	0.828
楚科奇海	平均值	0.344 6	2.114	0.028 81	0.180 2	2.633	0.609 8	6.547
	标准偏差	0.103 3	0.638	0.011 64	0.062 0	0.576	0.217 1	0.617
北大西洋	平均值	0.257 4	1.645	0.024 07	0.138 9	2.900	0.470 3	5.915
	标准偏差	0.046 7	0.608	0.007 16	0.039 3	0.966	0.327 7	0.772

表 5-2　我国各海区表层海水中典型重金属的浓度对比（μg/L）

海区	Hg	Cu	Zn	Cd	Pb
北黄海养殖区	0.038	1.21	15.2	0.13	0.10
辽东湾	—	5.01	34.06	1.04	4.91
山东	—	2.05	39.44	0.08	1.18
渤海	0.05	3.22	43.92	0.20	4.43
南黄海	0.009	1.12	3.44	0.053	0.30
海南岛	0.02	1.42	0.88	0.03	0.72

2）中国第六次北极科学考察时北极海域表层海水典型重金属分布情况

本次考察共采集表层海水 22 份，分析了其中的 8 种金属元素的含量：铜（Cu）、铅（Pb）、锌（Zn）、镉（Cd）、钡（Ba）、锰（Mn）、铀（U）和汞（Hg）。"雪龙"船航线表层海水中 7 种典型重金属的平均浓度和标准偏差如下。Cu：0.5 160±0.193 5 μg/L；Zn：1.860 5±0.992 7 μg/L；Cd：0.035 8±0.007 2 μg/L；Pb：0.175 5±0.042 8 μg/L；U：2.677 5±0.562 4 μg/L；Mn：0.619 5±0.357 7 μg/L 和 Ba：4.784 5±2.924 1 μg/L。图 5-239 给出了海水中重金属的采样站位以及表层海水中 Cu 的浓度值。表 5-3 给出了按海区分布的 7 种典型重金属的均值与偏差值，其中，Cu、Zn、Pb、Mn 和 Ba 在白令海的浓度较高，而 Cd 和 U 的浓度在楚科奇海的浓度较高。图 5-240 给出了这 7 种重金属在白令海、楚科奇海和波弗特海海水中浓度分布的箱式图。图 5-241 给出了 Hg 在"雪龙"船航线各

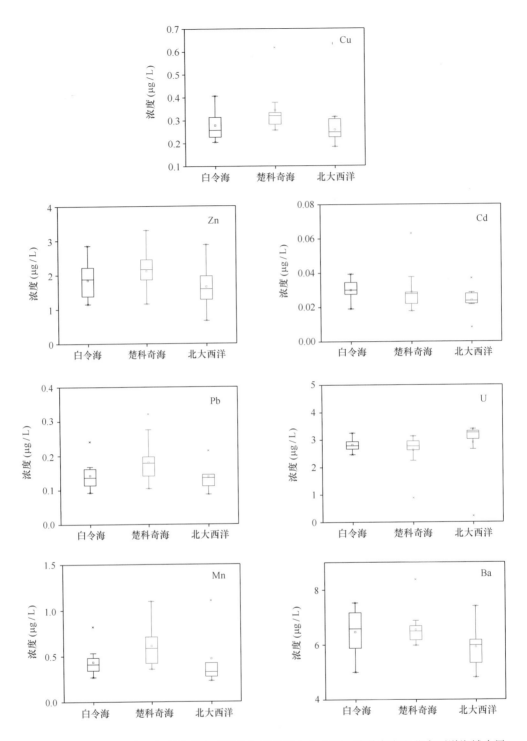

图 5-237　中国第五次北极科学考察"雪龙"船航线上白令海、楚科奇海和北大西洋海域表层
海水中 Cu、Pb、Zn、Cd、Ba、Mn、U 的浓度分布箱式图

采样点表层海水中的浓度分布图。Hg 在北极海水中的平均浓度为 0.022 7±0.015 0 μg/L，与其他重金属类似，Hg 在各采样点表层海水中的浓度很低，大部分在方法检出限附近。与我国近岸和世界其他国家近岸海水中的重金属浓度水平相比较，北极海水中所分析的重金属的浓度均较低。

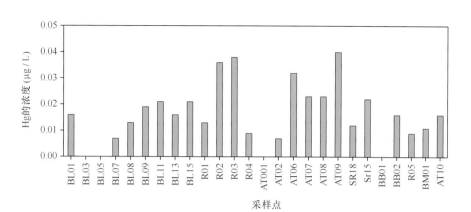

图 5-238　中国第五次北极科学考察"雪龙"船航线上各采样点表层海水中 Hg 的浓度分布

表 5-3　中国第六次北极科学考察北极地区海水中重金属的平均值与标准偏差（µg/L）

海区		Cu	Zn	Cd	Pb	U	Mn	Ba
白令海	平均值	0.559 3	2.347	0.032 50	0.182 1	2.301 2	0.781 1	5.433 6
	标准偏差	0.204 7	1.152	0.006 06	0.044 7	0.744 6	0.456 9	3.164 2
楚科奇海	平均值	0.501 6	1.605	0.039 37	0.174 2	2.944 2	0.505 3	4.597 6
	标准偏差	0.193 0	0.752	0.006 19	0.043 9	0.142 7	0.248 2	2.804 8
波弗特海		0.334 3	0.798	0.025 00	0.139 3	2.735 0	0.592 1	1.643 8
总平均值		0.516 0	1.861	0.035 80	0.175 5	2.677 5	0.619 5	4.784 5

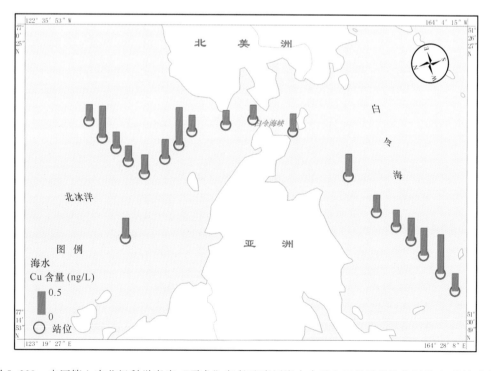

图 5-239　中国第六次北极科学考察"雪龙"船航迹表层海水中重金属的采样站位以及 Cu 的浓度值

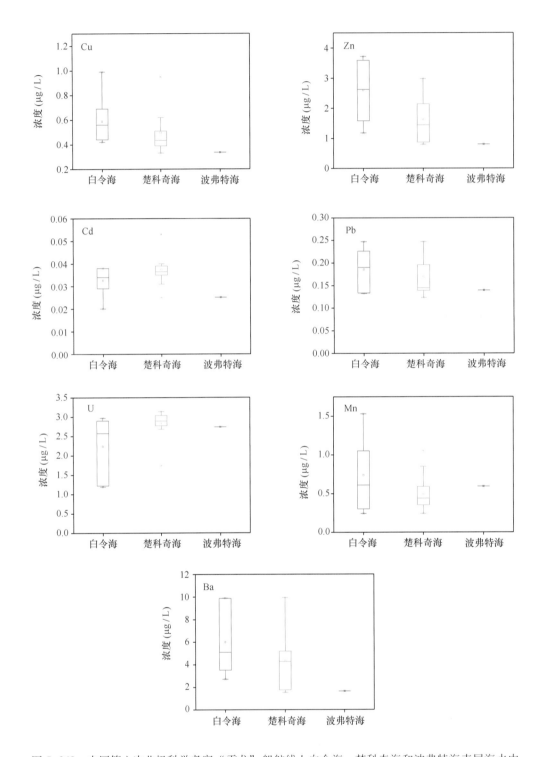

图 5-240　中国第六次北极科学考察"雪龙"船航线上白令海、楚科奇海和波弗特海表层海水中
Cu、Pb、Zn、Cd、Ba、Mn、U 的浓度分布箱式图

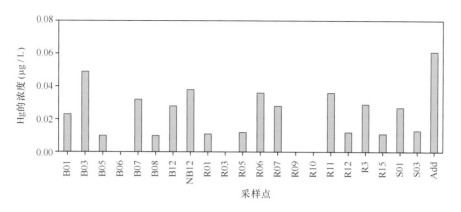

图 5-241　中国第六次北极科学考察 Hg 在各采样点的浓度分布

5.1.2　北极海域大气化学要素的分布特征和变化规律

5.1.2.1　北极海域大气中 PAHs 的含量与分布

（1）中国第五次北极科学考察北极海域大气化学要素的分布特征

鉴于"雪龙"船航线上大气低环和高环 PAHs 的浓度较低，有较多样品中未检测到，因此，本次考察只总结了其中 9 种 PAHs 的浓度与分布规律。这 9 种 PAHs 分别是：菲（Phe）、蒽（An）、荧蒽（Flu）、芘（Pyr）、苯并（a）蒽（BaA）、䓛（Chr）、苯并（b）荧蒽（BbF）、苯并（k）荧蒽（BkF）和苯并（a）芘（BaP）。

大气中 PAHs 样品的采样站位与气相 PAHs 的总浓度见图 5-242。在所有 19 个大气样品中 9 种 PAHs 总和（ΣPAHs）的平均浓度是 72.97 pg/m³，标准偏差为 20.23 pg/m³。其中，最低值出现在格陵兰海域，浓度为 41.29 pg/m³，最高浓度出现在日本北海道海域，浓度为 111.92 pg/m³。两地间浓度的差异可通过 72 h 的大气后向轨迹分析进行解释。图 5-243 和图 5-244 分别是在格陵兰海和日本北海道附近的 72 h 大气后向轨迹图。由图可以看出，在格陵兰海域，大气环流主要来自北冰洋上空，没有明显的 PAHs 的来源，而在日本北海道海域，大气主要来自亚洲大陆，而大陆上的人类活动释放的 PAHs 就通过大气环流迁移到了采样点附近，导致了该样品的 PAHs 浓度较高。

表 5-4 给出了 9 种典型 PAHs 分别在气相和颗粒相中的浓度与检出限等数据。在气相中，9 种 PAHs 的浓度在 25.45~86.23 pg/m³，颗粒相的浓度在 7.70~29.01 pg/m³。很明显可以看出，大气中的 PAHs 主要存在于气相中，不过并不是所有的 PAHs 组分都主要存在于气相中，比如，不管在气相还是颗粒相中，Phe 都是含量最多的物质，分别占气相和颗粒相中总 PAHs 的 67% 和 22%，而对 BaA、BbF、BkF 和 BaP 来说，在颗粒相中的比例就大于在气相中的比例。这种气相和颗粒相中分配比例的差别主要是由 PAHs 各同组物的物理化学性质的较大差异造成的。

（2）中国第六次北极科学考察北极海域大气化学要素的分布特征

对本次"雪龙"船航次采集的大气样品中 16 种 PAHs 的浓度进行了检测，它们分别是：Nap、Ace、Acp、Fl、Phe、Ant、Flu、Pyr、BaA、Chr、BbF、BkF、BaP、InP、DbA、BghiP（汉语名称与缩写之间的对应关系见表 5-5），大气中 PAHs 样品的采样站位与气相 PAHs 的

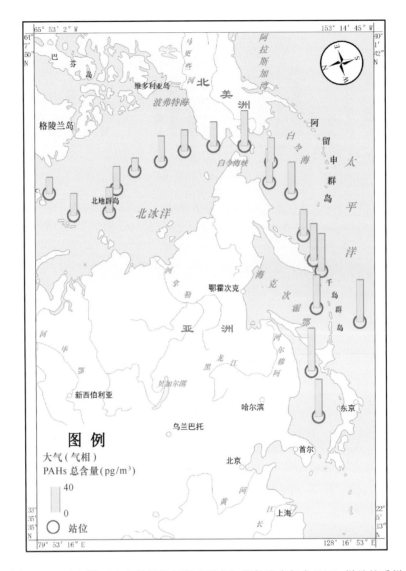

图 5-242　中国第五次北极科学考察"雪龙"船航迹大气中 PAHs 样品的采样
站位图与气相 PAHs 总浓度（pg/m³）

总浓度如图 5-245 所示。在所有 28 个大气样品中，大气气相样品中 16 种 PAHs 总和
（ΣPAHs）的平均浓度是 195.80 pg/m³，标准偏差为 127.87 pg/m³；大气颗粒相样品中 16 种
PAHs 总和（ΣPAHs）的平均浓度是 47.71 pg/m³，标准偏差为 40.42 pg/m³；大气气相样品
中 16 种 PAHs 总和（ΣPAHs）的平均浓度是 148.46 pg/m³，标准偏差为 100.11 pg/m³。其
中，大气气相中 PAHs 总量最低值出现在波弗特海域，最高浓度出现在楚科奇海。表 5-5 给
出了 16 种 PAHs 的名称缩写及其他相关信息，表 5-6 和表 5-7 分别给出了北极大气中气相
PAHs 和颗粒相 PAHs 的浓度值。如表 5-6 所示，各海域大气中 Nap 均占比最高，其次为 Fl
和 Phe，Chr 占比最小。大气颗粒相中 PAHs 总量最高值出现在楚科奇海，最低浓度出现在北
冰洋。由表 5-7 可以看出，在白令海和太平洋海域中 Fl 占比最大，而其他海域中 PAHs 主成
分为 Nap，Ace 和 Acp 次之。

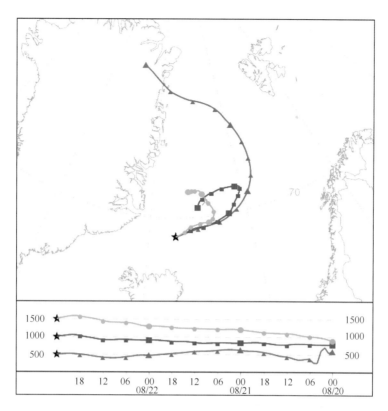

图 5-243　2012 年 8 月 23 日格陵兰海域上空 500 m、1 000 m 和 1 500 m 高度上的 72 h
大气轨迹的后向反演（美国 NOAA 的 HYSPLIT 模型）

表 5-4　9 种 PAHs 的名称、缩写、平均值、标准偏差（SD）与检出限（LOD）（单位：pg/m^3）

PAHs	缩写	PUF（气相）				GFF（颗粒相）				总量	
		内标回收率（%）	平均值	SD	LOD	内标回收率（%）	平均值	SD	LOD	平均值	SD
萘	An	61~74				65~78					
苊		85~102				85~92					
菲	Phe	80~93	38.90	10.92	2.95	82~94	3.31	1.03	2.05	42.21	11.18
蒽	Ant		3.63	1.26	1.82		0.23	0.08	0.12	3.86	1.27
荧蒽	Flu		8.25	5.32	0.98		1.71	1.29	0.38	9.97	5.78
芘	Pyr		4.88	2.02	0.54		1.17	1.14	0.34	6.05	2.79
苯并（a）蒽	BaA		0.33	0.25	0.13		1.21	0.61	0.14	1.54	0.61
屈	Chr	83~102	1.25	0.90	0.32	80~105	4.83	6.89	0.16	4.56	2.30
苯并（b）荧蒽	BbF		0.63	0.56	0.21		1.97	1.24	0.21	2.53	1.18
苯并（k）荧蒽	BkF		0.40	0.32	0.19		1.22	0.63	0.14	1.41	0.69
苯并（a）芘	BaP		0.35	0.09	0.18		0.79	0.42	0.18	0.83	0.41
苝		76~94				80~106					
总量			58.03	17.15			15.20	6.70		72.97	20.23

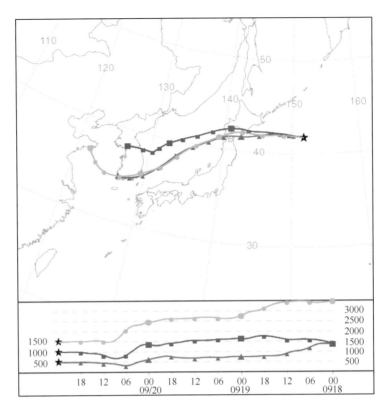

图 5-244 2012 年 9 月 21 日日本北海道海域上空 500 m、1 000 m 和 1 500 m 高度上的 72 h
大气轨迹的后向反演（美国 NOAA 的 HYSPLIT 模型）

图 5-245 中国第六次北极科学考察"雪龙"船航迹大气中 PAHs 样品的采样
站位图与气相 PAHs 总浓度（pg/m³）

　　图 5-246 和图 5-247 给出了 16 种 PAHs 组分在气相和颗粒相中的百分比分布。由图 5-246 可以看出，在气相中 Nap 和 Phe 所占的比例较大，而在颗粒相中，Phe 的比例降低，而 Fl 的比例增加。不同 PAHs 组分在气相和颗粒相中的分布规律与影响因素将在其气固分配行为部分进行详细讨论与分析。

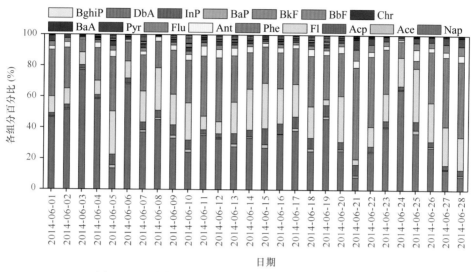

图 5-246　大气中 PAHs 各组分（气相）占总量的百分比

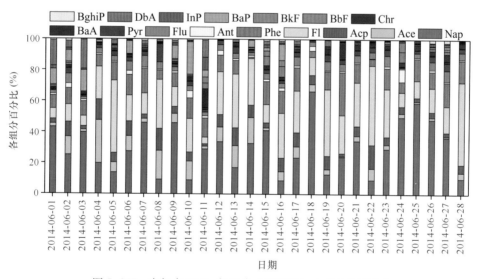

图 5-247　大气中 PAHs 各组分（颗粒相）占总量的百分比

表 5-5　16 种 PAHs 的名称、缩写、平均值、标准偏差（SD）与检出限（LOD）

PAHs	缩写	PUF（气相）				GFF（颗粒相）				总量	
		内标回收率（%）	平均值（pg/m³）	SD	LOD	内标回收率（%）%	平均值（pg/m³）	SD	LOD	平均值（pg/m³）	SD
萘	Nap	60~75	58.34	51.24		67~80	13.10	13.37		71.44	57.70
苊烯	Ace	82~105	1.49	0.72		88~91	4.19	5.96		5.62	6.36
苊	Acp	73~96	5.84	2.58			3.64	4.15		9.48	6.04
芴	Fl		25.58	12.42			12.91	15.81		36.73	25.89

PAHs	缩写	PUF（气相）				GFF（颗粒相）				总量	
		内标回收率%	平均值（pg/m³）	SD	LOD	内标回收率%	平均值（pg/m³）	SD	LOD	平均值（pg/m³）	SD
菲	Phe	80~93	43.40	39.80	2.95	79~93	4.83	4.61	2.05	47.49	43.29
蒽	Ant		5.44	5.82	1.82		0.95	1.50	0.12	6.39	6.50
荧蒽	Flu		3.48	3.09	0.98		1.80	1.63	0.38	5.28	4.23
芘	Pyr		3.30	2.88	0.54	87~106	1.52	2.46	0.34	4.82	3.98
苯并（a）蒽	BaA		0.15	0.15	0.13		0.10	0.06	0.14	0.25	0.18
屈	Chr	87~109	0.41	0.46	0.32	81~107	0.93	1.00	0.16	1.34	1.24
苯并（b）荧蒽	BbF		0.82	0.87	0.21		0.55	0.93	0.21	1.36	1.16
苯并（k）荧蒽	BkF		0.19	0.20	0.19		0.41	0.78	0.14	0.58	0.78
苯并（a）芘	Bap		0.05	0.06	0.18		1.40	2.15	0.18	1.45	2.14
茚并（1，2，3-cd）芘	InP		1.36	1.56			0.25	0.17		1.62	1.55
二苯并（a，h）蒽	DbA		0.56	0.62			0.89	1.62		1.45	1.63
苯并（g，h，i）芘	BghiP		0.27	0.26			0.23	0.15		0.51	0.26
总量			148.46	100.11			47.71	40.42		195.80	127.87

表5-6　北极地区大气中PAHs（气相）的平均值与标准偏差（pg/m³）

海区		Nap	Ace	Acp	Fl	Phe	Ant	Flu	Pyr	BaA	Chr	BbF	BkF	Bap	InP	Dba	Byhip
白令海	平均值	73.95	1.77	6.63	31.32	27.87	3.65	1.79	1.73	0.08	0.17	0.77	0.14	0.01	1.51	0.55	0.23
	标准偏差	63.96	0.75	2.84	21.95	8.20	2.09	0.48	0.54	0.03	0.05	0.29	0.08	0.01	0.93	0.36	0.12
北冰洋	平均值	42.28	1.24	5.58	25.34	30.24	3.30	2.71	2.52	0.12	0.32	0.66	0.15	0.05	0.97	0.41	0.22
	标准偏差	38.09	0.51	1.80	10.39	9.44	1.29	1.07	0.96	0.06	0.21	0.54	0.09	0.03	0.84	0.38	0.11
波弗特海	平均值	30.99	1.45	6.42	25.70	25.96	4.01	1.76	1.77	0.09	0.20	0.92	0.24	0.04	1.49	0.66	0.24
	标准偏差	16.54	0.20	0.24	11.69	9.96	2.25	0.91	1.06	0.04	0.06	0.39	0.11	0.03	0.82	0.39	0.11
楚科奇海	平均值	82.15	2.37	8.43	26.68	94.20	13.62	5.94	5.49	0.28	0.76	2.22	0.37	0.07	3.76	1.50	0.67
	标准偏差	64.30	0.81	3.16	7.98	80.01	12.11	5.00	4.38	0.23	0.72	1.34	0.37	0.07	2.62	0.98	0.51
太平洋	平均值	66.94	1.21	4.23	22.38	47.12	5.18	4.59	4.44	0.16	0.52	0.92	0.12	0.06	0.48	0.21	0.17
	标准偏差	60.53	0.70	2.62	12.93	35.00	3.93	4.01	3.84	0.20	0.63	0.43	0.15	0.08	0.86	0.37	0.17
总平均值		59.26	1.61	6.26	26.29	45.08	5.95	3.36	3.19	0.15	0.40	0.97	0.22	0.05	1.64	0.67	0.31

表5-7　北极地区大气中PAHs（颗粒相）的平均值与标准偏差（pg/m³）

海区		Nap	Ace	Acp	Fl	Phe	Ant	Flu	Pyr	BaA	Chr	BbF	BkF	Bap	InP	Dba	Byhip
白令海	平均值	9.36	6.64	5.40	13.92	4.75	0.59	2.57	3.81	0.08	0.53	0.21	0.15	0.93	0.20	0.79	0.26
	标准偏差	4.36	9.32	6.96	14.17	1.65	0.45	1.84	6.06	0.02	0.16	0.03	0.05	1.61	0.08	0.69	0.07
北冰洋	平均值	11.60	1.54	2.83	10.75	4.25	1.05	1.45	0.90	0.09	1.29	0.87	0.70	0.47	0.15	0.39	0.19
	标准偏差	12.23	1.19	2.48	9.07	3.46	1.89	0.94	0.72	0.06	1.36	1.54	1.36	0.91	0.10	0.67	0.12
波弗特海	平均值	18.24	8.29	5.01	17.32	3.28	0.76	1.52	1.46	0.12	0.64	1.06	0.53	1.82	0.31	0.58	0.20
	标准偏差	13.51	8.43	3.70	13.72	2.05	0.40	0.37	0.68	0.12	0.78	0.42	0.24	2.52	0.24	0.40	0.13
楚科奇海	平均值	21.39	6.41	4.85	16.72	7.50	2.11	2.35	1.70	0.74	0.74	0.06	0.24	3.10	0.38	0.38	0.19
	标准偏差	29.77	8.32	7.08	24.67	9.12	2.72	3.20	2.19	0.30	0.31	0.07	4.03	0.16	0.22	0.15	
太平洋	平均值	10.60	3.29	2.56	11.29	4.75	0.51	1.64	1.01	0.13	0.95	0.31	0.25	1.68	0.34	1.89	0.30
	标准偏差	3.13	4.98	2.79	21.04	4.97	0.44	1.63	0.97	0.08	0.14	2.00	0.21	2.77	0.21		
总平均值		14.24	5.24	4.13	14.00	4.91	1.00	1.91	1.77	0.10	0.83	0.54	0.38	1.60	0.27	0.80	0.23

5.1.2.2　大气中 PCBs 的含量与分布

（1）中国第五次北极科学考察时北极海域大气中 PCBs 的分布情况

本次考察共采集了 19 个大气样品（包含气相和颗粒相），分析了其中 30 种 PCBs 同组物的含量。大气中 PCBs 样品的采样站位与气相 PCBs 的总浓度见图 5-248。在所分析的 30 种 PCBs 中，有 4 种 PCBs（CB-18、CB-44、CB-87 和 CB-206）检出率较低，为避免因未检出数据太多而影响数据分析结论，本次考察对上述 4 种 PCBs 的浓度与分布等没有进行深入讨论，而只对余下的 26 种 PCBs 进行数据分析与讨论。采样日期、采样点经纬度、温度、相对湿度、采样体积以及大气中气相和颗粒相 PCBs 的浓度、气相 PCBs 占总 PCBs 的比例等相关数据列于表 5-8。

图 5-248　中国第五次北极科学考察"雪龙"船航迹大气中 PCBs 样品的采样
站位图与气相 PCBs 总浓度

表5-8　第五次北极考察"雪龙"船航线大气中PCBs采样的相关信息
以及大气中气相和颗粒相PCBs的浓度

编号	采样日期	纬度	经度	采样体积（m³）	温度（℃）	相对湿度（%）	气相浓度（pg/m³）	颗粒相浓度（pg/m³）	总浓度（pg/m³）	气相PCBs比例（%）
101	07-04	38°30′7″N	133°26′1″E	1358	20.3	88	19.819	6.931	26.750	74.1
102	07-05	43°37′53″N	138°33′21″E	1373	15.7	79	24.240	5.962	30.202	80.3
103	07-07	48°18′41″N	149°45′3″E	1928	13.4	91	10.937	5.609	16.546	66.1
104	07-09	50°2′22″N	157°43′6″E	2826	10.3	87	6.968	3.901	10.869	64.1
105	07-11	54°23′10″N	164°29′11″E	2846	9.2	79	10.386	3.439	13.824	75.1
106	07-13	57°24′8″N	175°7′17″E	2841	9.3	90	12.370	3.963	16.333	75.7
107	07-15	61°1′37″N	178°4′8″E	2796	7.6	92	12.109	3.052	15.161	79.9
108	07-18	64°33′40″N	168°38′50″E	2849	7.3	83	13.307	3.578	16.885	78.8
109	07-20	70°40′59″N	164°49′0″E	2850	8.0	84	7.159	2.777	9.936	72.1
110	08-21	68°42′57″N	14°47′29″W	2864	9.6	87	8.008	4.017	12.025	66.6
111	08-24	78°15′7″N	9°13′24″W	2906	1.3	77	10.976	2.865	13.841	79.3
112	08-26	82°10′17″N	78°35′5″E	2916	0.3	78	15.535	1.651	17.185	90.4
113	08-28	84°14′33″N	121°0′31″E	2931	1.3	73	6.288	4.948	11.236	56.0
114	08-30	87°11′25″N	121°56′51″E	2922	0.7	74	10.189	4.433	14.622	69.7
115	09-03	81°56′12″N	168°55′49″W	2924	3.2	80	6.535	4.226	10.761	60.7
116	09-05	71°16′12″N	164°33′19″W	2834	12.0	84	4.797	3.176	7.973	60.2
117	09-11	61°24′36″N	159°22′19″E	2801	13.1	86	10.863	3.728	14.591	74.4
118	09-13	51°44′16″N	159°22′19″E	2766	23.0	89	32.209	4.604	36.813	87.5
119	09-18	41°45′15″N	151°42′12″E	2766	22.0	90	64.347	3.310	67.657	95.1

在19个大气样品中，26种PCBs的浓度（气相+颗粒相）的平均值为19.116 pg/m³，标准偏差为13.833 pg/m³，说明各采样点间的浓度差异不大。其中，最大值为67.657 pg/m³，该点位于日本北海道海域，最小值为7.973 pg/m³，该点位于楚克奇海扇区。其中，气相中26种PCBs的浓度平均值为15.107 pg/m³，标准偏差为13.701 pg/m³，颗粒相中26种PCBs的浓度平均值为4.009 pg/m³，标准偏差为1.235 pg/m³。从地域分布上看，靠近陆地的采样点的浓度明显比远海上的样点的浓度高，说明人类活动对北极大气中的PCBs含量有着明显的影响。对大气中PAHs的分析中也得到了类似的结论。

表5-9列出了世界其他地区大气中PCBs的浓度值，可以明显看出，不同区域大气中PCBs的浓度值差异较大，这主要是由其离排放源的距离以及排放源的排放强度决定的。相比较，北极大气中PCBs的浓度较低，与北极黄河站大气中PCBs的浓度较为接近。

表5-9　世界各地大气中PCBs的浓度比较（pg/m³）

地点	浓度	地点	浓度
美国芝加哥	3 100	德国非工业区	3
英国曼彻斯特	1 160	挪威南部	101~151
希腊雅典	350	广州	307.2~2720.8
加拿大西北部	2~70	香港	170~470
德国鲁尔工业区	3 300	北极黄河站	1.990~6.307

图 5-249 给出了各 PCBs 同组物占总量的百分比，可以看出，低氯取代的 PCBs 的占比明显大于高氯取代的 PCBs，这主要是由不同氯取代的 PCBs 的挥发性或者是其过冷液体饱和蒸汽压的差异造成的。由于低氯取代的 PCBs 的挥发性较强，易存在于大气中，而高氯取代的 PCBs 的挥发性较弱，更倾向存在于大气颗粒相中，从而易于沉降在源的附近，难以进行长距离大气迁移，而低氯取代的 PCBs 则正好相反，存在于气相中的 PCBs 易于长距离迁移，从而到达极地地区，所以，极地大气中的低氯代的 PCBs 的比例较大，而高氯取代的 PCBs 的比例较小。从单个 PCBs 同组物来看，占比超过 5% 的同组物有 8 个，分别是：CB-8（5.5%）、CB-28（15.8%）、CB-52（10.8%）、CB-66（9.0%）、CB-77（16.4%）、CB-81（6.1%）、CB-114（5.9%）和 CB-126（9.8%）。气相 PCBs 的各同组物的分布与总 PCBs 的情况类似，但颗粒相中各同组物的分布稍有不同，占比超过 5% 的同组物有 5 个，分别是：CB-28（11.6%）、CB-77（29.3%）、CB-114（5.5%）、CB-126（22.1%）和 CB-205（7.4%）。从图 5-251 可以发现，各 PCBs 同族物的组成特征主要以低氯代 PCBs 为主，包括二氯代、三氯代和四氯代 PCBs，其中含量最多的单体是 CB-28（3.022 pg/m^3）、CB-52（2.056 pg/m^3）和 CB-77（3.136 pg/m^3），分别占总 PCBs 的 15.8%、10.8% 和 16.4%。

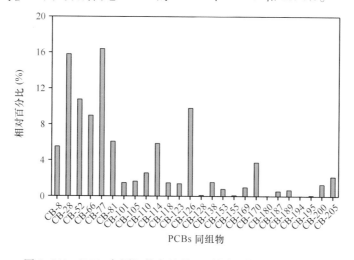

图 5-249　PCBs 各同组物占总量（颗粒相+气相）的百分比

从气相和颗粒相中 PCBs 的平均值的比较可以看出，PCBs 主要存在于气相中，对所有样品，气相 PCBs 占总 PCBs 浓度的 79.0%，不同氯代 PCBs 的比例分别为：二氯代（90.9%）、三氯代（84.6%）、四氯代（82.5%）、五氯代（69.6%）、六氯代（76.5%）、七氯代（68.0%）和八氯代（51.7%）。很明显，气相中低氯代 PCBs 同族物的比例要高于高氯代 PCBs。这种组成规律在其他研究中也有体现，其决定因素主要是由于不同氯数取代的 PCBs 具有较宽的过冷液体饱和蒸汽压（p_L^0）范围，导致不同氯数取代的 PCBs 在气相和颗粒相中的分配差异较大。颗粒相 PCBs 只占总量的 21.0%，其中有较多样品中的颗粒相中有多种 PCBs 同组物未检出，例如，CB-153 和 CB-155 在所有样品的颗粒相中均未检出。图 5-251 列出了颗粒相中 26 种 PCBs 占总 PCBs（颗粒相+气相）的比例，可以看出，随着挥发性的降低，颗粒相中 PCBs 的比例有明显增加的趋势，这与其他半挥发性持久性有机污染物的规律相似。研究表明，p_L^0 是影响 PCBs 气固分配行为的一个重要参数，具有高 p_L^0 值的 PCBs 倾向存在于气相，如二氯取代和三氯取代 PCBs，而由于高氯取代 PCBs 具有较

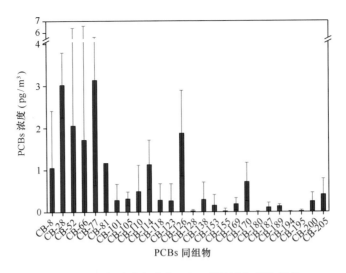

图 5-250 极地大气中各 PCBs 的浓度与标准偏差

低的 p_L^0 值，其多存在于颗粒相中。所以，本项目观测到的不同 PCBs 同族物的组成特征与理论分析的结果一致。

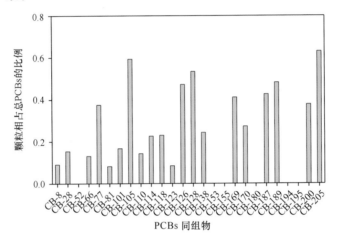

图 5-251 颗粒相中 19 种 PCBs 占总 PCBs（颗粒相+气相）的比例（按出峰顺序依次排列）

（2）中国第六次北极科学考察时北极海域大气中 PCBs 的分布情况

本次考察共采集了 28 个大气样品（包含气相和颗粒相），分析了其中 27 种 PCBs 同组物的含量，大气中 PCBs 样品的采样站位与气相 PCBs 的总浓度见图 5-252。在所分析的 27 种 PCBs 中，有 13 种 PCBs（CB-8、CB-44、CB-52、CB-87、CB-123、CB-128、CB-155、CB-180、CB-194、CB-195 和 CB-206 等）检出率低于 30%，为避免因未检出数据太多而影响数据分析结论，本报告中对上述 13 种 PCBs 的浓度与分布等没有进行深入讨论。本报告只对余下的 14 种 PCBs 进行数据分析与讨论。

在 28 个大气样品中，14 种 PCBs 的浓度平均值为 22.41 pg/m³，标准偏差为 11.39 pg/m³，说明各采样点间的浓度差异不大。其中，气相中 PCBs 浓度最大值在白令海，颗粒相中浓度最大值在波弗特海。其中，气相介质中 14 种 PCBs 的浓度的平均值为 10.01 pg/m³，标准偏差为 8.70 pg/m³；颗粒相介质中 14 种 PCBs 的浓度的平均值为 12.80 pg/m³，标准偏差为

图 5-252 中国第六次北极科学考察 "雪龙" 船航迹大气中 PCBs 样品的采样
站位图与气相 PCBs 总浓度

13.59 pg/m³。

图 5-253 和图 5-254 给出了各 PCBs 同组物占总量的百分比，可以看出，低氯取代的 PCBs 的占比明显大于多氯取代的 PCBs，这主要是由不同氯取代的 PCBs 的挥发性或者是其过冷液体饱和蒸汽压的差异造成的。由于低氯取代的 PCBs 的挥发性较强，易存在于大气中，而高氯取代的 PCBs 的挥发性较弱，更倾向存在于大气颗粒相中，从而易于沉降在源的附近，难以进行长距离大气迁移，而低氯取代的 PCBs 则正好相反，存在于气相中的 PCBs 易于长距离迁移，从而到达极地地区，所以，极地大气中的低氯代的 PCBs 的比例较大，而高氯取代的 PCBs 的比例较小。从单个 PCBs 同组物来看，占比超过 5% 的同组物有 4 个，分别是：CB-8（11.40%）、CB-52（32.4%）、CB-101（9.4%）、CB-138（6.6%）。颗粒相 PCBs 的各同组物的分布与总 PCBs 的情况类似，但气相中各同组物的分布稍有不同，占比超过 5% 的同组物有 5 个，分别是：CB-8（17.1%）、CB-18（8.5%）、CB-52（5.6%）、CB-114（6.8%）和 CB-105（8.1%）。

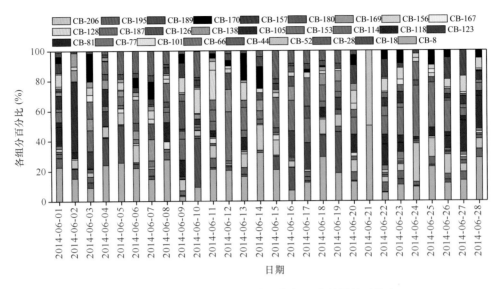

图 5-253 大气中 PCBs 各组分（气相）占总量的百分比

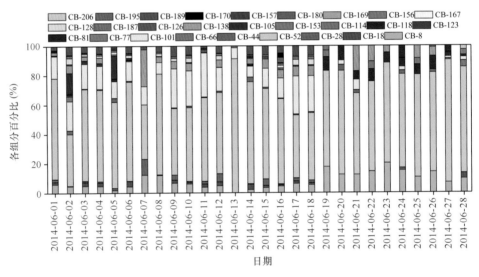

图 5-254 大气中 PCBs 各组分（颗粒相）占总量的百分比

从气相和颗粒相中 PCBs 的平均值的比较可以看出，PCBs 主要存在于颗粒相中，对所有样品，气相 PCBs 占总 PCBs 浓度的 44%，颗粒相占总量的 56%。表 5-10 和 5-11 列出了气相和颗粒相中 14 种 PCBs 占总 PCBs（颗粒相+气相）的比例（按出峰顺序依次排列），可以看出，随着挥发性的降低（即出峰顺序），颗粒相中 PCBs 的比例有明显的增加趋势，这与其他半挥发性持久性有机污染物的规律相似。

5.1.2.3 大气化学要素的分布特征和变化规律

（1）北极考察航线上海洋边界层气态总汞

在 2012 年科学考察，中国第五次北极考察航线上海洋边界层气态汞（TGM）的浓度范围从 0.15 ng/m³ 到 4.58 ng/m³，平均值为 1.23±0.61 ng/m³（中值：1.15 ng/m³）。平均值低于 2005 年西北冰洋的报告数据（1.72±0.35 ng/m³）。然而，稍高于北大西洋 2008 年（约

表 5-10　北极地区大气气相中 PCBs 的平均值与标准偏差（pg/m³）

海区		CB-8	CB-18	CB-28	CB-52	CB-44	CB-101	CB-118	CB-114	CB-105	CB-138	CB-126	CB-128	CB-156	CB-189
白令海	均值	2.000	0.993	0.213	0.520	0.000	0.205	0.155	0.158	0.000	0.543	0.373	0.145	0.320	0.293
	标准偏差	1.136	1.708	0.141	0.576	0.000	0.141	0.310	0.182	0.000	0.477	0.384	0.110	0.322	0.152
北冰洋	均值	0.932	0.743	0.182	0.407	0.157	0.061	0.157	0.884	0.058	0.298	0.267	0.137	0.114	0.181
	标准偏差	0.911	1.178	0.166	0.381	0.183	0.048	0.199	0.925	0.120	0.463	0.415	0.171	0.170	0.211
波弗特海	均值	1.047	0.190	0.117	0.540	0.000	0.093	0.153	0.123	0.000	0.077	0.120	0.087	0.217	0.163
	标准偏差	0.140	0.263	0.115	0.036	0.000	0.087	0.266	0.137	0.000	0.133	0.078	0.085	0.375	0.060
楚科奇海	均值	0.990	1.215	0.168	0.295	0.015	0.063	0.190	0.360	0.150	0.455	0.530	0.228	0.800	0.178
	标准偏差	0.759	2.225	0.050	0.234	0.019	0.032	0.311	0.311	0.244	0.646	0.613	0.220	1.000	0.192
太平洋	均值	0.989	1.064	0.144	0.374	0.047	0.091	0.218	0.385	0.071	0.386	0.347	0.148	0.415	0.179
	标准偏差	0.511	0.688	0.050	0.182	0.077	0.057	0.068	0.332	0.092	0.199	0.186	0.055	0.316	0.064
总平均值		1.209	0.791	0.165	0.430	0.044	0.103	0.162	0.380	0.054	0.340	0.319	0.146	0.363	0.198

表 5-11　北极地区大气颗粒相中 PCBs 的平均值与标准偏差（pg/m³）

海区		CB-8	CB-18	CB-28	CB-52	CB-44	CB-101	CB-118	CB-114	CB-105	CB-138	CB-126	CB-128	CB-156	CB-189
白令海	均值	2.885	0.143	1.915	13.118	0.070	3.195	0.045	0.020	0.328	4.580	0.015	0.188	0.090	0.763
	标准偏差	3.852	0.241	3.724	9.187	0.091	3.624	0.057	0.023	0.528	8.606	0.030	0.155	0.078	0.594
北冰洋	均值	0.419	0.068	0.076	3.184	0.046	1.117	0.078	0.003	0.017	0.382	0.022	0.166	0.100	0.314
	标准偏差	0.309	0.103	0.122	3.557	0.043	1.680	0.065	0.007	0.011	0.461	0.044	0.256	0.122	0.474
波弗特海	均值	0.247	0.207	0.233	6.283	0.163	0.973	0.020	0.017	0.043	0.450	0.073	0.013	0.083	0.527
	标准偏差	0.261	0.200	0.378	3.674	0.176	0.906	0.035	0.015	0.045	0.483	0.127	0.023	0.097	0.483
楚科奇海	均值	1.033	0.385	0.543	10.200	0.150	4.628	0.000	0.025	0.030	0.790	0.040	0.425	0.243	0.925
	标准偏差	0.306	0.142	0.464	2.766	0.088	1.228	0.000	0.038	0.014	0.478	0.067	0.287	0.137	0.493
太平洋	均值	1.164	0.186	0.932	6.496	0.103	2.169	0.037	0.019	0.127	2.029	0.052	0.189	0.119	0.572
	标准偏差	1.408	0.099	1.271	3.898	0.053	1.438	0.029	0.011	0.194	3.018	0.036	0.136	0.054	0.190
总平均值		1.146	0.200	0.692	8.196	0.107	2.478	0.036	0.016	0.104	1.551	0.038	0.198	0.129	0.632

1.15 ng/m³）和 2009 年（约 1.12 ng/m³）平均值。海上气态汞浓度显示出不均匀分布，与 Galathea 等巡航考察期间获得的结果类似，后者航线覆盖北大西洋等。北冰洋总气态汞空间分布显著与最近观测数据一致，北极西部生物区汞浓度高于东部。气态汞浓度分布见图 5-255。Kolmogorov-Smirnov 测试显示出正态分布（P<0.001）。最高频率在 1.0~1.5 ng/m³。

海洋边界层气态汞浓度分布图（ng/m³）

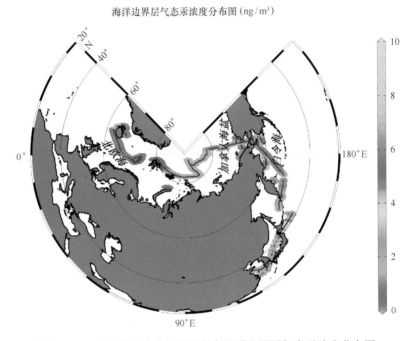

图 5-255 中国第五次北极科学考察海洋边界层气态汞浓度分布图

在 2010 年，TGM 浓度在 0.73~4.78 ng/m³，平均值 1.81±0.45 ng/m³（中值：1.72 ng/m³）（图 5-256）。同样，Kolmogorov-Smirnov 测试显示出正态分布（P<0.001）。最高频率在范围 1.6~1.8 ng/m³。2010 年约 30% 数据低于 1.5 ng/m³，而 2012 年增加到约 80%。这暗示着北冰洋上的许多观测结果都在早期报告的北半球背景值（1.5~1.7 ng/m³）之外。

TGM（ng/m³）

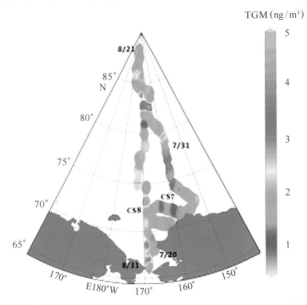

图 5-256 中国第四次北极科考航线上海洋边界层气态汞浓度分布图

沿航线在不同地方 TGM 显示不同特征。为更好地解释数据我们把航线划分为几个地理段。在 2010 年科学考察中,在楚科奇海的航线被命名为 CS7-2010(Chukchi Sea in July)及 CS8-2010(Chukchi Sea in August)。在 2012 年科学考察中,航线分为 4 段,根据海冰状态和海盆命名为 CS7(Chukchi Sea in July),NS(Norwegian Sea),CAO(central Arctic Ocean)和 CS9(Chukchi Sea in September)。当船经过 NS 到 CAO 时 TGM 浓度减小,然后在 CAO 段突然增加(图 5-257a)。根据 2012 年中国北极科学考察报告,NS 段和 CAO 前段均在开阔水域,而 CAO 后段在冰覆盖区。在冰覆盖区的 CAO 段,气压和湿度增加而温度降低。当船进入冰覆盖区时 TGM 突然增加(图 5-257a)。该现象在 2010 年科学考察(图 5-257b)以及通过北冰洋和大西洋的西北航道的 Berinngia 等 2005 年考察中也观测到。在 NS 段,TGM 平均值为 0.81±0.26 ng/m³,与其他海相比较低。靠近 NS 段,低浓度 TGM(约 1.1 ng/m³)在 2008 年和 2009 年北大西洋也被观测到。对于 CS7 和 CS9,CS7 的 TGM(1.17±0.38 ng/m³)明显低于 CS9(1.51±0.79 ng/m³)。这与北冰洋周围的陆基观测结果报告中从 7—9 月有降低趋势不同。2010 年科学考察中对楚科奇海上 TGM 也在进行了测量。2010 年航线上也发现月变化,如 TGM 平均值 CS8-2010(2.22±0.45 ng/m³)高于 CS7-2010(1.60±0.34 ng/m³)。

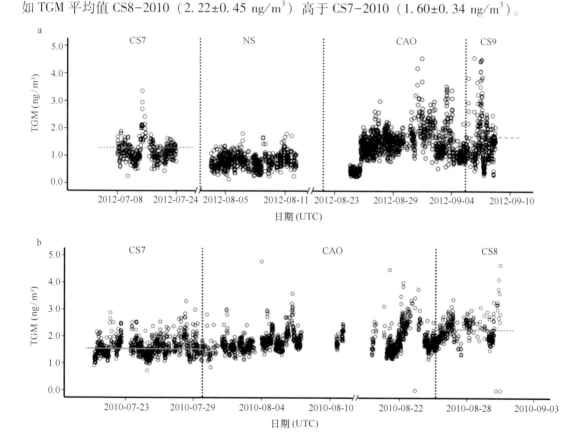

图 5-257 CHINARE 2012(a)和 2010(b)沿航线大气汞浓度时间序列

通过冰覆盖区的通道为蓝色阴影,不同段用黑色虚线分开,楚科奇海平均 TGM 用红色虚线标示

2014 年中国第六次北极科学考察航线上海洋边界层大气汞浓度变化范围为 1.0~3.7 ng/m³,较中国第五次北极科学考察的浓度变化范围收窄,而平均值为 1.6±0.3 ng/m³,与中国第五次北极科学考察相一致(图 5-258)。走航期间大气汞浓度高值主要出现在中国近海、日本海及北冰洋,其中在中国近海及日本海的高值可能主要受到了陆源输入的影响,而在北冰洋,

结合测得的表层海水溶解性气态汞，发现大气汞浓度与海冰密集度有一定的正相关性，该现象可能的原因之一是船驶入冰区破冰之后，导致海水里的溶解性气态汞挥发进入大气，从而引起观测到的大气汞浓度增加。与此同时，冰雪表面光化学过程也可能对此有一定的影响，这还需要进一步的数据分析。

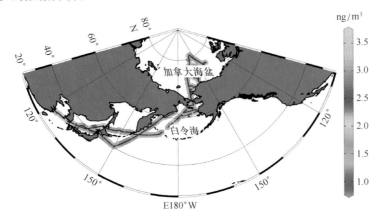

图 5-258　中国第六次北极科学考察海洋边界层气态汞浓度分布图

（2）北极考察航线上海洋边界层生物成因气溶胶

中国第四次北极科学考察和第五次北极科学考察航线上北冰洋区域采集的气溶胶样品，分析其中甲基磺酸（MSA）的浓度（图 5-259）。这两次科学考察中北冰洋地区 MSA 的浓度变化幅很大。中国第四次北极科学考察 2010 年 7 月 20 日从楚科奇海出发，到达中心北冰洋后于 8 月 31 日返回楚科奇海，其 MSA 的浓度范围为未检测至 120 ng/m³，平均值为 8±13 ng/m³。中国第五次北极科学考察与以往科学考察不同，于 2012 年 7 月 18 日到达楚科奇海，访问冰岛，9 月 8 日返回楚科奇海，穿越了整个北冰洋，这给科研工作者带来宝贵的数据。其 MSA 的浓度范围从未检测至 229 ng/m³，平均值为 28±52 ng/m³。

基于海洋初级生产力和海盆的影响，我们将北冰洋分为几个区域，即楚科奇海、挪威和中央北冰洋（纬度高于 80°N 的海域）。MSA 在挪威海地区浓度最大（79±93 ng/m³），楚科奇海次之（18±16 ng/m³）（P <0.05）。特罗姆瑟—斯瓦尔巴特群岛的航线上发现高浓度 MSA（120 ng/m³）出现在挪威海（Rempillo et al.，2009），其结果比我们的实验稍高。此外，有色溶解机物质（CDOM）在北极地区分布不均匀。挪威海 CDOM 平均值也远高于其他地区。有趣是，高浓度 MSA 值（162 ng/m³，229 ng/m³）对应于高 CDOM 值（37.66 7 FI.U，59.226 FI.U），它们之间可能存在潜关系。

（3）北极考察航线上挥发性有机气溶胶

北半球异戊二烯 SOA 标志物的浓度（14±11 ng/m³）远高于南半球（3.3±6.4 ng/m³）。西北太平洋上的浓度远高于"round-the-world"航次报道的结果（Fu et al.，2011）。异戊二烯 SOA 标志物最高浓度出现在北半球的中纬度地区（30°—60°N），平均值为 25±7.7 ng/m³。中国东海、日本海和鄂霍次克海采集的所有样品异戊二烯 SOA 标志物的浓度都超过了20 ng/m³，远远高于其他地区样品中的浓度（图 5-260）。低纬度（30°—30°N）和北半球高纬度（60°—90°N）海区上空同样拥有高含量的异戊二烯 SOA 标志物，平均浓度分别为 9.2±6.7 ng/m³ 和 5.3±3.7 ng/m³。

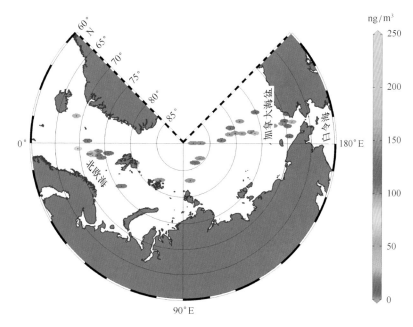

图5-259 中国第五次北极科学考察海洋边界层气溶胶样品中甲基磺酸（MSA）浓度分布

5.1.2.4 大气气溶胶重金属分布特征

中国第五次北极科学考察结果表明，Na、Cl、K、Mg、Ca、Br等离子的分布规律显示出较好的一致性，其来源主要来自海洋气溶胶，其最高值出现在60°—90°N之间，期间风速较大，海气交换强烈导致海洋气溶胶浓度升高。

MSA在低纬度浓度较高，随纬度升高浓度降低。由于通常认为MSA的浓度随纬度升高而升高，这一特点在南半球较为显著，在北半球讨论较少，应继续关注。

SO_4^{2-}、NH_4^+2个离子的变化没有明显规律，NO_3^-在近岸浓度较高，可能是来自中国近岸的污染。

5.1.3 沉积化学要素的分布特征和变化规律

5.1.3.1 表层沉积物有机碳$\delta^{13}C$

1) 含量

中国第五次北极科学考察期间，白令海、楚科奇海表层沉积物中颗粒有机碳$\delta^{13}C$值介于 −25.0‰~−21.3‰，平均为−22.6‰±0.7‰，最高值出现在白令海峡BN04站，最低值出现在楚科奇陆架C03站。

2) 平面分布

（1）白令海表层沉积物有机碳$\delta^{13}C$的平面分布情况

白令海陆架区表层沉积物中颗粒有机碳$\delta^{13}C$值介于−22.9‰~−21.3‰，最低值出现在陆架东侧BM07站，最高值出现在白令海峡BN04站。表层沉积物POC-$\delta^{13}C$值的分布与其

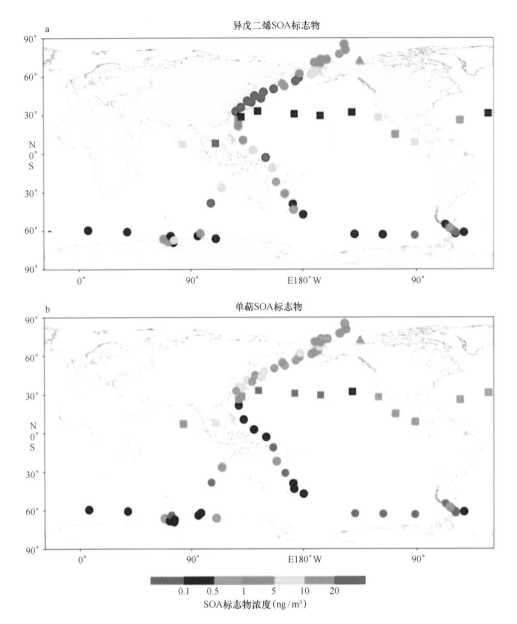

图5-260 异戊二烯SOA标志物总浓度（a）和单萜SOA标志物总浓度（b）

圆形代表本文研究的数据；方形代表"around-the-world"报道的数据（Fu et al.，2011）；三角代表
MALINA航次南波弗特海的平均数据（Fu et al.，2013）；"around-the-world"和MALINA航次的单萜SOA
标志物浓度为PNA、PA、MBTCA和HGA浓度的总和

上覆水体底层悬浮颗粒有机物δ¹³C的分布十分相似，呈现出由西向东略微降低的趋势。对于陆架西侧的站位，除去白令海峡区的高值外，其余站位的POC-δ¹³C值变化不大（图5-263）。

（2）楚科奇海表层沉积物有机碳δ¹³C的平面分布情况

楚科奇海陆架区表层沉积物中颗粒有机碳δ¹³C值介于-25.0‰~-21.9‰，最低值出现在靠近阿拉斯加Lisburne海角的C03站，最高值出现在白令海峡R01站。表层沉积物POC-δ¹³C值的分布有两个明显的特征：一是在68°N以南海域，由西南方靠近白令海峡区的R01站向东北方向靠近阿拉斯加Point Hope的CC6站，POC-δ¹³C值逐渐降低；二是在68°N以北海

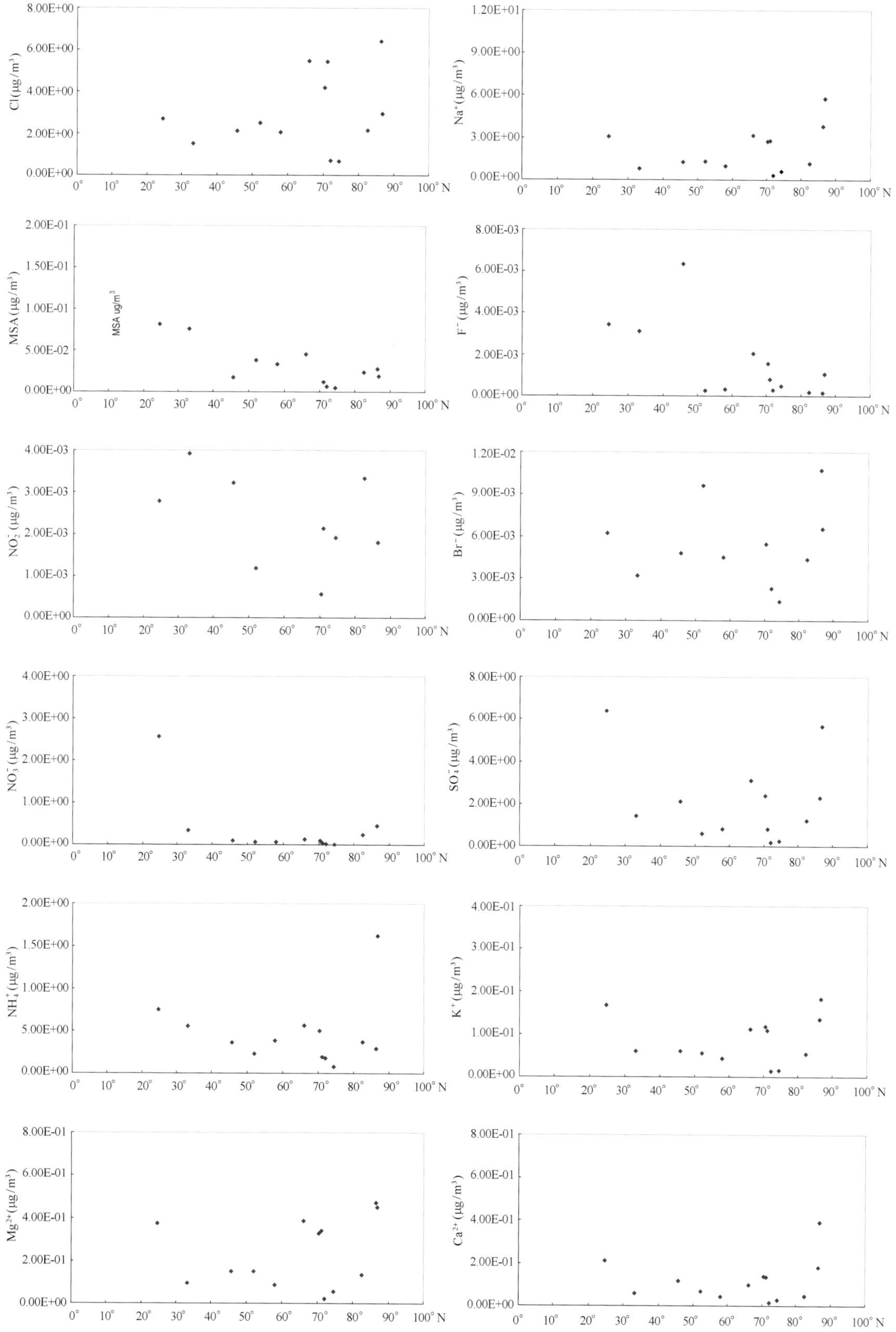

图 5-261 中国第五次北极考察大气气溶胶阴阳离子分布特征

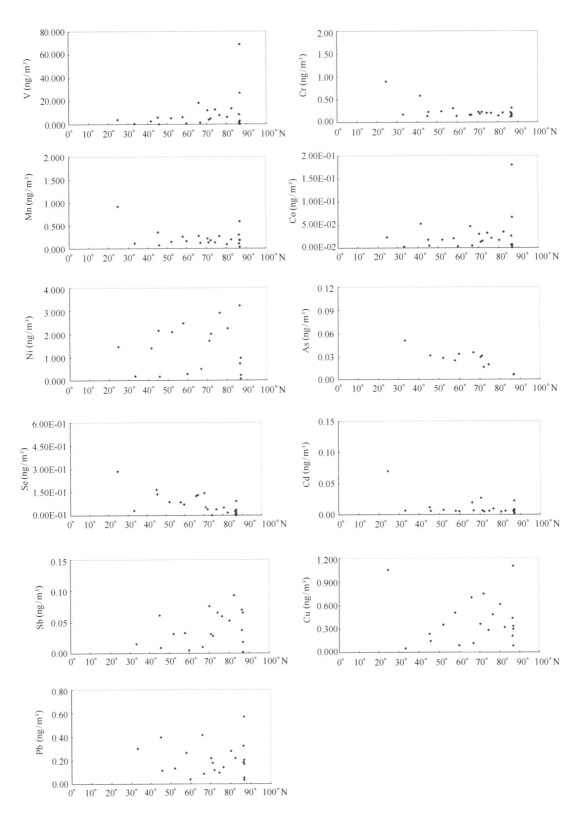

图 5-262 中国第五次北极考察大气气溶胶重金属分布特征

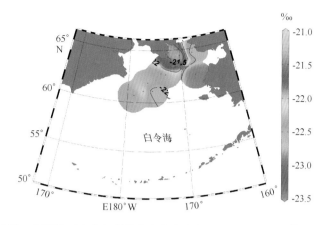

图 5-263　中国第五次北极科学考察白令海表层沉积物 POC-δ^{13}C 值的分布

域，由东南方靠近阿拉斯加 Lisburne 海角的 C03 站向西北方，POC-δ^{13}C 值逐渐增加（图 5-264）。

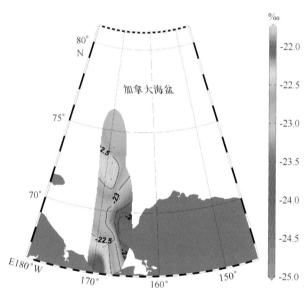

图 5-264　中国第五次北极科学考察楚科奇海表层沉积物 POC-δ^{13}C 值的分布

5.1.3.2　表层沉积物有机氮 δ^{15}N

1）含量

中国第五次北极科学考察期间，白令海、楚科奇海表层沉积物 δ^{15}N 值介于 5.2‰ ~ 10.1‰，平均为 7.5‰±1.0‰，最高值出现在白令海陆架区 BM04 站，最低值出现在白令海峡东侧 BN08 站。

2）平面分布

（1）白令海表层沉积物有机氮 δ^{15}N 的平面分布情况

白令海陆架区表层沉积物 δ^{15}N 值介于 5.2‰ ~ 10.1‰，最低值出现在白令海峡东侧 BN08 站，最高值出现在 BM04 站。陆架西侧的站位，除去白令海峡区的低值外，其余站位呈现出由南向北 PN-δ^{15}N 值逐渐增大的趋势。在东西方向上，陆架东侧的结果略低于西侧（图 5-265）。

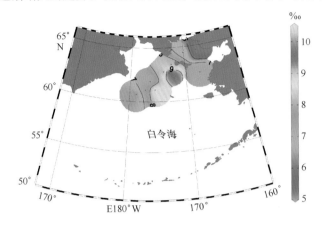

图 5-265　中国第五次北极科学考察白令海表层沉积物 PN-δ^{15}N 值的分布

（2）楚科奇海表层沉积物有机氮 δ^{15}N 的平面分布情况

楚科奇海陆架区表层沉积物 P-δ^{15}N 值介于 5.9‰~8.5‰，最低值出现在靠近阿拉斯加 Lisburne 海角的 C03 站，最高值出现在陆架南边的 CC2 站。在 68°N 以北海域，PN-δ^{15}N 值由东南方靠近阿拉斯加 Lisburne 海角的 C03 站向西北方逐渐增加，但在 68°N 以南海域，PN-δ^{15}N 值由西南向东北逐渐降低的趋势不是特别明显。此外，靠近白令海峡区的 R01 站 PN-δ^{15}N 值略低于其北部站位（图 5-266）。

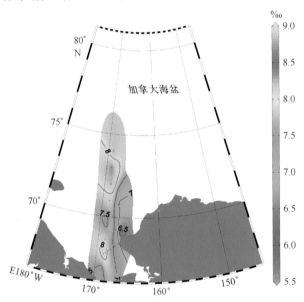

图 5-266　中国第五次北极科学考察楚科奇海表层沉积物 PN-δ^{15}N 值的分布

5.1.3.3　表层沉积物 ^{226}Ra

1）含量

中国第五次北极科学考察期间，白令海、楚科奇海表层沉积物中 ^{226}Ra 的放射性比活度介于 11.6~120.8 Bq/kg，平均为 21.45 Bq/kg。

2）平面分布

表层沉积物^{226}Ra的空间分布显示,^{226}Ra放射性比活度随着水深的增加而增大,最高值出现在阿留申群岛附近海域的BL03站。由白令海深海盆到白令海陆架,表层沉积物的^{226}Ra急剧减小。在白令海陆架区和楚科奇海陆架区,表层沉积物^{226}Ra放射性比活度变化范围很小,基本都落在10~20 Bq/kg（图5-267）。

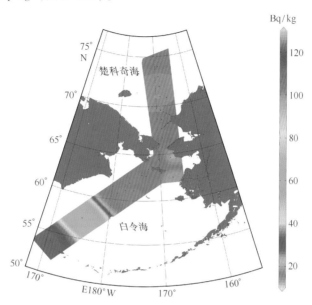

图5-267 中国第五次北极科学考察白令海、楚科奇海表层沉积物^{226}Ra的分布

5.1.3.4 表层沉积物^{210}Po

1）含量

中国第五次北极科学考察期间,白令海、楚科奇海表层沉积物的^{210}Po放射性比活度介于13.8~327.4 Bq/kg,平均为53.21 Bq/kg。

2）平面分布

表层沉积物^{210}Po放射性比活度整体上随着水深的增加而增加,从白令海陆架区到白令海海盆区,表层沉积物^{210}Po放射性比活度增加十分明显。在白令海陆架区和楚科奇海陆架区,表层沉积物^{210}Po放射性比活度变化较小,都落在20~40 Bq/kg（图5-268）。

5.1.3.5 表层沉积物^{210}Pb

1）含量

中国第五次北极科学考察期间,白令海、楚科奇海表层沉积物的^{210}Pb放射性比活度介于13.8~327.4 Bq/kg,平均为53.21 Bq/kg。

2）平面分布

表层沉积物^{210}Pb放射性比活度整体上随着水深的增加而增加,从白令海陆架区到白令海海盆区表现得特别明显,表层沉积物^{210}Pb放射性比活度增加了10倍以上。在白令海陆架区和楚科奇海陆架区,表层沉积物^{210}Pb放射性比活度变化不大,基本都落在20~40 Bq/kg（图5-269）。

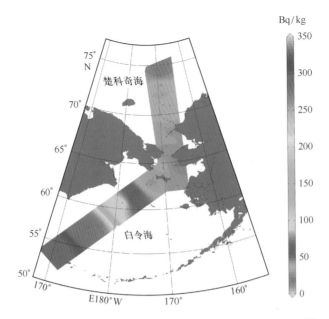

图 5-268　中国第五次北极科学考察白令海、楚科奇海表层沉积物^{210}Po 的分布

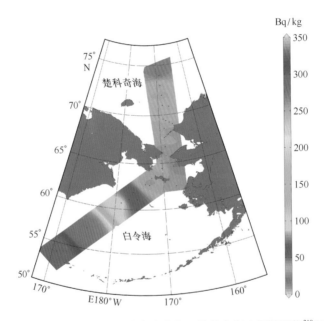

图 5-269　中国第五次北极科学考察白令海、楚科奇海表层沉积物^{210}Pb 的分布

5.1.3.6　表层沉积物有机碳

1）含量

中国第二次至第五次北极科学考察期间，白令海、楚科奇海表层沉积物的 TOC 含量在 0.24%~2.06%，平均为 1.12%（图 5-270）。

2）平面分布

楚科奇海表层沉积物 TOC 呈现出中心区域普遍较高，而外围区域（阿拉斯加沿岸、白令海峡口区和楚科奇海陆坡区）则相对较低。据报道近 20 年来楚科奇海平均最小冰边缘在

70°N 左右，海冰融化时一方面光辐射程度显著增强，另一方面是海冰中普遍存在藻类（如硅藻类的聚生角毛藻等）的休眠孢子，进水中即可萌发。所以，楚科奇海中心区域较高的 TOC 含量可能与冰缘区水体中较高的生产力有关（图 5-270）。

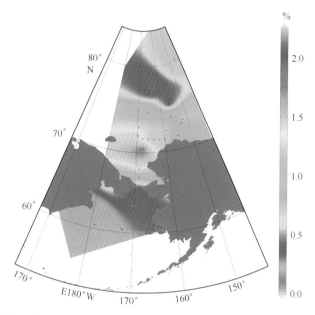

图 5-270　中国第二次至第五次北极科学考察表层沉积物有机碳 TOC（%）的表层平面分布

5.1.3.7　表层沉积物有机氮

1）含量

中国第二次至第五次北极科学考察期间，白令海、楚科奇海表层沉积物的有机氮含量在 0.04%~0.44%，平均为 0.09%。

2）平面分布

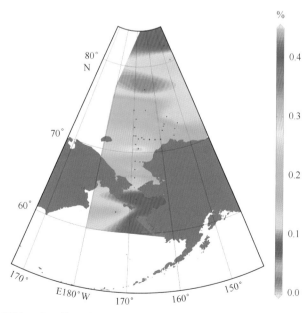

图 5-271　中国第二次至第五次北极科学考察表层沉积物有机氮（%）的表层平面分布

5.1.3.8 表层沉积物碳酸钙

1）含量

中国第二次至第五次北极科学考察期间，白令海、楚科奇海表层沉积物的碳酸钙（$CaCO_3$）含量在 0.93%~9.78%，平均为 3.41%。

2）平面分布

楚科奇陆架海区 $CaCO_3$ 含量最低，而在陆坡海区含量逐渐增加。而且，$CaCO_3$ 与 TOC、BSi 对照，可以发现：除了白令海峡附近的站位由于其特殊的沉积环境，真光层中浮游植物产生的生源颗粒不能很好地保存在沉积物中，其他站位往往是 TOC 和 BSi 含量低而 $CaCO_3$ 含量高，特别是在陆坡尤为明显，$CaCO_3$ 分布趋势与 OC 和 BSi 正好相反。这表明钙质生物对生物泵的贡献是很小的（图 5-272）。

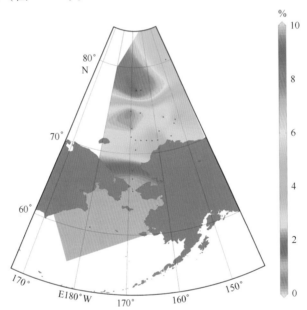

图 5-272　中国第二次至第五次北极科学考察表层沉积物碳酸钙（%）的表层平面分布

5.1.3.9 表层沉积物生物硅

1）含量

中国第二次至第五次北极科学考察期间，白令海、楚科奇海表层沉积物的生物硅含量在 0.57%~4.89%，平均为 2.47%。

2）平面分布

楚科奇海表层沉积物中生物硅含量总体分布特征极为相似，均由东向西逐渐升高，与太平洋入流流经途径呈现出一致性，并且沿不同水团流向而呈现带状分布特征。阿拉斯加近岸流海域表层沉积物中生物硅含量均小于4%；阿纳德尔流流经海域表层沉积物中生物硅含量高于6%，甚至达到10%左右（图 5-273）。

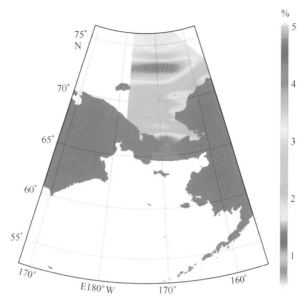

图 5-273　中国第二次至第五次北极科学考察表层沉积物生物硅（％）的表层平面分布

5.1.3.10　表层沉积物正构烷烃

1）含量

中国第二次至第五次北极科学考察期间，白令海、楚科奇海表层沉积物的正构烷烃（C27+C29+C31）含量在 208~2 831 ng/g，平均为 1 397 ng/g。

2）平面分布

楚科奇海的高碳数正构烷烃（C27+C29+C31）含量为 208~2831 ng/g，如图 5-274 所示，自陆架中心到阿拉斯加沿岸高碳数正构烷烃（C27+C29+C31）逐渐增大，同时加拿大海盆高于楚科奇海北部海台区。因此可以初步推断自楚科奇海陆架中部向东西两侧陆源输入比重逐渐增加。

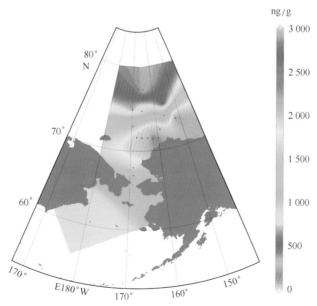

图 5-274　中国第二次至第五次北极科学考察表层沉积物正构烷烃（C27+C29+C31）的表层平面分布

5.1.3.11 表层沉积物浮游植物标志物

1）含量

中国第二次至第五次北极科学考察期间，白令海、楚科奇海表层沉积物的浮游植物生物标志物含量在 20~3 149 ng/g，平均为 1 130 ng/g。

2）平面分布

菜子甾醇、甲藻甾醇、长链烯酮都是由浮游植物分泌的，所以以菜子甾醇、甲藻甾醇、长链烯酮的总含量作为浮游植物生产力指标，来研究其在楚科奇海的分布。所测定的几种生物标志物总含量的分布如图 5-275 所示。从图 5-275 可以看出，楚科奇海表层沉积物中菜子甾醇、甲藻甾醇、长链烯酮的总含量变化范围为 20~3 149 ng/g，平均值为 1 130 ng/g，位于楚科奇海台的 P21 站位的生物标志物总量最低，楚科奇陆架的 C13 站位的生物标志物总量最高。生物标志物总量分布表明，观测海区南部的陆架海域明显高于北部海台区，在楚科奇海南部与白令海峡衔接处、阿拉斯加巴罗近岸和 R 断面中北部冰间湖等 3 处出现生物标志物总量高值区；低值区主要位于 75°N，P 断面的 P11 站位、P13 站位，尤其是高纬度的 P21 站位、P23 站位及海台东部的 P27 站位。

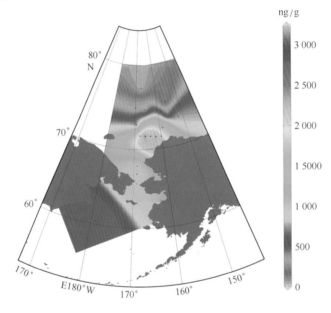

图 5-275　中国第二次至第五次北极科学考察表层沉积物浮游植物标志物的表层平面分布

5.1.3.12 表层沉积物糖类

1）含量

中国第二次至第五次北极科学考察期间，白令海、楚科奇海表层沉积物的糖类含量在 0.09%~0.15%，平均为 0.12%。

2）平面分布

楚科奇海表层沉积物中氨基酸分布受上层水体的生产力、水动力条件、底层沉积物保存条件等因素的影响。氨基酸含量自白令海峡至楚科奇海南部陆架因水动力条件变化呈递增现象，在中部陆架因上层水体生产力高而呈大片高值区，在加拿大海盆由于较长的保存过程有机质含量很低（图 5-276）。

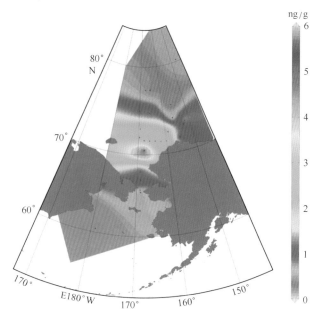

图 5-276　中国第二次至第五次北极科学考察表层沉积物糖类的表层平面分布

5.1.3.13　沉积物中 PAHs 的含量与分布

中国第五次北极科学考察沉积物中典型 PAHs 的含量与分布。

本次考察共采集沉积物样品 30 个，沉积物中 PAHs 样品的采样站位与 PAHs 的总浓度见图 5-277。分析了其中 16 种优先控制的 PAHs，它们分别是：萘（Nap）、苊（Acp）、苊烯（Ace）、芴（Flh）、菲（Phe）、蒽（An）、荧蒽（Flu）、芘（Pyr）、苯并（a）蒽（BaA）、屈（Chr）、苯并（b）荧蒽（BbF）、苯并（k）荧蒽（BkF）和苯并（a）芘（BaP）、茚并（1，2，3-c，d）芘（InP）、二苯并（a，h）蒽（DbA）和苯并（g，h，i）芘（BghiP）。需要说明的是，其中 4 个站位（BL07 站、BN04 站、CC03 站和 SR10 站）的 PAHs 浓度数据异常，在本文中没有对这 4 个站位的数据进行分析讨论。

对其余 26 个沉积物样品，16 个 PAHs 的平均浓度为 140.61 ng/g（干重，下同），标准偏差为 63.95 ng/g。其中，最大值为 354.41 ng/g，出现在 C02 站位；最小值为 48.20 ng/g，出现在 BN08 站位。此外，由于 16 种 PAHs 中的萘是一个较为特殊的物质，因其极易挥发，在分析过程中的误差较大，在多数科技文章中，常常把萘单独摘出，因此，本文在之后的分析讨论中，不再包括萘，而只讨论其余 15 种 PAHs。

剔除萘之后，15 个 PAHs 的平均浓度为 94.50 ng/g（干重，下同），标准偏差为 42.25 ng/g。其中，最大值为 216.32 ng/g，出现在 C02 站位；最小值为 39.16 ng/g，出现在 CC2 站位。其中，浓度最高的物质为菲，平均浓度为 19.88 ng/g，标准偏差为 7.19 ng/g；浓度最低的物质为苊，平均浓度为 1.77 ng/g，标准偏差为 0.92 ng/g。图 5-278 列出了 15 种 PAHs 的平均浓度与标准偏差。这种分布特征是由其来源决定的。环境中 PAHs 主要来自各类物质的不完全燃烧过程，如燃煤、燃油、生物质（如木材、草等）等，相对于自然的燃烧过程，人

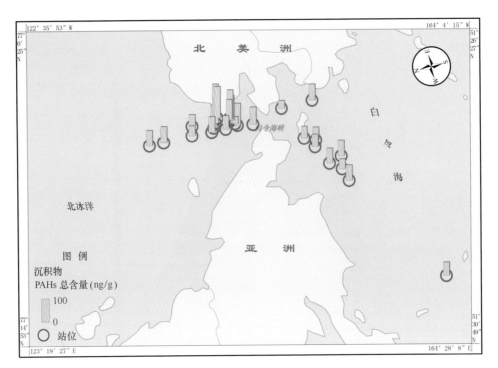

图 5-277　中国第五次北极科学考察"雪龙"船航迹沉积物中 PAHs 样品的采样
站位图与 PAHs 总浓度（干重）

类的生产生活活动则是环境中 PAHs 的主要来源。对不同燃料燃烧过程中释放出来的 PAHs
的指纹谱的分析显示，燃煤和木材燃烧释放出来的 PAHs 中最主要的一种物质就是菲，而苊
占总 PAHs 量的比例则非常低。

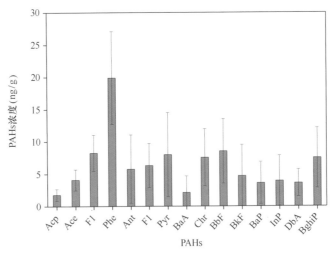

图 5-278　沉积物中 15 种 PAHs 的平均浓度与标准偏差

　　图 5-279 比较了本次考察中沉积物和大气中 PAHs 组成的百分比。从图中可以明显看出，
除 Phe 外，沉积物和大气中各物质的相对组成比例比较相似，这有两方面的原因，一是 PAHs
的来源组成特征决定了环境中 PAHs 各组分的相对比例，二是北极沉积物中的 PAHs 主要来
自于大气长距离迁移与干湿沉降过程，使得大气和沉积物中各组分 PAHs 的比例变化不大。
当然，因各 PAHs 组分在大气和沉积物中的光降解与生物降解的速率不同，导致了大气与沉积物中各组分比例的不完全一致，比如菲，大气中的比例就远高于沉积物中菲的比例。

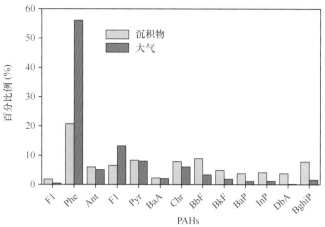

图 5-279 大气和沉积物中各 PAHs 组分的百分比例比较

5.1.3.14 沉积物中 PCBs 的含量与分布

中国第五次北极考察沉积物中典型 PCBs 的含量与分布。

本次考察共采集沉积物样品 30 个，分析其中 24 个 PCBs 同组物，它们分别是：CB-8、CB-18、CB-28、CB-44、CB-52、CB-66、CB-77、CB-81、CB-101、CB-105、CB-114、CB-118、CB-123、CB-126、CB-128、CB-138、CB-153、CB-169、CB-170、CB-180、CB-187、CB-189、CB-195 和 CB-206。沉积物中 PCBs 样品的采样站位与 PCBs 的总浓度见图 5-280。对所有沉积物样品，24 个 PCBs 同组物的平均浓度为 8.329 ng/g（干重，下同），标准偏差为 4.653 ng/g。其中，最大值为 26.331 ng/g，出现在 BL14 站位；最小值为 4.205 ng/g，出现在 BN04 站位。

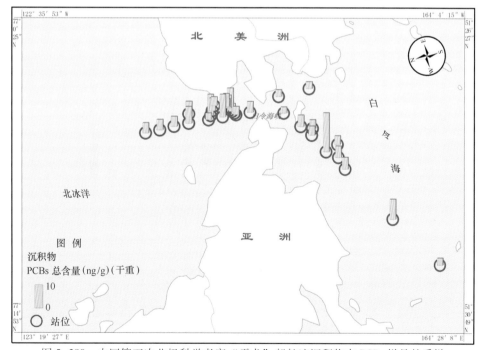

图 5-280 中国第五次北极科学考察"雪龙"船航迹沉积物中 PCBs 样品的采样
站位图与 PCBs 总浓度

表 5-12 列出了世界其他地区沉积物中 PCBs 的浓度值，可以明显看出，不同区域沉积物中 PCBs 的浓度值差异较大，这主要是由于其离排放源的距离以及排放源的排放强度决定的。相比较，白令海、楚克奇海和北冰洋沉积物中 PCBs 的浓度较低，与北极黄河站沉积物中 PCBs 的浓度较为接近。

表 5-12 世界各地沉积物中 PCBs 的含量比较（ng/g，干重）

地点	浓度	地点	浓度
旧金山，美国	<0.1~8.1	大阪湾，日本	63~240
卡斯科湾，美国	0.4~485	珠江口，中国	11.54~485.45
科物浦湾，英国	0.082~38	京畿湾，韩国	<0.99~580
西巴伦支海岸	<0.130~16.267	长江口，中国	0.39~1.13
地中海沿岸	2.4~401	世界平均值	0.2~400
马努考港，新西兰	0.23~1.54	中国北极黄河站	4.395~9.637

图 5-281 列出了各 PCBs 同组物的平均浓度与标准偏差。可以看出，低氯取代的 PCBs 的含量明显高于高氯取代的 PCBs 的含量（CB-138 例外），这可能是由其来源特征决定的。如前部分所述，极地地区 PCBs 主要来源于大气传输过程，而在大气长距离迁移中，相对于不易挥发（即高氯取代的 PCBs）的物质，易挥发的物质（即低氯取代 PCBs）更倾向于长距离迁移而到达极地地区，使得北极沉积物中的低氯取代 PCBs 的含量要高于高氯取代 PCBs，即其来源的组成特征决定了沉积物中 PCBs 的组成特征。

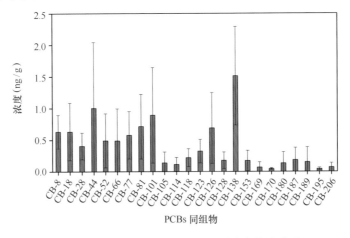

图 5-281 各 PCBs 同组物的平均浓度与标准偏差

为进一步解释上述的假设，图 5-282 比较了本次考察中沉积物和大气中 PCBs 同组物组成的百分比例（由于大气和沉积物中分析的 PCBs 同组物种类不完全一致，本文只比较了两种介质中均检测到的 PCBs 同组物）。从图 5-282 中可以明显看出，除 CB-44 和 CB-138 外，沉积物和大气中各同组物的组成比例非常一致，均是低氯取代的 PCBs 的含量较高，而高氯取代的 PCBs 的含量较低。该图也进一步证明了上述的假设。至于大气和沉积物中 CB-44 和 CB-138 组成比例较大差异的原因，可能与这两种物质的光降解与生物降解的性质有关，需要进一步的详细研究与分析。

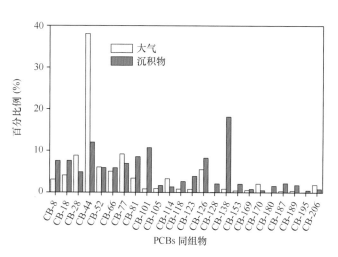

图 5-282 大气和沉积物中各 PCBs 同组物的百分比例比较

5.1.3.15 沉积物中油类的含量与分布

中国第五次北极科学考察共采集沉积物样品 30 个，沉积物中油类样品的采样站位与油类浓度见图 5-283。采用荧光分光光度法测定了沉积物中石油烃含量，均值为 176 μg/g（干重，下同），标准偏差为 145 μg/g。其中，最大值为 604 μg/g，出现在 SR05 站位，最小值为 26.2 μg/g，出现在 BL07 站位。除 3 个石油烃含量较高的点之外（BM04 站：562 μg/g；BS02 站：498 μg/g；SR05 站：604 μg/g），其余所有点的石油烃含量均低于 300 μg/g，说明考察区域内沉积物中石油烃含量的水平较低。

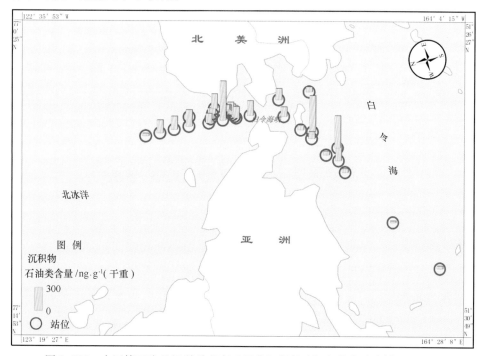

图 5-283 中国第五次北极科学考察"雪龙"船航迹沉积物中油类样品的采样
站位图与油类浓度

5.1.4　海冰中化学要素的分布特征和变化规律

冰芯营养盐的垂直分布

中国第六次北极科学考察于短期冰站 ICE01 采集了 1 根长达 238 cm 的冰芯，并采集了 0 m、2 m、5 m 及 8 m 的冰下水，其磷酸盐、硝酸盐及硅酸盐分布如图 5-284 所示。冰芯磷酸盐浓度分布范围为 0.01~0.20 μmol/L，平均为 0.10 μmol/L；硝酸盐分布范围为 0.2~3.7 μmol/L，平均值为 1.1 μmol/L；硅酸盐分布范围为 1.3~3.9 μmol/L，平均值为 1.9 μmol/L。冰芯硝酸盐与硅酸盐垂直分布随着冰芯变深呈逐渐降低的趋势，冰芯上层最高，底层最低。所有三项营养盐随着深度变化均表现出一定的波动分布。

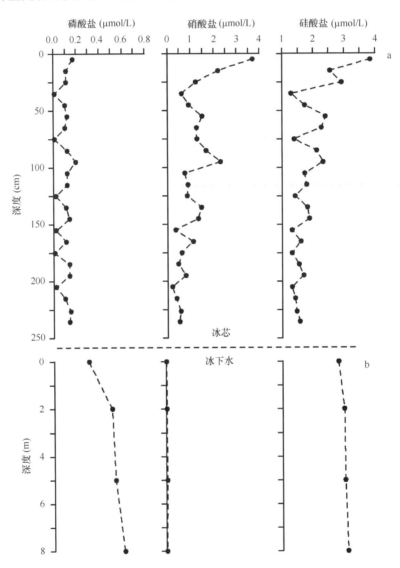

图 5-284　中国第六次北极科学考察短期冰站 ICE01 冰芯（a）与冰下水（b）营养盐的垂直分布

冰下水的营养盐浓度表明，冰下水营养盐状态表现为显著的 N 限制（$NO_3^- < 1$ μmol/L），磷酸盐和硅酸盐则相对较高。冰芯与冰下水的营养盐浓度对比表明海冰的磷酸盐与硅酸盐的

浓度相对于冰下水较低，但硝酸盐则相对较高。显然海冰融化将补充无机氮到冰下水中，一定程度上缓解冰下水的 N 限制。

5.2　重点内容的分析与评价

重点阐述海冰快速消融对北极海洋生态环境及碳的生物地球化学循环的作用。

5.2.1　海冰快速融化下北冰洋碳通量的变化与响应

ICPP 第四次评估报告认为，北冰洋夏季海冰仍将保持到 2100 年。然而，最近观测到北冰洋海冰消失速度比采用 ICPP 第四次报告模型预测的更快。Wang 等基于卫星观测海冰范围数据，通过修正 6 个基于 IPCC 第四次报告的模型，预测到 2037 年北冰洋将处于无冰状态。而 Liu 等最近研究认为北冰洋 9 月出现无海冰的时间在 2054—2058 年之间，将北极无海冰时间表大大地收窄到 5 年的跨度。如果在 30~40 年内北冰洋夏季无冰状况提前到来，那么北冰洋 CO_2 系统将受到显著影响。现有的模型预测北冰洋 CO_2 系统的不确定性主要是受限于现场观测数据覆盖面积不足，因此未来需要更多的现场实测数据支持模型预测。综上所述，在全球变暖和人为 CO_2 排放持续增加的背景下，北冰洋正在发生快速变化，海冰覆盖面积快速退缩，出现大范围开阔水域，引起 CO_2 系统变化更加显著。北极碳酸盐系统的变化将会对海洋生物及生态系统造成广泛而深远的影响。然而，过去北冰洋科学考察由于受地缘政治和航次条件等原因，数据覆盖面积有限，还存在许多问题。

5.2.2　同位素对水团和生物地球化学过程的示踪

5.2.2.1　白令海峡淡水构成的时空变化及其意义

白令海峡位于西伯利亚和阿拉斯加之间，是太平洋与北冰洋连接的唯一通道，也是太平洋和北冰洋海水交换的必经之地。太平洋入流经过狭窄的白令海峡后直接进入楚科奇海，并输送至加拿大海盆等北冰洋中心区域。由于太平洋水体的密度小于大西洋水，进入北冰洋的太平洋水主要影响水深较浅的楚科奇海陆架区和北冰洋海盆区的上层水体，是北冰洋上跃层形成的关键因素，对北冰洋海冰的融化、北冰洋的海—冰—气相互作用，甚至北大西洋深层水的形成均有重要影响。与此同时，由太平洋入流输送进入北冰洋的营养组分和污染物质等，对北冰洋生态系统也会产生明显影响。

太平洋入流通过白令海峡时，水团自西向东依次出现阿纳德尔水（Anadyr Water，AW）、白令海陆架水（Bering Shelf Water，BSW）和阿拉斯加沿岸水（Alaska Coastal Water，ACW）。阿纳德尔水具有季节性低温高盐的特征，盐度一般高于 32.5，主要位于白令海陆架圣劳伦斯岛西侧。白令海陆架水是位于圣劳伦斯岛南部陆架区的当地水团，由白令陆坡流和海冰融化水、河水等淡水组分混合形成，白令海陆架水的盐度比阿拉斯加沿岸水高，但比阿纳德尔水低，通常介于 31.8~32.5 之间。阿拉斯加沿岸水通常沿着阿拉斯加沿岸由南向北运动，由于受到育空河等河流输送的河水影响，呈现出高温低盐（S<31.8）的特征。

Woodgate 等（2005）利用 1990—2004 年间于白令海峡获得的水体流速观测数据，计算出通过白令海峡的太平洋入流的流量平均为 1.1 Sv，其中最大流量出现在夏季。与大西洋水相比，太平洋水的盐度较低，因而太平洋入流是北冰洋淡水的来源之一。已有估计显示，通过太平洋入流输送进入北冰洋的淡水量（1670 km³/a）约占北冰洋淡水输入总量的一半（Aagaard and Carmack，1989；Whitefield et al.，2015）。白令海陆架区是太平洋入流的源地，其夏季淡水组分受到河水和海冰融化水的共同影响。影响白令海的河水组分主要来自 3 条河流，即起源于阿拉斯加中部的库斯科科温河（Kuskokwim River）和育空河（Yukon River）以及来自西伯利亚西部的阿纳德尔河（Anadyr River），其中育空河输送的河水贡献最大，每年约有 208 km³ 的育空河河水输送进入白令海陆架区（Holmes et al.，2012），并通过阿拉斯加沿岸流输送至圣劳伦斯岛北部及更远区域。

尽管此前对太平洋入流通过白令海峡向北冰洋输送的淡水通量有一定的了解，但对于其淡水来源构成仍知之甚少。Cooper 等（1997）通过分析 1990—1993 年夏季白令海和楚科奇海海水 $\delta^{18}O$ 的分布，发现高 $\delta^{18}O$ 值的阿纳德尔水在白令海峡附近海域会与低 $\delta^{18}O$ 的河水混合，之后再经过白令海峡输入至楚科奇海陆架。Woodgate 等（2005）在白令海峡的观测也显示，太平洋入流的海水 $\delta^{18}O$ 值呈现出明显的季节变化和空间变化，反映出淡水来源构成的变化。对于北极和亚北极海域，河水组分的 $\delta^{18}O$ 值比海水和海冰融化水的 $\delta^{18}O$ 值低得多（Östlund and Hut，1984；Chen et al.，2003），因而借助海水 $\delta^{18}O$ 和盐度的质量平衡，可以很好地定量水体中河水和海冰融化水的贡献，从而揭示白令海峡淡水来源构成的时空变化，掌握太平洋入流淡水组分的变化规律及影响因素。本文利用中国第二次至第五次北极科学考察在白令海峡相邻断面获得的海水 $\delta^{18}O$ 数据，定量海水中河水组分和海冰融化水组分的贡献，揭示不同来源淡水组分在白令海峡的分布特征，探讨白令海峡河水组分和海冰融化水组分的年际变化及其调控因素。

（1）样品采集

中国第二次至第五次北极科学考察期间，均在白令海峡 64.3°N 附近海域布设了东西向观测断面，该断面西至 171.5°W，东至 167°W，较好地覆盖了太平洋入流进入白令海峡的主要区域（图 5-285）。与此同时，4 个航次的海水样品均采集于采样年份夏季的 7 月 19—29 日之间，这为对比不同年份白令海峡的淡水组成提供了可能。

中国第二次北极科学考察期间，于 2003 年 7 月 28—29 日采集了 BS 断面自西向东依次为 BS01、BS02、BS03、BS04、BS05、BS06、BS07、BS08、BS09 和 BS10 站共 10 个站位的海水样品（图 5-285），各站位采集了由表及底 3~4 层的样品，共获得海水样品 41 份。中国第三次北极考察期间，于 2008 年 7 月 27 日在该断面采集了 BS01、BS03、BS04、BS05、BS07、BS09 站共 6 个站位不同深度的海水样品（图 5-285），共获得 28 份水样用于海水氧同位素组成的分析。在中国第四次北极科学考察航次期间，于 2010 年 7 月 19 日采集了该断面 BS01、BS02、BS03、BS04、BS05、BS06、BS07、BS08、BS09 和 BS10 站共 10 个站位不同深度的海水样品，共获得 43 份水样用于海水氧同位素组成分析。中国第五次北极科学考察尽管设置的断面稍有不同，但其中的 BN 断面与此前中国第二次、第三次、第四次北极科学考察的 BS 断面十分接近，故于 2012 年 7 月 26—27 日在 BN 断面采集了自西向东依次为 BN01、BN02、BN03、BN04、BN05、BN06、BN07 和 BN08 站共 8 个站位的样品（图 5-285），共获得 32 份不同水深的海水样品用于海水氧同位素分析。

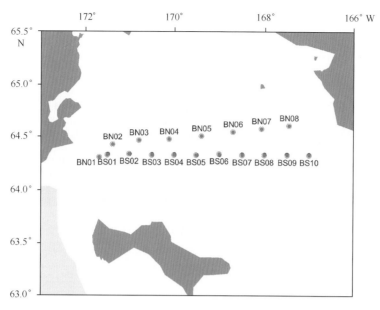

图 5-285   2003—2012 年间白令海峡断面海水氧同位素研究的采样站位

（2）河水组分和海冰融化水组分的计算

夏季白令海陆架水体可视为冬季白令海陆架水、河水（包括陆地径流和降雨）和海冰融化水混合形成。Danielson 等（2006）利用锚系 Sea-Bird 温度—电导率测量仪实测了白令海陆架和圣劳伦斯岛冰间湖冬季海水的温度和盐度，盐度变化范围介于 31.53～34.51，平均为 32.60。显然，白令海陆架冬季可形成盐度高达 34.51 的水体，该盐度值可作为冬季白令海陆架海水的特征值。采用 Cooper 等（1997）类似的方法，由本研究 4 个航次获得的海水 $\delta^{18}O$ 值与盐度的相关关系：$\delta^{18}O$（‰）= 0.271S-9.411（图 5-286），可计算出冬季白令陆海架水 $\delta^{18}O$ 的特征值为-0.06‰。白令海北部陆架的河水组分主要受到育空河输入的影响，Östlund 和 Hut（1984）根据 60°N 以北区域降雨和育空河河水的 $\delta^{18}O$ 实测值，通过加权平均得到河水组分的 $\delta^{18}O$ 值为-21‰。Cooper 等（1997）建立的白令海陆架海水 $\delta^{18}O$ 值与盐度的关系方程也可推断出输入白令海陆架河水组分的 $\delta^{18}O$ 特征值为-21.1‰。因此，本研究将研究区域河水组分的盐度和 $\delta^{18}O$ 特征值分别确定为 0 和-21‰。白令海北部陆架区为季节性海冰覆盖区域，季节性海冰的盐度变化（5<S<12）通常比多年海冰要大，在许多研究中一般以 $S=6$ 作为季节性海冰的特征盐度值（Macdonald et al.，1995；Cooper et al.，1997）。在海冰形成与融化过程中，不同质量数的氧原子会产生同位素分馏。Macdonald 和 Moore（2002）实测得北极海冰形成过程的氧同位素分馏系数为 2.57‰±0.1‰，与实验室平衡条件下测得的氧同位素分馏系数（2.9‰）十分接近。考虑到冬季白令海峡整个水体大多为海冰覆盖，故本研究以实测获得的海水 $\delta^{18}O$ 平均值（-0.7‰）与氧同位素分馏值（2.6‰）之和作为海冰 $\delta^{18}O$ 的特征值（1.9‰）。这种处理方式也与此前许多研究所采纳的方法类似。

基于上述结果，冬季白令海陆架水、河水和海冰融化水 3 个端元的盐度和 $\delta^{18}O$ 特征值见表 5-13。根据盐度和海水 $\delta^{18}O$ 值的质量平衡方程，即可计算出海水样品中冬季白令海陆架水、河水和海冰融化水的贡献：

$$f_{wBSW} + f_{RW} + f_{SIM} = 100\%$$

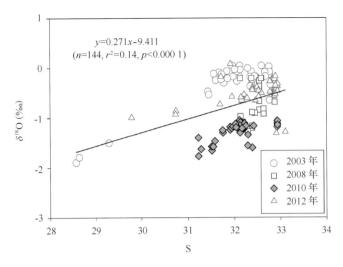

图 5-286　海水 $\delta^{18}O$ 值与盐度的关系

$$f_{wBSW} \cdot S_{wBSW} + f_{RW} \cdot S_{RW} + f_{SIM} \cdot S_{SIM} = S_{obs}$$

$$f_{wBSW} \cdot \delta^{18}O_{wBSW} + f_{RW} \cdot \delta^{18}O_{RW} + f_{SIM} \cdot \delta^{18}O_{SIM} = \delta^{18}O_{obs}$$

式中，f、S 和 $\delta^{18}O$ 分别表示份额、盐度和 $\delta^{18}O$ 值；下标 wBSW、RW 和 SIM 分别代表冬季白令海水、河水和海冰融化水；S_{obs} 和 $\delta^{18}O_{obs}$ 分别代表水样的盐度和 $\delta^{18}O$ 观测值。f_{SIM} 的计算值可正可负，正值表示海冰的净融化，负值表示海冰的净形成。研究中为了表征每个站位水柱中河水或海冰融化水的平均份额，将各深度层次计算出的河水和海冰融化水份额对样品深度进行梯形积分，获得各站位河水和海冰融化水的积分高度，进而将积分高度除以积分深度，得到每个站位河水或海冰融化水的平均份额。

由以上公式计算出的河水和海冰融化水的份额会受到所取盐度和 $\delta^{18}O$ 端元值的影响，其中冬季白令海陆架水 $\delta^{18}O$ 端元值、河水 $\delta^{18}O$ 端元值、海冰融化水盐度端元值和海冰融化水 $\delta^{18}O$ 端元值的不确定度较大，故有必要对其可能的影响进行灵敏度分析。在保持其他端元值不变的情况下，逐一调整上述端元值为所采纳数值的 ±30%，通过对比所计算出的河水和海冰融化水份额的变化幅度，来考察这些端元值对计算结果的影响。当冬季白令海陆架水的 $\delta^{18}O$ 端元值变化为 -0.06±0.02 时，河水组分（f_{RW}）和海冰融化水组分（f_{SIM}）的最大变化幅度分别为 2.9% 和 2.5%；当河水的 $\delta^{18}O$ 端元值变化为 -21±6 时，河水组分（f_{RW}）和海冰融化水组分（f_{SIM}）的最大变化幅度分别为 35% 和 35%；当海冰融化水的 $\delta^{18}O$ 端元值变化为 1.9±0.6 时，河水组分（f_{RW}）和海冰融化水组分（f_{SIM}）的最大变化幅度分别为 2.9% 和 2.5%；当海冰融化水的盐度端元值变化为 6±2 时，河水组分（f_{RW}）和海冰融化水组分（f_{SIM}）的最大变化幅度分别为 0% 和 7.5%。显然，河水和海冰融化水份额的计算结果主要受河水端元 $\delta^{18}O$ 取值的影响，其他端元盐度和 $\delta^{18}O$ 端元值的取值所导致的计算结果偏差小于 7.5%。就白令海陆架而言，文献报道的河水组分的 $\delta^{18}O$ 端元值取值范围介于 -18‰ ~ -21‰，因而在此计算得到的河水和海冰融化水组分份额的最大偏差应小于 20%。

表 5-13　冬季白令海水、河水和海冰融化水的盐度和 $\delta^{18}O$ 端元值

端元	S	$\delta^{18}O$ (‰)
冬季白令海陆架水（winter Bering Shelf Water, wBSW）	34.51	-0.06
河水（River Water, RW）	0	-21
海冰融化水（Sea-Ice Melted Water, SIM）	6	1.9

（3）白令海峡河水组分的时空变化

由海水 $\delta^{18}O$ 值和盐度质量平衡方程计算出的河水组分份额表明，白令海峡 4 个航次河水组分份额的变化范围为 0.1%～9.6%，平均为 3.4%±2.6%。河水组分份额的最高值出现在 2003 年断面最东侧 BS10 站的 0 m 层，最低值出现在 2003 年西侧的近底层（BS02 站 20m 层和 BS04 站 31 m 层）。

从河水组分份额的空间变化看，4 个航次均表现出共同的特征，即断面东侧比西侧具有明显较为丰富的河水组分，且上层水体比下层高（图 5-287a，图 5-287c，图 5-287e，图 5-287g），这与东侧阿拉斯加沿岸流的影响相符合。阿拉斯加沿岸流在北上输运过程中，获得了育空河淡水的输入，因而呈现高温、低盐、高河水组分的特征。在断面的中部和西部，河水组分份额没有明显的空间差异，但最西侧站位河水组分份额似乎稍高（图 5-287a，图 5-287c，图 5-287e，图 5-287g），这意味着阿纳德尔水团和白令海陆架水团所含的河水组分较为接近。

河水组分份额的时间变化显示，4 个航次该断面河水组分的份额存在明显的年际变化，其中 2010 年夏季河水组分明显高于其他年份，与白令海峡北向淡水输送通量的高值相对应。Woodgate 等（2012）分析了 1991—2011 年间通过白令海峡向北输送的淡水通量，尽管输送通量存在年际变化和波动，但总体上呈现增加的态势，其中 2011 年通过白令海峡北向输送的淡水通量显著高于 2003 年和 2008 年。因此，2011 年白令海峡向北冰洋输送淡水量的增加部分应归功于河水组分的增加。

根据温度、盐度和海水 $\delta^{18}O$ 的分布，研究断面由西向东依次受到阿纳德尔水（AW）、白令陆架水（BSW）和阿拉斯加沿岸水（ACW）的影响，其中阿纳德尔水团只影响该断面最西侧区域，阿拉斯加沿岸水主要影响 168.5°W 以东的区域，二者之间为白令海陆架水。为保守起见，分别以断面最西侧的 BS01（BN01）站、最东侧的 BS09 站和 BS10（BN08）站、中部的 BS03（BN03）站和 BS04（BN04）站分别作为阿纳德尔水、阿拉斯加沿岸水和白令海陆架水的显著影响区，则可分析这 3 个区域河水组分的平均含量与年际变化情况。从 4 个航次的结果看，2003—2012 年间阿纳德尔水影响区、白令海陆架水影响区和阿拉斯加沿岸水影响区的河水组分平均份额分别为 2.6%、2.5% 和 5.1%。显然，阿纳德尔水和白令海陆架水影响区的河水组分份额没有明显差别，但阿拉斯加沿岸水所含河水组分份额约为阿纳德尔水和白令海陆架水的 2 倍，凸显出阿拉斯加沿岸流在向北冰洋输送河水组分方面起着重要的作用。

从 3 个水团影响区域河水组分份额的年际变化看，阿纳德尔水和白令海陆架水影响区域河水组分的时间变化规律类似，均呈现 2010 年大于 2008 年，2008 年约等于 2012 年，2012 年大于 2003 年的规律，而阿拉斯加沿岸水影响区域河水组分份额的时间变化则不同，呈现出 2010 年大于 2012 年，2012 年大于 2003 年，2003 年大于 2008 年的规律（图 5-288）。阿拉斯加沿岸水影响区河水组分份额的年际变化主要受控于向白令海陆架输入的育空河径流量的变

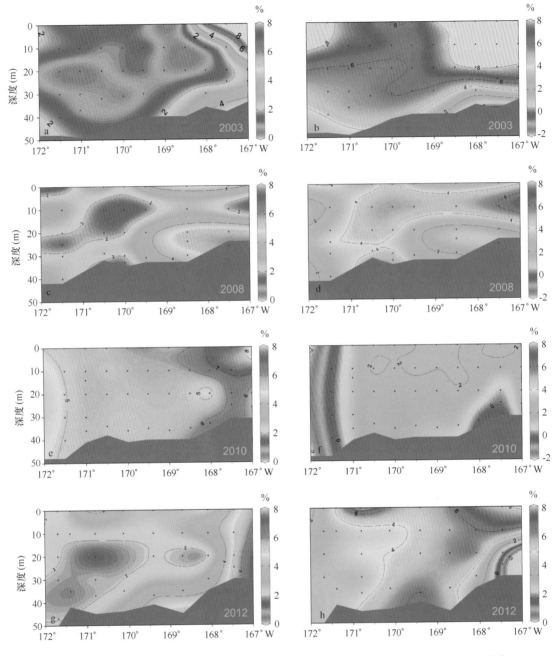

图 5-287　白令海峡河水份额（a，c，e，g）和海冰融化水份额（b，d，f，h）的断面分布

化。由图 5-289 可以看出，阿拉斯加沿岸水影响区河水组分的平均份额与前一年育空河径流量之间尽管线性关系并不显著，但二者呈正相关关系，而与采样年份育空河的径流量没有明显的相关性，说明育空河径流量的变化在迟滞不到 1 年的时间里调控着阿拉斯加沿岸水影响区河水组分的多寡（育空河径流量数据来自美国地质调查局水信息系统：http：// nwis. waterdata. usgs. gov/ak/nwis/annual/）。二者时间上的滞后与育空河径流量的季节变化和阿拉斯加沿岸流的流速有关。育空河流域盆地发源于加拿大落基山脉西麓，流经加拿大育空地区中部和美国阿拉斯加州中部，地处气候严寒的高纬度地区，河水主要以冰雪融水补给为主，一年中育空河约有 7~9 个月封冻，河水主要于每年 6—9 月间较为集中地输入白令海。

另外，自育空河入海口至研究断面的距离大于 430 km，即使阿拉斯加沿岸流的流速高达 40 cm/s，育空河输送的河水输运至研究断面也需要大于 120 d 的时间。本研究采样时间为 7 月 19—29 日，因此所采集阿拉斯加沿岸水影响区河水组分的高低更多地反映出上一年度育空河径流量的大小。Ge 等（2013）分析了 1977—2006 年间育空河径流量的变化，发现由于受冰雪融化加剧的影响，育空河径流量以年均 8%（520 m³/s）的速度递增，这可能意味着在过去几十年里，通过阿拉斯加沿岸流输入北冰洋的育空河水组分也呈增加态势，其对北冰洋生态系统的影响仍有待进一步的研究。

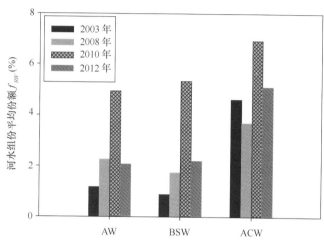

图 5-288　阿纳德尔水、白令海陆架水和阿拉斯加沿岸水影响区河水组分平均份额的年际变化

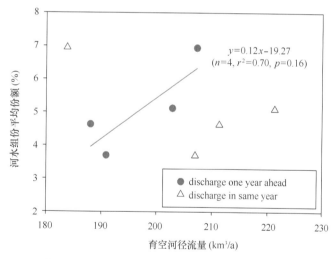

图 5-289　阿拉斯加沿岸水控制区河水组分平均份额与育空河径流量的关系

（4）白令海峡海冰融化水的时空变化

4 个航次白令海峡断面海冰融化水份额的变化范围为 -1.9% ~ 10.1%，平均为 4.0% ± 2.7%。海冰融化水份额的最高值出现在 2012 年断面中部 BN03 站的 0 m 层，最低值出现在 2012 年东侧近底层（BN08 站 25 m 层）。

从海冰融化水组分的断面分布看，总体呈现出上层水体高于近底层水体，断面中部和东部海冰融化水份额高于西部的特征（图 5-287b，图 5-287d，图 5-287f，图 5-287h）。特别需要指出的是，断面东侧近底层存在海冰融化水的低值，且在 2010 年和 2012 年表现为负值

（图5-287f，图5-287h），说明该区域近底层残存有冬季结冰所形成的盐卤水信号，其水动力作用应较不活跃。与其他年份相比，2003年在断面西侧20 m以浅水体中，海冰融化水组分异常地呈高值分布（图5-287b），对应于温度的高值和盐度的低值，表明这些水体受海冰融化水影响较为显著，其盐度的低值主要由海冰融化水增加所致，而非河水组分的贡献。2010年在断面最东侧的站位，整个水柱的海冰融化水组分均呈负值，表现出海冰形成所释放的盐卤水信号（图5-287f）。

若按不同水团影响区域进行划分后，2003—2012年间阿纳德尔水影响区、白令海陆架水影响区和阿拉斯加沿岸水影响区的海冰融化水组分平均份额分别为3.0%、4.3%和4.4%，显然，白令海陆架水影响区和阿拉斯加沿岸水影响区的海冰融化水份额较为接近，均比阿纳德尔水所含海冰融化水份额高约45%。从3个水团影响区海冰融化水份额的年际变化看，均表现为2003年大于2008年，2008年约等于2012年，2012年大于2010年的规律（图5-290）。本研究的海冰融化水组分是基于海水$\delta^{18}O$值与盐度的质量平衡计算获得，反映的是海冰形成或融化的净结果，因此，某一年度海冰融化水组分的变化取决于上一年度冬季海水结冰过程中所释放的盐卤水体积、当年度融化的海冰体积以及这两种水体在研究海区经水动力作用的再分配。对于白令海陆架区而言，海冰的形成与融化存在明显季节变化，海冰的覆盖面积一般从10月开始增加，次年2—3月达到最大，之后逐渐减少，并于6—7月完全融化。由于未能获得白令海陆架海冰体积年变化的数据，本研究以航次实施年度及上一年度白令海陆架区海冰覆盖面积的平均值作为指标，来评估海冰覆盖程度对夏季海冰融化水份额的影响。从图5-291可以看出，无论是阿纳德尔水影响区、白令海陆架水影响区，还是阿拉斯加沿岸水影响区，夏季海冰融化水份额均与海冰覆盖面积呈负相关关系，意味着海冰的年际变动调控着夏季海冰融化水组分的年际变化，与此同时，负相关关系的存在说明冬季结冰过程所释放盐卤水的多寡是决定所得夏季海冰融化水净份额的关键因素。当海冰覆盖面积增加时，冬季时会形成更多的海冰，由此产生更多具有相对低$\delta^{18}O$特征的盐卤水，从而抵消夏季高$\delta^{18}O$值海冰融化水的信号，导致计算出的净海冰融化水份额降低。

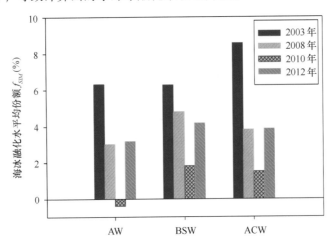

图5-290　阿纳德尔水、白令海陆架水和阿拉斯加沿岸水影响区海冰融化水平均份额的年际变化

（5）白令海峡的淡水构成及其变化

4个航次河水组分和海冰融化水组分的平均份额分别为3.4%和4.0%，意味着夏季通过

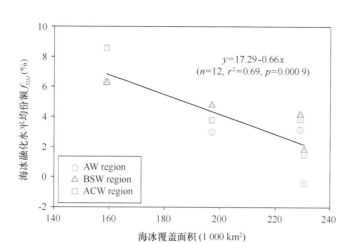

图 5-291　阿纳德尔水、白令陆架水和阿拉斯加沿岸水影响区海冰融化水份额与海冰覆盖面积的关系

白令海峡的淡水大体由 46% 的河水和 54% 的海冰融化水构成。从 3 种水团影响区淡水组成看，2003—2012 年间阿纳德尔水影响区的淡水平均由 46% 的河水和 54% 的海冰融化水构成，白令海陆架水影响区的淡水平均由 37% 的河水和 63% 的海冰融化水构成，而阿拉斯加沿岸水影响区的淡水平均由 54% 的河水和 46% 的海冰融化水构成。显然，就太平洋入流向北冰洋输送的河水而言，阿拉斯加沿岸流单位体积的贡献最为重要，其次是阿纳德尔水和白令海陆架水；对于太平洋入流向北冰洋输送的海冰融化水，则是白令海陆架水的贡献较重要，次者是阿纳德尔水和阿拉斯加沿岸水。

从研究断面淡水组成的时间变化看，阿纳德尔水、白令海陆架水和阿拉斯加沿岸水影响区河水组分与海冰融化水组分的绝对比值（f_{RW}/f_{SIM} 比值的绝对值）自 2003—2012 年间呈增加的趋势（图 5-292）。这种变化表明，2003—2012 年间，太平洋入流向北冰洋输送的淡水中，河水组分相对于海冰融化水的贡献随时间的推移愈加重要。本研究所观察到的河水与海冰融化水比值随时间呈增加的态势与育空河径流量、白令海陆架区海冰覆盖度的变化是一致的。育空河是白令海河水组分的主要来源，1977—2006 年间其入海径流量平均以每年 8% 的幅度（520 m³/s）增加。Brabets 和 Walwoord（2009）的研究表明，因阿拉斯加流域多年冻土的融化以及降水的加强，育空河下游的年均径流量在 1944—2005 年间呈增加趋势，其中冬季和 4 月份的径流量增加更为明显。Chan 等（2011）通过碳酸盐 Ba/Ca 比值的研究也证实，阿拉斯加沿岸水在 2001—2006 年间存在淡化的现象。Wendler 和 Chen（2014）的研究则表明，1979—2012 年间白令海海冰覆盖面积尽管存在年际波动，但总体呈增加的趋势，从 1979 年的 140 000 km² 增加至 2012 年的超过 280 000 km²。如前文所述，冬季海冰形成的增加会导致夏季海冰净融化水份额的降低，因此，白令海入海径流量和白令海冬季海冰形成在过去几十年里随时间的增加可导致淡水构成中河水与海冰融化水的比值增加。与海冰融化水相比，河水含有更高的热含量（温度更高），即使在太平洋入流流量保持不变的情况下，其向北冰洋输入的热量也会增加，从而加剧北冰洋海冰的融化。已有研究表明，太平洋入流的流量在 2001—2011 年间平均以（0.03±0.02）Sv/a 的速率增加（Woodgate 等，2012），因此，太平洋入流流量的增加和淡水构成中河水组分份额的增加共同加剧了北冰洋海冰的融化。值得指出的是，白令海峡 2010 年河水和海冰融化水比值的高值恰好对应于北冰洋海冰覆盖面积的最小值，尽管北冰洋的海冰覆盖面积近30年来呈减少的趋势，但存在年际的波动变化。根据美国冰雪数据中心给出的北极海冰历年数据（http：//nsidc.org/data/seaice＿index/archives.html），2003年、2008年、2010年和2012年1月间北极海冰覆盖面积分别为14.50×10^6 km^2、14.08×10^6 km^2、13.85×10^6 km^2和13.86×10^6 km^2，2010年海冰覆盖面积处于这4个年份的最小值，恰好对应于白令海峡夏季河水和海冰融化水相对比值的高值（图5-292）。

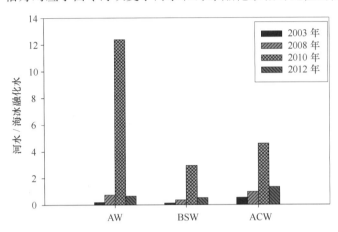

图5-292 阿纳德尔水、白令海陆架水和阿拉斯加沿岸水影响区河水与海冰融化水的比值变化

（6）科学认识

利用中国第二次至第五次北极科学考察航次在白令海峡64.3°N纬向断面实测的海水氧同位素组成，借助海水$\delta^{18}O$值和盐度的质量平衡关系，揭示了2003—2012年间河水组分、海冰融化水组分的断面分布特征和时间变化规律，获得如下几点认识：①海水$\delta^{18}O$值与温度、盐度的结合，可清晰地反映白令海峡断面不同水团的影响，东侧阿拉斯加沿岸水具有低$\delta^{18}O$值、低盐和高温的特征，西侧阿纳德尔水具有高$\delta^{18}O$值、高盐的特征，中部白令海陆架水的$\delta^{18}O$值和盐度介于阿拉斯加沿岸水和阿纳德尔水之间。②阿拉斯加沿岸水影响区河水组分的份额约为阿纳德尔水和白令海陆架水的2倍，而阿纳德尔水和白令海陆架水影响区的河水组分份额没有明显差别。阿拉斯加沿岸水影响区河水组分份额的时间变化由大至小的规律为：2010年，2012年，2003年，2008年，主要受控于向白令海陆架输入的育空河径流量的时间变化。③白令海陆架水和阿拉斯加沿岸水影响区的海冰融化水份额比较接近，均比阿纳德尔水影响区的海冰融化水份额高约45%。海冰融化水的年际变化表现出2003年大于2008年，2008年约等于2012年，2012年大于2010年的规律，主要受控于白令海海冰的年际变动。④通过白令海峡的太平洋入流中的淡水平均由46%的河水和54%的海冰融化水构成。阿纳德尔水、白令海陆架水和阿拉斯加沿岸水影响区河水组分与海冰融化水组分的比值自2003—2012年间总体呈增加的趋势，说明淡水构成变化中河水组分的增加对北冰洋海冰的融化也起着一定的作用，太平洋入流流量的增加和河水组分比例的增加共同加剧了北冰洋海冰的融化。

5.2.2.2 2003年和2008年楚科奇海淡水构成的时空变化

1）楚科奇海水团来源的同位素解构技术

北冰洋被陆地包围，近于半封闭。通过弗拉姆海峡、史密斯海峡、罗伯逊海峡、加拿大群岛水道与挪威海、格陵兰海、巴芬湾相接，由此与大西洋相通，并以狭窄的白令海峡沟通太平洋。因而可以认为楚科奇海海水是由海水（太平洋水和/或大西洋水）、河水（大气降水和陆地径流）和海冰融化水按不同比例混合而成。由于河水和海冰融化水的或^{18}O、海水和河水/海冰融化水的盐度存在明显差异，Östlund 和 Hut（1984）建立了 S-$\delta^{18}O$ 示踪体系来计算楚科奇海海水中河水和海冰融化水的份额，该示踪体系建立的海水、河水和海冰融化水 3 个组分的质量平衡方程如下：

$$f_S + f_R + f_I = 1$$

$$f_S \times S_S + f_R \times S_R + f_I \times S_I = S_m$$

$$f_S \times \delta^{18}O_S + f_R \times \delta^{18}O_R + f_I \times \delta^{18}O_I = \delta^{18}O_m$$

式中，f_S，f_R，f_I 分别表示海水、河水和海冰融化水的份额；f_I 为负值时表示海冰的净形成；下标 S，R，I，m 分别表示海水端元、河水端元、海冰融化水端元和样品实测值。

由以上公式可计算出各海水样品中河水组分和海冰融化水组分的份额，将同一站位各采样深度的数据进行梯形积分，即可获得各站位水柱中河水组分的积分高度（I_{fR}，单位：m）和海冰融化水组分的积分高度（I_{fI}，单位：m）。在上述 3 组分示踪体系中，海水端元以大西洋水来进行计算，文中以下标 AW 来表示大西洋水的海水端元，即 I_{fRAW} 表示采用大西洋水作为海水端元得到的河水组分和海冰融化水组分的积分高度。

在 S-$\delta^{18}O$ 示踪体系中，需要确定海水端元、河水端元和海冰融化水端元的盐度和示^{18}O特征值。各端元盐度、各^{18}O特征值的确定方法如下。

（1）大西洋水端元

盐度：已有部分研究者通过不同的方法来确定大西洋水的盐度端元值，Östlund 和 Hut（1984）以欧亚海盆 300 m 以深"纯大西洋水"的实测值确定出大西洋水的盐度端元值为 34.92；Yamamoto 等（2005；2008）根据每个站位温度极大值所对应的盐度，取平均值后作为大西洋水盐度的端元值（34.87±0.03）；Frank（1996）由巴伦支海陆架和 Fram 海峡（79°N）盐度的实测值确定出大西洋入流水体的盐度特征值为 35±0.05。显然，不同研究者通过不同方法确定的大西洋水端元值均非常接近，考虑到 Ekwurzel 等（2001）和陈敏等（2003）在解构北冰洋水团来源时采用的都是 Frank（1996）给出的大西洋水盐度数值，为了更好地与这些研究结果进行对比，在此大西洋水的盐度端元值取为 35±0.05。

$\delta^{18}O$ 值：Östlund 和 Hut（1984）根据欧亚海盆 300 m 以深"纯大西洋水"的实测值，以及 $\delta^{18}O\sim S$ 关系的外推值，确定出盐度为 34.92 的大西洋水端元的 $\delta^{18}O$ 为 0.3‰±0.1‰，此后不少的研究均将此值作为大西洋水端元值使用（Bauch et al.，1995；Schlosser et al.，1994）。Yamamoto 等（2005；2008）通过每个站位温度极大值所对应层位的 $\delta^{18}O$ 平均值来确定大西洋水端元的 $\delta^{18}O$ 特征值，获得该值为 0.24‰±0.05‰。在本文中，考虑到大西洋水端元的氧同位素组成变化很小，且较多的研究采纳 0.3‰±0.1‰作为大西洋水端元的 $\delta^{18}O$，故在此也将其作为大西洋水端元的氧同位素组成特征值。

（2）河水端元

盐度：河水组分的盐度特征值取为0，与文献采纳的数值一致（Bauch et al.，1995；Bauch et al.，2011；Chen et al.，2003；Ekwurzel et al.，2001；Östlund and Hut，1984；Yamamotoi et al.，2005；Yamamoto et al.，2008；Yamamoto et al.，2009；陈敏等，2003）。

$\delta^{18}O$ 值：Östlund 和 Hut（1984）根据60°N以北区域雨水 $\delta^{18}O$ 的加权平均值以及麦肯齐河和欧亚大陆河水 $\delta^{18}O$ 的实测值确定出输入北冰洋的河水组分的 $\delta^{18}O$ 为−21.0‰±0.7‰。Bauch 等（1995）通过输入北冰洋的6条大河流中河水 $\delta^{18}O$ 的实测值，加权平均得到河水组分的 $\delta^{18}O$ 值为−21.0‰。Ekwurzel 等（2001）根据文献报道的河流流量以及河水 $\delta^{18}O$ 测值，加权得到河水组分的 $\delta^{18}O$ 值为−18.0‰±2.0‰。Macdonald 等（2002）由波弗特海海水 $\delta^{18}O$ 与盐度的实测数据，根据二者的线性相关关系，将盐度外推至0，确定出河水组分的 $\delta^{18}O$ 为 −20.3‰±0.66‰。Cooper 等（2005；2008）由实测的北冰洋6条大河流河水的 $\delta^{18}O$，结合白令海入流流量及其 $\delta^{18}O$，确定出河水端元的 $\delta^{18}O$ 值为−20.0‰。由于 Cooper 等（2005；2008）的研究时间（2003—2006年）与本研究调查时间（2003年和2008年）较为接近，且最近的一些研究采用的北冰洋河流的 $\delta^{18}O$ 值为−20.0‰（Bauch et al.，2011；Yamamoto et al.，2008；Yamamoto et al.，2009），故在此亦采用−20.0‰作为河水端元的 $\delta^{18}O$ 特征值。

（3）海冰融化水端元

盐度：新形成海冰的盐度变化范围较大（5.0<S<12.0），但多年海冰的盐度报道值为4.0±1.0（Melling and Moore，1995；Melnikov，1997；Pfirman et al.，1990；Untersteiner，1968）；Macdonald 等（1999b；2002）实测了大量海冰冰芯的盐度，测值为4.0±2.0。本在此将 S=4.0 作为海冰融化水端元的盐度特征值。

$\delta^{18}O$ 值：O'Neil（1968）在实验室平衡条件下测得海冰形成与融化过程中氧同位素的分馏因子为3.0‰。Östlund 和 Hut（1984）认为，由于海冰和水体的运移路径不同，海冰形成与融化过程中氧同位素分馏并非处于平衡条件，故他们将海冰端元的 $\delta^{18}O$ 值确定为表层海水 $\delta^{18}O$ 实测值与1.5‰之和。Macdonald 等（1995）实测得海冰形成过程中氧同位素的分馏系数为2.57‰±0.1‰，接近于实验室平衡条件下的同位素分馏因子（2.9‰），但比 Melling 和 Moore（1995）报道的分馏系数（2.1‰）来得高。根据上述研究，Ekwurzel 等（2001）和陈敏等（2003）采用各站位表层水 $\delta^{18}O$ 实测值和分馏系数 2.6‰±0.1‰（Macdonald et al.，1995）之和作为海冰端元的 $\delta^{18}O$ 特征值；而 Bauch 等（1995）则采用表层海水 $\delta^{18}O$ 实测值加上分馏系数 2.1‰（Melling and Moore，1995）作为海冰端元的 $\delta^{18}O$ 特征值。Eicken 等（2002）实测了海冰的氧同位素组成，得到的 $\delta^{18}O$ 值为−1.9‰，Cooper 等（2005）据此直接将该值作为海冰端元的 $\delta^{18}O$ 特征值。Macdonald 等（2002）则将 SHEBA 海冰实测的 $\delta^{18}O$ 平均值（−2.0‰±0.1‰）视为海冰融化水端元的 $\delta^{18}O$ 特征值。Yamamoto 等（2005）考虑到海冰形成后可能会从形成区域迁移至其他区域，实际上难以确定其形成区域，故其假设形成海冰的表层水盐度为28~32（Pokrovskii and Timokhov，2002），根据大西洋水和河水的混合线确定出海水结冰前表层水的 $\delta^{18}O$ 值为−3.3‰~−1.3‰，再将此值加上分馏因子 2.6‰，由此获得海冰融化水端元的 $\delta^{18}O$ 特征值为 0.3‰±1.0‰。Yamamoto 等（2008）根据 Eicken 等（2002）和 Pfirman 等（2004）实测的海冰 $\delta^{18}O$ 值，直接确定出海冰融化水端元的 $\delta^{18}O$ 特征值为 −2.0‰±0.1‰。海冰 $\delta^{18}O$ 实测值反映了海冰形成后海冰实际的氧同位素组成，避开了海冰非当地形成以及形成或融化过程导致的同位素分馏等问题,以此来确定海冰融化水的 δ^{18}O 特征值更为科学和可靠,故本文采用 $-2.0‰\pm0.1‰$ 作为海冰融化水端元的 δ^{18}O 特征值。

表 5-14 $S-\delta^{18}O$ 示踪体系中各端元的特征值

端元	盐度	δ^{18}O 值（‰）
大西洋水	35.00 ± 0.05	0.3 ± 0.1
河水	0	-20.0 ± 2.0
海冰融化水	4.0 ± 1.0	-2.0 ± 0.1

2）楚科奇海河水组分的分布

（1）2003 年夏季

R01~R16 断面:R01~R16 断面总河水组分份额（f_{RAW}）随着纬度的增加有所增加,大致以 72°N 为界,72°N 以北海域总河水组分份额要高于 72°N 以南海域（图 5-293a）。f_{RAW} 的高值核心位于 73.5°N 以北海域的 0~20 m 层,其变化范围为 10.6%~15.9%,平均值为 13.2%± 1.9%（$n=8$）。断面北部海域较高的河水组分份额可能与欧亚大陆河水的东向输运有关。研究表明,2005—2008 年间,北极涛动指数（AO）年平均值逐渐升高,由此可导致气旋式表层环流加强,从而将携带有欧亚大陆河水信号的沿岸水体向东输送,穿过陆架区后进入到马卡洛夫海盆和楚科奇海的交界海域（Morison et al.,2012）,而本文断面的北部海域则靠近于其交界区。值得注意的是,73.5°N 以北 3 个站位近底层水的 f_{RAW} 接近或小于 0%,结合其盐度和 δ^{18}O 特征,可判断这些水体可能来源于北极环极边界流巴伦支海分支水体（Weingartner et al.,1998;Woodgate et al.,2007）。与北部海域相比,72°N 以南海域总河水组分份额明显较低,其变化范围为 1.7%~9.3%,平均值为 4.2%±1.7%（$n=47$）。在 72°N 以南海域,67.5°—69.5°N 附近海域 0~20 m 层总河水组分份额相对较高［变化范围为 5.8%~9.3%,平均值为 7.1%±1.3%（$n=9$）］,比其他站位［变化范围为 1.8%~5.5%,平均值为 3.7%± 1.0%（$n=38$）］平均高 1.9 倍。这可能与携带有河水组分的白令海陆架水穿过白令海峡后的输运有关（Mathis et al.,2007）。

R01~R16 断面总河水组分的积分高度 I_{fRAW} 随着水深的增加而增加（图 5-293b）。在 72°N 以南海域,水深较浅,I_{fRAW} 相对较低,变化范围为 0.9~2.8 m,平均值为 1.7±0.6 m（$n=$ 10）。在 72°N 以北海域,水深随着纬度的增加而增加,I_{fRAW} 也随着水深的增加而增加,其变化范围为 3.1~15.1 m,平均值为 7.7±4.6 m（$n=6$）。

C11~C10 断面:C11~C10 断面总河水组分份额（f_{RAW}）的低值核心从 168°W 近底层延伸到 165°W 表层,其变化范围为 0.6%~1.7%,平均值为 1.2%±0.34%（$n=6$）（图 5-294a）。这一低值核心水体的 δ^{18}O 比较接近,但温度、盐度与其周边海域没有明显差别,因而这些含有较少河水组分的水团可能来源于具有较高盐度的白令海陆架水。总河水组分（f_{RAW}）的高值核心位于 161°W 以东海域的 0~10 m 层,f_{RAW} 最高为 11.8%,这应与高温、低盐的阿拉斯加沿岸流影响有关。

167°—166°W 区域总河水组分的积分高度（I_{fRAW}）最低（C12 站和 C13 站分别为 0.9 m 和 1.0 m）,这与该区域较低的 f_{RAW} 有关,这部分水体应为阿纳德尔海流输送的水体。除 C12

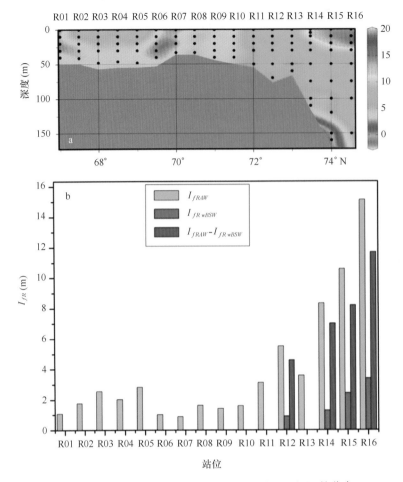

图 5-293　R01~R16 断面 f_{RAW}（%，a）和 I_{fR}（b）的分布

站、C13 站外，其余站位总河水组分的积分高度（I_{fRAW}）要大一些（变化范围为 2.0~3.7 m，平均值为 2.9±0.9 m），且随着经度的减少略有增加（图 5-294b），反映出断面东侧水体受到阿拉斯加沿岸流的影响。

2003 年夏季楚科奇海河水组分的变化：2003 年夏季，楚科奇海总河水组分积分高度（I_{fRAW}）的变化范围为 0.9~18.2 m，平均值为 3.4±3.6 m（$n=41$）。该值明显高于 Ekwurzel 等（2001）报道的楚科奇海相应值（1.7 m），这可能与所采用的示踪要素不同有关。本文采用的是 S-δ^{18}O 示踪体系，其得到的总河水组分包含了太平洋入流的贡献，而 Ekwurzel 等（2001）采用的是 S-δ^{18}O-PO_4* 示踪体系，其计算得到的河水组分为北冰洋附近河流以及大气降水直接输入的河水组分。另外，本文海域覆盖了楚科奇海大部分区域，而 Ekwurzel 等（2001）的研究在楚科奇海仅有 2 个站位。在楚科奇海，72°N 以北海域总河水组分的积分高度（I_{fRAW}）比 72°N 以南海域要高（图 5-295a），这与北部海域的水深较深有关。另外，楚科奇海东侧海域的 I_{fRAW} 要大于西侧海域（图 5-295a），与东侧海域受到携带有较多北美河水（如育空河等）的阿拉斯加沿岸流的影响有关。

为了消除积分深度的影响，将河水组分积分高度（I_{fRAW}）除以积分深度，由此获得各站位水柱中河水组分的平均份额。楚科奇海东侧具有较高的总河水组分平均份额，反映出阿拉斯加沿岸流的影响，而研究海域西侧总河水组分平均份额较低，应为白令海陆架水的影响

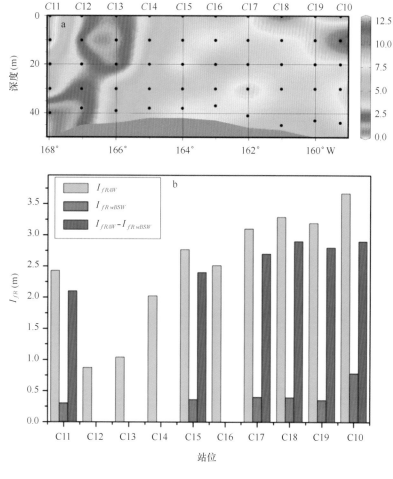

图 5-294 C11~C10 断面 f_{RAW}（%，a）和 I_{fR}（b）的分布

（图 5-295b）。另外，在 170°W 经向上，72°N 以北海域总河水组分的平均份额也比较高，由于阿拉斯加沿岸流的主轴是沿着巴罗海谷进入到波弗特海，只有很少量的阿拉斯加沿岸水会在地形变化陡峭区域因涡漩剪切作用进入加拿大海盆（Levitan et al.，2009；Weingartner et al.，2005），故 72°N 以北海域较强的河水信号可能不是阿拉斯加沿岸流的贡献。太平洋入流的另外 2 个分支（白令海陆架水和阿纳德尔水）也是潜在的来源之一，但由于这 2 个分支的河水信号较弱，难以解释 72°N 以北海域的高河水组分。因此，72°N 以北海域较高的总河水组分可归因于北极河流的输入，它可能来自波弗特流涡携带的麦肯齐河河水组分（Macdonald et al.，2002），也可能来自西伯利亚海流携带的欧亚河流河水组分（Guay et al.，2009）。

（2）2008 年夏季

BS11~R17 断面：BS11~R17 断面的总河水组分份额（f_{RAW}）随着纬度的增加而增加，高值出现在 73°N 以北海域 0~50 m 层水体（图 5-296a）。在 68°N 以南海域，f_{RAW} 较低，其变化范围为 1.9%~9.0%，平均值为 5.0%±1.7%（$n=25$），且 f_{RAW} 基本上不随深度的变化而变化，表现出混合均匀的特征。68°—73°N 水体中的 f_{RAW} 较其南部海域有所升高，变化范围为 3.9%~9.6%，平均值为 7.5%±1.2%（$n=32$），仍呈现垂向混合均匀的特点。73°N 以北海域 f_{RAW} 有明显的升高，且随着深度的增加而降低。极地混合层（0~50 m）f_{RAW} 的变化范围为

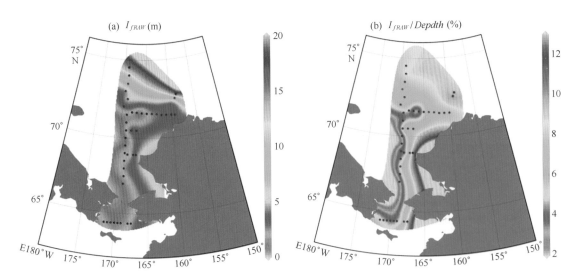

图 5-295　楚科奇海河水组分积分高度 I_{fRAW}（a）和河水组分平均份额（b）的分布

10.7%~16.1%，平均值为 13.9%±2.7%（$n=10$）；50~100 m 层 f_{RAW} 的变化范围为 8.7%~10.7%，平均值为 9.5%±0.9%（$n=4$）。尽管 R15 站 100 m 以深水体的 f_{RAW} 较低（150 m 层 f_{RAW} 为 4.6%，162 m 层 f_{RAW} 为 3.6%），但 R17 站 150 m 的 f_{RAW} 仍高达 8.7%。显然，该断面北部海域的总河水组分含量较高。

该断面河水组分积分高度的分布显示，73°N 以南海域河水组分的积分高度（I_{fRAW}）较低，与其所处区域水深较浅有关，其中总河水组分积分高度（I_{fRAW}）的变化范围为 0.8~4.7 m，平均值为 5.0±1.2 m（$n=10$）。与南部海域不同，73°N 以北海域（R15 站和 R17 站）河水组分的积分高度较高，I_{fRAW} 分别为 15.3 m 和 16.6 m。如果将积分水深设定为与南部海域的深度（即 50 m），则 R15 站和 R17 站总河水组分的积分高度分别为 9.4 m 和 9.7 m。显然，北极河流输入河水的比例较南部海域的相应比例明显要高，佐证该区域的北极河流河水存在额外的来源。

C11~C10A 断面：C11~C10A 断面总河水组分份额（f_{RAW}）的空间变化呈现出 163°W 东、西侧不同的特征，在 163°W 以西海域，f_{RAW} 相对较低，其变化范围为 7.8%~10.8%，平均值为 9.1%±0.9%（$n=15$）；163°W 以东海域，f_{RAW} 相对较高，变化范围为 9.1%~11.8%，平均值为 10.6%±0.6%（$n=18$）（图 5-297a）。该断面 f_{RAW} 的低值位于 168°W 10 m 层和 164°W 近底层，f_{RAW} 均为 7.8%；f_{RAW} 高值出现在 160°—162°W 的近底层和 C10A 站（158°W）50 m 层，变化范围为 11.0%~11.8%，平均值为 11.4%±0.3%（$n=4$）。C11~C10A 断面河水组分的积分高度（I_{fRAW}）大体呈现随经度减少而增加的趋势（图 5-297b）。总河水组分积分高度（I_{fRAW}）的变化范围为 2.8~5.3 m，平均值为 4.0±0.9 m（$n=6$）。

2008 年夏季河水组分的变化：楚科奇海总河水组分积分高度（I_{fRAW}）的变化范围为 0.7~16.6 m，平均为 3.9±3.6 m（$n=28$），高于 Ekwurzel 等（2001）的报道值（1.7 m），这与采样时间、所采用的示踪体系不同有关。Ekwurzel 等（2001）研究中采用的是 S-δ^{18}O-PO$_4$* 示踪体系，其获得的河水组分仅包含了部分太平洋入流所携带河水组分，而本文采用 S-δ^{18}O 得到的总河水组分涵盖了所有太平洋入流河水组分的贡献。

若把水柱中总河水组分的积分高度（I_{fRAW}）除以积分水深，则可以获得消除了积分水深

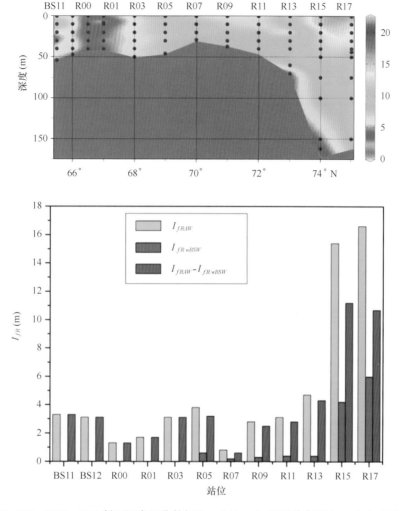

图 5-296 BS11~R17 断面河水组分份额 f_{RAW}（%，a）和积分高度 I_{fRAW}（b）的分布

影响后的总河水组分平均份额。从总河水组分平均份额的空间分布可以看出，消除了积分水深的影响后，总河水组分在楚科奇海东、西侧的变化梯度更明显，更明确地说明了太平洋入流 3 种水团在楚科奇海的分布特征，即阿拉斯加沿岸流水体主要集中在楚科奇海东部海域，白令海陆架水分布在 170°W 以西海域，而中部区域则为上述 2 种水团的混合。另外，尽管总河水组分平均份额在南、北部海域的差异不如积分高度明显（图 5-298），但仍存在由南往北增加的态势，进一步佐证楚科奇海北部海域存在额外的河水来源，其可能的贡献包括波弗特流涡携带的麦肯齐河河水、大气气压场驱动的表层海流变化所引起的欧亚大陆河流河水的输入（Morison et al.，2012）。

3）楚科奇海海冰融化水组分的分布

（1）2003 年夏季

R01~R16 断面：R01~R16 断面 f_{IAW} 随着深度的增加而降低，高值核心位于 71.5°N（R10 站）和 73°N（R13 站）的 0 m 层和 10 m 层（图 5-299a）。R10 站 0 m 层和 10 m 层的 f_{IAW} 分别为 11.5% 和 11.1%；R13 站 0 m 层和 10 m 层的 f_{IAW} 稍低一些，分别为 10.2% 和 10.9%。从空间变化看，69.5°—73°N 区域 0~20 m 层 f_{IAW} 相对较高，变化范围为 5.8%~9.0%，平均值

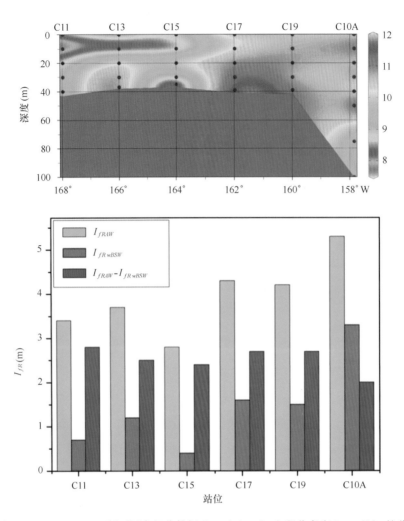

图 5-297 C11~C10A 断面河水组分份额 f_{RAW}（%，a）和积分高度 I_{fRAW}（b）的分布

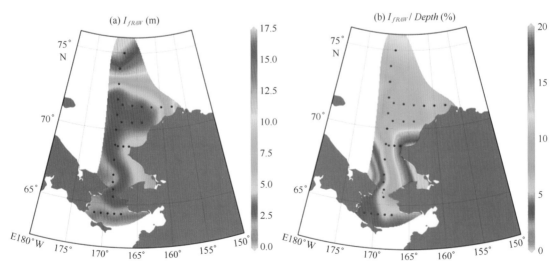

图 5-298 2008 年夏季楚科奇海河水组分积分高度（I_{fRAW}，a）和平均份额（%，b）的分布

为 7.1%±0.9%（$n=18$），这与调查期间 69.5°—73°N 区域的海冰正在大量融化有关。f_{IAW} 的低值出现在最北部 R17 站（74.5°N）的 100 m 以深，变化范围为 $-1.3\%\sim-3.0\%$，平均为 $-2.1\%\pm0.9\%$（$n=3$）。f_{IAW} 小于 0% 的水体仅出现在 R17 站 75 m 以深，表明仅 R17 站 75 m 以深水体受到冬季海冰生成所排出的高盐盐卤水的影响。

除最北部 74.5°N 的 R17 站外，该断面其他站位的 I_{fIAW} 都大于 0 m，其变化范围为 $0.8\sim$ 3.6 m，平均为 2.2 ± 0.7 m（$n=15$）（图 5-299b）。R16 站的 I_{fIAW} 为 -1.9 m，表现为海冰的净生成。在 72.5°N 以北海域，I_{fIWBSW} 随着纬度的增加而降低，其变化范围为 $1.9\sim3.0$ m，平均值为 2.4 ± 1.1 m（$n=4$）。这与调查期间 72.5°N 以北海域尚存在海冰覆盖，这些海冰正在融化有关。位于最北部的 R16 站，其极地混合层水体之下含有大量海冰形成时排出的高盐盐卤水，导致其 I_{fI} 较低。

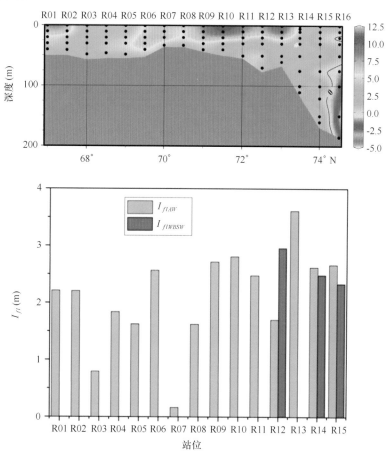

图 5-299　R01~R16 断面 f_{IAW}（%，a）和 I_{fIAW}、I_{fIWBSW}（b）的分布

C11~C10 断面：C11~C10 断面 f_{IAW} 随着水深的增加而降低，f_{IAW} 高值核心位于 166°—167°W 的 0~20 m 层，变化范围为 $13.9\%\sim16.5\%$，平均值为 $15.0\%\pm1.2\%$（$n=5$）（图 5-300a）。0~20 m 层 f_{IAW} 较高，变化范围为 $2.5\%\sim16.5\%$，平均值为 $8.3\%\pm3.7\%$（$n=29$）。30 m 以深 f_{IAW} 大幅度降低，变化范围为 $-2.5\%\sim7.7\%$，平均值为 $1.9\%\pm2.9\%$（$n=20$），其中 166°W 以东海域 30 m 以深 f_{IAW} 尤其低，均小于 2.5%。f_{IAW} 为负值的区域位于 162°—164°W 的 30 m 以深，其变化范围为 $-2.5\%\sim-0.2\%$，平均值为 $-1.1\%\pm0.9\%$（$n=6$），指征着该区域富含海冰形成所排放的盐卤水。

C11~C10 断面海冰融化水组分积分高度的空间变化具有一定的规律，大致以 165°W 为界，165°W 以西海域 I_{flAW} 较高 [变化范围为 2.4~4.2 m，平均值为 3.2±0.8 m（$n=4$）]，165°W 以东海域则较低 [变化范围为 1.2~2.1 m，平均值为 1.7±0.3 m（$n=6$）]（图 5-300b）。

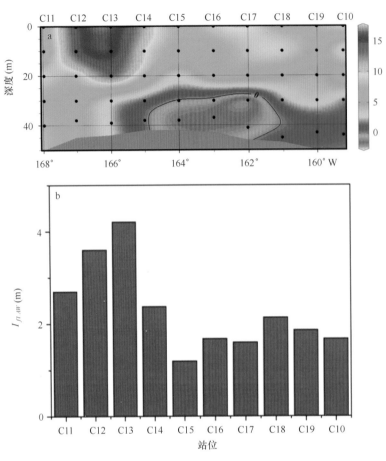

图 5-300　C11~C10 断面 f_{IAW}（%，a）和 I_{flAW}（b）的分布

　　2003 夏季海冰融化水的变化：2003 年夏季，白令海峡和楚科奇海海冰融化水积分高度（I_{flAW}）的变化范围为 -3.2~4.2 m，平均值为 1.7±1.4 m（$n=41$）。除位于陆架坡折处的 R16 站和 S12 站外，其余站位的 I_{flAW} 均大于 0 m（图 5-301），表明调查期间楚科奇海和白令海峡表现为海冰的净融化。在阿拉斯加沿岸流流经的区域（阿拉斯加沿岸），海冰融化水的积分高度相对较低，这可能与高温、低盐的阿拉斯加沿岸流更早将该区域的海冰融化，且将其输运出去有关。另外，位于中央水道（Central Channel）的 C12 站和 C13 站，海冰融化水的积分高度最高，分别为 3.6 m 和 4.2 m，可能与其地形有关，这 2 个站位较深的水深有利于海冰融化水的积蓄。位于陆架坡折处的 R16 站和 S12 站，海冰融化水的积分高度分别为 -1.9 m 和 -3.2 m，表现为海冰的净生成。

　　（2）2008 年夏季

　　BS11~R17 断面：BS11~R17 断面的 f_{IAW} 随着水深的增加而降低，且大致以 68°N 为界，南、北部海域海冰融化水组分的分布存在不同（图 5-302a）。在 68°N 以南海域，f_{IAW} 的垂向变化较小，基本上都高于 0%，变化范围为 -1.2%~5.5%，平均值为 2.4%±1.8%（$n=23$），

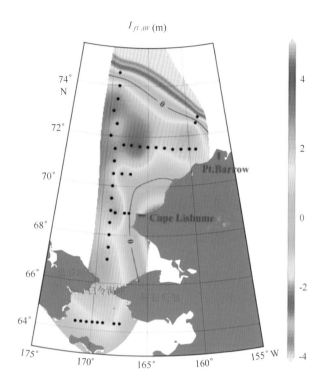

图 5-301　白令海峡和楚科奇海海冰融化水积分高度（I_{flAW}，m）的分布

f_{IAW} 的穿透深度可达 50 m。在 68°N 以北海域，0~10 m 层水体的 f_{IAW} 随着纬度的增加而增加，变化范围为 0.2%~12.0%，平均值为 5.2%±4.2%（$n=16$），高值出现在 74°N 以北海域（8.0%~12.0%，平均为 9.8%±1.9%）。在 30 m 以深，f_{IAW} 小于 0%，变化范围为 -4.7%~-0.3%，平均值为 -2.0%±2.0%（$n=24$）。68°N 以北海域 f_{IAW} 的穿透深度小于 30 m，说明 68°N 以北海域 30 m 以深含有冬季海冰形成时所释放的高盐水体。

除位于最南端白令海峡附近的 BS11 站和 BS12 站外，其他站位海冰融化水的积分高度（I_{flAW}）呈现随纬度增加而降低的趋势（图 5-302b）。I_{flAW} 的变化范围为 -3.2~1.7 m，平均值为 -0.3±1.5 m（$n=12$）。73°N 以北海域的 I_{flAW} 都小于 0 m，表现为海冰的净生成，特别是最北部的 R15 站和 R17 站，I_{flAW} 低至 -3.2 m 和 -2.4 m。

C11~C10A 断面：C11~C10A 断面的 f_{IAW} 随着水深的增加而降低（图 5-303a），0~10 m 层 f_{IAW} 的变化范围为 1.8%~8.5%，平均值为 3.9%±1.7%（$n=12$）；20 m 以深水体 f_{IAW} 急剧降低至小于 0（最东侧 C10A 站例外，其 20 m 层 f_{IAW} 仍为 2.0%），变化范围为 -7.3%~-2.0%，平均值为 -4.3%±1.9%（$n=20$），表明该断面 f_{IAW} 的穿透深度不超过 20 m，且 20 m 以深水体含有冬季结冰所释放的盐卤水。

C11~C10A 断面的 I_{flAW} 变化很小，变化范围为 -1.0~0.2 m，平均值为 -0.4±0.4 m（$n=6$）。仅位于 164°W 的 C15 站 I_{flAW} 为正值（0.2 m）；位于最西侧 168°W 的 C11 站 I_{flAW} 为 0 m，表明该站位 0~10 m 层海冰融化水的量等于 20 m 以深含有的冬季海冰生成所释放的盐卤水的量；其他站位的 I_{flAW} 均小于 0 m，表现为海冰的净生成（图 5-303b）。

2008 年夏季楚科奇海海冰融化水的变化：楚科奇海海冰融化水的积分高度随着纬度的增加而减少，变化范围为 -3.2~1.7 m，平均值为 0.1±1.0 m（$n=29$）（图 5-304a）。较低的海冰融化水可能与其水平输运至其他海区有关。72°N 以南海域海冰融化水的积分高度（I_{flAW}）

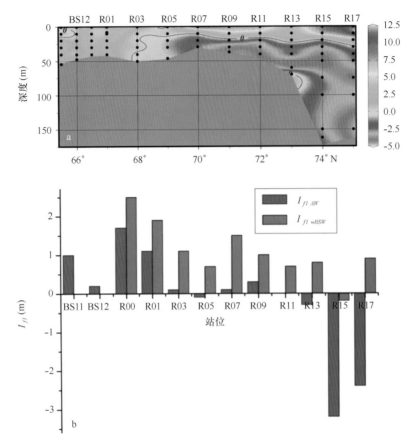

图 5-302　BS11~R17 断面海冰融化水份额 f_{IAW}（%，a）和积分高度（b）的分布

都大于 0 m，表现为海冰的净融化，特别是 69°N 以南海域，I_{flAW} 为 1.0~1.7 m，平均为 1.2±
0.3 m（$n=8$）。与南部海域不同，72°N 以北海域海冰融化水的积分高度（I_{flAW}）均小于
0 m，表现为海冰的净生成，尤其是最北端靠近楚科奇海台的 R15 站和 R17 站，I_{flAW} 分别为
-3.2 m 和-2.4 m。消除了积分水深的影响后，海冰融化水平均份额的空间分布特征仍与积
分高度的变化类似，北部海域含有较多的冬季海冰形成时所释放的盐卤水（图 5-304b）。

　　4）楚科奇海淡水储量的变化与主控因素

　　2003 年夏季期间，楚科奇海总河水组分的积分高度平均为 3.4±3.6 m（$n=41$），相应的
楚科奇海总河水组分储量为 2108±656 km³。2008 年夏季期间，楚科奇海总河水组分的积分高
度略高于 2003 年，平均值为 3.9±3.6 m（$n=30$），相应总河水组分储量为 2418±572 km³（表
5-15）。2008 年夏季楚科奇海总河水组分的积分高度比 2003 年夏季升高了 0.5 m，总河水组
分储量增加了 310 km³，但若考虑误差的话，则 2003 年和 2008 年夏季楚科奇海的总河水组分
储量可能没有显著差别。

　　2003 年夏季楚科奇海海冰融化水组分的积分高度平均为 1.7±1.4 m（$n=41$），海冰融化
水组分的储量为 1 054±511 km³。2008 年夏季海冰融化水组分的积分高度明显低得多，平均
值为 0.1±1.0 m（$n=29$），相应的海冰融化水组分储量为 62±6 200 km³，显然，楚科奇海
2008 年夏季所含有的海冰融化水储量比 2003 年夏季低得多，这可能与 2008 年夏季楚科奇海
的海冰比 2003 年夏季更早融化（ftp：//polar. ncep. noaa. gov/pub/history/ice/nh）有关，早期
海冰融化形成的海冰融化水可被海流携带迁出楚科奇海。另外，2007 年夏季楚科奇海的海冰

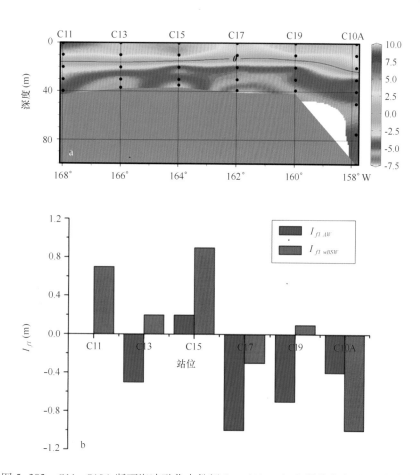

图 5-303　C11~C10A 断面海冰融化水份额 $f_{1\,AW}$（%，a）和积分高度（b）的分布

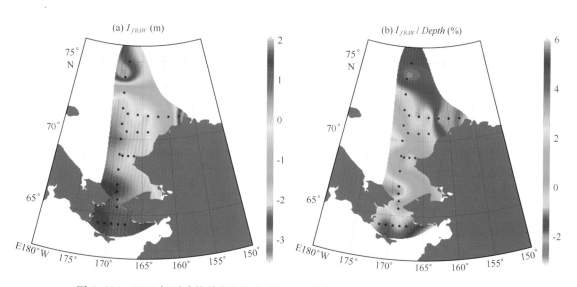

图 5-304　2008 年夏季楚科奇海海冰融化水积分高度（a）和平均份额（b）的分布

大幅度消退（Perovich et al.，2011），促使冬季有更多的海冰形成，2008 年夏季在楚科奇海北部部分站位仍观察到负的海冰融化水信号可佐证这一点，由此也会导致 2008 年夏季楚科奇海海冰融化水净储量的降低。2008 年海冰融化水储量的降低，导致 2008 年夏季楚科奇海淡

水组分的总储量（总河水储量+海冰融化水储量，2 480 km³）比 2003 年夏季（3 162 km³）降低了 682 km³。

表 5-15　2003 年和 2008 年夏季楚科奇海河水组分的积分高度和储量

年份	海域	淡水组分	积分高度（m）		储量（km³）
			变化范围	平均值	
2003	楚科奇海	I_{fRAW}	0.9~18.2	3.4±3.6（n=41）	2 108±656
		I_{flAW}	-3.2~4.2	1.7±1.4（n=41）	1 054±511
		Total			3 162±832
2008		I_{fRAW}	0.7~17.6	3.9±3.6（n=30）	2 418±572
		I_{flAW}	-3.2~1.7	0.1±1.0（n=29）	62±6 200
		Total			2 480±6 226

5.2.2.3　加拿大海盆河水组分近 40 年的变化规律

北冰洋淡水收支的变化通过影响海—冰—气的热交换和北大西洋深层水的形成对全球气候产生重要影响，目前对于北冰洋河水和海冰融化水组分历史变化的了解仍十分匮乏。通过收集国内外加拿大海盆海水 δ¹⁸O 的 781 份数据，借助大西洋水—河水—海冰融化水三端元混合的同位素解构技术，揭示了加拿大海盆 1967—2010 年间河水、海冰融化水的变化趋势及其调控因素，发现加拿大海盆河水组分在 1967—1969 年、1978—1979 年、1984—1985 年、1993—1994 年、2008—2010 年间呈高值分布（图 5-305），说明加拿大海盆河水组分的更新时间为 5~16 a，其时间变化规律与北极涛动（AO）指数的变化密切相关（Pan et al., AOS, 2014）。

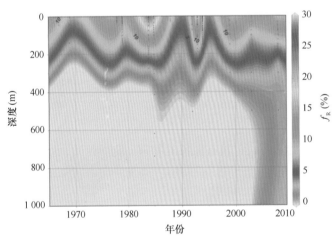

图 5-305　1967—2010 年间加拿大海盆河水组分份额的变化

5.2.2.4　西北冰洋的边界清除作用

边界清除作用是指海水中的颗粒活性物质或元素从低颗粒物浓度、弱清除作用的海盆或大洋区通过水平输运进入高颗粒物浓度、强清除作用的陆架或边缘海而被清除迁出，由此导致陆架或边缘海沉积物中该物质或元素的储量高于当地来源所支持储量的现象（Spencer et al.，1981）。海洋边界清除作用发现于20世纪60年代末70年代初（Bhat et al.，1969；Krishnaswami et al.，1973），当时观测到一些边缘海的颗粒清除作用很强，且沉积物中^{210}Pb等一些核素的储量比当地贡献高1个数量级，之后，国际地球化学断面研究（GEOSECS）计划的实施进一步证实了海洋边界清除现象的存在。

边界清除是海盆、大洋与陆架、边缘海物质交换的重要过程，它是元素生物地球化学循环的重要环节之一。边界清除在海洋生物地球化学循环中所起的重要作用可从如下几个方面得以体现：首先，边界清除作用影响到不少元素的海洋地球化学行为，Al、Be、Pa、Th、Pb、Fe、Mn、Pu等元素都已被证实存在明显的边界清除（Anderson et al.，1994；Luo et al.，2001；Smoak et al.，2000；Lepore et al.，2009），实际上，具有强颗粒活性的元素理论上都可能存在边界清除，但目前相关研究尚十分有限。其次，边界清除可能是全球海洋普遍存在的现象之一，已证实存在边界清除的海域包括太平洋边缘海（Nozaki et al.，1997；Huh and Su，1999；Su and Huh，2002；Yamada and Aono，2006；Fang et al.，2013）、大西洋边缘海（Smoak et al.，1996；Santschi et al.，1999）、印度洋边缘海（Borole，2002）、北冰洋陆架海域（Lepore et al.，2009；Chen et al.，2012）等。再者，边界清除作用可明显影响元素在全球海洋水体与沉积物的分布及收支平衡，颗粒活性元素通过边界清除输入边缘海的通量可比局地输入通量高1~2个数量级。对于典型的边界清除核素^{210}Pb而言，北冰洋楚科奇陆架（Lepore et al.，2009）和阿拉伯海北部海域（Borole，2002）边界清除的贡献高达91%，Santa Barbara海盆为95%（Smoak et al.，2000），亚马逊陆架为67%（Smoak et al.，1996），东海外陆架和陆坡介于7%~98%之间（Su and Huh，2002；Yamada and Aono，2006；Fang et al.，2013）。Santa Barbara海盆^{228}Th的边界清除贡献为75%（Smoak et al.，2000），东海陆坡^{230}Th的边界清除贡献为99%（Yamada and Aono，2006）。最后，边界清除作用为许多海洋学指标的应用提供了可能。虽然颗粒活性元素大多存在边界清除，但由于颗粒活性强弱的差异，其边界清除的强弱程度有所不同，最终导致了不同元素之间的分馏，这一分馏现象为许多海洋学指标的应用奠定了基础。如基于Al、Pa、Be和Th的边界清除，^{231}Pa/^{230}Th、^{10}Be/^{230}Th（Kumar et al.，1993，1995）和^{10}Be/^{26}Al（Luo et al.，2001）才能成为海洋古生产力和古环流的反演指标。此外，^{210}Pb边界清除的存在使其示踪无机颗粒物的水平输运成为可能（Borole，2002）。

北冰洋是位于高纬度的海洋，它具有独特的物理、化学性质，如长时间的冰覆盖和极夜以及占总面积36%的宽广陆架，这些因素有利于颗粒活性元素在陆架区的清除与迁出。北冰洋的边界清除作用可能尤为突出，已有研究显示，西北冰洋夏季期间具有较高的初级生产力和细菌生产力（Chen et al.，2002），陆架区与深海盆地POC输出通量占初级生产力的份额明显高于中、低纬度海域，具有较高的生物泵运转效率，其中楚科奇海陆架是一个高效的有机碳"汇"区（Chen et al.，2003；Ma et al.，2005；Zhang et al.，2012）。陆架区颗粒物的清除、迁出作用比深海盆来得活跃，意味着北冰洋陆架海域在物质与元素的迁出过程中起着重要的作用。另一方面，北冰洋存在活跃的陆架—海盆相互作用，陆架区的地球化学信号可快速地传输并影响到深海盆（Smith et al.，2003；Cooper et al.，2005；Grebmeier et al.，2006；Chen et al.，2008）。Moore和Smith（1986）研究了阿尔法海脊某冰站（81°43.4′N，93°25′W）水体中^{226}Ra-^{210}Pb-^{210}Po的不平衡状况，发现上跃层水体同时出现营养盐的极大值和^{210}Pb相对于母体^{226}Ra的明显亏损,表明陆架区强烈的颗粒清除作用信号被输送进入到加拿大中心海盆。此后,在1994年北冰洋断面研究(AOS)和1995年波弗特海研究中,也发现马卡诺夫海盆和加拿大海盆中层水存在低^{210}Pb特征,进一步确证了低^{210}Pb信号的陆架水体通过水平输运影响到北冰洋中心海盆(Smith et al.,2003)。北冰洋陆架—海盆的相互作用除了水体水平输送作用的路径外,还可通过冰碛颗粒物的水平输送来实现,有证据显示,海冰在陆架区形成时,可将陆架沉积物结合至冰体中,进而通过海冰的运动将陆架颗粒物输送进入到深海盆。在海冰运动的过程中,冰体同时会截留大气沉降物质,从而实现物质在陆架—海盆的迁移(Reimnitz et al.,1987;Hebbeln,2000;Eicken et al.,2005;Masque et al.,2007)。当海冰融化时,冰碛颗粒物的释放会加强北冰洋海盆区颗粒物及其结合组分的垂向输出通量(Masque et al.,2007)。Baskaran(2005)发现,采集于加拿大海盆的冰碛颗粒物具有高含量的过剩^{210}Pb,作者认为,其原因除大气沉降的贡献外,冰碛颗粒物在输运过程中不断地清除表层水体的^{210}Pb也是重要的贡献。尽管目前对北冰洋边界清除现象有了一些认识,但对其时空变化特征、边界清除作用在元素收支平衡中所起的定量作用、边界清除与北冰洋环境变化之间的关系仍缺乏了解。开展相关的研究,定量评估北冰洋边界清除作用及其重要性,对于深入了解北冰洋生物地球化学过程,掌握北冰洋物质输运规律及其收支平衡关系,阐释北冰洋物质循环对全球变化的响应与反馈等均具有重要意义。

1)西北冰洋边界清除作用的^{234}Th证据

2003年夏季,Ma等(2005)发现楚科奇海陆架西部海域和160°W附近陆坡区存在^{234}Th过剩于^{238}U的独特现象(图5-306)。由于海水中的^{234}Th来自^{238}U的现场衰变,且^{234}Th为颗粒活性核素而^{238}U为水溶性核素,因此,在迄今已报道的大部分中低纬度海域上层水柱中,^{234}Th相对于^{238}U均是亏损的,仅在极少数站位紧邻真光层底部的区间存在^{234}Th稍过剩于^{238}U的情况(Coale and Bruland,1985;Murray et al.,1989;Hung and Wei,1992)。西北冰洋所观察到的^{234}Th过剩于^{238}U的现象说明这些区域除^{238}U现场产生的^{234}Th外,尚存在外来"新"^{234}Th的输入,且这些来源应以水平输入而非垂直输入为主,因为垂直方向上中深层水体通过上升流等进入上层水体的^{234}Th/^{238}U)$_{A.R.}$至多为1.0,而不可能大于1。对于处于高纬度的寒冷的北冰洋海域,海冰的存在及其在风作用下的运动为上述水平输入提供了可能,冰碛沉积物在海冰的携带下可进行长距离、快速的运移,从而将^{234}Th重新分配,并导致某些海域出现^{234}Th过剩于^{238}U的现象。

研究表明,沉积物可通过如下几个过程结合进入到海冰冰体中:沉积物的再悬浮及随后结合进入冰体孔隙;海冰运动过程中底冰对沉积物的直接刮蚀;海冰形成过程中直接结合河流输送的沉积物;大气沉降所输送的颗粒物等(Reimnitz et al.,1987;Eicken et al.,1997)。上述过程大多发生在沿岸和陆架区,之后结合进入海冰的沉积物通过海冰的运动被运移至北冰洋其他区域(Reimnitz et al.,1987)。在北冰洋,海冰的运移主要受控于表层环流,在加拿大海盆和波弗特海,其主要表层环流为逆时针运动的波弗特环流,而对于欧亚海盆,主要表层环流为东向流动的穿极流(Pfirman et al.,1995;Eicken et al.,1997)。近期的一些研究也表明,冰碛颗粒物对上层水柱颗粒活性核素的重新分布起着重要的作用。Rutgers van der Loeff等(2002)在南大洋海冰边缘附近海域的表层水体中观察到^{234}Th的过剩现象,并将其归因于海冰浮游生物或颗粒物对^{234}Th的累积及其后冰融化时^{234}Th的释放。Buesseler等(2004)报道在南大洋铁施肥期间(SOFeX),深度介于80~120 m之间的水体中^{234}Th是过剩

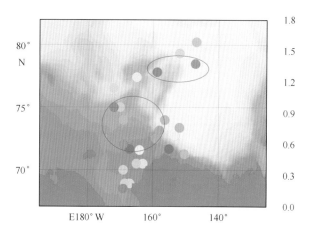

图 5-306 西北冰洋 100 m 以浅水体^{234}Th/^{238}U)$_{A.R.}$ 的分布

的，作者认为这是由于^{234}Th 由沉降颗粒向溶解相的释放或沉降颗粒向悬浮颗粒的解聚所致。Baskaran（2005）发现在北冰洋颗粒物中^{210}Pb 的富集系数高达 4~92，作者同样将其归因于海冰与表层海水相互作用的结果。

因此，楚科奇海陆架西部海域和 160°W 附近陆坡区^{234}Th 过剩^{238}U 现象的可能机制为：在沿岸陆架区海冰形成时，当地的海底沉积物或通过再悬浮作用或通过海冰的刮蚀结合至海冰中，这时候，所结合颗粒物中的^{234}Th 就是过剩于^{238}U 的，因为近岸沉积物在埋藏过程中获得了由水体清除、迁出的^{234}Th。之后海冰在风作用下沿表层环流方向运移，其运移过程中所结合的颗粒物会继续从表层海水中富集颗粒活性的^{234}Th，而^{238}U 由于是水溶性核素并未被进一步富集，由此导致海冰颗粒物中^{234}Th 的过剩现象进一步加剧。当海冰因为太阳辐射或者遇到高温海水而融化时，所结合颗粒物将随之释放至海水中，并在当地形成局部^{234}Th 过剩^{238}U 的现象。以上机制同样可以解释为何是在楚科奇海陆架西部海域和 160°W 附近陆坡区这两处海域存在^{234}Th 过剩现象（图 5-306），因为这两个区域刚好分别位于穿极流和波弗特环流的流轴中，同航次研究海域温度的分布显示，在北风海岭一带（即 160°W 附近陆坡区）50 m 深度处观察到高温水体的存在，这也就是海冰为什么在此处融化的原因。

2）西北冰洋边界清除作用的^{210}Pb 证据

2008 年夏季，中国第三次北极科学考察所获得的溶解态^{210}Pb 和颗粒态^{210}Pb 的分布（图 5-307）可为陆架区存在强的清除迁出作用以及陆架—海盆的相互作用提供证据（Hu et al.，2013）。

在 C33~B33 断面，霍普角附近的 C33 站，溶解态^{210}Pb 存在明显的低值（<0.25 Bq/m^3），另一个低值区位于 S11~S16 站之间的陆坡区（<0.25 Bq/m^3）。溶解态^{210}Pb 两个低值中心所处深度存在不同，C33 站溶解态^{210}Pb 低值位于中层水体，而陆坡区溶解态^{210}Pb 低值则出现在靠近海底沉积物的地方。霍普角附近海域溶解态^{210}Pb 的低值，可能与太平洋入流经过狭窄的白令海峡后流速明显增强（Weingartner et al.，2005），造成当地水文学特征变化从而引起理化特征发生变化；另外，C33 站明显受到阿拉斯加沿岸流水体的影响（平均盐度为 31.35），而阿拉斯加沿岸流水体中溶解态^{210}Pb 活度浓度较低（Chen et al.，2012）。陆坡区溶解态^{210}Pb 的低值则可能由于陆架底层水沿着陆坡向海盆移动过程中，将陆架的悬浮颗粒物带入陆坡；或可能由于水体运移造成陆坡沉积物的再悬浮，导致水体中溶解态^{210}Pb 在近底层被

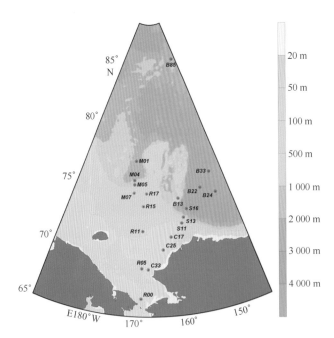

图 5-307　西北冰洋 ²¹⁰Pb 研究的采样站位

快速地清除。由溶解态 ²¹⁰Pb 活度浓度介于 0.25~0.50 Bq/m³ 的低 ²¹⁰Pb 信号可看出由陆架向海盆上跃层扩散的趋势（图 5-307），指示着海盆区上跃层的低溶解态 ²¹⁰Pb 信号可能来源于陆架。海盆区混合层溶解态 ²¹⁰Pb 浓度较高（图 5-307），可能与当地生物生产力较低，溶解态 ²¹⁰Pb 的清除不明显有关，同一航次实测的海盆区初级生产力仅为 0.23~0.33 mg/ (m³·d)（以 C 计），远低于陆架区的 3.77~16.18 mg/ (m³·d)（以 C 计）。溶解态 ²¹⁰Pb 的分布（图 5-308）和颗粒态 ²¹⁰Pb（图 5-309）未呈镜面对称关系，相反，陆坡区颗粒态 ²¹⁰Pb 与溶解态 ²¹⁰Pb 的分布类似，均在近底层出现低值，反映出近底层颗粒物的再悬浮和迁出都是非常快速的。海盆区上跃层水体颗粒态 ²¹⁰Pb 活度浓度较表层低得多，从其分布走向看，有可能是由陆坡向海盆的水平输送所致。

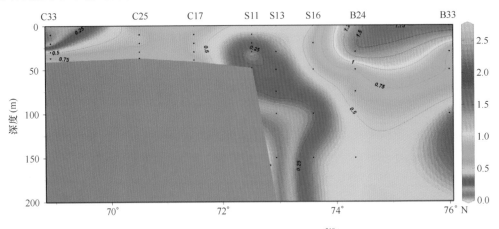

图 5-308　西北冰洋 C33~B33 断面溶解态 ²¹⁰Pb 的分布

在位于楚科奇海陆架中部的 R00~R17 断面，白令海峡附近的 R00 站溶解态 ²¹⁰Pb 和颗粒态 ²¹⁰Pb 最高，可能与太平洋入流携带了高活度浓度的 ²¹⁰Pb 进入到楚科奇海陆架有关，在向

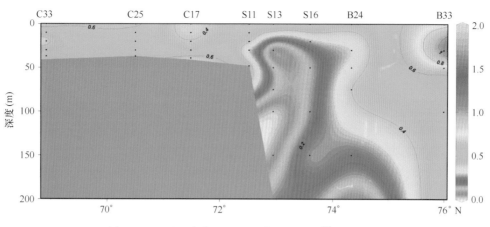

图 5-309　西北冰洋 C33~B33 断面颗粒态^{210}Pb 的分布

北运移过程中，溶解态^{210}Pb 和颗粒态^{210}Pb 逐渐降低（图 5-310 和图 5-311）。溶解态^{210}Pb 在 R05~R11 之间海域及 R17 站附近海域较低；而颗粒态^{210}Pb 在陆坡区（R15 站、R17 站）近底层最低，与 C33~B33 断面分布情况类似，指示出陆坡区颗粒态^{210}Pb 存在强烈的清除、迁出作用。从地理位置看，R05~R11 站位于楚科奇海陆架 Herald 浅滩，水体中溶解态^{210}Pb 的低值可能与该区域底部沉积物与水体的相互作用较为强烈有关。

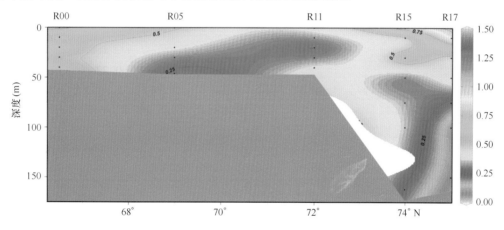

图 5-310　楚科奇海 R00~R17 断面溶解态^{210}Pb 的分布

3）西北冰洋边界清除作用的贡献

（1）^{210}Pb 的停留时间与清除效率

加拿大海盆上跃层水低溶解态^{210}Pb 信号可能源于陆架、陆坡区颗粒物对^{210}Pb 的强烈清除作用，通过确定颗粒物清除溶解态^{210}Pb 的停留时间和清除效率，可定量评估陆架在调节颗粒活性元素向海盆输入过程中所起的作用。溶解态^{210}Pb 清除效率（SE）可由下式计算获得：

$$SE = \frac{1}{1 + \lambda_{Pb}\tau_{DPb}}$$

式中，λ_{Pb}为^{210}Pb 的衰变常数（0.0311/a）；τ_{DPb}为稳态条件下溶解态^{210}Pb 相对于颗粒清除作用的停留时间。τ_{DPb}的计算为：

$$\tau_{DPb} = \frac{D^{210}Pb}{F_{atm} + \lambda_{Pb}(^{226}Ra - D^{210}Pb)}$$

313

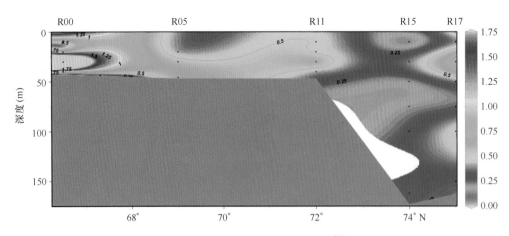

图5-311　楚科奇海R00~R17断面颗粒态[210]Pb的分布

式中，$D^{210}Pb$ 为水柱中溶解态[210]Pb 的积分储量（Bq/m²）；F_{atm} 为[210]Pb 的大气输入通量［Bq/m²，取为 10 Bq/（m²·a），Smith et al.，2003；Lepore et al.，2009；Chen et al.，2012］，[226]Ra 为水体中[226]Ra 的积分储量（Bq/m²）。

西北冰洋陆架区溶解态[210]Pb 的停留时间介于 1.06~2.28 a，与 Smith 等（2003）和 Lepore 等（2009）在楚科奇海陆架的计算值基本一致；低于大西洋（2.5 a，Bacon et al.，1976；Sarin et al.，1999）、赤道太平洋（2.4~8 a，Nozaki et al.，1997；Murray et al.，2005）、西北地中海（3 a，Masque et al.，2002）、南极普里兹湾（1.44~3.79 a，平均为 2.20 a，Yang et al.，2009）的估算值。陆架区溶解态[210]Pb 的停留时间远低于海盆区的相应值（5.57~7.49 a），说明溶解态[210]Pb 在楚科奇海陆架被快速地清除。

从溶解态[210]Pb 清除效率的空间分布看，陆架区溶解态[210]Pb 的清除效率较高，而海盆区较低（表5-16），海盆区清除效率的低值与其较低的颗粒物浓度有关。陆架区溶解态[210]Pb 较高的清除效率进一步证明太平洋入流在楚科奇海陆架向海盆区运移过程中溶解态[210]Pb 被快速地清除，导致输送至海盆区的溶解态[210]Pb 较低，而这一低值信号被记录在海盆区的上跃层水体中。

表5-16　西北冰洋溶解态[210]Pb 的停留时间和清除效率（SE）

站位	τ_{DPb}（a）	SE
R11	1.06±0.10	0.97
C17	2.28±0.14	0.93
S11	1.09±0.10	0.95
S13	1.70±0.12	0.95
B22	7.49±0.26	0.81
B85	5.57±0.21	0.85

（2）边界清除作用在[210]Pb 收支平衡中的作用

水体中总[210]Pb 随时间的变化可用下式加以描述：

$$\frac{\partial TPb}{\partial t} = F_{atm} + F_{Ra\ growth} + F_{adv} - F_{sca} - F_{Pb\ decay}$$

式中，F_{atm} 代表 ^{210}Pb 的大气沉降通量 ［Bq/（m^2·a）］；$F_{Ra\,growth}$ 表示由 ^{226}Ra 衰变产生 ^{210}Pb 的通量 ［Bq/（m^2·a）］；F_{adv} 代表通过水平输送提供的 ^{210}Pb 通量 ［Bq/（m^2·a）］；F_{sca} 和 $F_{Pb\,decay}$ 分别表示 ^{210}Pb 由颗粒物清除迁出和放射性衰变损失的速率 ［Bq/（m^2·a）］。

在稳态下，$\dfrac{\partial TPb}{\partial t} = 0$，因而 ^{210}Pb 的水平输送通量可由下式计算获得：

$$F_{adv} = F_{sca} + F_{Pb\,decay} - F_{atm} - F_{Ra\,growth} = F_{sca} + \lambda_{Pb}\int TPb - F_{atm} - \lambda_{Pb}\int Ra$$

式中，λ_{Pb} 是 ^{210}Pb 的衰变常数（0.0311/a）；$\int TPb$ 和 $\int Ra$ 分别代表水柱中 ^{210}Pb 和 ^{226}Ra 的储量（Bq/m^2）。

由中国第二次北极科学考察航次在楚科奇海及其邻近海域 15 个站位获得的结果，楚科奇海 ^{210}Pb 的水平输送通量（F_{adv}）为 17~177 Bq/（m^2·a），占水体 ^{210}Pb 总输入通量的 63%~94%（Chen et al.，2012）。这意味着楚科奇海陆架高达 63%~94% 的 ^{210}Pb 是由水平输送提供的，边界清除作用显然是楚科奇海成为颗粒活性组分主要汇区的重要机制。

西北冰洋 ^{210}Pb 水平输入通量的空间分布呈现出与水体运动路径有关的特征，F_{adv} 高值主要出现在阿纳德尔水输送的路径上，而低值主要出现在阿拉斯加沿岸流经过的区域（图 5-312）。研究表明，阿纳德尔水具有较高的溶解态 ^{210}Pb，因而具有提供更多 ^{210}Pb 的潜力。另一个水平输入 ^{210}Pb 的可能路径是冰碛颗粒物的输送。海冰在运移过程中，可在冰表面直接获取大气沉降输送的 ^{210}Pb，此外，海冰在近岸区域形成时，也可将再悬浮的沉积物结合进入冰体中，这些沉积物往往具有过剩的 ^{210}Pb。当海冰运移至研究海域并融化时，可将其中结合的 ^{210}Pb 释放至当地水体中，从而对水平输送通量有所贡献（Chen et al.，2012）。

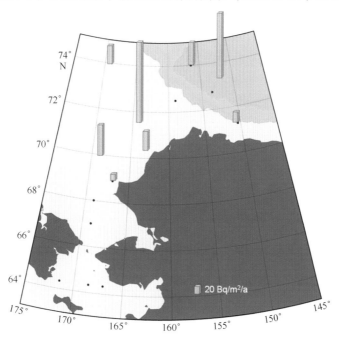

图 5-312　楚科奇海 ^{210}Pb 水平输送通量 ［Bq/（m^2·a）］ 的分布

4）科学认识

西北冰洋楚科奇海呈现 ^{234}Th/^{238}U 和 ^{210}Po/^{210}Pb 不平衡程度高、^{234}Th 和 ^{210}Pb 停留时间短等

特点，表明楚科奇海陆架海域具有强烈的颗粒清除迁出作用，它是北冰洋颗粒活性元素或污染物的汇聚地之一。陆架区强烈的清除迁出作用信号可通过陆架—海盆的相互作用输入海盆区，由此影响海盆区元素的分布模式。基于水体中^{210}Pb 的质量平衡关系，可计算出楚科奇海的^{210}Pb 有 63%~94%来自水平输送的贡献，证明边界清除作用在调控西北冰洋物质和元素的空间分布及收支平衡上起着重要作用。

5.2.2.5　白令海中心海盆表—底层颗粒动力学的解耦合

白令海是太平洋最北的边缘海，白令海中心海盆的深层水是全球海洋年龄最老的水体。利用^{15}N 示踪法实测的白令海中心海盆和陆坡区真光层以浅水体 NO$_3^-$和 NH$_4^+$的吸收速率表明，真光层中 NO$_3^-$和 NH$_4^+$绝对吸收速率的积分平均值分别为 1.3 mmol/（m^2·d）和 4.5 mmol/（m^2·d），中心海盆区的数值低于陆坡区。将研究海域表层水营养盐、Chl a、PON 含量、氮的比吸收速率、绝对吸收速率与沿岸上升流、高营养低生物量（HNLC）海域进行比较后发现，白令海中心海盆是一个高营养盐、低生物量、低新生产力、低 f 比值的海域，它与白令海陆架区以及其他上升流海域相比具有明显不同的生态特征，白令海中心海盆应属 HNLC 海域（陈敏等，2007；邢娜等，2011）。

尽管白令海中心海盆上层水体具有高营养盐、低叶绿素的特征，但其中深层水体却具有活跃的颗粒清除迁出作用，呈现出表—底层颗粒动力学的解耦合现象。2008 年夏季白令海中心海盆 2000 m 以深水体^{210}Po、^{210}Pb 的垂直分布、^{210}Po-^{210}Pb-^{226}Ra 不平衡程度、^{210}Po 停留时间等证据均证实，白令海中心海盆深层水存在强的颗粒清除迁出作用。海水中^{210}Po/^{210}Pb 不平衡表明，1 000 m 以深水体^{210}Po 活度浓度（TPo）明显低于^{210}Pb（TPb），说明深层水存在强烈的颗粒清除迁出作用，导致^{210}Po 相对于母体^{210}Pb 呈亏损状态，这种现象在全球深海水体亦极其独特（图 5-313）。通过^{210}Pb 和 POC 质量平衡关系，基于^{210}Pb 和 POC 质量平衡的计算结果，陆架—海盆的相互作用可能是导致白令海中心海盆深层水颗粒迁出作用较为强烈的主要原因（Hu et al.，JGR，2014；Hu et al.，AOS，2014）。

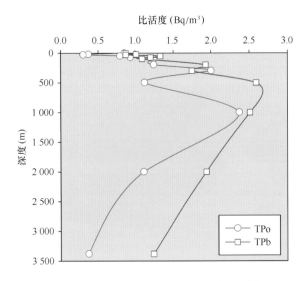

图 5-313　2008 年夏季白令海中心海盆 BR05 站^{210}Po、^{210}Pb 的垂直分布

5.2.3 海冰快速消融对营养要素生物地球化学循环的影响及生态效应

5.2.3.1 海冰快速变化下加拿大海盆营养要素的限制及控制机制

氮（N）、磷（P）和硅（Si）等营养盐作为海洋生态系统的起点与物质基础，是全球大部分海区浮游植物生长繁殖的主要限制因子之一，在浮游植物旺发的季节尤为明显（Tyrrell et al.，1999）。根据 Liebig 最小因子定律，营养盐的绝对浓度可作为浮游植物细胞生长限制与否和生物总量上限的判断依据（Moore et al.，2013）。与此同时，营养盐之间的比例（如 N/P 比值）对浮游植物的生化组成、粒级结构和种群更替等起着重要的调控作用（Deutsch et al.，2012），且其与 Redfield 比值的偏离程度是判断潜在限制因子的重要依据（Redfield et al.，1958；Arrigo et al.，2005）。另外，许多海区往往存在多种营养盐共同限制的现象（Arrigo et al.，2005；Saito et al.，2008）。在全球变化的背景下，诸如温度升高、海冰消退以及大尺度海洋环流变异等物理环境变化使得海洋上层水体变暖、变淡和层化现象逐渐加强，导致海洋营养盐限制问题日益显著（Finkel et al.，2010）。

卫星遥感数据表明，自 1979 年以来第二低的夏季海冰覆盖率导致 2007 年北冰洋初级生产力比 1998—2002 年平均值高出 27%（Arrigo et al.，2008），同时在拉普捷夫海观测到 2007 年颗粒有机碳输出通量是往年的 2 倍（Lalande et al.，2009）。然而，海冰消退强化了北冰洋海盆区水体的层化作用，深层高浓度营养盐难以穿透盐度跃层到达混合层而抑制并减弱了浮游植物初级生产力，与上述陆架海区生物泵作用加强截然不同（Cai et al.，2010）。尽管如此，在任何海区以无机营养盐为基础的浮游植物光合作用都是海洋生态系统对北冰洋海冰快速变化响应的关键环节，亦是热点科学问题。目前为止已有较多的研究进展，如 Popova 等（2012）通过比较 5 个不同的物理—生态耦合模式表明，水体垂直混合输入表层的营养盐是控制北冰洋海盆区初级生产过程的关键因素。Codispoti 等（2013）指出加拿大海盆表层水体中浓度极低的硝酸盐将群落净生产力限制在较低水平。然而，鲜有利用现场加富实验探讨北冰洋营养盐与浮游植物初级生产过程相互作用的研究报道。基于以上认识，本文拟通过加拿大海盆区营养盐浓度及其结构并结合现场添加实验揭示海盆区营养盐对浮游植物生长和种群更替的调控作用。

1）模拟营养盐限制实验

2008 年 7—9 月依托"雪龙"号进行了中国第三次北极科学考察，考察区域主要覆盖白令海、楚克奇海、波弗特海和加拿大海盆。8 月 16 日在加拿大海盆 B80 站（80.008°N，147.489°W）进行了营养盐加富实验。具体步骤如下：利用 CTD 梅花采水器（Seabird-911）采集表层海水（5 m 以浅），用 200 μm 筛绢过滤后分装至 12 个 4.0 L 聚丙烯可折叠透明培养袋中，分成对照组、添加 N、添加 N+P、添加 N+Si、添加 P+Si 和添加 N+P+Si 6 组进行培养实验。培养液成分为 KNO_3 溶液、Na_2HPO_4 溶液和 Na_2HSiO_3 溶液，浓度分别为 10 000 μmol/L、1 000 μmol/L 和 10 000 μmol/L，添加体积如表 5-17 所示。培养袋盖紧置于甲板上的水槽中，并利用循环海水使培养槽中海水温度与表层海水温度相一致。每隔 2 d 采集一次样品，培养周期为 16 d。

表 5-17　培养液添加体积

瓶号	培养组 类　型	添加培养液体积（mL）		
		KNO₃	Na₂HPO₄	Na₂SiO₃
1	对照组	0.0	0.0	0.0
2		0.0	0.0	0.0
3	添加 N	15.0	0.0	0.0
4		15.0	0.0	0.0
5	添加 N+P	15.0	5.0	0.0
6		15.0	5.0	0.0
7	添加 N+Si	15.0	0.0	15.0
8		15.0	0.0	15.0
9	添加 P+Si	0.0	5.0	15.0
10		0.0	5.0	15.0
11	添加 N+P+Si	15.0	5.0	15.0
12		15.0	5.0	15.0

2）实验海区水化学参数特征

2008 年 8 月 16 日采集 B80 站表层海水进行培养实验时所在海区海冰覆盖率为 80% 左右（张海生，2009）。根据美国国家海冰中心的卫星遥感资料显示，北冰洋一般在 9 月下旬达到海冰最小覆盖面积。因此，B80 站此时正处于海冰快速融化阶段。如图 5-314a 所示，B80 站 200 m 以浅温度、盐度和密度分别分布在 $-1.5 \sim -1.0℃$、$28.38 \sim 34.15$ 和 $22.80 \sim 27.94$ kg/m³。受光照和融冰的影响，20 m 以浅水柱混合均匀，且与下层水体有明显的分层现象。加拿大海盆营养盐具有全球海洋独一无二的分布特征，即在水深 150 m 左右硝酸盐、磷酸盐和硅酸盐等达到整个水柱的最高值，被称作营养盐极大现象（金明明等，2001）。但是，由于层化作用阻碍了高浓度营养盐从深层输送至表层，使得真光层中营养盐得不到及时补充而处于较低的水平。如图 5-314 所示，20 m 以浅水中硅酸盐浓度分布在 0.50 ~ 1.55 μmol/L，平均为 0.93 μmol/L；磷酸盐浓度分布在 0.67 ~ 0.78 μmol/L，平均为 0.73 μmol/L；DIN 浓度分布在 0.15 ~ 0.53 μmol/L，平均为 0.31 μmol/L。研究表明，浮游植物生长所需 DIN、硅酸盐和磷酸盐最低阈值分别为 1.0 μmol/L、2.0 μmol/L 和 0.1 μmol/L（Justic et al.，1995）。根据 Liebig 最小因子定律，B80 站表层海水中 DIN 和硅酸盐浓度限制了浮游植物的生长。

从营养盐结构来看，B80 站 200 m 以浅水体 DIN/P 比值分布在 0.22 ~ 9.25，平均为 4.19；DIN/Si 比值 0.32 ~ 0.75，平均为 0.45。因此，无论是 DIN/P 比值或 DIN/Si 比值都小于 Redfield 比值（16 : 1 和 1 : 1），尤其是 20 m 以浅水柱中两者偏离 Redfield 比值更加明显。同一航次的 Chl a 分析结果证实了上述结论（刘子琳等，2011）。20 m 以浅水柱中 Chl a 浓度均匀分布仅为 0.05 μg/L 左右，随着水深和营养盐浓度的增加 Chl a 浓度也随之增加，在 40 m 层形成 Chl a 浓度极大值。浮游植物吸收利用，特别是白令海陆架和楚科奇海硅藻的旺发以及太平洋海水在进入北冰洋过程中发生的脱氮作用是造成加拿大海盆上层水体 N 和 Si 限制的主要原因（Chang and Devol，2009；Codispoti et al.，2005）。那么，采集加拿大海盆表层水进

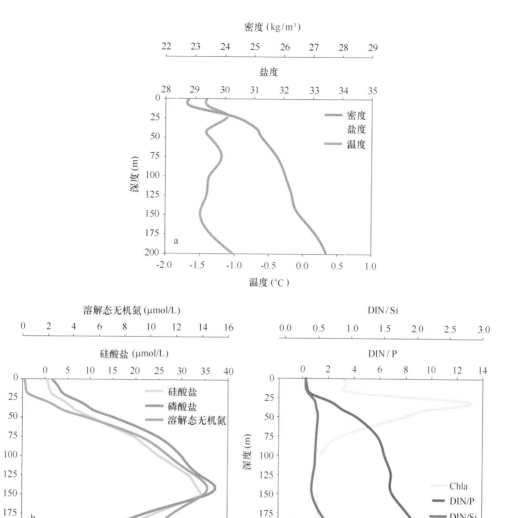

图 5-314　加拿大海盆 B80 站 200 m 以浅各参数垂直剖面图

a：温度、盐度和密度；b：溶解态无机氮、磷酸盐和硅酸盐；c：叶绿素 a、N/P 比值和 N/Si 比值

行营养盐加富实验会得到什么结果呢？

3）浮游植物的营养盐限制

各培养组 Chl a 浓度随时间的变化趋势如图 5-315 所示，对照组和添加 P+Si 组在整个培养过程中 Chl a 浓度基本保持不变，而其他 4 组（均添加 N 或 N 及其他营养盐）在第 4 天观测到 Chl a 浓度有明显升高。同时，对照组和添加 P+Si 组的 NO_3^- 浓度无明显变化，其他 4 组 NO_3^- 浓度在浮游植物开始生长之后呈逐日下降的趋势。Chl a 测定结果显示各培养组 2008 年 8 月 18 日的 Chl a 浓度均比 8 月 16 日的浓度低，表明在培养实验最初的 2 天内浮游植物生长受到抑制。因此，将各组 8 月 18 日的 Chl a 浓度作为其指数生长的起点，计算各组浮游植物平均指数生长速率。结果显示，对照组浮游植物的指数生长速率为 -0.03/d，表明 B80 站表层海水在未添加任何营养盐的情况下其浮游植物总量在培养实验期间略有降低。另外，添加 P+Si 组浮游植物的指数生长速率仅为 0.05/d，与对照组相比无显著差异。其余添加 N 或 N

及其他营养盐的培养组其指数生长速率与对照组相比均有显著增加：添加 N+P+Si 组和 N+Si 组最大为 0.27/d，添加 N+P 组次之为 0.25/d，添加 N 组最小为 0.17/d。因此，从各培养组浮游植物平均生长速率表明，N 元素是西北冰洋海盆区最主要的限制营养元素。这与 B80 站混合层水体中营养盐结构所预示的结果是一致的。

然而，营养盐组成结构对浮游植物生长的刺激作用是不尽相同的。各培养组在实验过程中的各项营养盐的吸收总量如表 5–18 所示。其中，对照组营养盐在培养过程中几乎没有被消耗，而与对照组相比添加 N+P+Si 组浮游植物对各项营养盐的吸收最为明显，这与浮游植物平均指数生长速率是一致的。添加 N、添加 N+P 和添加 N+Si 3 组中浮游植物都大量吸收硝酸盐，但是添加混合营养盐显然比单独添加 N 更易刺激浮游植物的生长，消耗更多的 N 和 P。与此同时，添加 P+Si 组对营养盐的消耗并不显著。因此，依据营养盐消耗量不仅可以证明 N 元素是北冰洋海盆区首要的限制营养盐，而且在 N 元素充足的条件下加入 Si 和 P 营养盐将进一步刺激浮游植物的生长。B80 站混合层内硅酸盐将会限制硅质生物的生长，而磷酸盐并非潜在限制因子。然而，营养盐添加实验结果却表明该水体添加 P 将会进一步刺激浮游植物对 N 元素的吸收。

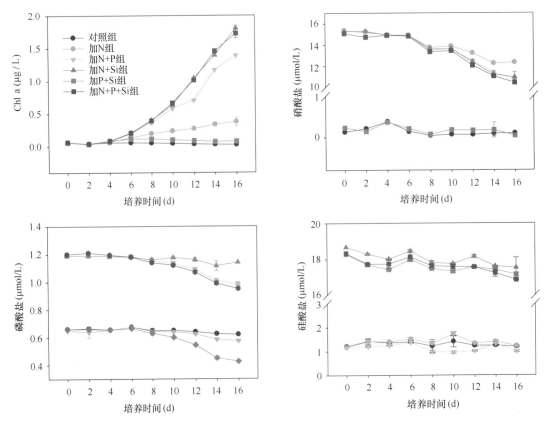

图 5–315　培养过程 Chl a、硝酸盐、磷酸盐和硅酸盐随时间的变化趋势

在 Michaelis-Menton 方程中，半饱和常数（K_s）代表着某一种群的浮游植物吸收营养盐的能力。根据双倒数作图法计算了添加 N、添加 N+P、添加 N+Si 和添加 N+P+Si 4 组硝酸盐的 K_s 值，其值分别为 0.03 μmol/L、0.13 μmol/L、0.01 μmol/L 和 0.08 μmol/L。MacIsaac 和 Dugdale（1969）指出 18 ℃时，海洋浮游植物群落在营养盐充足的情况下硝酸盐 K_s 值大于

1 μmol/L。研究表明，K_s 值随着温度的降低而减小，却不受光照条件等其他影响浮游植物生长速率的外部因素的影响（Eppley et al.，1969）。本文的培养实验是通过表层循环海水控制温度的，B80 站表层海水温度为 -1.2 ℃ 左右。因此，这里培养实验中硝酸盐极小的 K_s 值可能是由加拿大海盆较低的海水温度控制的。这一结果表明即使在营养盐充足的情况下，北冰洋海盆区由于海水温度较低而抑制浮游植物的生长。

表 5-18　各培养组营养盐起、止浓度与最终消耗量

培养组	硝酸盐			磷酸盐			硅酸盐		
	起始浓度（μmol/L）	终止浓度（μmol/L）	消耗总量（μmol）	起始浓度（μmol/L）	终止浓度（μmol/L）	消耗总量（μmol）	起始浓度（μmol/L）	终止浓度（μmol/L）	消耗总量（μmol）
对照组	0.13	0.12	0.04	0.66	0.62	0.08	1.21	1.21	0
添加 N	15.34	12.34	12.00	0.66	0.58	0.32	1.21	1.21	0
添加 N+P	15.34	10.69	18.60	1.19	0.99	0.80	1.21	1.00	0.84
添加 N+Si	15.34	10.93	17.64	0.66	0.43	0.92	18.67	17.52	4.60
添加 P+Si	0.13	0.04	0.36	1.19	1.14	0.20	18.28	18.01	1.08
添加 N+P+Si	15.34	10.41	19.72	1.19	0.95	0.96	18.33	16.84	5.96

4）营养盐吸收比例与浮游植物种群结构

不同种群的浮游植物具有不同的营养盐需求，而 pH 值、温度和光照等环境因子以及生长速率也会影响营养盐的吸收比例（Sterner et al.，1994）。将添加 N、添加 N+P、添加 N+Si 和添加 N+P+Si 4 组起始营养盐比例和培养结束时最终的吸收比例进行作图。结果如图 5-316 所示，添加 N+Si 组的 N/P 吸收比值小于其起始比值，表明该组实验过程中优先吸收磷酸盐。而其他 3 组的 N/P 吸收比值大于其起始比值，预示着该组浮游植物优先吸收硝酸盐。

显微镜鉴定结果显示，各培养组中小型浮游植物较少或者缺失，多数为未能鉴定的微型、微微型生物。根据浮游植物种群结构的特征可分为以下三类：首先，添加 N+P+Si 组和 N+Si 组的小型浮游植物丰度相对较高，硅藻门中的角毛藻（Chaetoceros sp.）是其优势种。其次，添加 N 组的含极少量硅藻门中的舟形藻（Navicula sp.），多数为未鉴定的微型、微微型浮游植物。最后，添加 N+P 组的则只含微型和微微型浮游植物，未发现小型浮游植物。

Klausmeier 等（2008）认为在 P 相对限制的环境中浮游植物的 N/P 比值分布在 36~45，本研究添加 N 组营养盐吸收比值（N/P = 37.5）分布在该范围内。这预示着，若加拿大海盆具有充足的 N，磷酸盐的含量（~0.6 μmol/L）可能会是限制浮游植物生长的因子之一。当然，北冰洋营养盐循环和补充机制的变化趋势表明出现这种情况的可能性较小（Cai et al.，2010）。单一种培养实验结果表明硅藻和甲藻具有较小的 N/P 比值（分别为 11 和 15 左右），而其他微型、微微型浮游植物的 N/P 比值大于 20，特别是绿藻门可达到 25~40（Ho et al.，2003；Quigg et al.，2003）。因此，添加 N+P 组的营养盐吸收比值（N/P = 23.3）大于 Redfield 比值可能是甲藻与其他微微型浮游植物的混合值。而添加 N+Si 组和添加 N+P+Si 组的吸收比值（N/P = 19.2 和 20.5）则可能是硅藻与其他微微型浮游植物的混合值。Arrigo 等（1999）在罗斯海观测到硅藻和定鞭金藻混合 N/P 比值趋向于 Redfield 比值。近期，Weber 和 Deutsch（2010）在南大洋 35°—70° S 范围内发现浮游植物吸收营养盐的 N/P 比值分布在 12~20，由于大洋环流及其他混合作用使得输出颗粒物的 N/P 比值也接近于 16。因此，不同

种群的浮游植物比例是调控营养盐吸收比值的关键因素。

根据浮游植物种群鉴定结果和营养盐吸收情况可得到以下推论：第一，若加拿大海盆补充硝酸盐将会刺激浮游植物的生长，但是并不会改变其原本以微型、微微型浮游植物为主（Booth et al., 1997）的粒级结构特征。第二，若同时补充磷酸盐则会进一步刺激生物量的增加，然而同样不能改变其原有的粒级结构。第三，若同时补充 N 和 Si 将会刺激硅质浮游植物的生长，促使加拿大海盆区小型浮游植物比重逐渐增加。

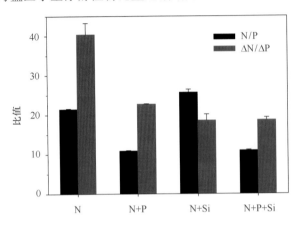

图 5-316　培养实验起始营养盐比值（N/P）和实验过程营养盐吸收比值（△N/△P）

5）小结

基于加拿大海盆 B80 站 200 m 以浅水体的物理结构、常量营养盐浓度及其比值，结合现场营养盐添加实验探讨了北冰洋海盆区营养盐对浮游植物生长的限制问题。主要得到以下结论：①由于表层存在较强的层化作用，加拿大海盆 20 m 以浅的水体中硝酸盐、硅酸盐浓度均低于浮游植物生长的最低要求，且其 N/P 比值小于 Redfield 比值（16），表明表层水体存在 N 和 Si 元素限制。②通过现场营养盐添加实验结果验证了 N 是北冰洋海盆区首要限制营养元素，而 Si 则抑制了硅质生物的生长。此外，即使在营养盐充足的情况下，较低的温度可能会限制海盆区浮游植物的生长。③培养实验过程中以微型、微微型浮游植物为主，硅藻等小型浮游植物为辅的种群结构使得各培养组营养盐吸收比例（N/P 比值）均大于 Redfield 比值。若加拿大海盆增加硝酸盐和硅酸盐的含量将改变其原本以微型、微微型浮游植物为主的粒级结构，硅藻等小型浮游植物比重将会增加。

5.2.3.2　北冰洋中心区表层海水营养盐及浮游植物群落对快速融冰的响应

季节性的海冰退缩和变薄通过调节水体层化和光条件，控制了北冰洋的食物网结构和生产力机制（Hill and Cota, 2005；刘子琳等，2007）。在海冰消融期间，往往形成冰生藻类和浮游植物的竞争及底栖—浮游群落优势的演替。冰边缘区和融冰区能够发生春季浮游植物勃发，主要得益于淡水输入迅速形成的盐度层化（Niebauer et al., 1995）。同时海冰丰富的初级生产力（Søreide et al., 2006）及海冰与冰下水营养盐浓度的差异（Dieckmann et al., 1991），使融冰输入对浮游植物勃发的"播种"作用（seeding）和冰水界面营养盐状态也具有可观的影响（Schandelmeier and Alexander, 1981；Gradinger, 2009）。可以说，冰情变化最终影响了北冰洋的海洋生态系统的结构和功能及生源有机碳的埋藏（陈建芳等，2004；陈敏等，2002）。

海冰覆盖程度及持续时间是制约北极海区浮游植物类群和生产力的重要因素（Reid et al.，2007）。在过去几十年来，由于全球变暖，北冰洋海冰覆盖面积持续减小，海冰厚度减薄（ACIA，2004），使得北冰洋生态环境发生明显变化（陈立奇等，2004；Grebmeier et al.，2006）。但由于外业工作的限制，融冰对北极高纬度冰区表层水的营养盐循环和生态系统调控机制的研究并不充分。因而在高纬度北冰洋中心区布设了 1 个多学科连续观测冰站。本文拟通过对冰芯、海冰—海水界面的营养盐状况和水体光合色素的群落结构分析，探讨海冰快速变化下，浮冰底部冰水界面浮游生态系统的响应。

1）材料与方法

如图 5-317a 所示布设了 1 个连续观测冰站，观测时间为 2014 年 8 月 9 日至 8 月 18 日，期间浮冰漂移的路线如图 5-317b 所示，漂移的平均速度约为 8 km/d（根据每天经纬度变化换算）。使用冰铲挖开一个直径 1 m 左右的冰洞，每隔 1~2 天采集水样用于色素和营养盐分析。利用 Mark Ⅱ 型冰钻在冰洞附近于 8 月 15 日和 8 月 17 日钻取了冰芯，将冰芯每隔 20 cm 分层，并在黑暗低温条件下解冻后冷藏用于营养盐分析。表层水的温盐数据来自于 RBR 多参数水质剖面仪（加拿大）。由于 RBR 缺失 8 月 9 日到 8 月 10 日的数据，因而也采用船载表层传感器数据。冰芯和表层水经预洁净的醋酸纤维膜（47 mm，0.45 μm）过滤后则使用 Skalar 营养盐自动分析仪测定，检测限分别为 0.1 μmol/L（$NO_3^- + NO_2^-$）、0.1 μmol/L（SO_3^{2-}）和 0.03 μmol/L（PO_4^{3-}）。

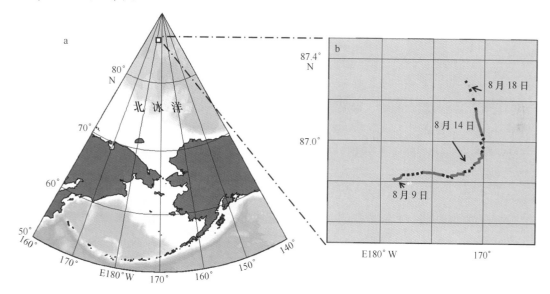

图 5-317　高纬度北冰洋冰站（a）及海冰漂移路线（b）

日期用实线和虚线分隔

2）色素分析

色素分析采集 4 L 的表层海水在低照度低压条件下（<0.5 atm）滤过 Whatman GF/F 膜（47 mm，0.7 μm），滤膜置入冻存管保存于-80℃冰箱直至实验室 HPLC 检测。将冷冻滤膜以 3 mL100% 甲醇（HPLC 级）于-20℃冷藏萃取，1 h 后超声 30 S（冰浴）并接着萃取 1 h。萃取液滤过 0.2 μm 滤膜保存于 CNW 棕色瓶，并与四丁基醋酸铵（TBAA，28mM）1:1 混合进

样。色谱系统为 Waters 600 色谱工作站，色谱柱为 Eclipse XDB C8 柱（150 mm×4.6 mm，3.5 μm），检测器为 Waters 2998 多极管阵列检测器。色素分析参考 Van Heukelem 和 Thomas 的方法，使用梯度淋洗程序为（min，$A\%$，$B\%$）：（0，90，10），（36，5，95），（41，5，95），（42，90，10），（56，90，10），流速 1 mL/min，柱温 45℃。流动相 A 液为 TBAA（28 mmol/L）：甲醇=30∶70，B 液为 100%甲醇。通过对照色素标准色谱峰保留时间与光谱特性，分别对叶绿素（Chlorophylls）和类胡萝卜素（Carotenoids）进行定性和定量分析，检测波长为 450 nm。采用的色素标准如表 5-19 所示，其中 Chl a 和 Chl b 为固体标准（美国 Sigma 公司），其余色素标准购自丹麦国际[14]C 检测中心。

表 5-19　HPLC 检测的色素标准的中英文对照（Jeffery et al.，1997）

色素	Pigments	英文缩写	藻类
A. 叶绿素	A. Chlorophylls		
叶绿素 a	Chlorophyll a	Chl a	光合微藻（除原绿球藻）
二乙烯基叶绿素 a	Divinyl chlorophyll a	DV Chl a	原绿球藻
叶绿素 b	Chlorophyll b	Chl b	绿藻、青绿藻和裸藻
B. 类胡萝卜素	B. Carotenoids		
别黄素	Alloxanthin	Allo	隐藻
19′-丁酰氧岩藻黄	19′-Butanoyloxyfucoxanthin	But-fuco 或 BF	金藻
β，β-胡萝卜素	β，β-carotene	β，β-car	所有藻类除隐藻和红藻
硅甲藻黄素	Diadinoxanthin	Diadino	硅藻、甲藻、定鞭金藻和金藻
新黄素	Neoxanthin	Neo	绿藻和青绿藻
岩藻黄素	Fucoxanthin	Fuco	硅藻、定鞭金藻、金藻和甲藻
19′-已酰氧岩藻黄	19′-Hexanoyloxyfucoxanthin	Hex-fuco 或 HF	定鞭金藻
叶黄素	Lutein	Lut	绿藻和青绿藻
多甲藻素	Peridinin	Perid	甲藻
青绿黄素	Prasinoxanthin	Prasino	青绿藻
硅藻黄素	Diatoxanthin	Diato	硅藻
紫黄素	Violaxanthin	Viola	绿藻和青绿藻
玉米黄素	Zeaxanthin	Zea	蓝藻和原绿球藻

3）不同类型浮游植物对 Chl a 的贡献

Claustre 和 Uitz 等提出了一种用 7 种检测色素来表征 3 种不同类型浮游植物对总浮游植物生物量的贡献的经验公式，浮游植物区分为小型（micro，20～200 μm）、微型（nano，2～20 μm）及微微型（pico，0.2～2 μm）。公式如下：

$$F_{micro} = (1.41Fuco+1.41Peri) / wDP$$

$$F_{nano} = (0.60Allo+0.35But\text{-}fuco+1.2719Hex\text{-}fuco) / wDP$$

$$F_{pico} = (0.86Zea+1.01TChl\ b) / wDP$$

其中，wDP 为以下浓度的和：$wDP = 1.41Fuco + 1.41Peri + 0.60Allo + 0.3519But\text{-}fuco +$

1. $2719Hex\text{-}fuco+0.86Zea+1.01TChlb$，$F_{micro}$，$F_{nano}$ 和 F_{pico} 分别表示 3 种类型浮游植物百分比。

该法主要用于研究浮游植物的群落结构及不同海区输出的颗粒有机碳中浮游植物的贡献。

结果与讨论：浮冰的营养盐水平

前人研究表明海冰的营养盐储量与其年龄息息相关，形成时间长的海冰一般与表层水营养盐水平并不相关（Maestrini et al.，1986）。本研究位于高纬度北冰洋，海冰为多年冰，海冰表现为显著的贫营养盐状况。冰芯 2014 年 8 月 15 日和 8 月 17 日的营养盐垂直分布见图 5-318。冰芯 8 月 15 日的平均无机营养盐浓度分别为 0.46 ± 0.22 μmol/L（NO_3+NO_2），0.51 ± 0.15 μmol/L（SiO_2），磷酸盐浓度低于检测限（0.03 μmol/L）；冰芯 8 月 17 日的平均值分别为 0.77 ± 0.39 μmol/L（NO_3+NO_2），0.45 ± 0.16 μmol/L（SiO_2），磷酸盐浓度低于检测限（0.03 μmol/L）。冰芯营养盐分布显示无机氮和硅酸盐平均浓度均低于 1 μmol/L，N/Si 比接近于 1。

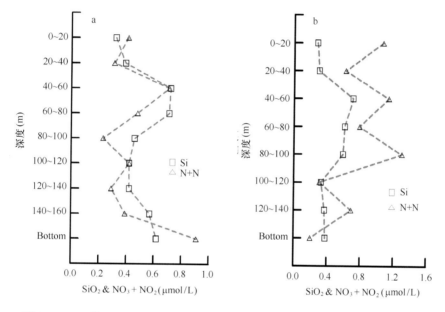

图 5-318　8 月 15 日（a）和 8 月 17 日（b）冰芯营养盐的垂直分布（μmol/L）

4）冰下海水营养盐及光合色素随融冰的变化

影响冰水界面表层水的盐度主要过程包括低盐度融水的输入和外部水团的交换。表层水温度和盐度在调查期间的变化如图 5-319 所示。2014 年 8 月 11—12 日，水温轻微的降低，盐度有一定的升高。我们缺失了 8 月 9—10 日的温盐数据，但船载表层传感器数据显示 8 月 9 日和 8 月 10 日的盐度均为 30.1（数据未列出），表明 8 月 9—12 日期间外部高盐水的入侵。8 月 14—17 日期间表层盐度有较为显著的降低（约 0.2），体现为低盐度融水的贡献。而后在 8 月 17—18 日期间盐度增高，温度无明显变化，而 8 月 18—19 日期间盐度降低且水温增高。

5）营养盐的变化趋势

世界大洋真光层水体营养盐总体表现为 N 限制（<1 μmol/L），北冰洋也不例外（Falkowski，1997）。而冰下表层水又是北冰洋 N 限制最显著的水体，通常在垂直水柱中具有最低的无机营养盐浓度（Cota et al.，1990）。在 10 d 的融冰调查期间，浮冰底部表层水营养盐的平均浓度分别为 0.18 μmol/L（NO_3+NO_2）、0.69 μmol/L（PO_4）、4.78 μmol/L（SiO_2）。

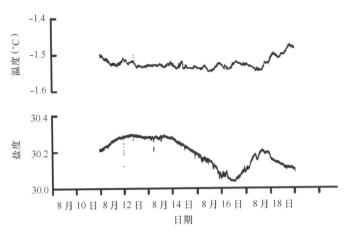

图 5-319　RBR 测定的水深 3 m 层温度和盐度随时间的变化

磷酸盐在水体的储量丰富，未对浮游植物的生长形成抑制。可利用的无机氮平均浓度低于 0.2 μmol/L，平均 Si/N 比高达 27，表现为显著的 N 限制。与海冰中营养盐浓度相比较，表层海水磷酸盐和硅酸盐的浓度更高，无机氮则相对更低。因而海冰融化对表层水磷酸盐和硅酸盐有一定的稀释作用，但对无机氮有一定的补充。

2014 年 8 月 11—13 日期间，营养盐均呈线性降低趋势，磷酸盐的降低速率明显高于无机氮（约为 2 倍），显然与 Redfield 比值不符（氮磷消耗为 16∶1）。导致表层水营养盐降低的主要因素包括：①生物吸收利用，②融水稀释作用，③外部贫营养水体的交换。进一步分析可以发现低浓度的 Chl a 并不能导致那么高的营养盐消耗，同时盐度变化显示 8 月 11—13 日融冰的影响很小，因此推断营养盐的降低主要由于低营养盐的外部水团的影响。8 月 14—16 日，盐度快速降低，同时伴随硅酸盐浓度的降低，暗示快速融冰事件的发生。考虑到海冰的营养盐分布，融冰的输入造成了水体无机氮浓度在 8 月 14 日显著升高。8 月 15 日各项营养盐均显著消耗，相对于 8 月 14 日分别降低了 0.17 μmol/L（NO$_3$+NO$_2$）、0.10 μmol/L（PO$_4$）、0.42 μmol/L（SiO$_2$），对应了高的 Fuco 和 Chl a 浓度，体现为生物消耗利用。磷酸盐在 8 月 15—17 日有一定的提升，这可能与释放的有机质中磷酸盐的再循环有关，磷酸盐相对于硝酸盐和硅酸盐有更快的再矿化过程。此阶段中如果表层海水的营养盐均是融冰输入的贡献，则海水中的硅酸盐和磷酸盐应有显著降低，而硝酸盐略有升高。但实际情况则相反，说明营养盐有其他输入。磷酸盐升高的一个主要因素可能是有机质降解，营养元素的矿化循环，而硅酸盐的升高和硝酸盐的降低则与融冰水输入的减少，海水所占比例增加有关。8 月 17—18 日磷酸盐和硅酸盐的浓度有所降低，无机氮浓度又有提升，对应了盐度的降低，即反映了融冰对磷、硅的稀释作用以及对氮的补充。

6）光合色素分布及其群落指示作用

岩藻黄素（Fuco）和叶绿素 a（Chl a）分别是水体颗粒物类胡萝卜素（Carotenoids）及叶绿素（Chlorophylls）的主要成分。2014 年 8 月 9—13 日期间，光合色素 Fuco 及 Chl a 的平均浓度均为 12 μg/m³，浓度维持在较低水平，Fuco/Chl a 比值为 1。8 月 15—18 日期间，存在于硅藻细胞中的叶绿素 c（Chl c）、硅藻黄素（Diato）、硅甲藻黄素（Diadino）和岩藻黄素（Fuco）是检测到的主要色素，平均浓度分别为 62 μg/m³、222 μg/m³、732 μg/m³ 和 922 μg/m³，这表明硅藻（Diatoms）在群落中占据优势。

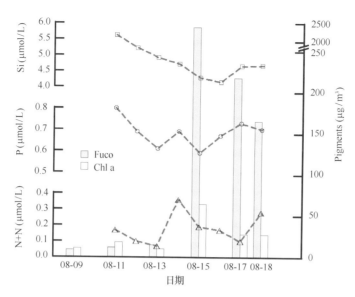

图 5-320 冰水界面营养盐（μmol/l）及光合色素 Fuco 和 Chl a（μg/m³）的浓度时间序列

硅藻的特征色素岩藻黄素（Fuco）在 2014 年 8 月 15 日相对于 8 月 9—13 日有显著的提升，其浓度达到了 2 382 μg/m³，但 Chl a 并没有相应比例的升高，其色素光谱图如图 5-321 所示。考虑到水体的 N 限制及硅藻繁殖强烈的 Si 需求，冰水界面的贫营养的水体环境并不能支撑硅藻的大量生长。而盐度及营养盐变化显示 8 月 14 日有显著的融水输入，这暗示硅藻细胞可能来源于融冰释放。冰生硅藻主要分布在海冰底部的卤水通道中，其生物量累积在春季达到最高（Gradinger，1999；Ambrose et al.，2005），并且在融冰期形成聚集物释放到水体中（Riebesell et al.，1991）。在 8 月 14—18 日期间，均在水体中发现淡黄的类似于面包屑的碎屑物质，虽然并没有鉴定，但可能为硅藻细胞聚集形成。

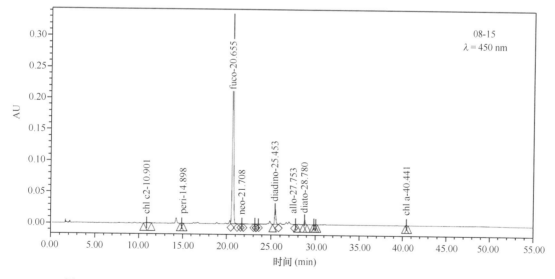

图 5-321 8 月 15 日色素样品分析光谱图（横坐标为保留时间，纵坐标为吸光强度）

7）冰下表层水的生态群落

一些特征色素尽管浓度很低，但仍表现出一定的规律性。青绿藻（*Prasinophyceae*）的特征色素青绿黄素（Prasino）及绿藻（*Chlorophyceae*）的特殊色素叶黄素（Lut）的分布与岩藻黄素（Fuco）呈相反的分布模式，在 2014 年 8 月 15—18 日期间色素浓度明显更低，显示青绿藻和绿藻与硅藻对海冰消融不同的响应。青绿藻和绿藻的浓度由于融冰的稀释而降低。一般认为硅藻是冰藻和浮游植物的优势种，青绿藻则主要存在于盐度更低（<10）的冰下融池（under-ice pond）（Gradinger，1996）。多甲藻素（Peri）在 2014 年 8 月 15—18 日期间的检测平均浓度是 8 月 9—13 日期间的 5 倍，表明冰融提升了甲藻（*Dinophyta*）的浓度。其余的特征色素检测平均浓度均很低（<1 μg/m³），如 But-fuco、Hex-fuco、Allo、Zea 等，分别指示了金褐鞭毛藻（含定鞭金藻 *Prymnesiophyceae* 和金藻 *Chrysophyceae*）、隐藻（*Cryptophyta*）及蓝细菌（*Cyanobacteria*）的分布。特征色素二乙烯叶绿素 a（DV Chl a）则未检测到，表明原绿球藻（*Prochlorophyta*）在夏季冰下表层水中没有分布。

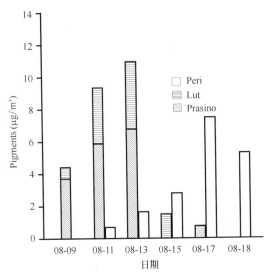

图 5-322　特征色素的浓度的时间序列（μg/m³）

3 种不同类型浮游植物对总浮游植物生物量的贡献分析表明大粒径的浮游植物在冰水界面表层水占主要优势地位。如图 5-323 所示，2014 年 8 月 9—18 日期间，F_{micro} 在 64% 到接近 100% 之间，前人研究认为大尺寸的藻类细胞在冰水界面贡献了 77%~91% 的总的色素生物量（Grosselin et al.，1997）。8 月 9—13 日期间，微微型 Pico 的贡献高于微型 nano，范围在 12%~30%，体现为青绿球藻和绿藻的贡献。

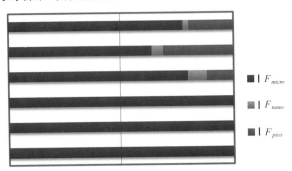

图 5-323　不同粒径浮游植物对总的生物量的贡献

8）小结

高纬度冰水界面表层水营养盐状况表现为显著的 N 限制（$NO_3 + NO_2 < 0.4$ μmol/L），P 和 Si 并未对浮游植物的生长形成抑制。同海冰相比，表层水具有更低的无机氮浓度。因而海冰融化释放的无机氮对水体有一定的补充。岩藻黄素（Fuco）和叶绿素 a（Chl a）分别是水体颗粒物类胡萝卜素（Carotenoids）及叶绿素（Chlorophylls）的主要组成。硅藻的特征色素岩藻黄素（Fuco）在 2014 年 8 月 15 日相对于 8 月 9—13 日期间有巨大的提升，主要来源于融冰释放的冰生硅藻。而青绿黄素（Prasino）及叶黄素（Lut）随时间的变化与岩藻黄素（Fuco）相反，显示青绿藻和绿藻与硅藻对海冰消融不同的响应。在 8 月 9—13 日期间，Fmicro 在 64%～80%，其次是 Fpico 在 12%～30%。在 8 月 15—18 日期间，Fmicro 基本能够达到 100%，表现为高硅藻的贡献。

5.2.4 海冰快速消融及洋流循环过程对温室气体源汇的调控

北冰洋是地球系统的重要组成部分，对气候变化响应和反馈起着重要作用，影响着全球气候变化和生物地球化学以及生态循环。随着气候变暖，极区海域区域性变暖、局部海冰和冰架的迅速变化，使极区上下水层水体结构将产生重大变化。加强极区 CO_2、N_2O、CH_4 温室气体的研究，可更好揭示北冰洋在全球气候变暖过程中扮演的角色。

然而，时至今日，北极海洋温室气体研究进展仍十分缓慢，研究成果的报道相当有限，尤其是 N_2O。到目前为止，可找到的文献仅有 Hirota 等（2009）、Kitidis 等（2010）和 Zhan 等（2015）对北极及亚北极海洋区域 N_2O 研究进行相关报道。前两篇文章研究了亚北极和北极海区表层海水的 N_2O 源汇以及垂直分布特征，小范围揭示了白令海和西北冰洋表层海水分别具有源和汇的特性。北冰洋强烈的层化作用，抑制了下层水体高的温室气体值向表层扩散，加上夏季海冰融化对表层水起到稀释的作用，促使北冰洋夏季表层水中汇的现象。早期观察到楚科奇海陆架区 N_2O、CO_2 过饱和现象，测得 N_2O 同位素数据发现，[18]O 相对富集，而 [15]N 相对亏损，认为水体中的 N_2O 主要来源于沉积物中反硝化过程的产生。

海冰季节性变化是北冰洋特殊的环境影响因素。海冰被认为是阻碍海洋—大气物质交换的屏障，但目前已有研究证明气体物质可在海洋—海冰—大气之间进行交换。然而，测定海冰中 N_2O 浓度是定量研究过程中很少涉及的问题。早期相继有研究者对海冰中的 CO（Song et al.，2013）、O_2 以及 CO_2（Rysgaard et al.，2007）进行测量，直到 2012 年 Randall 等（2012）首次测量海冰中 N_2O 浓度，样品用氦气在 70 ℃ 的管内吹出，通过冷凝除水，由于海冰中 N_2O 浓度较低，使用检测器为脉冲式火焰光度检测器（PFPD）。研究发现海冰中 N_2O 浓度相当低（约 6 nmol/L），是表层海水饱和度的 40%，大气的 30%，证明了海冰融化对表层海水起到稀释作用。而当海冰在形成时，部分 N_2O 同盐卤水一起被排挤出，此时 N_2O 可能通过海冰释放到大气中，或者在海冰形成过程中直接释放，因此海冰在形成和融化过程中可能是一种潜在的源或汇。这对北极区域 N_2O 研究来说是一个新的突破，同时也是了解北冰洋 N_2O 循环行为的一个重要参数。其将为对早期研究的猜测提供更为直接的证据。

北极相关研究处于起步阶段，有限的研究工作无法为了解北冰洋在 N_2O 全球收支中的作用提供足够的信息。然而，北冰洋在全球变化中扮演着极为重要的作用。首先，它是一个气候变化信号放大器，指示全球变化。其次，极区在大洋环流过程中扮演着源头和驱动力的角色，其对大洋能量和物质的输运均起至关重要的作用，因而，对 N_2O 在其深层水体的分布循环过程的研究是准确了解深层水体中 N_2O 循环过程的关键内容。

5.2.5　极地海洋边界层大气化学环境过程对全球变化的响应和反馈

5.2.5.1　大气汞浓度变化对全球变化的相应

通过监测中国第五次北极科学考察航线上北冰洋大气汞，获得 2012 年 7—9 月横穿中心北冰洋大气汞的变化特征。大气汞浓度变化范围大致为 $0.15 \sim 4.58$ ng/m³，呈现正态分布，均值为 1.23 ± 0.61 ng/m³。出现频率最高的浓度范围是 $1.0 \sim 1.5$ ng/m³，比之前北半球报道的背景值低。将 2010 年科学考察，在楚科奇海的航线命名为 CS7-2010（Chukchi Sea in July）及 CS8-2010（Chukchi Sea in August）。在 2012 年科学考察中将航线分为 4 段，根据海冰状态和海盆命名为 CS7（Chukchi Sea in July），NS（Norwegian Sea），CAO（central Arctic Ocean）和 CS9（Chukchi Sea in September）。

1）海冰的作用

当船经过 CAO 段冰覆盖区时观测到较高浓度的 TGM，暗示海冰可能在 TGM 的空间分布中扮演重要角色。先前有报道在海冰下发现相当高浓度的溶解气态汞（DGM）。在 2012 年夏季，北极海冰减少到新低纪录，并因此可能增强海气交换。为检验海冰的效应，由于海冰融化会稀释海水盐度，将时间序列 TGM 数据与盐度分布做对比（图 5-324a、b）。数据分析得到 TGM 与冰覆盖区盐度的负相关关系（$R = -0.3$，$P < 0.0001$），表明海冰融化可能会增强该区域 TGM 浓度。据报道，多年冰层中检测到高浓度汞，尤其在冰顶层和底层。随着海冰开始融化，冰中的汞释放到海水中。汞的重排放可由阳光溶化冰雪引发。另外，微生物的初级生产力可能控制表层水无机汞还原，作为大气汞的潜在源。海冰作为物理障碍延缓溶解性气态汞从海洋进入大气。当船破冰时，气态汞被排放到大气中。应注意到 2010 年考察时楚科奇海7—8 月被浮冰覆盖。据报道该时期楚科奇海主要受冰融水的影响。7—9 月海冰的变化也表明 CS7-2010 和 CS8-2010 中的融冰主要是一年冰。因此，海冰融化不能解释 CS8-2010 和 CS7-2010 TGM 浓度的差别。其他潜在因素在下面更进一步讨论。

2）径流的作用

虽然海冰融化可能影响 TMG 浓度，模拟表明径流可能是夏季北冰洋汞的首要源。虽然海冰融化与河流径流均能稀释盐度，由于楚科奇海在 2012 年采样期受冰覆盖少，楚科奇海盐度改变受径流控制。径流在 TGM 分布中作用包括两个方面：①径流带来大量汞并因此增加海水中的 DGM；②径流带来大量有机质，可还原 Hg^{2+} 为气态汞。2012 年 7 月楚科奇海 TGM、盐度、CDOM 的变化如图 5-325a，5-325b，5-325d 所示。TGM 浓度与 CDOM 呈正相关（参见图 5-324a 和 5-324d，红框内数据），但与盐度（参图 5-324a 和 5-324b）和 CO（参见图 5-324a 和 5-324c）呈负相关。低 CO 浓度表明高 TGM 浓度不受大气人工源影响。Pegau 表示大多数海冰含相当低 CDOM 浓度。因此楚科奇海相当高的 CDOM 可归因于径流。实际上，有报道河流径流 CDOM 在北冰洋西部占主导。CDOM 代表 DOM 的重要部分（多达 60%），暗示 CDOM 能在某种程度上代替 DOM。许多实验显示 Hg^{2+} 还原与 DOM 相关。汞被 DOM 还原包括两个过程。第一个是通过转移配体—金属电荷来直接还原活性汞。第二个是通过形成活性中

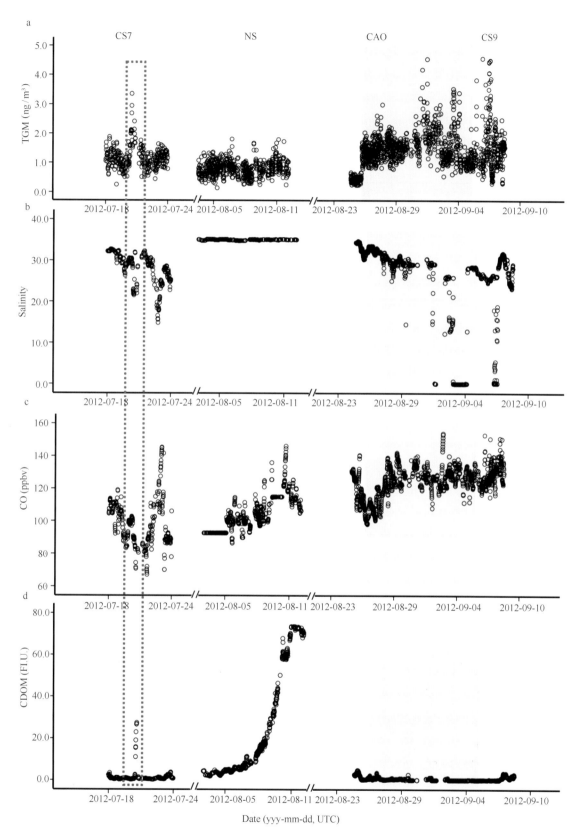

图 5-324　CHINARE 2012 沿航线 TGM（a），盐度（b），一氧化碳（c）和
有色溶解性有机物（CDOM）时间序列

通过冰覆盖区的通道为蓝色阴影

间还原剂来光解汞。这就能解释为什么在楚科奇海增加的 CDOM 和低盐度下观测到 TGM 增加（图 5-324a 和 5-324d）。然而，在挪威海观测到较高 CDOM 与低 TGM 浓度相一致（图 5-324a 和 5-324d）。高盐度且无明显减小趋势表明该区域不受径流影响，因而没有来自河流的额外汞。据报道，在欧亚海盆北冰洋表层主要受大西洋支配，这维持了挪威海的高盐度。北大西洋汞含量低且无来自径流的溶解性气态汞输入。因此，TGM 在 NS 段较低。

　　3）化学损失的作用

　　河流径流不能解释 TGM 浓度 2012 年 CS9 高于 CS7-2010，2010 年 CS8-2010 高于 CS7-2010。随着 8 月中旬径流和/或海冰融化作用减少或停止，气态汞的排放可能会相应减少。另一方面，在 2012 年 9 月和 2010 年 8 月在楚科奇海上的气团来自北冰洋而不是大陆源，暗示陆源的长距离运输是可以忽略不计。因此，我们推测，今年夏天楚科奇海（相对于陆地观测）的月变化可能是由于从 7—9 月化学损失减少。众所周知在北极春天的极地日出后汞被卤素迅速氧化。然而，北极夏季是否有化学损失目前尚不清楚。破浪和海沫被发现是大气中卤素的来源。海盐溴化物可以形成 Br_2 和 BrCl，然后在日光下光解产生 Br 原子和 Cl 原子，暗示北极夏季汞可能被卤素和/或其他自由基氧化。由于化学损失过程通常与日照条件相关，研究了日照强度随 TGM 的变化。如图 5-325 所示，低 TGM 对应高日照强度。此外，在 2012 年和 2010 日照强度从 7—9 月都明显降低。一般来说，高日照强度会增加边界层高度，因而 TGM 可能会被稀释。然而，北冰洋海表边界层相对稳定，从 7—9 月垂直温度改变最小。根据 2010 年中国北极科学考察报告在 2010 年航行期间在海洋表面观测到逆温层，因而从 7—9 月 TGM 浓度降低不能用边界层高度解释。这暗示在夏季可能存在化学损失，且该损失将从 7—9 月降低。为进一步确认化学损失是否发生，将 TGM 和 CO 的变化进行了比较。TGM 和 CO 呈正相关（$R=0.29$，$P<0.0001$）。从 7—9 月大多数 CO 浓度低于 150 ppvb 并表现出增加趋势。因为远洋环境中 CO 浓度背景值通常低于 150 ppbv，该月变化应反映在北冰洋 CO 背景值的变化。事实上，我们 CO 的观测结果与先前的报告一致。CO 通常在夏天有最小值很大程度上是由于被羟基自由基 OH 化学氧化，然后随氧化的减少而增加。由于汞的变化类似于 CO 被 OH 自由基的破坏，在夏季汞的化学损失应进一步调查。

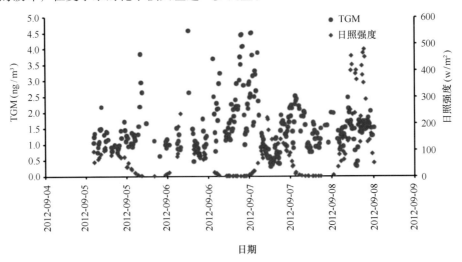

图 5-325　TGM 与日照强度的例子

5.2.5.2 北极海洋边界层真菌气溶胶的浓度和粒径分布

中国第四次北极科学考察期间沿航线采集了生物气溶胶样品。采样点位于"雪龙"船第三层甲板上，距离海平面约 15 m 处。整个航次共采集 15 个样品（图 5-326）。

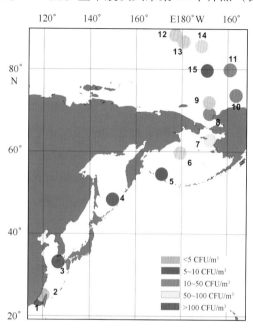

图 5-326 第四次北极考察期间海洋边界层真菌浓度分布

表 5-20 样品采集信息和真菌浓度

站位	日期	时间	纬度/经度	C	RH	T	RV	天气
1	06-28	11：20	24°02.17′N 118°04.15′E	320.4	80	26.3	—	晴天
2	07-01	11：25	25°03.511′N 120°06.776′E	5.3	91	27.2	6.7	晴天
3	07-04	01：40	33°13.686′N 126°35.142′E	190.8	100	24.2	5.1	重度雾
4	07-08	01：40	48°22.811′N 149°54.791′E	224.4	90	11.5	25.5	轻度雾
5	07-11	7：30	54°34.097′N 171°22.092′E	7.1	81	7.6	8.8	晴天
6	07-14	11：05	59°39.629′N 179°25.230′E	0.0	100	7.2	10.5	重度雾
7	07-18	04：40	62°42.473′N 167°38.746′W	63.6	100	7.5	31.0	小雨
8	07-21	08：45	69°11.664′N 167°54.724′W	24.7	84	6.9	4.6	晴天
9	07-24	06：20	71°59.675′N 168°7.530′W	1.8	86	3.3	13.3	晴天
10	07-28	09：00	73°41.119′N 156°22.381′W	24.7	100	2.7	15.3	轻度雾
11	08-01	09：15	79°56.070′N 158°54.212′W	15.9	88	0.8	12.3	轻度雾
12	08-07	04：35	86°41.363′N 179°16.989′E	1.8	86	-0.9	16.7	小雪
13	08-20	05：55	88°22.974′N 177°11.646′W	1.8	87	0	19.0	晴天
14	08-22	03：20	85°37.956′N 171°29.714′W	0.0	100	0	16.7	轻度雾
15	08-25	05：20	79°43.302′N 169°3.438′W	8.8	100	0	2.7	轻度雾

C：浓度（CFU/m³）；RH：相对湿度（%）；T：温度（℃）；RV：相对风速（m/s）；—：无数据。

使用 FA-1 型六级筛孔撞击式空气微生物采样器采集生物气溶胶样品，采样空气流量为 28.3 L/min。采样介质为改良马丁培养基。采集的样品在 37℃孵育培养时间 3 d，计数各级采样皿中的空气真菌菌落数（CFU）。由各级大气真菌菌落数和空气流量分别计算出 1~6 级总真菌菌落数和各级的菌落数分布。

1）可培养真菌浓度

中国第四次北极科学考察空气真菌浓度分布及相关信息如表 5-21。在整个采样期间，空气真菌的总的浓度变化范围为 0~320.4 CFU/m³，并且随纬度变化大致呈减小趋势。与之前典型生态系统（Sesartic and Dallafior，2011）中报道的空气真菌浓度分布：970 CFU/m³（丛林），1 015 CFU/m³（森林），6 015 CFU/m³（灌木），12 545 CFU/m³（农作物），825 CFU/m³（草地）、40 CFU/m³（苔藓）相比，海洋上空的空气真菌浓度明显比较低。

将采样点根据地理位置可划分可分为 5 组（表 5-21），分别为中国近海、西北太平洋（包括鄂霍次克海和白令海）、楚科奇海、加拿大海盆和北冰洋中心海区。从中国近海到北冰洋空气真菌的浓度呈下降的趋势。最高点是在中国近海，浓度变化范围 5.3~320.4 CFU/m³，其平均值为 172±158 CFU/m³。其结果与之前对中国东海（Chen and Wang，1998）、地中海海岸（Raisi et al.，2012）及青海海岸（Li et al.，2011）的研究结果相接近。很明显，空气真菌在近岸区域的浓度要高于远洋的区域。

表 5-21　不同海域采样点分布、真菌浓度和海冰情况

地区	采样点	范围 CFU（m³）	均值±标准差 CFU（m³）	海冰
中国近海	1，2，3	5.3~320.4	172.2±158.4	—
西北太平洋	4，5，6，7	0~224.4	73.8±104.4	—
楚科奇海	8，9	1.8~24.7	13.3±16.2	开阔海区
加拿大海盆	10，11，15	8.8~24.7	16.5±8.0	浮冰区
中心北冰洋	12，13，14	0~1.8	1.2±1.0	永久冰区

2）真菌粒径分布特征

中国第四次北极科学考察空气真菌的粒径分布如图 5-327。空气真菌浓度最大值出现在 2.1~3.3 μm 的粒径范围，比例约占 36.2%；最小值分布在粒径范围为 0.65~1.1 μm，约占 3.5%。有 50%以上的空气真菌分布在小于 3.3 μm 的粒径范围内，这种粒径分布与之前陆地（Fang et al.，2004）和海岸（Li et al.，2011）报道的结果不同，但是与新加坡报道的结果相似（Zuraimi et al.，2009）。这些样品的粒径分布可能是受到陆源和海洋气团的影响，海洋上空的可培养的生物气溶胶受到陆源影响的粗颗粒不能经过长距离的传输（Fröhlich-Nowoisky et al.，2012），而经过长距离传输的陆源颗粒主要是细颗粒，此外海洋源对生物气溶胶的作用主要是在 2~5 μm 粒径范围内（Després et al.，2012）。

通过正态分布检验，在中国近海、西北太平洋、楚科奇海及加拿大海盆的空气真菌粒径分布呈现正态分布。但在北冰洋中心海区却呈现了 1 个双峰分布，并且粒径主要分布在 2.1~3.3 μm 和大于 7 μm 的范围内，这种双峰分布特征可能由于北冰洋较低的生物真菌浓度所造成的。

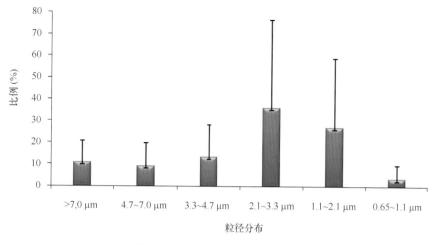

图 5-327　空气中真菌的粒径分布

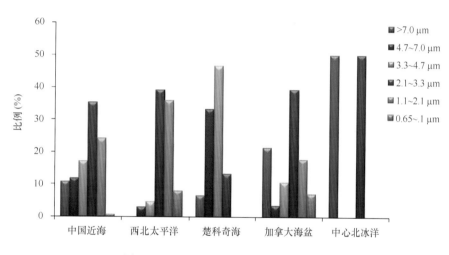

图 5-328　不同海区空气真菌的粒径分布

3）影响空气真菌的可能影响因素

（1）气团来源

气团的来源可能影响空气真菌的含量及其在粗细粒中的分布。一般认为真菌进入大气气团的方式有两种：一种是在气团上升时被提取从而进入气团；另一种是在水平气团运输途中将其注入气团当中。这样两种方式使得气团在起始或其过程中都有可能带走真菌。通过对同在白令海区样 5、样 6 和样 7 的比较发现，样 7 空气真菌含量最高，样 5 和样 6 次之。气团轨迹反演显示可知（图 5-329），样 6 气团来源于太平洋海域，而样 5 位于阿申留群岛附近，气团来源于白令海且经过阿申留群岛，样 7 受到白令海海源及阿拉斯加半岛陆源气团的影响，白令海域含有丰富的水产和矿产资源，可能通过气团的传输作用携带了海源和陆源上的营养物质或真菌。陆源影响的贡献会大于海洋源的影响。

（2）气象条件的影响

①温度。

通过分析空气真菌浓度和气象参数，如：相对湿度、温度和相对风速的关系，发现影响空气真菌浓度最重要气象因素是温度，Pearson 相关系数 0.496（表 5-22）。空气真菌和因变

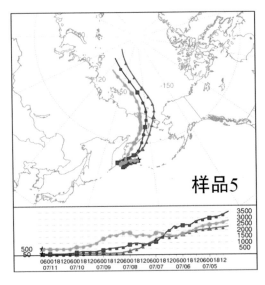

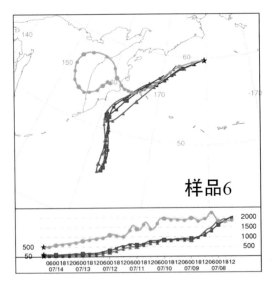

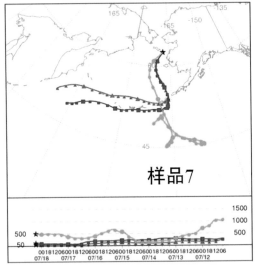

图 5-329　采样点气团轨迹反演

量温度的线性关系为：Fungi（sum of 6 stages）= −120.5 + 4.839x（T）（$n = 14$，$R^2 = 0.400$，$F = 2.224$）。空气真菌和温度的正相关性可能是解释空气真菌随纬度变化的原因。

表 5-22　空气真菌浓度和气象参数 Pearson 相关系数

相关系数	浓度	相对温度	气温	相对风速
浓度	1.000	0.185	0.496*	0.246

②天气。

对同一地点不同天气条件的样品中真菌含量进行了对比，真菌含量高的样品的天气条件均是雾天或阴天，雾天或阴天可能有利于真菌存在。

③海冰。

空气真菌浓度最高值在浮冰区，开阔区次之，最低值出现在永久冰区。海冰的变化影响海气交换从而可能影响北冰洋空气中的真菌浓度。

5.2.5.3 北极考察航线上有机气溶胶

后向轨迹反演的结果显示，北半球的大多数样品受到了陆地物质输入的影响，西北太平洋上的浓度远高于"round-the-world"航次报道的结果（Fu et al.，2011）（表5-23）。这种差别可能与初级生产力的季节变化有关。"round-the-world"航次的样品采集于秋季、冬季和初春；而本文中的样品采集于初级生产力达到峰值的夏季，生物释放的 VOC（BVOC）大大增加。由于该区域受到陆地的显著影响，附近陆地 SOA 输入的增加造成了本文样品异戊二烯 SOA 标志物的高浓度。

表 5-23　异戊二烯 SOA 标志物总浓度和单萜 SOA 标志物总浓度在不同地点的分布

地点	异戊二烯 SOA 标志物		单萜 SOA 标志物		参考文献
	范围	均值	范围	均值	
东南极	0.24~6.0	1.3	0.075~0.62	0.28	本文
普里兹湾	0.28~6.0	1.9	0.075~0.51	0.24	本文
西南极	0.018~0.81	0.27	0.048~1.7	0.26	本文
南大洋	0.26~24	12	0.046~1.9	0.66	本文
澳大利亚沿岸	0.34~10	4.2	0.046~1.9	0.66	本文
东南亚	3.1~22	11	0.045~0.48	0.19	本文
	-*	22	-	5.3**	Fu 等（2011）
北印度洋	-	5.1		2.7**	Fu 等（2011）
西北太平洋	1.2~35	18	0.15~17	8.6	本文
	0.11~0.51	0.36	0.60~2.9**	1.3**	Fu 等（2011）
东北太平洋	0.17~8.3	3.6	0.020~1.5**	4.1**	Fu 等（2011）
北大西洋	0.20~0.54	0.37	0.55~0.79**	0.67**	Fu 等（2011）
中国东海	-	36	-	20	本文
日本海	22~27	24	5.5~18	11	本文
鄂霍次克海	-	35	-	9.9	本文
白令海	3.9~23	12	0.87~11	3.9	本文
北冰洋	1.4~13	4.6	0.73~5.6	1.9	本文
	0.16~32	4.0	***	0.63**	Fu 等（2013）
90°—60°S	0.023~6.0	0.87	0.048~0.62	0.20	本文
60°—30°S	0.018~24	3.1	0.046~1.7	0.30	本文
30°—30°N	1.2~22	9.2	0.045~1.9	0.56	本文
30°—60°N	13~36	25	3.6~20	11	本文

异戊二烯 SOA 标志物最高浓度出现在北半球的中纬度地区（30°—60°N），平均值为25±7.7 ng/m³。中国东海、日本海和鄂霍次克海采集的所有样品异戊二烯 SOA 标志物的浓度都超过了20 ng/m³，远远高于其他地区样品中的浓度。这表明异戊二烯对这3个海区气溶胶的影响最大。后向轨迹显示这些样品的气团来自欧亚大陆和日本（图5-330a~f）。陆地气团的输入带来了大量异戊二烯 SOA。低纬度（30°S—30°N）和北半球高纬度（60°—90°N）海区上空同样拥有高含量的异戊二烯 SOA 标志物，平均浓度分别为9.2±6.7 ng/m³和5.3±3.7 ng/m³。北冰洋异戊二烯 SOA 标志物的含量与 MALINA 航次的结果相当（Fu et al.，2013）

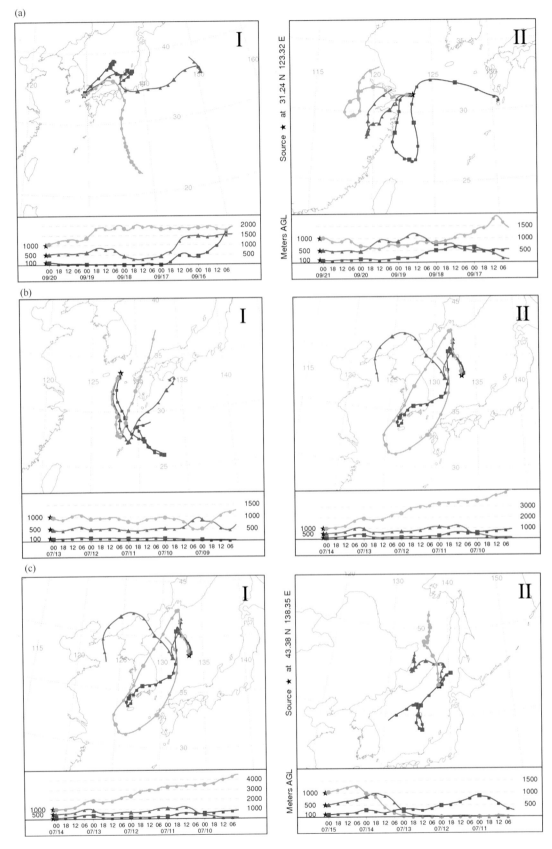

图 5-330 气团后向轨迹反演图（1）

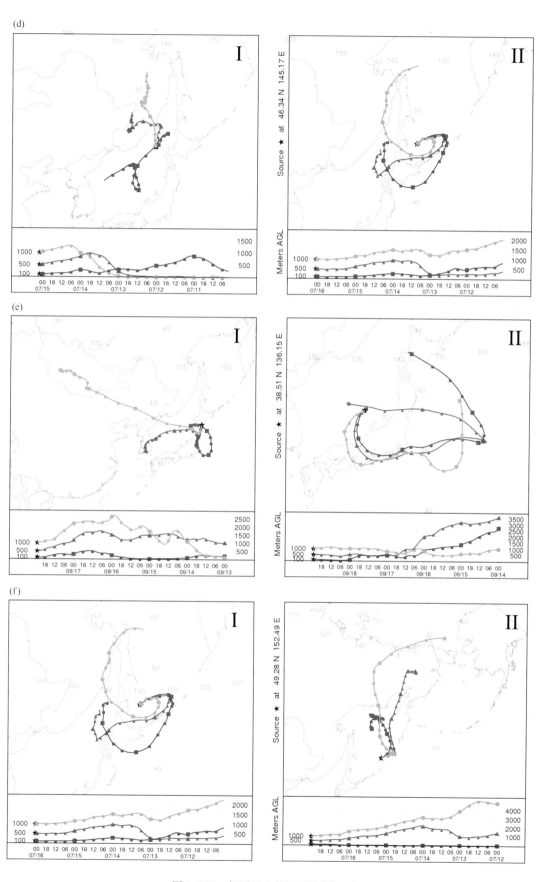

图 5-330 气团后向轨迹反演图（2）

(g)

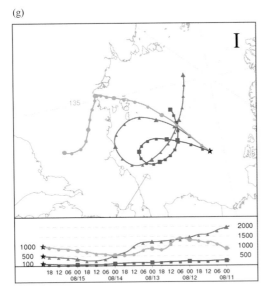
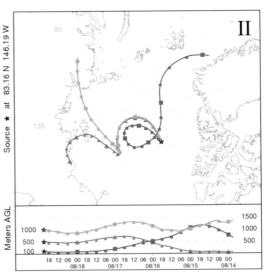

图 5-330　气团后向轨迹反演图（3）

图 a~g 为各样品气团的 5 天后向轨迹（I 为开始采样点，II 为采样结束点）：采集于中国东海的样品（a）B37；
采集于日本海的样品（b）B1，（c）B2，（d）B3，（e）B34；采集于鄂霍次克海的样品（f）B4；采集于北冰洋的
样品（g）B21。大气气团轨迹反演使用美国国家海洋和大气局（NOAA）空气资源实验室（Air Resources Laboratory）
开发的 HYSPLIT 传输扩散模型计算获得（http://www.arl.noaa.gov/ready/hysplit4.html）

5.2.6　北极地区污染物质在各介质中的分布及污染状况评价

5.2.6.1　大气中的 PAHs

1）大气中 PAHs 的来源

由于 PAHs 主要来自于石油挥发与化石燃料的燃烧过程，因此不同燃烧源的类型以及强度等因素是决定生成的 PAHs 浓度以及组成特征的主导因素，而环境因素（如温度、光照等）的作用相对次之。因此，利用一些合适的指示化合物的比值大小对不同的 PAHs 来源类型进行判断的可能性就非常大。一些非取代 PAHs 的同分异构体具有相似的结构和物理化学性质，它们进入环境后就会表现出相似的环境行为，如迁移和分配等。因此一些特定的 PAHs 异构体的比值常被用来作为示踪其来源的诊断指标（Diagnostic tools）。例如 An/（Phe+An）的比值小于 0.1 表明 PAHs 主要来自石油挥发过程，大于 0.1 则说明主要来自化石燃料的高温燃烧；Flu/（Flu+Pyr）的比值小于 0.5，表明 PAHs 主要来自石油燃烧，大于 0.5 说明主要来自煤和木材燃烧；BaA/（BaA+Chr）的比值小于 0.35，表明 PAHs 主要来自石油燃烧，大于 0.35 说明主要来自煤和木材燃烧。但由于单个比值会受到各种因素的影响而造成判断不准确，因此，采用双比值法则可以清楚地判断区域内 PAHs 的主要来源。另一方面，由于不同 PAHs 在环境中的反应活性存在着一定的差异性，会导致进入环境介质的 PAHs 的分布特征与源释放的 PAHs 的分布特征发生变化。已有研究表明，BaA 和 An 在空气中的光降解速率要快于它们的同分异构体 Chr 和 Phe。例如有研究通过美国洛杉矶大气中的 Phe 和 An 的比例变化

规律发现，白天时 An 的比例要明显低于 Phe。因此，Phe 和 An 的比例会因环境因素的变化而变化，给源的解析带来一定的偏差。而 Flu 与 Pyr 则以相近的速度降解，PAHs 污染源的原始信息可以很好地保存在 Flu 与 Pyr 的比值中。

图 5-331 给出了 An/（Phe+An）与 Flu/（Flu+Pyr）以及 BaA/（BaA+Chr）与 Flu/（Flu+Pyr）的双比值图。大部分采样点的 Flu/（Flu+Pyr）比值大于 0.5，表明 PAHs 主要来源于煤和木材燃烧的不完全燃烧过程，但是，An/（Phe+An）与 BaA/（BaA+Chr）比值却表明 PAHs 主要来源于石油挥发过程。这种比值结果的差异主要是由于其指示能力的不同造成的。由于北极大气中的 PAHs 来自长距离迁移过程，在从排放源到采样点的长距离迁移过程中，必然经历长时间的光降解过程，而 An 与 Phe 以及 BaA 与 Chr 光降解能力的差异导致了在北极大气中的比值要小于排放源处的比值，相反，由于 Flu 与 Pyr 的光降解速率较为接近，使得其比值在北极大气中更加接近于排放源附近。

所以，通过对其比值的分析可以得出如下结论：

①北极大气中的 PAHs 主要来源于煤炭和生物质的燃烧过程；

②由于 Phe 与 An 以及 BaA 与 Chr 的光降解能力的差异，使得其比值应用于远离排放源的 PAHs（aged PAHs）的来源的适用性降低，会引起一定的偏差，而 Flu/（Flu+Pyr）则较适宜于定性分析 PAHs 的来源类型；

③在"雪龙"船上采集的大气样品受到的船体自身污染（船上烟囱排放的污染物）的影响极小。

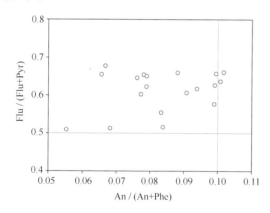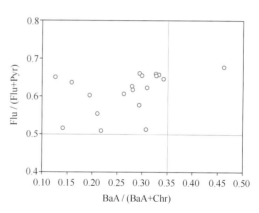

图 5-331　An/（Phe+An）与 Flu/（Flu+Pyr）以及 BaA/（BaA+Chr）与 Flu/（Flu+Pyr）的双比值图

2）PAHs 浓度与温度、纬度之间的关系

此外，还发现了气相 PAHs 与纬度以及大气温度之间的显著性的相关关系。图 5-332 给出了气相 PAHs 与纬度之间的变化关系，可以看出两者显著相关（$r^2 = 0.69$，$p < 0.01$），且斜率为负值（-0.93），表明气相 PAHs 的浓度随着纬度的增加而降低。尽管颗粒相中 PAHs 的浓度与纬度之间的线性关系不显著，但由于气相 PAHs 占总 PAHs 的比例较大，使得总 PAHs 与纬度的变化也呈现出了显著的负相关关系（$r^2 = 0.59$，$p < 0.01$）。此外，还观测到了气相 PAHs 浓度与温度的倒数之间的显著相关关系（$r^2 = 0.46$，$p < 0.01$）（图 5-333）。

3）大气中 PAHs 的气固分配

（1）PAHs 的气固分配

PAHs 的气固分配是影响 PAHs 环境行为和归趋的一个重要参数。一般来说，常用比例系

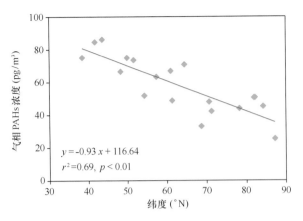

图 5-332　气相 PAHs 与纬度之间的变化关系

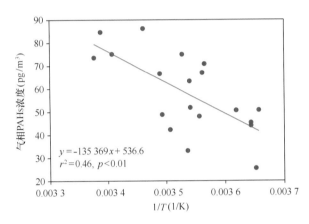

图 5-333　气相 PAHs 浓度与温度的倒数之间的显著相关关系

数 K_P 来定量描述其气固分配行为，大气温度是影响 K_P 的重要环境要素，并有如下关系：

$$\log K_P = A/T + B$$

式中，A 和 B 为常数。表 5-24 列出了各样品数据回归参数，可以看出，回归斜率为正值，说明值随着温度的增加而减小，这主要是由于随着温度的升高，PAHs 更趋向于从颗粒相中挥发而存在于气相中。

表 5-24　方程 $\log K_P = A/T + B$ 线性回归参数

PAHs	Phe	An	Flu	Pyr	BaA	Chr	BbF	BkF	BaP
A	3036	3408	4537	3101	1637	2334	874	104	nc
B	−12.85	−14.29	−17.79	−12.73	−6.2	−8.85	−3.58	−0.91	nc
r^2	0.41	0.48	0.58	0.45	0.11	0.21	0.02	0.01	nc
显著水平（%）	99	99	99	99	ns	ns	ns	ns	nc

注：ns 表示不显著；nc 表示因较多数据低于检出限而未进行计算。

另一个影响 K_P 值的重要参数是 PAHs 的过冷液体饱和蒸汽压（p°_L），并有如下关系：

$$\log K_P = m_r \log p^\circ_L + b_r$$

本文将 9 个 PAHs 的 $\log p°_L$ 值与其 $\log K_P$ 进行线性回归,回归参数列于表 5-25,图 5-334 给出了所有样品的整体回归参数。

表 5-25 回归参数 m_r, b_r 和 r^2

样品编号	m_r	b_r	r^2
101	-0.62	-3.11	0.86
102	-0.67	-3.16	0.91
103	-0.91	-3.65	0.87
104	-0.94	-4.35	0.91
105	-0.48	-3.24	0.88
106	-0.60	-2.73	0.73
107	-0.58	-3.46	0.85
108	-0.48	-2.98	0.89
109	-0.42	-2.72	0.90
110	-0.65	-3.31	0.84
111	-0.56	-3.10	0.93
112	-0.28	-1.80	0.82
113	-0.52	-2.61	0.82
114	-0.61	-2.55	0.86
115	-0.66	-3.03	0.94
116	-0.55	-3.20	0.84
117	-0.44	-3.31	0.79
118	-0.51	-3.01	0.82
119	-0.68	-3.28	0.90

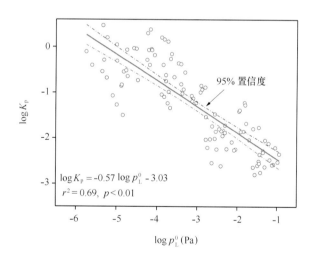

图 5-334 $\log K_P$ 与 $\log p°_L$ 的显著性线性关系

对所有样品,r^2 值在 0.73~0.94($p < 0.01$),斜率在 -0.28~-0.94,平均值为 -0.59。该斜率值与文献报道的美国五大湖(-0.59)和芝加哥近岸海域(-0.70~-0.53)大气中的实测值接近。此外,在各个样品之间,斜率值和截距没有显著性差异($p > 0.1$,t-检验),表明在采样过程中 PAHs 在颗粒相上的附着机理类似。

理论分析认为，不管控制 PAHs 在气固间赋存的机理是什么，线性回归的斜率（m_r）和截距（b_r）应有一定的相关关系，也就是说 m_r 的变化也会引起 b_r 的变化。本文考察了各样品所得的 m_r 和 b_r 之间的线性关系（$b_r = m_s m_r + b_s$），得到如下参数：$m_s =$（2.52 ± 0.51），$b_s =$（−1.60 ± 0.31），$r^2 = 0.59$（$p < 0.01$）。这个结果表明，各个样品的 $\log K_P$ 与 $\log p°_L$ 的回归曲线会有 1 个共同的交点（$\log p°_L$，$\log K_P$），这个点在理论上应该是（$−m_s$，b_s），即 $\log p°_L = −2.52$ 与 $\log K_P = −1.60$ 的交点。为了验证该假设，计算了当 $\log p°_L = −2.52$ 时的所有 19 个样品的 $\log K_P$ 值，如图 5-335 所示。由图 5-335 可以看出，$\log K_P$ 值的点分布在−1.60 附近。经单样本 K-S 检验，这些值呈正态分布（$p = 0.419 > 0.05$，均值为−1.60）。该项规律的发现为将来仅依据值来预测 PAHs 的气固分配行为提供了理论与实验证据。

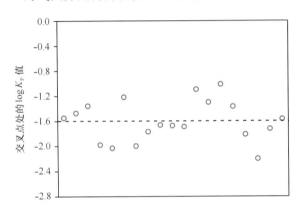

图 5-335　当 $\log p°_L = −2.52$ 时的所有 19 个样品的 $\log K_P$ 值

虚线为 $b_s = −1.60$

此外，还考察了 PAHs 在颗粒相上的比例（φ）与 $\log p°_L$ 之间的非线性关系，图 5-336 给出了 $\log p°_L$ 与 φ 之间的关系，经非线性回归分析，以下式进行非线性回归的相关性为最好。

$$\varphi = \frac{10^{m\log p_L^* + b}}{1 + 10^{m\log p_L^* + b}}$$

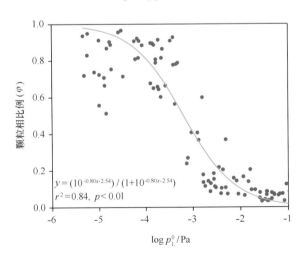

图 5-336　PAHs 在颗粒相上的比例（φ）与 $\log p°_L$ 之间的非线性关系

与线性回归参数（$m_r = -0.57$，$b_r = -3.03$，$r^2 = 0.69$）相比，非线性回归的 m 值（-0.80）和 r^2 值（0.84）都有明显的提高，表明非线性回归更适合 PAHs 在气固间的分配过程。

（2）不同分配模型间的比较

目前最常用的描述半挥发性有机污染物气固分配行为的模型为 J-P 模型，该模型主要基于吸附理论建立的。考虑到 PAHs 在大气颗粒物上不但有吸附现象，也同时存在着"吸收"现象，基于此，又开发出了用目标物的正辛醇—空气分配系数（K_{OA}）作为描述符的吸收模型以及结合了 J-P 模型和吸收模型的 soot-air 模型。本文比较了 3 种模型的计算结果与实测结果，如表 5-26 所示。

表 5-26　J-P 吸附模型、基于 K_{OA} 的吸收模型和 soot-air 模型（$f_{OM} = 0.10$，$f_{EC} = 0.02$）的预测和实测 φ 值（$\varphi_{meas.}/\varphi_{pred.}$）的比较

PAHs	J-P 模型		K_{OA} 模型		soot-air 模型	
	$\varphi_{meas.}/\varphi_{pred.}$	标准偏差	$\varphi_{meas.}/\varphi_{pred.}$	标准偏差	$\varphi_{meas.}/\varphi_{pred.}$	标准偏差
Phe	2044.53	1556.58	351.27	229.70	4.78	3.39
An	1116.18	783.77	260.32	160.41	2.76	1.91
Flu	308.18	173.17	21.36	10.97	1.24	0.79
Pyr	209.39	227.68	22.19	16.17	0.82	0.39
BaA	75.21	52.05	10.67	7.93	1.13	0.24
Chr	80.57	58.92	10.14	9.13	1.08	0.28
BbF	6.46	4.99	1.08	0.50	0.76	0.19
BkF	5.30	3.14	3.42	2.50	0.79	0.16
BaP	3.48	3.29	1.45	0.92	0.65	0.07

很明显可以看出，soot-air 模型得出的 φ 值（即目标物在颗粒物上的数量占气相和颗粒相总量的比值）更接近于实测值。从表 5-26 还可以发现，对中分子量 PAHs（即 Phe、An、Flu 和 Pyr）预测的 φ 值和实测的 φ 值之间的比值（即 $\varphi_{meas.}/\varphi_{pred.}$），要明显大于高分子量 PAHs（即 BaA、Chr、BbF、BkF 和 BaP）的值，这主要是由于高分子量 PAHs 更倾向于存在于颗粒相中，且颗粒物的性质对中分子量 PAHs 的气固分配行为的影响更为显著。图 5-337 为以 Chr 为例，应用 3 种模型得出的 φ 值与实测的 φ 值的比较图。

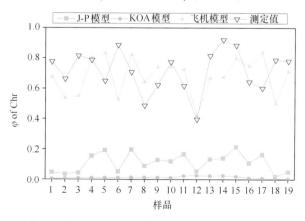

图 5-337　以 Chr 为例，应用 3 种模型得出的 φ 值与实测的 φ 值的比较图

根据上述的结论，PAHs 在气固间的分配既有吸附作用，又有吸收作用，那么，其分配系数（K_P）必然会受到大气颗粒物的物质组成比例的影响，即颗粒物中有机碳和无机碳的组成特征的影响。为考察大气颗粒物中碳的组成变化对 PAHs 气固分配行为的影响，通过考察有机碳组分（f_{OM}）和无机碳组分（f_{EC}）的比例，来研究其对 K_P 的影响程度。一般来说，f_{EC} 的值在 0.02~0.05，f_{OM} 的值在 0.10~0.30。计算结果列于表5-27。

表 5-27 不同 f_{OM} 和 f_{EC} 值下 $\varphi_{meas.}/\varphi_{pred.}$ 变化的比较

PAHs	$f_{OM}=0.10$ $f_{EC}=0.02$	$f_{OM}=0.10$ $f_{EC}=0.05$	$f_{OM}=0.30$ $f_{EC}=0.02$	$f_{OM}=0.30$ $f_{EC}=0.05$
Phe	4.78	1.98	4.65	1.96
An	2.76	1.15	2.70	1.14
Flu	1.24	0.62	1.13	0.60
Pyr	0.82	0.44	0.78	0.43
BaA	1.13	0.93	1.10	0.92
Chr	1.08	0.87	1.05	0.86
BbF	0.76	0.75	0.76	0.74
BkF	0.79	0.77	0.79	0.77
BaP	0.65	0.63	0.64	0.63

从表5-27可以看出，当 $f_{EC}=0.02$（或 $f_{EC}=0.05$）时，不管 $f_{OM}=0.10$ 还是 $f_{OM}=0.30$，预测的 φ 值和实测的 φ 值之间的比值（即 $\varphi_{meas.}/\varphi_{pred.}$）变化不显著，但是，当 $f_{OM}=0.10$（或 $f_{OM}=0.30$）时，$\varphi_{meas.}/\varphi_{pred.}$ 值随着 f_{EC} 的变化而显著变化。通过以上的比较可以看出，尽管 f_{EC} 的值明显低于 f_{OM} 值，无机碳的含量的变化对 PAHs 的气固分配行为有着不可忽略的影响，也就是说，PAHs 在大气颗粒物上的分配行为，吸附作用的影响要大于吸收作用的影响。

5.2.6.2 大气中 PCBs

1）PCBs 浓度与温度、纬度之间的关系

与大气中 PAHs 的情况类似，大气中 PCBs 的浓度也呈现出了与纬度和温度之间的线性相关关系。

大气中 ΣPCBs（颗粒相+气相）与纬度（L）间的关系为：

$$\sum PCBs = -0.52\ L + 51.62$$
$$r^2 = 0.32,\ p < 0.05$$

虽然 r^2 值仅为 0.32，但 $p < 0.05$，表明大气中 ΣPCBs 与纬度之间的线性关系仍具有显著性。得到的斜率为负值（-0.52），说明 ΣPCBs 会随着纬度的升高而降低。鉴于大气中 ΣPCBs 与纬度（L）间的显著线性关系取决于大气中 ΣPCBs 与温度间的关系，所以，本文也考察了大气中 ΣPCBs（颗粒相+气相）与温度（$1/T$）（$1/K$）间的关系：

$$\sum PCBs = -107127 \times (1/T) + 397.84$$
$$(r^2 = 0.45,\ p < 0.05)$$

由上式可知，ΣPCBs 与 $1/T$ 具有显著的线性相关关系。由于气相 PCBs 在总 PCBs 的占比较高，本文也发现了气相 PCBs 浓度与 $1/T$ 的显著相关关系（$\sum PCBs = -100\ 751\ (1/T) +$

371.29，$r^2=0.40$，$p<0.05$）。该发现与前期研究 PAHs 的规律一致，说明纬度（或温度）是影响 PCBs 和 PAHs 在极地区域空间分布的重要因素之一。

温度对气固分配的影响

根据前人研究，大气总悬浮颗粒物浓度与气溶胶比表面积（θ，cm^2/cm^3）有相关关系，那么 PCBs 的气固分配系数（K_p）就会与大气温度有关，其表达式可用 Langmuir 等温式来表达：

$$\log K_p = A/T + B$$

式中，A 和 B 是与目标物质有关的系数，T 为绝对温度（K）。

表 5-28 给出了 26 种 PCBs 同族物 $\log K_p$ 与温度 T 的线性回归结果。对大多数 PCBs 来说（除了 CB-52、CB-77、CB-170、CB-189 和 CB-205），$\log K_p$ 的温度依附性是显著的（$p<0.05$）。同时也可以发现，斜率（A）是正值，说明 $\log K_p$ 会随着温度的降低而增加，这主要是由于在温度降低的情况下其蒸汽分压也随之降低的缘故。

表 5-28　北极大气中 26 种 PCBs 的 $\log K_p$ 与 $1/T$ 线性回归结果

PCBs	A	B	r^2	p
CB-8	2607	-11.41	0.34	< 0.01
CB-28	2480	-10.55	0.39	< 0.01
CB-52	3268	-13.76	0.19	= 0.064
CB-66	5924	-22.77	0.39	< 0.01
CB-77	2165	-8.87	0.16	= 0.085
CB-81	6665	-25.23	0.52	< 0.01
CB-101	3781	-14.97	0.36	< 0.01
CB-105	6089	-22.43	0.63	< 0.01
CB-110	2744	-11.35	0.24	< 0.05
CB-114	4953	-19.20	0.51	< 0.01
CB-118	4516	-17.49	0.45	< 0.01
CB-123	4970	-18.99	0.46	< 0.01
CB-126	4248	-16.03	0.65	< 0.01
CB-128	2561	-10.09	0.40	< 0.01
CB-138	2562	-10.64	0.32	< 0.05
CB-153	6139	-23.01	0.74	< 0.01
CB-155	3499	-13.47	0.52	< 0.01
CB-169	4607	-17.39	0.47	< 0.01
CB-170	675	-3.82	0.02	= 0.545
CB-180	2629	-10.35	0.47	< 0.01
CB-187	2492	-10.09	0.23	< 0.05
CB-189	2067	-8.30	0.16	= 0.091
CB-194	2648	-10.42	0.45	< 0.01
CB-195	2721	-10.70	0.45	< 0.01
CB-200	4870	-18.26	0.46	< 0.01
CB-205	348	-1.93	0.00	= 0.859

根据已有研究结果，上式的斜率越陡（A 值越小），表明目标物是来自采样点附近环境的挥发过程；相反，上式的斜率越缓（A 值越大），表明目标物是来自大气长距离迁移过程。据此分析，本文中观测到的较强的 $\log K_P$ 温度依附性以及比较大的 A 值都说明研究区域内的长距离大气迁移过程对 PCBs 的存在起着重要的作用。

2）PCBs 的气固分配

针对半挥发性有机污染物的气固分配系数（K_P），常用下式来描述其与目标物质的物化性质参数间的关系：

$$\log K_P = m_r \log p_L^O + b_r$$

式中，p_L^O 是目标物质的过冷液体饱和蒸汽压，m_r 和 b_r 为回归系数，其数值的大小从理论上可以解释一些目标物质在大气颗粒物上的吸附/吸收过程。

本文中，由于 $\log p_L^O$（Pa）具有温度依附性，且由于各个样品采样时的温度并不一致，所以在计算时对 $\log p_L^O$ 做了温度依附性校正。对低于检测限的浓度值，本文使用方法检出限的值进行替代。图 5-338 给出了 19 个大气样品中 26 种 PCBs 同族物的 $\log K_P$ 与 $\log p_L^O$（Pa）的散点图，并进行了线性回归，回归结果列于表 5-29。

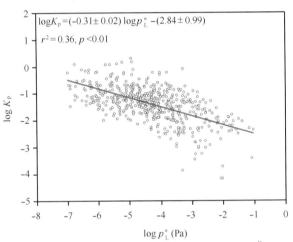

图 5-338　19 个大气样品中 26 种 PCBs 同族物的 $\log K_P$ 与 $\log p_L^O$（Pa）的散点图

表 5-29　19 个大气样品中 26 种 PCBs 同族物的 $\log K_P$ 与 $\log p_L^O$（Pa）的线性回归结果

样品编号	斜率（m_r）	截距（b_r）	相关性（r^2）	显著性（p）
101	-0.31	-2.96	0.42	0.000
102	-0.35	-2.94	0.33	0.001
103	-0.24	-2.20	0.31	0.002
104	-0.15	-2.16	0.23	0.005
105	-0.26	-2.91	0.29	0.002
106	-0.28	-2.33	0.42	0.000
107	-0.28	-2.93	0.49	0.000
108	-0.27	-2.40	0.30	0.002
109	-0.20	-2.21	0.32	0.001

续表

样品编号	斜率（m_r）	截距（b_r）	相关性（r^2）	显著性（p）
110	-0.21	-2.20	0.31	0.004
111	-0.21	-2.22	0.33	0.001
112	-0.27	-2.07	0.25	0.009
113	-0.28	-2.15	0.48	0.002
114	-0.27	-2.23	0.37	0.001
115	-0.27	-2.50	0.34	0.002
116	-0.18	-2.03	0.28	0.007
117	-0.25	-2.89	0.40	0.000
118	-0.46	-3.28	0.43	0.000
119	-0.38	-3.48	0.28	0.008

对所有样品，$\log p_L^o$-$\log K_P$的线性关系是显著的（$r^2=0.23-0.49$，$p<0.01$），斜率值m_r在-0.15~-0.46，均值为-0.27。双尾t检验结果表明斜率值m_r和截距值b_r在样品间的差异不显著（$p>0.1$），说明目标物在颗粒物上吸附/吸收过程以及不同样品间气溶胶的组成差异对$\log K_P$的影响不明显。

理论上，上式的斜率值m_r理论上应为-1，但是本文中测到的斜率值m_r明显低于-1。在已有的不同地区大气中半挥发性有机物的气固分配结果中，也有许多测到的斜率值m_r偏离-1，比如在德国东部农村地区大气中PCBs测到的m_r值在-0.16~-0.59，均值为-0.40，希腊海岸测到的均值为-0.33。这说明在实测实验中斜率值m_r偏离-1是非常常见的，并发现在农村和沿海地区的m_r值较缓，而在城市地区则较陡。在采样过程中的一些环境因素，如温度变化、采样误差以及各目标物非交换能力（non-exchangeability）的差异，都会导致斜率值偏离-1。导致本文中较低斜率值的原因之一可能是PCBs的非交换能力的差异。因为极地大气中的颗粒物多是经过长距离大气迁移而到达极地的，其年龄（aerosol age）较老，使得吸附其上的物质的迁出能力较弱，而城市地区的则正好相反，从而使得城市地区与农村（海洋）地区所测得的斜率值有明显的差异。

此外，本文还观测到了斜率值m_r与温度（t，℃）间的负相关关系：

$$m_r=-0.0057t-0.21 \quad (r^2=0.30，p<0.05)$$

上式也说明，随着温度的增加，m_r值会趋近于-1。由于在较高温度下，颗粒相上的PCBs的含量会减少，所以，相对于低温环境下，在较高温度下PCBs在颗粒相上的非交换能力对斜率值m_r的影响较弱。该结果进一步证明在极地环境下（大气温度较低），目标物质的非交换能力对斜率值m_r的影响更明显。

在式（$\log K_P=m_r\log p_L^o+b_r$）中，斜率值$m_r$的变化也会引起截距$b_r$的变化，在理论上，不同样品间的$m_r$和$b_r$值会交于某一理论值。为证明这一推断，对样品的$m_r$和$b_r$进行线性回归（$b_r=m_s m_r+b_s$）分析，并得到如下关系：

$$b_r=4.80m_r-1.24 \quad (r^2=0.61，p<0.05)$$

在m_r和b_r具有显著线性关系的条件下，$\log p_L^o$和$\log K_P$间的线性回归曲线会交叉于一点（$\log p_L^o$，$\log K_P$），该点即是（$-m_s$，b_s）。为验证这一假设，在$\log p_L^o=-m_s=-4.80$条件下计算

了本文中采集的 19 个大气样品的 $\log K_{\mathrm{P}}$ 值。图 5–339 给出了基于式（$\log K_{\mathrm{P}} = m_{\mathrm{r}} \log p_{\mathrm{L}}^{0} + b_{\mathrm{r}}$）计算得到的 $\log K_{\mathrm{P}}$ 值，可以看出 $\log K_{\mathrm{P}}$ 值均位于 $b_{\mathrm{s}} = -1.24$ 附近。单样本 K–S 检验表明这些 $\log K_{\mathrm{P}}$ 值为正态分布（$p = 0.469 > 0.05$，mean $= -1.24$）。该结果也给出一种评估 $\log K_{\mathrm{P}}$ 值的方法，即当知道某一半挥发性有机物的 $\log p_{\mathrm{L}}^{0}$ 值的时候，可以利用该关系对 $\log K_{\mathrm{P}}$ 值进行预测。

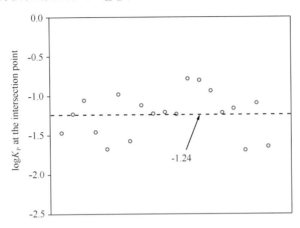

图 5–339　$\log p_{\mathrm{L}}^{0} = -m_{\mathrm{s}} = -4.80$ 条件下计算的 19 个大气样品的 $\log K_{\mathrm{P}}$ 值

虚线对应的 $\log K_{\mathrm{P}}$ 值为 $b_{\mathrm{s}} = -1.24$

描述半挥发性有机物气固分配行为的 3 个模型

目前，科学界比较认可的描述半挥发性有机物气固分配行为的模型有 3 个：吸附模型（J–P 模型）、吸收模型和飞灰–空气模型（the soot–air model）。

吸附模型（J–P 模型）

该模型是基于线性 Langmuir 等温式得出：

$$\varphi = C_{\mathrm{P}} / \left(C_{\mathrm{P}} + C_{\mathrm{A}} \right) = K_{\mathrm{P}} \left(\mathrm{TSP} \right) / \left[1 + K_{\mathrm{P}} \left(\mathrm{TSP} \right) \right] = c\theta / \left(p_{\mathrm{L}}^{\circ} + c\theta \right)$$

式中，φ 是 PCBs 在颗粒相上的比例，θ 为单位空气中颗粒物的表面积（$\mathrm{cm}^2/\mathrm{cm}^3$），城市地区为 1.1×10^{-5}，农村地区为 $(1.0 \sim 3.5) \times 10^{-6}$，偏远地区为 1.0×10^{-7}。c 是依据于目标物质的常数，针对 PCBs 可取 17.2 Pa cm。

吸收模型

吸收模型是基于正辛醇—空气分配系数（K_{OA}）和目标物质通过"吸收"过程进入颗粒物的模型：

$$K_{\mathrm{P}} = f_{\mathrm{OM}} \frac{\zeta_{\mathrm{OCT}}}{\zeta_{\mathrm{OM}}} \frac{MW_{\mathrm{OCT}}}{\rho_{\mathrm{OCT}} MW_{\mathrm{OM}} 10^{12}} K_{\mathrm{OA}}$$

式中，ζ_{OCT} 和 ζ_{OM} 为目标物质在正辛醇和有机质中的活性系数，ρ_{OCT} 为正辛醇的密度（0.82 kg/L，20℃），MW_{OCT} 和 MW_{OM} 是正辛醇和有机质的分子量。在大气颗粒物的气固分配行为研究中，一般可假设 $\zeta_{\mathrm{OCT}}/\zeta_{\mathrm{OM}} = MW_{\mathrm{OCT}}/MW_{\mathrm{OM}} = 1$。于是，上式可转化为：

$$\log K_{\mathrm{P}} = \log K_{\mathrm{OA}} + \log f_{\mathrm{OM}} - 11.91$$

飞灰—空气模型

由于以上两种模型都仅仅考虑了吸附或者吸收一种富集方式，而在实际的富集过程中，常常是两种过程同时存在的，因此，提出了一种新的预测模型——飞灰—空气模型：

$$K_{\rm P} = f_{\rm OM} \frac{\zeta_{\rm OCT}}{\zeta_{\rm OM}} \frac{MW_{\rm OCT}}{\rho_{\rm OCT} MW_{\rm OM} 10^{12}} K_{\rm OA} + f_{\rm EC} \frac{\zeta_{\rm OCT}}{\zeta_{\rm OM}} \frac{\alpha_{\rm EC}}{\alpha_{\rm AC} 10^{12}} K_{\rm SA}$$

式中，$f_{\rm EC}$ 为大气颗粒物中元素碳的含量比值，$\alpha_{\rm EC}$ 和 $\alpha_{\rm AC}$ 分别为元素碳和大气颗粒物中具有活性位点的碳的比表面积，$K_{\rm SA}$ 为分配系数。针对大气颗粒物，一般假设元素碳等同于飞灰中的碳，于是可以得到 $\alpha_{\rm EC}/\alpha_{\rm AC} = \zeta_{\rm OCT}/\zeta_{\rm OM} = MW_{\rm OCT}/MW_{\rm OM} = 1$，$\alpha_{\rm EC} = 100~{\rm m}^2/{\rm g}$。所以，上式可转化为：

$$\log K_{\rm SA} = -0.85 \log p^{\circ}_{\rm L} + 8.94 - \log~(998/\alpha_{\rm EC})$$

三种模型结果的比较

根据上述 3 种模型的计算公式，可以得到由模型得出的 PCBs 在颗粒相上的比例 φ 值（$\varphi_{\rm pred}$），为了比较由模型得出的 φ 值和实测得到的 φ 值（$\varphi_{\rm meas}$）间的关系，计算了两者之间的比值 $\varphi_{\rm meas}/\varphi_{\rm pred}$ 及其标准偏差 sd，相关计算数据列于表 5-30。其中不同温度下的各 PCBs 的 $\log K_{\rm OA}$ 值是基于碎片常数法计算得到的。

表 5-30 基于 3 种模型计算得到的 φ 值（$\varphi_{\rm pred}$）和实测得到的 φ 值（$\varphi_{\rm meas}$）间的比值及其标准偏差 sd 的值（假设颗粒相中有机质含量 $f_{\rm OM} = 0.10$，元素碳含量 $f_{\rm EC} = 0.02$）

PCBs	吸附模型		吸收模型		飞灰-空气模型	
	$\varphi_{\rm meas}/\varphi_{\rm pred}$	sd	$\varphi_{\rm meas}/\varphi_{\rm pred}$	sd	$\varphi_{\rm meas}/\varphi_{\rm pred}$	sd
CB-8	1145.2	1043.7	674.5	397.7	125.0	80.1
CB-28	392.3	438.1	235.2	127.5	50.0	29.5
CB-44	189.5	307.3	137.4	185.1	34.1	43.4
CB-52	149.0	189.7	65.0	65.5	18.1	18.9
CB-66	109.3	279.9	77.0	134.5	19.3	37.1
CB-77	32.7	33.9	35.7	31.0	8.0	7.0
CB-81	12.6	10.1	18.6	18.1	4.1	3.9
CB-87	110.9	124.6	56.5	35.9	18.1	12.5
CB-101	55.3	92.7	28.5	30.4	8.8	8.6
CB-105	20.7	13.1	20.9	14.7	6.0	3.8
CB-110	54.2	100.7	22.6	16.9	7.3	6.1
CB-114	7.7	6.6	7.3	4.9	2.1	1.4
CB-118	15.4	22.9	10.2	6.8	3.0	2.1
CB-123	14.3	13.2	12.4	10.1	3.7	3.1
CB-126	5.7	5.5	6.8	4.4	2.0	1.1
CB-128	17.0	19.6	9.5	5.8	3.7	2.3
CB-138	7.8	8.4	4.1	3.2	1.6	1.2
CB-153	8.4	7.3	6.5	4.5	2.4	1.5
CB-155	253.0	248.1	75.7	51.7	31.9	20.2
CB-169	1.5	1.7	1.5	1.0	0.8	0.4
CB-170	2.2	3.5	1.1	0.8	0.7	0.5
CB-180	2.9	2.9	1.9	0.9	1.0	0.4
CB-187	8.0	10.2	3.4	2.5	1.8	1.4
CB-189	1.1	0.9	1.1	0.5	0.7	0.3
CB-194	0.8	0.5	0.7	0.2	0.6	0.1
CB-195	2.0	2.0	1.1	0.4	0.8	0.2
CB-200	6.3	8.4	2.3	1.5	1.4	0.8
CB-205	1.2	0.9	1.0	0.5	0.8	0.4

由表 5-30 可以看出，由飞灰—空气模型计算得到的 $\varphi_{\rm pred}$ 值更接近于实测值 $\varphi_{\rm meas}$，即

$\varphi_{meas}/\varphi_{pred}$ 的值接近于 1，这说明，针对北极大气中的 PCBs，飞灰—空气模型得出的结果比吸附模型和吸收模型的结果更接近于真实状态。该结论与北极大气中 PAHs 得出的结论一致。

此外，3 种模型得出的 φ_{pred} 值均低估了实际的颗粒相中低氯取代的 PCBs 的含量（$\varphi_{meas}/\varphi_{pred} > 1$），而飞灰—空气模型则高估了高氯取代的 PCBs 的颗粒相含量，如 CB-169、CB-189 和 CB-205，而相对于高氯取代的 PCBs 的颗粒相含量，低氯取代的 φ_{meas} 与 φ_{pred} 之间的偏差明显更大。该结果说明，低氯取代的 PCBs 的 K_p 值更易受到颗粒相含量的影响，同时也进一步说明，大气颗粒物中飞灰（soot）物质的存在，对半挥发性有机物的气固分配行为有着显著的影响，特别是对挥发性较强的物质的影响尤其显著。

如前所述，PCBs 的气固分配行为会受到颗粒相中的有机质含量和元素碳含量的影响，而有机质含量和元素碳含量又与大气颗粒物的组成特征与来源紧密相关。所以，本文还考察了大气颗粒物中有机质含量（f_{OM}）与元素碳含量（f_{EC}）的变化对颗粒相中 PCBs 含量 φ 变化的敏感度。一般来说，大气颗粒物中 f_{OM} 值的变化范围在 0.10~0.30，f_{EC} 值的变化范围在 0.02~0.05，所以，本文计算了不同 f_{OM} 和 f_{EC} 值条件下的 $\varphi_{meas}/\varphi_{pred}$ 值，来考察 f_{OM} 和 f_{EC} 的变化对 $\varphi_{meas}/\varphi_{pred}$ 值的影响。相关计算数据列于表 5-31。

表 5-31　不同 f_{OM} 和 f_{EC} 值下 $\varphi_{meas}/\varphi_{pred}$ 的变化

PCBs	$f_{EC} = 0.02$ $f_{OM} = 0.10$	$f_{EC} = 0.05$ $f_{OM} = 0.10$	$f_{EC} = 0.02$ $f_{OM} = 0.30$	$f_{EC} = 0.05$ $f_{OM} = 0.30$
CB-8	125.0	56.3	91.2	48.2
CB-28	50.0	23.0	35.1	19.3
CB-44	34.1	16.2	22.8	13.1
CB-52	18.1	8.8	11.7	6.9
CB-66	19.3	9.2	12.9	7.5
CB-77	8.0	3.9	5.7	3.3
CB-81	4.1	2.0	3.0	1.7
CB-87	18.1	9.3	11.3	7.1
CB-101	8.8	4.5	5.5	3.5
CB-105	6.0	3.2	4.1	2.6
CB-110	7.3	3.7	4.6	2.9
CB-114	2.1	1.1	1.5	1.0
CB-118	3.0	1.6	2.1	1.4
CB-123	3.7	2.0	2.5	1.6
CB-126	2.0	1.2	1.5	1.1
CB-128	3.7	2.1	2.4	1.7
CB-138	1.6	1.0	1.1	0.8
CB-153	2.4	1.4	1.6	1.2
CB-155	31.9	17.6	17.4	12.0
CB-169	0.8	0.7	0.7	0.6
CB-170	0.7	0.5	0.5	0.4
CB-180	1.0	0.8	0.8	0.7
CB-187	1.8	1.1	1.1	0.9
CB-189	0.7	0.6	0.6	0.6
CB-194	0.6	0.6	0.5	0.5
CB-195	0.8	0.7	0.6	0.6
CB-200	1.4	1.0	0.9	0.8
CB-205	0.8	0.7	0.7	0.7

由表 5-31 的计算结果可以看出，对低氯取代的 PCBs 来说，当 f_{OM} 在 0.10~0.30 变化时，$\varphi_{meas}/\varphi_{pred}$ 的值变化不显著，然而，f_{EC} 在 0.02~0.05 变化时，$\varphi_{meas}/\varphi_{pred}$ 的值受影响较为显著。而对高氯取代的 PCBs，如 CB-169、CB-189 和 CB-205，不管 f_{OM} 和 f_{EC} 值如何变化，$\varphi_{meas}/\varphi_{pred}$ 的值变化则不明显。比较的结果说明，对低氯取代的 PCBs，其在元素碳上的吸附过程比在大气颗粒物有机质上的吸收过程更加敏感。尽管大气颗粒物上的元素碳含量要明显比有机质含量低，敏感分析的结果仍表明，PCBs 在元素碳上的吸附更为重要，也就是说，相对于大气颗粒物有机质的吸收过程，PCBs 更倾向于在大气颗粒物中的元素碳上发生吸附过程，由此可以得出一个结论，大气颗粒物中飞灰物质（soot）的吸附效应是影响 PCBs 气固分配行为的一个重要机制，特别是对低氯取代的 PCBs 影响更加显著。

5.3 北极海域海洋化学与碳通量考察的主要成果（亮点）总结

5.3.1 北极快速变化对北冰洋碳汇机制和过程的影响

"十二五"期间通过极地专项海洋化学与碳通量的考察，在北极快速变化对北冰洋碳汇机制和过程的影响以及海洋环境变化驱动浮游植物的演替和碳循环机制的改变等方面取得了一定的认识和进展。北冰洋是全球海洋碳循环研究的关键地区之一，其独特的地理位置决定了它是开展海陆统筹研究碳汇一个绝佳的场所：地形相对封闭，边缘有着世界上最大的陆架区，外围有广袤的陆地冻土层和大河输入。近年来，由于全球变暖，海冰消退，北极快速变化所引起的一系列大气、冰雪、海洋、陆地和生物等多圈层相互作用过程的改变，已经对北极地区碳的源、汇效应产生了深刻影响。这种变化不仅体现在由于陆地冻土圈变化所引起的甲烷和二氧化碳释放上，而且，随之而来的海水层化、混合和环流变化，陆源有机碳和营养物质入海通量的增加，改变了海洋二氧化碳"物理泵"、"生物泵"和"微型生物碳泵"作用的强度、方式以及海洋原有的海洋碳储库构成，也很可能会对全球海陆碳源汇格局产生重要影响。另外，夏季北白令海陆架区存在着周期性次表层冷水团，形成了独特的理化环境及生态系统结构和功能。全球变化下白令海地区冰覆盖率降低及融冰提前，导致了冷水团分布范围的异常收缩，这种变化驱动着亚北极海域海洋生态群落的演替和碳循环机制的改变。研究调查表明在次表层冷水团中硅藻对总叶绿素 a 的相对贡献率基本达到 90% 以上，硅藻的优势地位十分明显，在贫营养的上层水体，金藻的相对贡献率有所升高。冷水团的存在有利于硅藻生物量的积累，从而提升了陆架区有机碳的垂直输出，支撑了较高的底栖生物量。次表层冷水团及海洋生态功能群的年际变化表明冷水团的收缩会影响浮游植物的勃发乃至降低底栖生物量，甚至生态系统可能由底栖群落为主演替为浮游群落为主。

5.3.2 北冰洋海气 CO_2 通量及碳循环研究

根据所获得的数据，我们发现：随着全球变化的进一步加剧，极区海冰快速消融和退缩有两个后果，其一，融冰水对表层海水发生显著的稀释作用。其二，原先覆盖在海冰之下的海水直接与大气发生接触，促进了海气之间的物质能量交换。两个过程均将对全球变化过程产生深远的影响。首先，对于如温室气体的气候敏感物种而言，融冰过程极大地改变了这些温室气体的循环模式。融冰水稀释了表层海水的后果是表层海水的溶解态气体浓度快速降低，使其形成温室气体 CO_2、N_2O 和 CH_4 的暂时性汇区；尽管相关课题组前期发表在《Science》上的研究认为由此形成的 CO_2 汇强可能十分有限，然而近期的结果也显示上述研究结果仍有值得探讨的空间。表层海水快速稀释的另一个结果是 pH 值的波动。众所周知，海洋酸化是当今海洋研究领域中的一个重要内容。尽管表层海水 pH 值的波动仍然是短期行为，且具有季节性。然而，根据当前海冰融化和表层海水可能的增温趋势，海冰融化退缩及其对海洋酸化的影响确实是一个需要密切关注的问题。中国第五次北极、第六次北极科学考察与早期其他国家的研究结果显示，表层海水的变化已经直接导致太平洋冬季水中碳酸盐体系参数的十年代际变化，并且也在温室气体等参数中观测到类似的现象。

关于温室气体的研究工作中另一个十分值得关注的问题是温室气体甲烷研究中观测到的现象。北极区域被认为是全球海洋温室气体甲烷的最重要的来源区域之一。利用专项调查的机会，我们发现了北冰洋及其邻近区域存在高浓度甲烷释放通量的现象。在北极楚科奇陆架区域，调查发现陆架上覆水体中存在有 CH_4 的高值区，饱和度高达 1000% 以上，之前多数相关研究主要关注西伯利亚海陆架上的甲烷高通量。该研究为完善北冰洋对全球海洋甲烷海气通量收支贡献具有极为重要的意义。值得注意的是，与此相对应可以观察到相对应地区的高 DIC、N_2O 含量，说明北冰洋陆架是北冰洋温室气体重要的源区。相关研究的开展和深入对于了解极区与全球变化之间的关系有十分重大的意义。

5.3.3 白令海峡淡水构成及其加剧北冰洋海冰融化的作用

在白令海峡附近海域，阿拉斯加沿岸水影响区河水组分的份额约为阿纳德尔水和白令陆架水的 2 倍，并呈现出 2010 年大于 2012 年，2012 年大于 2003 年，2003 年大于 2008 年的时间变化规律，受控于育空河入海径流量的时间变化。白令陆架水和阿拉斯加沿岸水影响区的海冰融化水份额较为接近，均比阿纳德尔水影响区的海冰融化水份额高约 45%。海冰融化水的年际变化表现出 2003 年大于 2008 年，2008 年约等于 2012 年，2012 年大于 2010 年的规律，受控于白令海海冰的年际变动。通过白令海峡的淡水平均由 46% 的河水和 54% 的海冰融化水构成，且阿纳德尔水、白令陆架水和阿拉斯加沿岸水影响区河水组分与海冰融化水组分的比值自 2003—2012 年间呈增加趋势，证明太平洋入流中淡水构成的变化对北冰洋海冰的融化也起着一定的作用。

5.3.4 加拿大海盆河水组分和海冰融化水组分近 40 年的变化规律

北冰洋淡水收支的变化通过影响海—冰—气的热交换和北大西洋深层水的形成对全球气候产生重要影响，目前对于北冰洋河水和海冰融化水组分历史变化的了解仍十分匮乏。通过收集国内外加拿大海盆海水 18O 的 781 份数据，借助大西洋水—河水—海冰融化水三端元混合的同位素解构技术，揭示了加拿大海盆 1967—2010 年间河水、海冰融化水的变化趋势及其调控因素，发现加拿大海盆河水组分在 1967—1969 年、1978—1979 年、1984—1985 年、1993—1994 年、2008—2010 年间呈高值分布，说明加拿大海盆河水组分的更新时间为 5～16 a，其时间变化规律与北极涛动（AO）指数的变化密切相关。

5.3.5 西北冰洋边界清除作用的重要性

西北冰洋楚科奇海呈现^{234}Th/^{238}U 和^{210}Po/^{210}Pb 不平衡程度高、^{234}Th 和^{210}Pb 停留时间短等特点，表明楚科奇陆架海域具有强烈的颗粒清除迁出作用，它是北冰洋颗粒活性元素或污染物的汇聚地之一。陆架区强烈的清除迁出作用信号可通过陆架—海盆的相互作用输入海盆区，由此影响海盆区元素的分布模式。基于水体中^{210}Pb 的质量平衡关系，可计算出楚科奇海的^{210}Pb 有63%~94%来自水平输送的贡献，证明边界清除作用在调控西北冰洋物质和元素的空间分布及收支平衡上起着重要作用。

5.3.6 白令海中心海盆深层水异常强烈的颗粒动力学作用

白令海是太平洋最北的边缘海，白令海中心海盆的深层水是全球海洋年龄最老的水体。此前的研究显示，白令海中心海盆上层水体呈现高营养盐、低叶绿素（HNLC）、低颗粒沉降通量的特征，令人惊异的是，白令海中心海盆海底沉积物的沉积速率却比北太平洋高约 1 个数量级。为了阐明白令海中心海盆表—底层颗粒动力学解耦现象的产生机制，本文利用海水中^{210}Po/^{210}Pb 不平衡揭示了白令海中心海盆整个水柱的颗粒动力学过程，发现 1000 m 以深水体^{210}Po 活度浓度（TPo）明显低于^{210}Pb（TPb），说明深层水存在强烈的颗粒清除迁出作用，导致^{210}Po 相对于母体^{210}Pb 呈亏损状态，这种现象在全球深海水体亦极其独特。通过^{210}Pb 和 POC 质量平衡关系，提出陆架—海盆相互作用是导致白令海中心海盆深层水具有活跃颗粒动力学过程的主要原因。

5.3.7 北冰洋太平洋扇区二甲基硫化物含量及分布的年际变化

国内范围内首次开展了北冰洋太平洋扇区海水二甲基硫化物分布及其生物周转、海—气通量的研究，首次分析探讨了北冰洋太平洋扇区二甲基硫化物含量及分布的年际变化，发现了在全球气候变暖背景下北冰洋太平洋扇区二甲基硫化物含量升高的事实。与 2012 年相比，2014 年二甲基硫化物在北冰洋太平洋扇区对气候变暖做出了生态响应。白令海水温的升高使得 DMS/DMSP 含量成倍数变化，DMS 海—气通量更是升高了 4 倍；楚科奇海 DMS 高值区范围扩大并且浓度在升高，其含量水平升高了 3 倍，DMS 海—气通量较 2012 年升高了 7 倍。这些变化可能会导致北极地区区域性气候发生快速改变。

第6章 北极海域海洋化学与碳通量考察的主要经验与建议

6.1 北极海域海洋化学与碳通量考察取得的重要成果

（1）初步解释了加拿大海盆营养盐极大现象的形成机制。通过历史资料和1999年以来的多次观察资料，初步解释了加拿大海盆营养盐极大现象的形成机制。对于营养盐极大现象，很多学者一直沿用楚科奇海冬季陆架水直接输入假设来解释。自1999年在中国首次北极航次中观测到奇特的极大现象后，依据Redfield公式及其营养元素动力学，结合温度、盐度以及密度的数据，我们提出了营养盐极大源是悬浮POM在海盆内长期再矿化的假设。另外我们还发现近20年来西北冰洋贫营养化趋势。北冰洋的硝酸盐分布的年际变化特征显示随着海冰快速融化，北冰洋经历硝酸盐降低的过程，并且由于较弱的固氮生物活动使得该海域受到了N不足的限制而使得海域贫营养化。若加拿大海盆增加硝酸盐和硅酸盐的含量将改变其原本以微型、微微型浮游植物为主的粒级结构，硅藻等小型浮游植物比重将会增加。根据浮游植物种群鉴定结果和营养盐吸收情况可得到以下推论：第一，若加拿大海盆补充硝酸盐将会刺激浮游植物的生长，但是并不会改变其原本以微型、微微型浮游植物为主的粒级结构特征。第二，若同时补充磷酸盐则会进一步刺激生物量的增加，然而同样不能改变其原有的粒级结构。第三，若同时补充N和Si将会刺激硅质浮游植物的生长，促使加拿大海盆区小型浮游植物比重逐渐增加。

（2）利用海水^{18}O、^{2}H、^{226}Ra、^{228}Ra等同位素较为全面地获得了白令海、楚科奇海和加拿大海盆淡水构成的空间变化图像，描绘出近30年来加拿大海盆河水组分和海冰融化水组分的时间变化规律，揭示出近10年来白令海峡太平洋入流淡水构成的变化及其热量输送对北冰洋海冰融化的潜在作用，深入认识了北冰洋淡水收支的变化及其在全球深海环流和气候变化中所起的作用。以颗粒动力学过程为核心，深入研究了颗粒物输运对北冰洋碳氮生物地球化学及物质分配的影响，发现白令海中心海盆中深层水存在强烈的颗粒清除迁出作用，而边界清除则在调控北冰洋物质和元素的时空变化及收支平衡上起着重要作用。

（3）较为系统化地获得大量宝贵的温室气体与碳通量现场考察数据和资料。相对较为成熟的碳酸盐系统研究方面，通过考察获取了包括近4万组（14M）表层海水底层大气海气CO_2走航观测数据；碳酸盐系统参数样品2 000余份；近两年发展出来的温室气体N_2O、CH_4相关研究工作中获取样品共计约1 000份以及大量的气溶胶样品。上述数据将为我们了解北冰洋对全球变化的响应与反馈研究提供极为重要的数据基础。此外，通过专项考察，我们还对北冰洋的深层水体进行了调查。结果显示，快速变化的北冰洋表层和上层水体所覆盖的北冰洋中深层水体相对惰性和古老，其蕴藏着十分重要的工业革命前的温室气体历史信息。以加拿大海盆为例，加拿大海盆底部 2 000 m 以深的水体显示出工业革命前的历史特征。有较低的温室气体含量。由此可见，北冰洋作为一个体系，浓缩并蕴含了现在和过去的历史信息，是了解全球变化过去，现在和未来的一个十分重要的窗口。

（4）通过中国第五次和第六次北极科学考察获取的数据分析结果能够明确认知北冰洋及其邻近海域海水 CFCs、DOC、DMS、总磷以及总氮的水平和垂直分布情况、大气氮氧化物（NO、NO_2）浓度走航变化和表层沉积物重金属（钡、锰、铀）的水平分布情况，国内范围内首次研究了北极快速融冰过程中北冰洋对全球 DMS 生物地球化学循环的调控机制，将为我国深入开展极地海域海水化学、大气化学以及沉积物化学等方面的生物地球化学研究提供有力的科学依据，对于丰富深化认识海洋生态和生物地球化学过程具有重要作用。

（5）北极大气中典型 POPs 的浓度与纬度呈显著负相关关系，验证了 POPs 在极地环境中的"蚱蜢跳"效应。在极地低温环境下，大气颗粒物中飞灰物质的存在对挥发性较强的 POPs 的气固分配影响显著。极地海洋环境中的 POPs 主要来源于大气沉降过程。

（6）以"雪龙"号考察船为监测平台，在中国第五次和第六次北极科学考察期间，采用 TEKRAN 2537 大气汞在线监测仪高分辨率在线获取气态总汞（TGM）的浓度数据约 20 000 组，讨论海洋边界层大气汞的时空分布特征、来源以及环境地球化学过程；利用大流量总悬浮颗粒物采样器采集气溶胶总悬浮颗粒物样品 200 余份，冷藏保存带回实验室进行化学分析；采用真空气罐采集大气样品 140 余份，测试挥发性有机气体，如卤代烃等；使用分级空气微生物采样器采集样品并计数 29 组。关于北极航线上二次有机气溶胶的浓度分布特征和来源分析的文章发表在"Scientific Reports 3：2280"；有关生物质燃烧气溶胶在北半球的分布及特点的文章发表在"Scientific Reports 3：3119"；北极考察航线北冰洋气态汞的浓度分布特征及影响因素的分析文章发表在"Scientific Reports，2014，4：6091"；关于北冰洋甲烷平均排放通量的研究文章发表在"Atmospheric Environment，2013，67，8-13"；北极海洋边界层真菌气溶胶的浓度和粒径分布的文章发表在"Atmosphere，2013，4，337-348"。

6.2　北极海域海洋化学与碳通量对专项的作用

有关海洋碳酸盐系统和海洋温室气体是极地海洋调查专项中重要的内容。为了解极区海洋对全球变化影响的响应和反馈提供全面的基线调查数据，勾勒出极区海洋与全球变化关系的图画，为我们认识北极区域变化，以致全球变化奠定了最为重要的基础，也是为北极专项调查的进一步深入工作提供了重要的前期预备。

通过北极营养盐等要素的考察和历史资料的比较，得出由于上层生物泵的高度运转，北极海洋正在经历贫营养化过程，通过培养实验发现，北冰洋贫营养主要以氮限制为特征。南北极是地球系统的重要组成部分，是地球上的气候敏感地区和生态脆弱带。全球变化所导致的一系列大气、海洋、陆地、冰雪和生物等多圈层相互作用过程，不仅对包括我国在内的中高纬度国家的气候产生了显著影响，而且通过改变了海洋二氧化碳"物理泵"、"生物泵"作用的强度、方式以及海洋原有的海洋碳储库构成，对极地碳源汇格局、海洋酸化及其生态效应产生了深刻影响。如何在碳减排、海洋酸化等方面提出我们的反制措施，是一项迫切需要加大投入的工作。

通过对海水氟利昂、DMS、DOC、总氮、总磷以及二甲基硫化物等多参数综合调查,查明北冰洋典型海域海水海洋生源活性气体氟利昂、DMS的基本分布特征,获取北冰洋海域水体基础资料和图件,进一步深化对海水DOC、总氮和总磷时空分布、变化规律、形成机制、制约因素等的认识,有助于深入了解极地海域对全球气候变化的贡献及影响机制,弥补我国极地考察专项研究中的空白。

通过对考察结果的分析,发现大气传输是POPs进入极地环境的主要途径之一,并经过"蚱蜢跳效应"使得POPs最终沉积在高纬度地区,证明北极海洋环境是POPs全球循环最重要的一环,即成为POPs最终的"汇"。

在第五次和第六次北极科学考察中,获得了大气汞在线监测的数据和大量气溶胶及大气样品。通过数据整理分析、实验测试探讨在全球变化背景下,极地海洋边界层气溶胶特别是生物成因气溶胶的种类、成分、时间和空间分布特征,希望准确理解决定极区生物成因气溶胶来源、分布及转化的大气环境化学过程,为正确评估海洋和极地气溶胶对全球变化的响应和反馈提供科学依据。

6.3　北极海域海洋化学与碳通量考察的主要成功经验

(1)外业考察主要成功经验在于来自各单位考察队员的相互配合、团结协作和充分沟通,一方面提高了工作效率,另一方面可加强对特点海域/站点科学问题的多学科集成研究。

(2)数据的数量与质量是确保获得高水平成果的保障,一方面,外业要确保获得覆盖面宽、时间分辨率高的样品;另一方面,内业分析需要确保所测定每个参数、每份样品的数据质量。

(3)考察前针对科学问题制定好采样计划和方案,考察中获得的数据需要及时整理和分析,不要拖拉。获得的样品也须及时进行相关需要的分析。

(4)基于过去十几年极地考察的经验,对碳酸盐系统研究进一步深化,形成更加成熟的研究体系。同时,研究领域进一步拓宽,囊括了当今最被关注的其他两种温室气体,同时保持已有的气溶胶研究优势,形成了独具特色的研究领域。在保持传统研究手段的基础上,注重开发和更新研究手段,各种高端的走航观测陆续投入使用,也成为将来研究发展的重要支柱。相信在接下来的研究工作中将大放异彩。

(5)注意加强国际联系,大力开展国际合作,保持和国际接轨,学习先进的研究理念,通过国际合作扩大视野并转换研究视角,促进学科的交叉融合,相信在将来的研究调查工作中将有更多突破性的产出。

6.4　考察中存在的主要问题及原因分析

(1)考察中所获取数据的共享程度仍需加强。

(2)获得的样品有些测试项目的测试周期较长,没法及时对数据和结果进行分析讨论。

(3)由于研究强调新手段的运用,部分研究内容受到新型仪器稳定性的影响。另外,现场调查存在的不确定因素也制约研究的顺利开展。

6.5　对未来北极海域海洋化学与碳通量科学考察的建议

在"十二五"执行北极海域海洋化学与碳通量考察期间，成功应用了一些新的观测和分析手段，如利用新型水化学要素及同位素示踪水团和海洋过程；使用在线硝酸盐仪观测水体高分辨率的硝酸盐剖面；走航 MIMS 系统分析海表的氧氩比测算净群落生产力等；系统地调查了海水化学要素（营养盐、溶解氧、pH 值、DIC、温室气体等）以及相关的大气化学、沉积化学及海冰化学要素的时空分布特征；在科学调查的基础上，凝练了重大前沿科学问题，如生源要素循环对北极快速变化的响应、北冰洋的海水酸化及人类活动加剧下北冰洋的污染状况等。

尽管在"十二五"期间，我国在北极海域海洋化学与碳通量调查研究发现了一些独特的现象且在热点科学问题研究有一定的突破，但总体上调查海域仍然比较受限，重点海域不突出，尤其是北冰洋中心区的调查研究较为薄弱；另外受条件限制航次调查频率仍不够，数据积累方面仍然与发达国家存在较大的差距；最后由于学科之间关注的调查区域和科研问题不一致，往往使调查不深入，效率不高。

以往海洋化学调查主要是常规调查为主，工作量大，人员投入多，经费投入较少（与其他学科相比）。几年来，国际上在海洋化学生态领域已广泛采用自动、连续观测技术，一些新型物理和生物地球化学示踪剂也得到了很好的应用。另外，极地有其特殊性，很多技术需要在科学问题的引领下单独研发，因此研发需要比以前更大的经费投入。另外，目前的专项调查仍具有业务调查的特性。这限于前期的投入及相应的积累。通过对极区调查，基础数据的积累之后，需要在此基础上推进研究进入国际前沿领域，设立全球变化的专项研究工作，以达到为国计民生服务的目的。然而，目前的研究任务仍然受限于现场调查航次有限、研究区域代表性不足、科学问题不够集中等因素。建议将来的调查工作可以形成具有针对性的调查航次，实行分段调查模式，即根据不同课题组关注的科学问题进行分段调查，优化资源配置，使研究的区域和科学问题更加细化并更有具有针对性，以达到深入了解和认识极区海洋与全球变化过程关系的目的。为了解北极的综合过程，在航次上需要设专门的海冰—物理海洋—生态环境综合航次加以保障。

北极海域海洋化学与碳通量考察

参考文献

陈立奇, 高众勇, 杨绪林等. 2004. 北极地区碳循环研究意义和展望. 极地研究, 16(3): 171-180.

陈敏, 郭劳动. 2002. 北冰洋: 生物生产力的"沙漠"[J]. 科学通报, 47(9): 707-710.

陈敏, 黄奕普, 邱雨生. 2008. 白令海盆氮吸收速率的同位素示踪[J]. 自然科学进展, 17(12): 1672-84.

陈敏, 金明明. 2003. 加拿大海盆上, 下跃层水形成机制的同位素示踪[J]. 中国科学: D辑 33(2): 127-38.

高郭平, 赵进平, 董兆乾, 等. 2004. 白令海峡海域夏季温, 盐分布及变化. 极地研究, 16(3): 229-239.

高生泉, 陈建芳, 李宏亮, 等. 2011. 2008年夏季白令海营养盐的分布及其结构状况. 海洋学报, 33(2): 157-165.

高众勇, 陈立奇, 王伟强. 2002. 南北极海区碳循环与全球变化研究[J]. 地学前缘, 9(2).

高众勇, 陈立奇. 2007. 全球变化中的北极碳汇: 现状与未来[J]. 地球科学进展, 22(8): 857-865.

国家海洋局908专项办公室. 2006. 沉积物中^{58}Co、^{60}Co、^{137}Cs、^{226}Ra、^{232}Th、^{40}K、^{110m}Ag γ能谱分析//海洋化学调查技术规程, 海洋出版社, 283-286.

国家海洋局908专项办公室. 2006. 海洋化学调查技术规程, 海洋出版社.

刘广山, 黄奕普. 1998. 沉积物中^{238}U等9种放射性核素γ谱法同时测定[J]. 台湾海峡, 17(4): 359-63.

谢永臻, 黄奕普, 施文远, 等. 1994. 天然水体中226Ra, 228Ra的联合富集与测定[J]. 厦门大学学报: 自然科学版, 33(1): 86-90.

邢娜, 陈敏, 黄奕普, 等. 2011. 白令海表层营养盐水平输送的228Ra示踪. 海洋学报, 33(2): 77-84.

杨伟锋, 陈敏, 刘广山, 等. 2002. 楚克奇海陆架区沉积物中核素的分布及其对沉积环境的示踪[J]. 自然科学进展, 12(5): 515-518.

杨伟锋, 黄奕普, 陈敏, 等. 2006. 南沙海域表层水中^{210}Po/^{210}Pb不平衡及其海洋学意义[J]. 中国科学 地球科学(中文版), 36(1): 81-9.

中华人民共和国国家标准, 海水中16种多环芳烃的测定——气相色谱—质谱法, GB/T 26411-2010.

中华人民共和国国家标准, 水中钋-210的分析方法——电镀制样法, GB 12376-90.

庄燕培, 金海燕, 陈建芳, 等. 2012. 北冰洋中心区表层海水营养盐及浮游植物群落对快速融冰的响应[J]. 极地研究, 24(2): 151-158.

Aagaard K, Carmack E C. 1989. The role of sea ice and other fresh water in the Arctic circulation [J]. Journal of Geophysical Research: Oceans (1978-2012), 94(C10): 14485-98.

Anderson L G, Kaltin S. 2001. Carbon fluxes in the Arctic Ocean-potential impact by climate change [J]. Polar Research, 20(2): 225-232.

Bacon M P, Spencer D W, Brewer P G. 1976. 210Pb/226Ra and 210Po/210Pb disequilibria in seawater and suspended particulate matter. Earth and Planetary Science Letters, 32: 277-296.

Bange H W. 2006. Nitrous oxide and methane in European coastal waters[J]. Estuarine, Coastal and Shelf Science, 70(3): 361-374.

Barnard W R, Andreae M O, Iverson R L. 1984. Dimethylsulfide and Phaeocystis poucheti in the southeastern Bering Sea [J]. Continental Shelf Research, 3(2): 103-113.

Bauch D, Schlosser P, Fairbanks R G. 1995. Freshwater balance and the sources of deep and bottom waters in the Arctic Ocean inferred from the distribution of H 2 18 O [J]. Prog Oceanogr, 35(1): 53-80.

Belicka L L, Macdonald R W , Harvey H R. 2002. Sources and transport of organic carbon to shelf, slope, and basin surface sediments of the Arctic Ocean. Deep – Sea Research, Part 1, Oceanography Research Paper, 49: 1463–1483.

Brabets T P, WalWoord M A. 2009. Trends in streamflow in the Yukon River Basin from 1944 to 2005 and the influence of the Pacific Decadal Oscillation [J]. Journal of Hydrology, 371(1): 108–19.

Bullister J L, Weiss R F. 1988. Determination of CCl_3F and CCl_2F_2 in seawater and air. Deep Sea Research Part A. Oceanographic Research Papers, 35(5): 839–853.

Bullister J, Weiss R. 1988. Determination of CCl 3 F and CCl 2 F 2 in seawater and air [J]. Deep Sea Research Part A Oceanographic Research Papers, 35(5): 839–53.

Bulsiewicz K, Rose H, Klatt O, et al. 1998. A capillary–column chromatographic system for efficient chlorofluorocarbon measurement in ocean waters. Journal of Geophysical Research: Oceans (1978 – 2012), 103 (C8): 15959–15970.

Bulsiewicz K, Rose H, Klatt O, et al. 1998. A capillary - column chromatographic system for efficient chlorofluorocarbon measurement in ocean waters [J]. Journal of Geophysical Research: Oceans (1978–2012), 103(C8): 59–70.

Chan P, Halfar J, Williams B, et al. 2011. Freshening of the Alaska Coastal Current recorded by coralline algal Ba/ Ca ratios [J]. Journal of Geophysical Research: Biogeosciences (2005–2012), 116(G1):

Chen M, Ma Q, Guo L D, et al. 2012. Importance of lateral transport processes to 210Pb budget in the eastern Chukchi Sea during summer 2003. Deep–Sea Research II, 81–84: 53–62.

Chierici M, Drange H, Anderson L G, et al. 1999. Inorganic carbon fluxes through the boundaries of the Greenland Sea Basin based on in situ observations and water transport estimates [J]. Journal of marine systems, 22(4): 295–309.

Codispoti L A. 2010. Interesting times for marine N_2O [J]. Science, 327(5971): 1339–1340.

Cooper L W, Whitledge T E, Grebmeier J M, et al. 1997. The nutrient, salinity, and stable oxygen isotope composition of Bering and Chukchi Seas waters in and near the Bering Strait [J]. Journal of Geophysical Research: Oceans (1978–2012), 102(C6): 12563–73.

Cota G F, Pomeroy L R, Harrison W G, et al. 1996. Nutrients, primary production and microbial heterotrophy in the southeastern Chukchi Sea: Arctic summer nutrient depletion and heterotrophy. Marine ecology progress series. Oldendorf, 135(1): 247–258.

Cranston R E. 1997. Organic carbon burial rates across the Arctic Ocean from the 1994 Arctic Ocean Section expedition [J]. Deep Sea Research Part II: Topical Studies in Oceanography, 44(8): 1705–1723.

Danielson S, Aagaard K, Weingartner T, et al. 2006. The St. Lawrence polynya and the Bering shelf circulation: New observations and a model comparison [J]. Journal of Geophysical Research: Oceans (1978–2012), 111(C9):

Darby D A, Naidu A S, Mowatt T C, et al. 1989. Sediment composition and sedimentary processes in the Arctic Ocean[M]//The Arctic Seas. Springer US: 657–720.

D. T. 中华人民共和国地质矿产行业标准 [S] [D], 2006.

Ekwurzel B, Schlosser P, Mortlock R, et al. 2001. River runoff, sea ice meltwater, and Pacific water distribution and mean residence times in the Arctic Ocean. Journal of Geophysical Research–Oceans, 106: 9075–9092.

Finnigan MAT application flash report No. 15, $^{15}N/^{14}N$ and $^{13}C/^{12}C$ by EA–IRMS: forensic studies using the ConFlo II interface. 1995.

Fransson A, Chierici M, Anderson L G, et al. 2001. The importance of shelf processes for the modification of chemical constituents in the waters of the Eurasian Arctic Ocean: implication for carbon fluxes [J]. Continental Shelf Research, 21(3): 225–242.

Ge S, Yang D, Kane D L. 2013. Yukon River Basin long - term (1977−2006) hydrologic and climatic analysis [J]. Hydrological Processes, 27(17): 2475−84.

Gordon D C, Cranford P J. 1985. Detailed distribution of dissolved and particulate organic matter in the Arctic Ocean and comparison with other oceanic regions[J]. Deep Sea Research Part A. Oceanographic Research Papers, 32 (10): 1221−1232.

Goñi M A, Yunker M B, Macdonald R W, et al. 2000. Distribution and sources of organic biomarkers in arctic sediments from Mackenzie River and Beaufort shelf. Marine Chemistry, 71: 23−51.

Guay C, McLaughlin F, Yamamoto-Kawai M. 2009. Differentiating fluvial components of upper Canada Basin waters on the basis of measurements of dissolved barium combined with other physical and chemical tracers. Journal of Geophysical Research-Oceans, 114: doi: 10. 1029/2008jc005099.

Hahn J. 1974. The North Atlantic Ocean as a source of atmospheric N_2O[J]. Tellus A, 26(1−2).

Hirota A, Ijiri A, Komatsu D D, et al. 2009. Enrichment of nitrous oxide in the water columns in the area of the Bering and Chukchi Seas[J]. Marine Chemistry, 116(1): 47−53.

Holmes R M, Mcclelland J W, Peterson B J, et al. 2012. Seasonal and annual fluxes of nutrients and organic matter from large rivers to the Arctic Ocean and surrounding seas [J]. Estuaries and Coasts, 35(2): 369−82.

Honjo S. 1990. Particle fluxes and modern sedimentation in the polar oceans[J]. Polar oceanography, 2: 687−739.

Hu W J, Chen M, Yang W F, et al. 2014. Enhanced particle scavenging in deep water of the Aleutian Basin revealed by 210Po−210Pb disequilibria. Journal of Geophysical Research-Oceans, 119(6): 3235−3248.

Hu W J, Chen M, Yang W F, et al. 2014. Low 210Pb in the upper thermocline in the Canadian Basin: scavenge process over the Chukchi Sea. Acta Oceanologica Sinica, 33(6): 28−39.

Jiao N, Herndl G J, Hansell D A, et al. 2010. Microbial production of recalcitrant dissolved organic matter: long-term carbon storage in the global ocean[J]. Nature Reviews Microbiology, 8(8): 593−599.

Jiao N, Herndl G J, Hansell D A, et al. 2011. The microbial carbon pump and the oceanic recalcitrant dissolved organic matter pool[J]. Nature Reviews Microbiology, 9(7): 555−555.

Kaltin S, Anderson L G, Olsson K, et al. 2002. Uptake of atmospheric carbon dioxide in the Barents Sea[J]. Journal of Marine Systems, 38(1): 31−45.

Kiene R P, Service S K. 1993. The influence of glycine betaine on dimethyl sulfide and dimethylsulfoniopropionate concentrations in seawater. In: Oremland R S, ed. The biogeochemistry of global change: radiatively important trace gases. New York: Chapman and Hall, 654~671.

Kitidis V, Upstill-Goddard R C, Anderson L G. 2010. Methane and nitrous oxide in surface water along the North-West Passage, Arctic Ocean[J]. Marine Chemistry, 121(1): 80−86.

Lepore K, Moran S B, Smith J N. 2009. 210Pb as a tracer of shelf-basin transport and sediment focusing in the Chukchi Sea. Deep-Sea Research II, 56: 1305−1315.

Levitan M, Lavrushin Y, Levitan M, et al. 2009. The western Arctic Seas sedimentation history in the Arctic Ocean and subarctic seas for the last 130 kyr. Berlin Heidelberg: Springer. 177−288.

Lobbes J M, Fitznar H P, Kattner G. 2000. Biogeochemical characteristics of dissolved and particulate organic matter in Russian rivers entering the Arctic Ocean[J]. Geochimica et Cosmochimica Acta, 64(17): 2973−2983.

Lomas M W, Glibert P M. 1999. Temperature regulation of nitrate uptake: A novel hypothesis about nitrate uptake and reduction in cool - water diatoms [J]. Limnology and Oceanography, 44(3): 556−572.

Lundberg L, Haugan P M. 1996. A Nordic Seas-Arctic Ocean carbon budget from volume flows and inorganic carbon data[J]. Global Biogeochemical Cycles, 10(3): 493−510.

Macdonald R W, Solomon S M, Cranston R E, et al. 1998. A sediment and organic carbon budget for the Canadian

Beaufort Shelf. Marine Geology, 144: 255-273.

Macdonald R, McLaughlin F, Carmack E. 2002. Fresh water and its sources during the SHEBA drift in the Canada Basin of the Arctic Ocean. Deep-Sea Research I, 49: 1769-1785.

Masque P, Sanchez-Cabeza J A, Bruach J M, et al. 2002. Balance and residence times of 210Pb and 210Po in surface waters of the northwestern Mediterranean Sea. Continental Shelf Research, 22: 2127-2146.

Mathis J, Pickart R, Hansell D, et al. 2007. Eddy transport of organic carbon and nutrients from the Chukchi Shelf: impact on the upper halocline of the western Arctic Ocean. Journal of Geophysical Research-Oceans, 112: doi: 10. 1029/2006jc003899.

Mocdonald M, Moore S. 2002. Calls recorded from North Pacific right whales (Eubalaena japonica) in the eastern Bering Sea [J]. Journal of Cetacean Research and Management, 4(3): 261-6.

Morison J, Kwok R, Peralta-Ferriz C, et al. 2012. Changing Arctic Ocean freshwater pathways. Nature, 481: 66-70.

Mortlock R A, Froelich P N. 1989. A simple method for the rapid determination of biogenic opal in pelagic marine sediments [J]. Deep Sea Research Part A Oceanographic Research Papers, 36(9): 1415-26.

Murray J W, Paul B, Dunne J P, et al. 2005. 234Th, 210Pb, 210Po and stable Pb in the central equatorial Pacific: Tracers for particle cycling. Deep-Sea Research I, 52: 2109-2139.

Naidu A S, Cooper L W, Finney B P, et al. 2000. Organic carbon isotope ratios (未 13C) of Arctic Amerasian continental shelf sediments[J]. International Journal of Earth Sciences, 89(3): 522-532.

Nevison C D, Weiss R F, Erickson D J. 1995. Global oceanic emissions of nitrous oxide[J]. Journal of Geophysical Research: Oceans (1978-2012), 100(C8): 15809-15820.

Nozaki Y, Zhang J, Takeda A. 1997. Pb-210 and Po-210 in the equatorial Pacific and the Bering Sea: the effects of biological productivity and boundary scavenging. Deep-Sea Research Part II, 44 (9-10): 2203-2220.

Nørgaard-Pedersen N, Spielhagen R F, Thiede J, et al. 1998. Central Arctic surface ocean environment during the past 80,000 years. Paleoceanography, 13(2): 193-204.

Opsahl S, Benner R, Amon R M W. 1999. Major flux of terrigenous dissolved organic matter through the Arctic Ocean [J]. Limnology and Oceanography, 44(8): 2017-2023.

Perovich D, Richter-Menge J, Jones K, et al. 2008. Arctic sea-ice melt in 2008 and the role of solar heating. Annals of Glaciology, 2011, 52: 355-359.

Pfirman S L, Clolny R, Nürnberg D, et al. 1997. Reconstructing the origin and trajectory of drifting Arctic sea ice. Journal of Geophysical Research, 102(C6): 12575-12586.

Rachold V, Eicken H, Gordeev V V, et al. 2004. Modern Terrigenous Organic Carbon Input to the Arctic Ocean. In: The Organic Carbon Cycle in the Arctic Ocean (Ed. by R. Stein, R. W. Macdonald), Berlin: Springer-Verlag, 33-55.

Rachold V, Grigoriev M N, Are F E, et al. 2000. Coastal erosion vs riverine sediment discharge in the Arctic Shelf seas. International Journal of Earth Sciences, 89(3): 450-460.

Ragueneau O, Savoye N, Del Amo Y, et al. 2005. A new method for the measurement of biogenic silica in suspended matter of coastal waters: using Si: Al ratios to correct for the mineral interference [J]. Cont Shelf Res, 25(5): 697-710.

Rich J, Gosselin M, Sherr E, et al. 1997. High bacterial production, uptake and concentrations of dissolved organic matter in the Central Arctic Ocean[J]. Deep Sea Research Part II: Topical Studies in Oceanography, 44(8): 1645-1663.

Sarin M M, Kim G, Church T M. 1999. 210Po and 210Pb in the south-equatorial Atlantic: distribution and disequilibrium in the upper 500 m. Deep-Sea Research II, 46: 907-917.

Schlosser P, Bauch D, Fairbanks R, et al. 1994. Arctic river-runoff: mean residence time on the shelves and in the halocline [J]. Deep Sea Research Part I: Oceanographic Research Papers, 41(7): 1053-68.

Schubert C J, Stein R. 1996. Deposition of organic carbon in Arctic Ocean sediments: terrigenous supply vs marine productivity. Organic Geochemistry, 24(4): 421-436.

Smith J N., Moran S B., Macdonald R W., 2003. Shelf-basin interactions in the Arctic Ocean based on Pb-210 and Ra isotope tracer distributions. Deep-Sea Research Part I-Oceanographic Research Papers 50 (3), 397-416.

Smith W O, Walsh I D, Booth B C, et al. 1995. Particulate matter and phytoplankton and bacterial biomass distributions in the Northeast Water Polynya during summer 1992[J]. Journal of Geophysical Research: Oceans (1978-2012), 100(C3): 4341-4356.

Steig E, Gkinis V, Schauer A, et al. 2014. Calibrated high-precision 17 O-excess measurements using cavity ring-down spectroscopy with laser-current-tuned cavity resonance [J]. Atmospheric Measurement Techniques, 7(8): 21-35.

Stein R, Grobe H, Wahsner M. 1994. Organic carbon, carbonate, and clay mineral distributions in eastern central Arctic Ocean surface sediments. Marine Geology, 3-4: 269-285.

Stein R, Macdonald R W. 2004. Organic carbon budget: Arctic Ocean vs. global ocean. In: Stein R, Macdonald R W (Eds.), The Organic Carbon Cycle in the Arctic Ocean. Berlin: Springer-Verlag, 315-322.

Stein R. 2008. Arctic Ocean Sediments: Processes, Proxies, and Paleoenvironment. Hungray: Elsevier.

Stepanauskas R, JØrgensen N O G, Eigaard O R, et al. 2002. Summer inputs of riverine nutrients to the Baltic Sea: bioavailability and eutrophication relevance[J]. Ecological monographs, 72(4): 579-597.

Stlund H G, Hut G. 1984. Arctic Ocean water mass balance from isotope data [J]. Journal of Geophysical Research: Oceans (1978-2012), 89(C4): 6373-81.

Stockwell D A, Whitledge T E, Zeeman S I, et al. 2001. Anomalous conditions in the south - eastern Bering Sea, 1997: nutrients, phytoplankton and zooplankton [J]. Fisheries Oceanography, 10(1): 99-116

Suntharalingam P, Sarmiento J L. 2000. Factors governing the oceanic nitrous oxide distribution: Simulations with an ocean general circulation model[J]. Global Biogeochemical Cycles, 14(1): 429-454.

Walsh J J, Dieterle D A. 1994. CO_2 cycling in the coastal ocean. I-A numerical analysis of the southeastern Bering Sea with applications to the Chukchi Sea and the northern Gulf of Mexico[J]. Progress in Oceanography, 34(4): 335-392.

Walsh J J. 1989. Arctic carbon sinks: present and future. Global Biogeochemical Cycles, 3(4): 393-411.

Weingartner T, Aagaard K, Woodgate R, et al. 2005. Circulation on the north central Chukchi Sea shelf. Deep-Sea Research II, 52: 3150-3174.

Weingartner T, Cavalieri D, Aagaard K, et al. 1998. Circulation, dense water formation, and outflow on the northeast Chukchi shelf. Journal of Geophysical Research-Oceans, 103: 7647-7661.

Wendler G, Chen L, 2014. Moore B. Recent sea ice increase and temperature decrease in the Bering Sea area, Alaska [J]. Theor Appl Climatol, 117(3-4): 3-8.

Wheeler P A, Gosselim M. 1996. Active cycling of organic carbon[J]. Nature, 380: 25.

Wheeler P A, Watkins J M, Hansing R L. 1997. Nutrients, organic carbon and organic nitrogen in the upper water column of the Arctic Ocean: implications for the sources of dissolved organic carbon[J]. Deep Sea Research Part II: Topical Studies in Oceanography, 44(8): 1571-1592.

Woodgate R A, Aagaard K, Weingartner T J. 2005. Monthly temperature, salinity, and transport variability of the Bering Strait through flow [J]. Geophysical Research Letters, 32(4):

Woodgate R A, Weingartner T J, Lindsay R. 2012. Observed increases in Bering Strait oceanic fluxes from the Pacific to the Arctic from 2001 to 2011 and their impacts on the Arctic Ocean water column [J]. Geophysical Research Letters, 39(24):

Woodgate R, Aagaard K, Swift J, et al. 2007. Atlantic water circulation over the Mendeleev Ridge and Chukchi Borderland from thermohaline intrusions and water mass properties. Journal of Geophysical Research-Oceans, 112: doi: 10.1029/2005JC003416.

Yamamoto - Kawai M, Mclaughlin F, Carmack E, et al. 2008. Freshwater budget of the Canada Basin, Arctic Ocean, from salinity, δ18O, and nutrients [J]. Journal of Geophysical Research: Oceans (1978-2012), 113(C1):

Yamamoto - Kawai M, Tanaka N, Pivovarov S. 2005. Freshwater and brine behaviors in the Arctic Ocean deduced from historical data of δ18O and alkalinity (1929-2002 AD) [J]. Journal of Geophysical Research: Oceans (1978-2012), 110(C10):

Yang W F, Huang Y P, Chen M, et al. 2009. Export and remineralization of POM in the Southern Ocean and the South China Sea estimated from 210Po/210Pb disequilibria. Chinese Science Bulletin, 47(12): 2118-2123.

Zegouagh Y, Derenne S, Largeau C, et al. 1996. Organic matter sources and early diagenetic alterations in Arctic surface sediments (Lena River delta and Laptev Sea, Eastern Siberia)—I. Analysis of the carboxylic acids released via sequential treatments[J]. Organic Geochemistry, 24(8): 841-857.